嵌入式 Linux 开发教程(上册)

周立功　主编
ZLG Linux 开发团队　编著

北京航空航天大学出版社

内 容 简 介

本书是面向嵌入式 Linux 学习和产品开发的入门教程，分 3 篇，共 18 章，围绕嵌入式 Linux 产品开发的应用编程展开，内容涵盖 Linux 操作系统介绍、安装和基本使用、嵌入式 Linux 开发平台以及嵌入式 Linux 的应用编程。全面介绍了嵌入式 Linux 产品应用开发的方方面面，包括应用基础、文件和 I/O 操作、进程和线程、外围硬件接口编程、串口编程、网络编程、Qt 编程和 Shell 编程。

本书由浅入深、结构合理、图文并茂，可操作性强，读者可跟着一步步进行操作和学习，非常适合嵌入式 Linux 开发初级工程师及准备往嵌入式 Linux 方向发展的电子工程师和单片机工程师使用，也可作为高校非计算机专业高年级学生学习嵌入式 Linux 的参考教材。

图书在版编目(CIP)数据

嵌入式 Linux 开发教程.上册 / 周立功主编. -- 北京：北京航空航天大学出版社，2015.12
 ISBN 978 - 7 - 5124 - 1973 - 5

Ⅰ.①嵌… Ⅱ.①周… Ⅲ.①Linux 操作系统－程序设计－高等学校－教材 Ⅳ.①TP316.89

中国版本图书馆 CIP 数据核字(2015)第 298242 号

版权所有，侵权必究。

嵌入式 Linux 开发教程(上册)
周立功　主编
ZLG Linux 开发团队　编著
责任编辑　梅栾芳

*

北京航空航天大学出版社出版发行

北京市海淀区学院路 37 号(邮编 100191)　http://www.buaapress.com.cn
发行部电话：(010)82317024　传真：(010)82328026
读者信箱：bhpress@263.net　邮购电话：(010)82316936
北京同江印刷有限公司印装各地书店经销

*

开本：710×1 000　1/16　印张：34　字数：765 千字
2016 年 3 月第 1 版　2016 年 3 月第 1 次印刷　印数：3 000 册
ISBN 978 - 7 - 5124 - 1973 - 5　定价：79.00 元

若本书有倒页、脱页、缺页等印装质量问题，请与本社发行部联系调换。联系电话：(010)82317024

前言

时光荏苒,白驹过隙。如果时光能够倒流,回到10年前,对于那时的嵌入式工程师,掌握1～2种单片机,能用汇编或者C编写应用程序,就是合格的嵌入式工程师;倒回到5年前,能掌握1～2种ARM处理器,能用C编写应用程序,同样也是合格的嵌入式工程师。而如今,如果仅仅具备上述技能,恐怕很难成为企业所需要的嵌入式技术核心人才,这绝非危言耸听,笔者就曾见过有的企业招聘硬件工程师要求能写Linux驱动,尽管这只是少数个案,但至少反映了一种趋势。时代的进步迫使我们不得不学习和掌握新的技能,以跟上时代的脚步,适应企业的发展。掌握一种嵌入式操作系统,几乎成为嵌入式工程师的标配技能。在新时期如何转型,也成为摆在很多嵌入式工程师面前的一道难题。嵌入式系统多彩纷呈,一直角逐不断,近些年嵌入式Linux势头强劲,成为事实上的热门。

市面上已经有很多Linux或者嵌入式Linux的书籍,可谓汗牛充栋,但能够让初学者快速掌握嵌入式Linux的"葵花宝典"不多。也正因为此,很多人觉得嵌入式Linux很难,也让不少人望而却步。本书正是为破解这样的困局而写,从浩瀚的Linux知识海洋中,精挑细选,将必要的、最有用的知识点呈现出来。本书不求让读者能够精通嵌入式Linux,只求能帮助读者快速进入嵌入式Linux的大门。所谓"师傅领进门,修行在个人";本书也不奢望能让读者学到嵌入式Linux的全部,只希望能成为嵌入式工程师往嵌入式Linux道路上转型的领路人。Linux海洋浩瀚无垠,嵌入式Linux也是广袤无边,在嵌入式Linux的世界里,学习只有起点,没有终点。

本书由多位具有多年嵌入式Linux工作经验的资深工程师编写,与工程应用紧密结合,具有以下特色:

取舍有度,针对性强。从始至终都围绕嵌入式Linux开发而展开,抛开无关内容。Linux包罗万象,进行Linux相关开发,如果没有很强的针对性和目的性,很容易在Linux浩森的海洋中迷失,如何从中获取最有用的知识并用于学习和产品开发,这需要有人指引。本书就可以提供这样的指引。例如在介绍Linux命令部分,仅仅针对性地介绍了嵌入式Linux开发的常用命令,而不是像一般书籍那样介绍全部的Linux操作命令。

紧贴实际,实用性强。本书所介绍的全部知识点以及工具,都能在实际应用中发挥有效作用,有不少内容是笔者多年开发经验的积累总结。例如,本书介绍 Linux 的命令,并非遵循常规介绍方式,对命令的各种用法进行逐一介绍,而是根据实际应用,介绍最实用的方法。

图文并茂,可读性强。本书插图分两类,一类用于辅助内容理解,另一类用于直观显示实际操作和结果。配备的插图与内容相得益彰,极大增强了可读感和可读性。

本书分 3 篇共 18 章,各章节内容安排如下:

第一篇 Linux 基础,包括第 1~6 章,是进行嵌入式 Linux 开发的基础,介绍了 Linux 操作系统、安装和使用,还介绍了 Vi 编辑器以及嵌入式 Linux 开发环境的搭建。

第二篇 EasyARM-i.MX283A 开发平台,包括第 7~9 章,介绍本书实际的操作平台,包括平台介绍、基本操作和系统固件烧写等内容。

第三篇 Linux 应用编程,包括第 10~18 章,是本书的重点,全方位阐述了嵌入式 Linux 应用编程,内容涵盖 Linux C 编程、文件 I/O、Linux 进程和线程、外围硬件编程、串口编程、网络编程、Qt 编程以及 Shell 编程等方面。

参与本书规划和编写的人员还有陈锡炳、张波、彭国文、华启延、张展威和沈桂廷等,在此一并表示感谢。

Linux 是一个诞生、发展和壮大于网络的操作系统,网络上有无穷无尽的参考资料,本书在编写过程中也不可避免地参考或者引用了其中的内容,由于无法追溯到原作者,只能在此表示感谢。

由于编者水平有限,书中难免存在不足和错误,还望读者来信进行批评指正。

周立功

2015 年 11 月 21 日

目录

第一篇 Linux 基础

第1章 Linux 操作系统简介 ………………………………………………………… 3
  1.1 Linux 内核 …………………………………………………………………… 3
    1.1.1 简　介 ………………………………………………………………… 3
    1.1.2 特　点 ………………………………………………………………… 5
    1.1.3 内核版本号 …………………………………………………………… 7
    1.1.4 组成部分 ……………………………………………………………… 7
  1.2 Linux 发行版 ………………………………………………………………… 11
  1.3 嵌入式 Linux ………………………………………………………………… 14
    1.3.1 嵌入式 Linux 的特点 ………………………………………………… 14
    1.3.2 嵌入式 Linux 的产品形态 …………………………………………… 14

第2章 安装 Linux 操作系统 ……………………………………………………… 16
  2.1 获得 Linux 环境的三种方式 ………………………………………………… 16
  2.2 发行版选择和 ISO 下载 ……………………………………………………… 17
  2.3 VMware Player 软件 ………………………………………………………… 18
    2.3.1 下载和安装 …………………………………………………………… 18
    2.3.2 设置虚拟化支持 ……………………………………………………… 20
  2.4 使用现成的虚拟机 …………………………………………………………… 21
  2.5 创建和配置虚拟机 …………………………………………………………… 25
    2.5.1 创建虚拟机 …………………………………………………………… 25
    2.5.2 虚拟机设置 …………………………………………………………… 28
  2.6 安装 Ubuntu ………………………………………………………………… 30
    2.6.1 实体机安装前准备 …………………………………………………… 30
    2.6.2 虚拟机安装前准备 …………………………………………………… 32
    2.6.3 正式安装 Ubuntu ……………………………………………………… 34
  2.7 初识 Ubuntu ………………………………………………………………… 38
    2.7.1 Ubuntu 桌面 …………………………………………………………… 38
    2.7.2 输入法 ………………………………………………………………… 39
    2.7.3 系统设置 ……………………………………………………………… 39
    2.7.4 搜索软件和文件 ……………………………………………………… 40

2.7.5　打开终端 ………………………………………………… 41
　　2.7.6　安装软件 ………………………………………………… 42
第3章　开始使用 Linux ……………………………………………… 44
　3.1　Linux Shell ………………………………………………… 44
　　3.1.1　Shell 是什么 ……………………………………………… 44
　　3.1.2　Shell 的种类和特点 ……………………………………… 45
　3.2　Linux 常见命令 …………………………………………… 46
　　3.2.1　导航命令 …………………………………………………… 47
　　3.2.2　目录操作命令 ……………………………………………… 49
　　3.2.3　文件操作命令 ……………………………………………… 53
　　3.2.4　网络操作命令 ……………………………………………… 63
　　3.2.5　安装和卸载文件系统 ……………………………………… 64
　　3.2.6　使用内核模块和驱动 ……………………………………… 66
　　3.2.7　重启和关机 ………………………………………………… 69
　　3.2.8　其他命令 …………………………………………………… 69
　3.3　Shell 文件 …………………………………………………… 72
　3.4　Linux 环境变量 …………………………………………… 72
　　3.4.1　环境变量 …………………………………………………… 72
　　3.4.2　修改环境变量 ……………………………………………… 73
第4章　Linux 文件系统 ……………………………………………… 75
　4.1　Linux 目录结构 …………………………………………… 75
　　4.1.1　Linux 目录树 ……………………………………………… 75
　　4.1.2　Linux 目录树标准 ………………………………………… 76
　4.2　Linux 的文件 ……………………………………………… 77
　　4.2.1　Linux 文件结构 …………………………………………… 77
　　4.2.2　Linux 文件名称 …………………………………………… 78
　　4.2.3　文件类型 …………………………………………………… 79
　4.3　Linux 文件系统 …………………………………………… 80
　　4.3.1　Ext3 文件系统特点 ……………………………………… 80
　　4.3.2　Ext4 文件系统特点 ……………………………………… 81
　　4.3.3　其他文件系统 ……………………………………………… 83
第5章　Vi 编辑器 ……………………………………………………… 86
　5.1　Vi/Vim 编辑器 ……………………………………………… 86
　5.2　Vi 的模式 …………………………………………………… 86
　5.3　Vim 的安装 ………………………………………………… 87
　5.4　启动和关闭 Vi ……………………………………………… 87
　5.5　光标移动 …………………………………………………… 88

5.6 文本编辑 ... 89
5.6.1 文本输入 ... 89
5.6.2 文本处理 ... 90
5.7 配置 Vi ... 93
5.8 文件对比 ... 95

第6章 嵌入式 Linux 开发环境构建 ... 96
6.1 嵌入式 Linux 开发模型 ... 96
6.1.1 交叉编译 ... 96
6.1.2 交叉编译器 ... 97
6.2 安装交叉编译器 ... 97
6.2.1 解压工具链压缩包 ... 98
6.2.2 设置环境变量 ... 99
6.3 SSH 服务器 ... 102
6.3.1 SSH 能做什么 ... 102
6.3.2 安装 SSH 服务器 ... 103
6.3.3 测试 SSH 服务 ... 103
6.3.4 用 Putty 测试 ... 105
6.3.5 用 SSH Secure Shell 测试 ... 107
6.4 NFS 服务器 ... 110
6.4.1 NFS 能做什么 ... 110
6.4.2 安装 NFS 软件包 ... 110
6.4.3 添加 NFS 共享目录 ... 110
6.4.4 启动 NFS 服务 ... 112
6.4.5 测试 NFS 服务器 ... 112
6.5 TFTP 服务器 ... 113
6.5.1 TFTP 能做什么 ... 113
6.5.2 安装配置 TFTP 软件 ... 113
6.5.3 配置 TFTP 服务器 ... 114
6.5.4 启动 TFTP 服务 ... 114
6.5.5 测试 TFTP 服务器 ... 114

第二篇　EasyARM－i.MX283A 开发平台

第7章 EasyARM－i.MX283A 开发套件介绍 ... 119
7.1 开发套件简介 ... 119
7.2 硬件资源 ... 120
7.3 软件资源 ... 121
7.4 开发所需配件 ... 122

7.5 产品组装 ········· 122
7.6 AP-283Demo 扩展板 ········· 124
  7.6.1 硬件特性 ········· 124
  7.6.2 外设接口布局 ········· 125

第8章 EasyARM-i.MX283A 入门实操 ········· 126

8.1 开机和登录 ········· 126
  8.1.1 启动方式设置 ········· 126
  8.1.2 供电连接 ········· 127
  8.1.3 串口硬件连接 ········· 127
  8.1.4 Windows 环境串口登录 ········· 130
  8.1.5 Linux 环境串口登录 ········· 133
8.2 关机和重启 ········· 138
8.3 查看系统信息 ········· 138
  8.3.1 查看系统内核版本 ········· 138
  8.3.2 查看内存使用情况 ········· 139
  8.3.3 查看磁盘使用情况 ········· 139
  8.3.4 查看 CPU 等的信息 ········· 139
8.4 设置开机自动启动 ········· 140
8.5 加载驱动模块 ········· 141
  8.5.1 在 Shell 终端上加载和使用驱动模块 ········· 141
  8.5.2 在脚本文件中加载和使用驱动模块 ········· 141
8.6 网络设置 ········· 142
8.7 通过 SSH 登录系统 ········· 145
8.8 TF 卡的使用 ········· 146
8.9 U 盘的使用 ········· 147
8.10 USB Device 的使用 ········· 148
  8.10.1 把 TF 卡作为虚拟 U 盘的储存空间 ········· 148
  8.10.2 使用普通文件作为虚拟 U 盘的存储空间 ········· 149
8.11 LED 使用 ········· 150
  8.11.1 LED 的操作接口 ········· 150
  8.11.2 触发条件设置 ········· 150
8.12 蜂鸣器的使用 ········· 152
8.13 LCD 背光控制 ········· 152
8.14 触摸屏的校准 ········· 152
8.15 GPIO 操作 ········· 153
8.16 进阶操作 ········· 154
  8.16.1 挂载 NFS 目录 ········· 154

8.16.2	使用NFS根文件系统	154
8.16.3	使用TFTP启动内核	158
8.16.4	内存文件系统	159

第9章 系统固件的烧写 160

9.1	Nand Flash存储器分区	160
9.2	烧写流程图	160
9.3	格式化Nand Flash	161
9.3.1	通过USB Boot引导格式化Nand Flash	161
9.3.2	通过SD Boot方式格式化Nand Flash	164
9.4	TF卡烧写方案	165
9.4.1	TF卡烧写用的固件	165
9.4.2	制作TF启动卡	166
9.4.3	固件烧写步骤	167
9.5	USB烧写方案	168
9.6	使用网络升级内核或文件系统	172
9.6.1	网络升级用的固件	172
9.6.2	升级步骤	172
9.6.3	故障排除	174

第三篇 Linux应用编程

第10章 Linux C编程环境 179

10.1	GCC	180
10.1.1	GCC简介	180
10.1.2	GCC工具软件	180
10.1.3	GCC基本使用方法	181
10.1.4	GCC编译控制选项	187
10.1.5	创建静态库和共享库	191
10.1.6	arm-linux-gcc	192
10.2	GNU make	192
10.2.1	make和GNU make	192
10.2.2	给hello.c编写一个Makefile	193
10.2.3	Makefile的规则	194
10.2.4	make命令	202
10.3	GDB	203
10.3.1	GDB介绍	203
10.3.2	GDB基本命令	203
10.3.3	GDB调试范例	205

  10.3.4 GDB 远程调试 …… 208
  10.3.5 GDB 图形前端 DDD …… 211
 10.4 用于 C/C++语言的 Eclipse IDE …… 213
  10.4.1 Eclipse 简介 …… 213
  10.4.2 安装用于 C/C++语言的 Eclipse IDE …… 214
  10.4.3 启动 Eclipse …… 214
  10.4.4 创建 C 工程 …… 215
  10.4.5 本地编译和调试 …… 220
  10.4.6 交叉编译和远程调试 …… 221
  10.4.7 Eclipse 中的 GCC 设置 …… 228
  10.4.8 导入已有的工程文件 …… 231
 10.5 Windows 下开发 Linux 应用程序 …… 232
  10.5.1 安装交叉编译器 …… 232
  10.5.2 安装 JDK …… 238
  10.5.3 安装用于 C/C++Developers 的 Eclipse IDE …… 241
  10.5.4 启动 Eclipse …… 242
  10.5.5 创建 C 工程 …… 244
  10.5.6 交叉编译工程 …… 247
  10.5.7 建立远程 SSH 连接 …… 248
  10.5.8 远程调试 …… 254

第 11 章 Linux 文件 I/O …… 259

 11.1 Linux 文件 I/O 概述 …… 259
 11.2 文件描述符 …… 260
 11.3 常用文件 I/O 操作和函数 …… 260
  11.3.1 open …… 261
  11.3.2 close …… 263
  11.3.3 read …… 264
  11.3.4 write …… 265
  11.3.5 fsync …… 266
  11.3.6 文件操作范例 …… 266
  11.3.7 lseek …… 268
  11.3.8 ioctl …… 272
 11.4 I/O 操作和蜂鸣器 …… 273

第 12 章 进程与进程间通信 …… 276

 12.1 进程环境 …… 276
  12.1.1 程序与进程 …… 276
  12.1.2 进程环境 …… 278

12.2 进程基本操作 ………………………………………………………… 281
　12.2.1 创建进程 ………………………………………………………… 281
　12.2.2 终止进程 ………………………………………………………… 283
　12.2.3 exec 族函数 …………………………………………………… 284
　12.2.4 wait()函数 ……………………………………………………… 286
　12.2.5 守护进程 ………………………………………………………… 288
12.3 信　号 …………………………………………………………………… 290
　12.3.1 常用的信号 ……………………………………………………… 290
　12.3.2 信号函数 ………………………………………………………… 291
12.4 进程间通信 ……………………………………………………………… 295
　12.4.1 管　道 …………………………………………………………… 295
　12.4.2 共享内存 ………………………………………………………… 300
　12.4.3 信号量 …………………………………………………………… 305

第 13 章　Linux 多线程编程 …………………………………………………… 312

13.1 Linux 多线程概述 ……………………………………………………… 312
　13.1.1 什么是线程 ……………………………………………………… 312
　13.1.2 线程与进程的关系 ……………………………………………… 312
　13.1.3 为什么要使用多线程 …………………………………………… 312
13.2 POSIX Threads 概述 …………………………………………………… 313
13.3 线程管理 ………………………………………………………………… 314
　13.3.1 线程 ID ………………………………………………………… 314
　13.3.2 创建与终止 ……………………………………………………… 314
　13.3.3 连接与分离 ……………………………………………………… 317
　13.3.4 线程属性 ………………………………………………………… 320
13.4 线程安全 ………………………………………………………………… 324
13.5 互斥量 …………………………………………………………………… 325
　13.5.1 临界区 …………………………………………………………… 325
　13.5.2 什么是互斥量 …………………………………………………… 325
　13.5.3 创建与销毁 ……………………………………………………… 325
　13.5.4 加锁与解锁 ……………………………………………………… 327
　13.5.5 死锁和避免 ……………………………………………………… 329
13.6 条件变量 ………………………………………………………………… 331
　13.6.1 为什么需要条件变量 …………………………………………… 331
　13.6.2 创建与销毁 ……………………………………………………… 332
　13.6.3 等待与通知 ……………………………………………………… 333

第 14 章　嵌入式 GUI 编程 …………………………………………………… 337

14.1 Qt 和 Qt/Embedded …………………………………………………… 337

- 14.1.1 Qt 介绍 ································ 337
- 14.1.2 Qt/Embedded 介绍 ······················· 338
- 14.2 Qt/Embedded 交叉编译环境的搭建 ············· 338
  - 14.2.1 环境介绍 ······························· 338
  - 14.2.2 安装 tslib1.4 ·························· 339
  - 14.2.3 编译 qt4.7.3-arm ······················ 342
- 14.3 Qt SDK 的搭建 ································ 344
  - 14.3.1 Qt SDK 简介 ··························· 344
  - 14.3.2 Qt SDK 的安装 ························ 344
- 14.4 qmake ······································· 346
  - 14.4.1 .pro 文件例程 ·························· 347
  - 14.4.2 .pro 文件常见配置 ···················· 348
  - 14.4.3 Helloworld 程序 ······················· 348
- 14.5 Qt Creator ···································· 350
  - 14.5.1 Qt Creator 的配置 ···················· 350
  - 14.5.2 Qt Creator 使用范例 ·················· 353
- 14.6 在嵌入式环境运行 Qt 程序 ···················· 356
  - 14.6.1 将程序编译成嵌入式版本 ··············· 356
  - 14.6.2 在目标板上运行程序 ··················· 357
- 14.7 Qt 帮助文档 ································· 357
- 14.8 Qt 编程实战 ·································· 358
  - 14.8.1 按　　钮 ······························ 358
  - 14.8.2 标签和文本框 ·························· 360
  - 14.8.3 布局管理器 ··························· 361
  - 14.8.4 信号与槽 ······························ 364
  - 14.8.5 主窗口(MainWindow) ················· 367
  - 14.8.6 菜单栏、工具栏和状态栏 ················ 369
  - 14.8.7 事　　件 ······························ 372
  - 14.8.8 经典游戏贪食蛇实例 ··················· 375

第 15 章　特殊硬件接口编程 ···················· 393

- 15.1 点亮一个 LED 灯 ······························ 393
  - 15.1.1 LED 的操作接口 ························ 393
  - 15.1.2 LED 的控制 ··························· 394
  - 15.1.3 在 C 程序中操作 LED ·················· 394
- 15.2 GPIO 硬件编程 ································ 396
  - 15.2.1 GPIO 和 sysfs 操作接口 ················ 396
  - 15.2.2 GPIO 的基本操作 ······················ 398

15.2.3 在C程序中操作GPIO ·················· 399
15.2.4 EasyARM-i.MX283A GPIO应用编程 ·········· 399
15.3 用户态SPI编程 ························· 403
15.3.1 SPI编程接口 ······················ 403
15.3.2 编程范例 ······················· 407
15.4 用户态I^2C编程 ························ 412
15.4.1 I^2C编程接口 ····················· 412
15.4.2 编程范例 ······················· 415
15.5 按键应用层编程 ························ 420
15.5.1 按键驱动加载和卸载 ··················· 421
15.5.2 在图形界面中使用按键驱动 ················ 421
15.5.3 按键编程 ······················· 422
15.5.4 编程范例 ······················· 425
15.6 用户态ADC编程 ························ 427
15.6.1 ADC驱动模块的加载 ·················· 427
15.6.2 操作接口 ······················· 428
15.6.3 C程序操作示例 ···················· 429
15.7 温度检测和报警系统 ······················ 433
15.7.1 EEPROM控制模块 ··················· 434
15.7.2 环境温度读取模块 ··················· 437
15.7.3 数码管显示模块 ···················· 438
15.7.4 按键处理模块 ····················· 442
15.7.5 控制处理模块 ····················· 446
15.7.6 主程序的实现 ····················· 455
15.7.7 测试方法 ······················· 456

第16章 Linux串口编程 ······················ 458
16.1 串口的基本操作 ························ 458
16.1.1 打开串口 ······················· 458
16.1.2 关闭串口 ······················· 459
16.1.3 发送数据 ······················· 459
16.1.4 读取数据 ······················· 459
16.1.5 串口范例1 ······················ 460
16.2 串口属性的设置 ························ 461
16.2.1 终端属性描述 ····················· 461
16.2.2 获取和设置终端属性 ··················· 464
16.2.3 设置波特率 ······················ 465
16.2.4 设置数据位 ······················ 466

16.2.5 设置奇偶校验 …… 467
16.2.6 设置停止位 …… 468
16.2.7 其他设置 …… 469
16.2.8 串口属性设置函数 …… 470
16.2.9 串口范例2 …… 470

第17章 C语言网络编程入门 …… 473
17.1 网络基本概念 …… 473
17.1.1 OSI 模型 …… 473
17.1.2 TCP/IP 协议基本概念 …… 476
17.1.3 字节序 …… 479
17.1.4 客户机/服务器模型 …… 480
17.2 编程接口 BSD Socket …… 480
17.2.1 Socket 简介 …… 480
17.2.2 基础数据结构和函数 …… 481
17.2.3 BSD Socket 常用操作 …… 484
17.3 实例：TCP/UDP ECHO 服务器 …… 491
17.3.1 面向流的 Socket …… 492
17.3.2 面向数据报的 Socket …… 498

第18章 Shell 编程初步 …… 503
18.1 基础概念 …… 503
18.1.1 Sha－Bang …… 504
18.1.2 字符串与引号 …… 505
18.1.3 特殊字符 …… 506
18.2 必要高级概念 …… 508
18.2.1 内部命令和外部命令 …… 508
18.2.2 I/O 重定向与管道 …… 508
18.2.3 常量、变量与环境变量 …… 511
18.2.4 操作符与表达式 …… 515
18.3 脚本编程 …… 516
18.3.1 命令、函数与脚本返回值 …… 516
18.3.2 函　　数 …… 516
18.3.3 test …… 517
18.3.4 流程控制 …… 519

参考文献 …… 528

第一篇 Linux 基础

本篇主要讲解嵌入式 Linux 开发所必备的基础知识，以实用和够用为标准进行介绍，与嵌入式 Linux 开发不相关的知识都不在讲述之列。因此并没有介绍全部的 Linux 命令，仅仅精选了嵌入式 Linux 开发中的常用命令。

本篇一共分为 6 章，从 Linux 操作系统开始循序渐进地介绍，直到最后讲解嵌入式 Linux 开发环境的构建，为嵌入式 Linux 开发做准备。各章标题和内容概要如下：

- 第 1 章　Linux 操作系统简介，主要介绍 Linux 内核和发行版本等知识，属于常识性内容，进行一般性了解即可。
- 第 2 章　安装 Linux 操作系统，以 Ubuntu 为例，讲解 Linux 操作系统的安装过程，这部分内容属于实际操作性内容，建议跟着做一遍。
- 第 3 章　开始使用 Linux，主要介绍与嵌入式 Linux 开发相关的操作和命令，这部分内容是基础，也是必备技能，需要多加操作和练习，做到熟练掌握。
- 第 4 章　Linux 文件系统，介绍 Linux 文件系统的一些常识性内容，这部分内容做一般性了解即可。
- 第 5 章　Vi 编辑器，讲述 Vi 编辑器的基本使用。掌握一款 Linux 下的文本编辑器是进行 Linux 开发的一项必备技能，这部分内容需要多加练习，熟练运用。
- 第 6 章　嵌入式 Linux 开发环境构建，这部分内容也是实际操作性内容，需要深刻理解，建议照着做一遍。

整个第一篇的内容都没有什么难点，但对于习惯了 Windows 操作，或者刚接触 Linux 的初学者来说，可能会对 Linux 的操作方式有点不习惯，特别是对命令行操作。但是，只要多加练习，很快就可以度过适应期，习惯并喜欢上 Linux "简单就是美" 的设计哲学和操作方式。

第一篇 Linux 基础

第 1 章
Linux 操作系统简介

本章导读

本章首先对 Linux 发展简史进行简要介绍；然后介绍 Linux 内核，重点介绍 Linux 内核的特点和功能；接着对 Linux 发行版进行介绍，并列举一些典型的发行版；最后对嵌入式 Linux 进行简要介绍，包括嵌入式 Linux 的特点和产品形态。

1.1 Linux 内核

1.1.1 简 介

Linux 是全球最受欢迎的开源操作系统。它是一个用 C 语言编写的、符合 POSIX 标准的类 UNIX 系统。

● 词条 POSIX

POSIX 是 Portable Operating System Interface 的缩写，表示可移植操作系统接口，它规定了操作系统应该为应用编程提供的接口标准。

● 词条 UNIX

UNIX 是一个强大的多用户、多任务分时操作系统，支持多种处理器架构，于 1969 年在 AT&T 的贝尔实验室开发。UNIX 是商业操作系统，需要收费。

20 世纪 90 年代，由于当时 UNIX 的商业化，Andrew Tannebaum 教授开发了 Minix 操作系统，用于教学和科研，并发布在 Internet 上，免费给全世界的学生使用。Minix 具有 UNIX 的很多特点，但是不完全兼容。1991 年，芬兰大学生 Linus Torvalds 为了给 Minix 用户设计一个比较有效的 UNIX PC 版本，写了一个"类 Minix"的操作系统，并发布到了 Minix 新闻组，在众多支持者的帮助下，Linus 推出了 Linux 第一个稳定版本。1991 年 11 月，Linux 0.10 版本推出，次年 12 月，Linux 0.11 版本推出，并发布在网上免费供人们使用。Linux 0.13 版本发布时，Linux 已经非常接近于一种可靠、稳定的操作系统，Linus 决定将 0.13 版本改称为 0.95 版本，到 1994 年 3 月，Linux 发布了 1.0 版本。

- Linus 当时提交到 Minix 新闻组的原名并不是 Linux，而是 Freax，取自 Free 和 Unix 两个单词，为"免费的 UNIX"之意。但当时的管理员并不喜欢"Freax"这个名称，并以"Linus's Minix"之意，将 Freax 放到了一个名为"Linux"的目录下，之后便一直用 Linux 这个名称。

Linux 诞生、发展和壮大于网络，目前依然掌控于 Linux 社区，遍布全球数以万计的黑客和志愿者参与 Linux 开发，也有商业公司为 Linux 贡献代码。Linux 内核核心开发队伍的领导者目前是 Linus 本人。

- **Linus 其人**

Linus Torvalds(1969 年 12 月 28 日——)，芬兰赫尔辛基人。在 1991 年他还是一名大学生的时候，开发了 Linux 操作系统，在众多黑客的帮助和他的主持下，Linux 操作系统蓬勃发展，他本人至今依然是 Linux 内核项目的核心和领导人物。他本人获奖无数，主要有：

——2014 年，获得 2014 IEEE 计算机先驱奖；
——2012 年，获得芬兰千禧年科技奖；
——2012 年，获得首批入驻"互联网名人堂"；
——2011 年，获得首届 ITechLaw 成就奖；
——2004 年，获得被评为世界最有影响力的人之一；
——1998 年，获得电子前哨基金会先锋奖。

除了 Linux 操作系统外，Linus 还创建了目前最流行的版本控制系统 Git。

Linux 遵循 GPL 协议，允许任何人对代码进行修改或发行，包括商业行为。只要其遵守该 GPL 协议，所有基于 Linux 的软件也必须以 GPL 协议的形式发表，并提供源代码。

- **词条 GPL**

GPL 是 GNUGeneral Public License 的缩写，非正式中文翻译为"GNU 通用公共许可证"。只有 GPL 英文原版才具有法律效力。

如果在软件中采用了使用 GPL 协议的产品，则该软件产品也必须采用 GPL 协议，即必须开源，这是 GPL 所谓的"传染性"。

获取 Linux 内核源码的网址为：http://www.kernel.org，在这里能够下载各版本的内核源码，包括测试版和最新稳定版。

Linux 的吉祥物是一只名叫 Tux 的企鹅，看起来像穿了一件晚礼服的企鹅，如右图。

Linux 的吉祥物创作于 1996 年，据说 Linus 被澳大利亚国家动物园的一只小企鹅轻轻咬了一下，于是就有了用企鹅作吉祥物的想法。

Tux 全称 tuxedo，但大多数人更倾向于另一种说法，说 Tux 名字来源于"Torvalds Unix"。

- Linux 发音['liːnəks]，这也是 Linus 本人的发音，在不同语言里发音有差异，国内很大一部分人发音['liːnjuks]。

1.1.2 特点

1. Linux 内核的重要特点

Linux 内核是一个开放自由的操作系统内核,具有一些鲜明的特点。

(1) 是一个一体化内核。

注:"一体化内核"也称"宏内核",是相对于"微内核"而言的。几乎所有的嵌入式和实时系统都采用微内核,如 VxWorks、μC/OS-II 和 PSOS 等。

(2) 可移植性强。尽管 Linus 最初只为在 X86 PC 上实现一个"类 UNIX",后来随着加入者的努力,Linux 目前已经成为支持硬件平台最广泛的操作系统。

注:目前已经在 X86、IA64、ARM、MIPS、AVR32、M68K、S390、Blackfin、M32R 等众多架构处理器上运行。

(3) 是一个可裁剪的操作系统内核。Linux 极具伸缩性,内核可以任意裁剪,既可以大至几十或者上百兆,也可以小至几百 K;运行的设备从超级计算机、大型服务器,到小型嵌入式系统、掌上移动设备或者嵌入式模块。

(4) 模块化。Linux 内核采用模块化设计,很多功能部件都可以编译为模块,可以在内核运行中动态加载/卸载而无需重启系统。

(5) 网络支持完善。Linux 内核集成了完整的 POSIX 网络协议栈,网络功能完善。

(6) 稳定性强。运行 Linux 内核的服务器可以做到几年不用复位重启。

(7) 安全性好。Linux 源码开放,由众多黑客参与 Linux 的开发,一旦发现漏洞都能及时修复。

(8) 支持的设备广泛。Linux 源码中,设备驱动源码占了很大比例,几乎能支持任何常见设备,无论是很老旧的设备还是最新推出的硬件设备,几乎都能找到 Linux 下的驱动。

2. Linux 操作系统的特点

以 Linux 内核为核心的操作系统具有如下特点。

(1) 开放性

遵循世界标准规范,特别是遵循开放系统互连(OSI)国际标准。凡遵循国际标准所开发的硬件和软件,都能彼此兼容,方便地实现互连。

- 词条 OSI

OSI 是 Open System Interconnection 的缩写,意为开放系统互联,该模型由 ISO (国际标准化组织)制定。模型把网络通信分为 7 层:物理层、数据链路层、网络层、传输层、会话层、表示层和应用层。

- 词条 ISO

ISO 是 International Organization for Standardization 的缩写,即国际标准化组织,该组织是由国家标准化机构组成的世界范围的联合会,现有 140 个成员国。ISO 中央办事机构设在瑞士的日内瓦。

(2) 多用户

Linux 操作系统是一个真正的多用户操作系统,系统资源可以被不同用户各自拥有和使用,即每个用户对自己的资源有特定的权限,互不影响。

- 经常有初学者将 Linux 的多用户与 Windows 的多用户弄混淆,实际上两者的差别很大。Windows 桌面同一时刻只允许一个用户登录,其余用户必须锁定;而 Linux 则允许多个用户同时登录。

(3) 多任务

多任务是现代计算机最主要的一个特点,是指计算机同时执行多个程序,而且各个程序的运行互相独立。Linux 系统调度每一个进程平等地访问处理器。

- 多任务实际上很常见,例如我们在编写文档的时候,可以一边听歌,一边从网上下载资料。这至少就有文档处理、音乐播放和网络下载三个任务,相互不影响,并且是同时运行的。

(4) 良好的用户界面

Linux 向用户提供了两种界面:用户界面和系统调用。

① Linux 的传统用户界面是基于文本的命令行界面,即 Shell,它既可以联机使用,又可存在于文件上脱机使用。Shell 有很强的程序设计能力,用户可方便地用它编制程序,从而为用户扩充系统功能提供了更高级的手段。

② Linux 还为用户提供了图形用户界面。它利用鼠标、菜单、窗口、滚动条等设施,给用户呈现了一个直观、易操作、交互性强的友好的图形化界面。

③ 系统调用是提供给用户编程时使用的界面。用户可以在编程时直接使用系统提供的系统调用。系统通过这个界面为用户程序提供低级、高效率的服务。

(5) 设备独立性

Linux 操作系统把所有外部设备统一当作文件来看待,只要安装它们的驱动程序,任何用户都可以像使用文件一样操纵、使用这些设备,而不必知道它们的具体存在形式。Linux 的设备独立性使其具有高度适应能力,能够适应随时支持增加的新设备。

- 设备独立性主要是对应用程序开发者来说的。例如,对应用开发者来说,系统自带的串口与 USB 串口的操作方式是一样的,都是串口设备,而不用关心这个串口设备实际对应的物理硬件是什么。
- 现代计算机都实现了设备独立特性。

(6) 完善的网络功能

Linux 内置完整的 POSIX 网络协议栈,在通信和网络功能方面优于其他操作系统。Linux 为用户提供了完善的、强大的网络功能:

① 支持 Internet。Linux 免费提供了大量支持 Internet 的软件,使得用户能用 Linux 与世界上的其他人通过 Internet 网络进行通信。

② 网络文件传输。用户能通过一些 Linux 命令完成内部信息或文件的传输。

③ 远程访问功能。Linux 系统既允许本身通过网络访问远程的系统,也允许远程

系统通过网络访问自身。

（7）可靠的系统安全

Linux采取了许多安全技术措施,包括对读/写进行权限控制、带保护的子系统、审计跟踪、核心授权等,为网络多用户环境中的用户提供了必要的安全保障。

（8）模块化

运行时可以根据系统的需要加载程序而无需重启系统。Linux的模块化极大地提高了Linux的可裁剪性和灵活性。

（9）良好的可移植性

Linux是一种可移植的操作系统,能够在从微型计算机到大型计算机的任何环境和任何平台上运行。目前已经成为支持平台最广泛的操作系统。

- Linux内核移植分3个层次:体系结构级别移植、处理器级别移植和板级移植。对大多数开发者而言,只需进行板级移植。

1.1.3 内核版本号

Linux内核版本由Linus所领导的内核开发小组控制,版本号有严格规定。

Linux内核版本号通常由3个数字组成,以2.6.28为例,2为主版本号,6为次版本号,28为修订号。次版本号为偶数表示这是一个稳定版本,如2.6.17,为奇数表示是一个开发版本,有可能是不稳定的,如2.5.6。

另外,还可能见到如2.6.27.8这样的版本号,末尾的8表示这是2.6.27版本的第8个升级版本,也是可用的稳定版本。

1.1.4 组成部分

Linux内核由5个主要子系统组成,分别是内存管理、进程管理、进程间通信、虚拟文件系统和网络,各子系统之间的关系如图1.1所示。

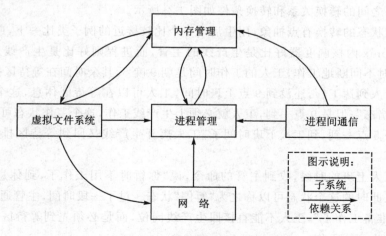

图1.1 Linux内核组成部分

1. 进程管理

进程管理负责控制进程对 CPU 的访问,如任务的创建、调度和终止等。任务调度是进程管理最核心的工作,由 Linux 内核调度器来完成。Linux 内核调度器根据一定算法来选择最值得运行的进程。

一个进程的可能状态有如下几种。

(1) 运行态——已经获得了资源,并且进程正在被 CPU 执行。进程既可运行在内核态,也可运行在用户态。

- 内核态,指内核和驱动所运行时的状态,程序处于特权阶级,能够访问系统的任何资源,好比社会的统治者。
- 用户态,指用户程序运行的状态,程序处于非特权阶级,不能随意访问系统资源,必须通过驱动程序方可访问,用户态程序可通过系统调用进入内核态。用户态程序有如社会的被统治者,处于被管理的非特权阶级,只有通过某种途径才能进入特权阶级。

(2) 就绪态——当系统资源已经可用,但由于前一个进程还未执行完而没有释放 CPU,进程进入准备运行状态。

(3) 可中断睡眠状态——当进程处于可中断等待状态时,系统不会调度该程序执行。当系统产生一个中断或者释放了进程正在等待的资源,或者进程收到一个信号时,该进程都可以被唤醒进入就绪状态或者运行态。

(4) 不可中断睡眠状态——进程处于中断等待状态,但是该进程只能被使用 wake_up()函数明确唤醒的时候才可进入就绪状态。

(5) 暂停状态——当进程收到 SIGSTOP、SIGSTP、SIGTTIN 或者 SIGTTOU 时就会进入暂停状态,收到 SIGCONT 信号时即可进入运行态。

(6) 僵死态——进程已经停止运行,但是其父进程还没有询问其状态。

各状态之间的转换关系和转换条件如图 1.2 所示。

进程和状态的转换有点抽象,用生活中一个比较接近的例子类比一下,或许能有助于理解。Linux 内核调度器好比是生产线的主管,而进程则好比是生产线上的工人。主管 24 小时不间断地工作,工人的工作时间是朝 9 晚 5,其余时间在等待区排队等候。

早上工人到达工厂,还没到 9 点上班时间,工人可以在等待区休息,这个状态可以称之为"就绪态";但是 9 点一到,工人就必须上生产线工作,这个工作状态可称之为"运行态";下午 5 点一到,到工人下班时间了,工人离开生产线又回到等待区排队等候,处于"就绪态"。

如果工人上班的时候,收到主管的命令,说"你暂时不用工作了,到休息室休息等待",则工人此时的这个状态可以称之为"暂停"状态。过了一段时间,主管通知工人"休息结束,要准备工作了",工人不能直接回生产线岗位,而是必须先到等待区排队等待,轮到后才上生产线工作。

如果有一天工人精神状态不好,向主管申请要睡觉休息,理由可以是"某种配件不

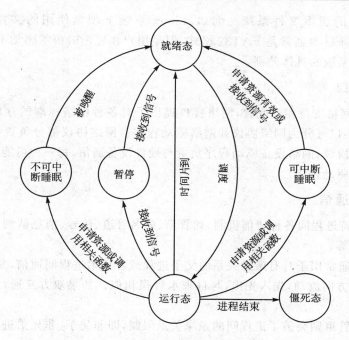

图 1.2　Linux 进程状态和转换

到,我无法工作",也可以是"我就是困了,想睡觉",工人最后可能得到两种批准结果:一是主管批准了,但是附加了一个条件说"等我叫醒你,你必须醒来上班",然后工人就去享受他的安稳觉了,工人进入"不可中断睡眠"状态;另一种是主管也批准了,但是附加了另一个条件,说"在你睡觉的时候,如果配件到了,你就得立马给我起来上班",工人也去睡觉去了,但此时工人睡得并不安心,因为这不是一个安稳觉,是"可中断睡眠"。无论工人睡的是安稳觉,还是不安稳觉,醒来都不能直接上生产线,而是回到等待区,等待轮值。

还有一种情况,工人干完活到点下班了,但主管对他不闻不问,也不安排新的工作,这是一种非正常状况,工人进入了"僵死态"。

2. 内存管理

内存管理的主要作用是控制和管理多个进程,使之能够安全地共享主内存区域。当 CPU 提供内存管理单元(MMU)时,内存管理为各进程实现从虚拟地址到内存物理地址的转换。在 32 位系统上,Linux 内核将 4G 空间分为 1G 内核空间(3G～4G)和 3G(0～3G)用户空间,通过内存管理,每个进程都可以使用 3G 的用户空间。

3. 文件系统

Linux 内核支持众多的逻辑文件系统,如 Ext2、Ext3、Ext4、btrfs、NFS、VFAT 等。VFS 则是 Linux 基于各种逻辑文件系统抽象出的一种内存中的文件系统,隐藏了各种硬件设备细节,为用户提供统一的操作接口,使用户访问各种不同文件系统和设备时,不必区分具体的逻辑文件系统。例如，Linux系统下硬盘使用的文件系统通常是Ext3/4格式，而U盘通常是FAT32格式，但是用户在使用时根本感觉不到差异，也不需要区分文件系统的具体差别。

4. 网络接口

Linux对网络支持相当完善，网络接口提供了对各种网络标准的存取和各种网络硬件的支持，接口可分为网络协议和网络驱动程序。网络协议部分负责实现每一种可能的网络传输协议；网络设备驱动程序负责与硬件设备通信，每一种可能的硬件设备都有相应的设备驱动程序。

5. 进程间通信

Linux支持进程间各种通信机制，如管道、命名管道、信号、消息队列、内存共享、信号量和套接字等。

（1）管道通常用于具有亲缘关系的父子进程或者兄弟进程间通信，是半双工的，数据只能往一个方向流动，先入先出，与自来水管很相似。如果双方互通，则需要建立两个管道。

（2）命名管道则突破了进程间的亲缘关系限制，即非父子、非兄弟进程之间也可相互通信。

（3）信号是软件中断，用于在多个进程之间传递异步信号。日常生活中信号的例子很多，如一对很亲密的哑巴情侣，在很多时候只需要一个简单的眼神，对方就能知道他（她）需要什么，并做出回应，这个眼神，就是一个"信号"。

（4）信号能传递的信息有限，消息队列则正好弥补了这个缺陷。例如情侣的一个眼神，对方可能能知道情侣的需求，但是如果情侣有一大堆需求，那么仅仅靠一个眼神就比较费力了。情侣可以把自己的需求写在一张纸条上，递交给对方，对方根据纸条的内容，逐一满足情侣的需求。

（5）共享内存常用于不同进程间进行大量的数据传递。Linux下的每个进程都有自己的独立空间，各自都不能直接访问其他进程的空间。好比这对情侣都有自己的小金库，有时候需要给对方一部分钱用，但他们不能直接相互转账，必须先将钱存到他们俩合开的一个公共账户上，然后再使用。这个公共账户就是这对情侣的"共享内存"。

（6）信号量用于进程同步。只有获得了信号量的进程才可以运行，没有获得信号量的进程只能等待。就像十字路口的红绿灯，只有在绿灯亮（获得了绿灯）的时候才能通行，否则只能等待。

（7）套接字（Socket）起源于BSD，也常称"BSD套接字"，用于多个进程间通信，可以基于文件，也可以基于网络。Socket本意是"插座"，套接字设计就是通过某些参数的设定，将一个"插座"与另外一个"插座"连接起来。这样讲可能还有点抽象，看下面一个例子可能就好理解了。把套接字理解为固定电话的插口，现在要打电话出去，必须要知道打给谁；另外，电话另一端必须有人在听才可以通话，否则也不能打电话。

1.2 Linux 发行版

由 Linus 主持开发的 Linux 仅仅是一个内核,提供了硬件抽象层、磁盘及文件系统控制和多任务等功能,并不是一个完整的操作系统。一套基于 Linux 内核的完整操作系统叫作 Linux 操作系统,也称 GNU/Linux。据不完全统计,目前大大小小应用于不同场合的 Linux 发行版已经超过 400 余种,桌面/服务器上常见的也就十来种,如 Redhat、Mandriva、Fedora、SuSe、Debian、Ubuntu 等。

一个完整的 Linux 发行版是以 Linux 内核为基础,外加众多外围应用程序和文档组成。一个典型的 GNU/Linux 发行版操作系统基本结构如图 1.3 所示。不同软件厂商发布的 Linux 发行版各自包含的外围软件不一样,发布版的镜像大小差别也很大。

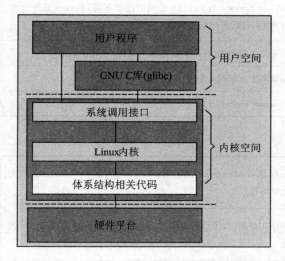

图 1.3 GNU/Linux 操作系统基本体系结构

Linux 内核为一些软件厂商提供了内核,促使了发行版的诞生;发行版的流行使得 Linux 更加广为人知,并吸引更多的黑客参与 Linux 应用开发,甚至内核开发,促进了内核的快速发展。不同发行版之间的功能定位和用户群体都有差异,几乎每个发行版都拥有相当数量的固定用户群或者忠实追随者。Linux 社区各大发行版之间的争论一直没有停止过,甚至有时候还有不同发行版用户之间的口水战,但是这并不妨碍 Linux 内核的发展。

Linux 发行版的版本号是发行厂商自定义的代号,与 Linux 内核版本号没有任何直接关系,并且各发行版的命名规则也各不相同,如 Fedora 20、Ubuntu 14.04 等。常见的 Linux 发行版如表 1.1~1.9 所列。

表 1.1 RedHat

简 介	由 Redhat 公司发行，曾经是最流行的 Linux 发行版，一度几乎成为了 Linux 的代名词。由于其良好的兼容性和完善的开发工具，目前依然是不少工程师进行嵌入式 Linux 开发的首选平台
优 点	拥有数量庞大的用户，优秀的社区技术支持
缺 点	已经停止开发，新硬件支持不佳或者不能支持
官方主页	http://www.redhat.com

表 1.2 Fedora

简 介	RadHat Linux 发行版至 9.0 版本后就停止了开发，取而代之的是 Fedora Core Linux。与 RedHat 公司的维护不同，Fedora 是一个由 Redhat 赞助，社区维护的发行版
优 点	拥有数量庞大的用户，优秀的社区技术支持，有许多创新
缺 点	免费版本生命周期太短
官方主页	http://www.redhat.com

表 1.3 Madriva

简 介	Mandriva 原名 Mandrake，基于 RedHat 开发，继承了 RedHat 的大部分优良特性
优 点	友好的操作界面，有图形配置工具，庞大的社区支持，NTFS 分区大小变更
缺 点	部分版本 bug 较多，最新版本只先发布给 Mandrake 俱乐部的成员
官方主页	http://www2.mandriva.com

表 1.4 Debian

简 介	是最具有 Linux 精神、最严谨、组织发展最整齐的 Linux，以稳定性著称
优 点	遵循 GNU 规范，100% 免费，优秀的网络和社区资源，强大的 apt-get
缺 点	安装相对不易，目前发展较为缓慢，stable 分支的软件极度过时
官方主页	http://www.debian.org

第1章 Linux 操作系统简介

表 1.5　Ubuntu

简　介	基于 Debian 开发，堪称最完美的 Linux 操作系统。每 6 个月发布一个新版本
优　点	人气颇高的论坛提供优秀的资源和技术支持，有固定的版本更新周期
缺　点	还未建立成熟的商业模式
官方主页	http://www.ubuntu.com

表 1.6　SuSe

简　介	在德国和欧洲很流行，已经被 Novell 收购
优　点	专业，易用的 YaST 软件包管理系统
缺　点	FTP 发布通常要比零售版晚 1～3 个月
官方主页	http://www.novell.com/linux

表 1.7　Gentoo

简　介	全部源代码级安装，不适合于初学者
优　点	高度的可定制性，完整的使用手册，媲美 Ports 的 Portage 系统
缺　点	编译耗时多，安装缓慢
官方主页	http://www.gentoo.org

表 1.8　Slackware

简　介	历史最悠久的 Linux 发行版本
优　点	非常稳定、安全，高度坚持 UNIX 的规范
缺　点	所有的配置均通过编辑文件来进行，自动硬件检测能力较差
官方主页	http://www.slackware.com

表 1.9　红旗 Linux

简　介	由原中科红旗软件公司开发，是国内比较优秀的 Linux 发行版
优　点	办公软件较齐全，适合办公
缺　点	开发软件少，不适合于嵌入式 Linux 系统开发
官方主页	http://www.redflag-linux.com

1.3 嵌入式 Linux

1.3.1 嵌入式 Linux 的特点

嵌入式 Linux 是对运行在嵌入式设备上的 Linux 的统称,严格来说,每种不同应用的嵌入式 Linux 都可以称为是一个发行版。嵌入式 Linux 往往针对于某个特殊领域,专门为实现某些特定的功能而开发。一般来说,嵌入式 Linux 所运行的程序相对比较单一,功能定位也比较明确,如嵌入式网关、路由器等。

将标准 Linux 应用到嵌入式领域,往往是根据实际需要裁减内核,内核一般从几百 KB 到几兆字节不等。所使用的文件系统也不是桌面 Linux 这样复杂庞大的软件包,一般也是用源码或者其他工具定制,文件系统的大小可以从几兆到几十兆,或者上百兆不等。

Linux 在嵌入式领域的分化一般是两个方向:小型化和实时化。

小型化一般就是根据需求将不需要的功能和服务去掉,尽可能地减小内核和系统的体积,以节省硬件资源和成本,如 ETLinux、μLinux、ThinLinux 等。

实时化一般是通过修改源代码,为 Linux 内核增加比校准内核更好的实时性,以满足一些对实时性有要求的特定领域的应用,如 RTLinux、RTAI 等。

1.3.2 嵌入式 Linux 的产品形态

与其他嵌入式系统产品一样,嵌入式 Linux 产品在物理形态上与普通 Linux 设备有很大差异,不同产品之间的物理形态也各不相同。与桌面 Linux 相比,嵌入式 Linux 产品往往没有硕大的显示器,或者鼠标键盘这样的外设。

嵌入式 Linux 产品既可以作为一个独立形态的产品出现,如手持机、交换机、路由器等,也可能以某种特殊功能设备的形式出现,通过某种通信接口参与系统集成,例如协议转换器,甚至以电路板或者模块的形式出现在某种设备的电路板上,如嵌入式工业交换机模块。无论如何,它们的共性都是运行了经过高度裁剪的、具备特定功能的嵌入式 Linux 操作系统。图 1.4 列举了生活中一些常见的嵌入式 Linux 产品。

无论最终产品以何种形态出现,在开发阶段,串口和网口几乎是必不可少的外设接口。嵌入式 Linux 的默认终端通常是调试串口,系统信息通过串口输出,也通过串口接收各种命令。而网口则常用于数据传输和程序调试,特别是在内核开发阶段和应用程序开发阶段,网络几乎是必不可少。

第 1 章 Linux 操作系统简介

图 1.4 生活中常见的嵌入式 Linux 产品

第 2 章
安装 Linux 操作系统

本章导读

学习 Linux，必须要有一个 Linux 环境。本章先介绍获得 Linux 环境的 3 种方式；然后以 Ubuntu 发行版为例讲解 Linux 操作系统的安装和设置，图文并茂、清晰明了地展示 Ubuntu 操作系统安装的全过程，引领读者完成 Ubuntu 操作系统的安装；最后对 Ubuntu 桌面进行了粗略介绍。

2.1 获得 Linux 环境的三种方式

通常情况下，可以通过以下三种方式获得 Linux 环境。

1. 双系统安装

如果没有闲置的计算机，或者现有 Windows 系统的计算机有足够的硬盘空间，可以考虑划分一部分硬盘空间，用于安装 Linux 操作系统，最终形成双系统计算机。

优点：经济实惠，且对计算机硬件要求不太高。

缺点：安装双系统比较危险，一不小心有可能造成整个硬盘数据丢失；在开发过程使用到 Windows 工具时，需进行系统切换，不是很方便。

2. 全新硬盘安装

如果有足够的计算机可用，可以选择一台全新计算机安装 Linux 操作系统。

优点：不用考虑多系统并存的问题，且对计算机硬件硬件要求不太高。

缺点：在嵌入式开发过程中，通常还会用到 Windows 下的工具，还需另外一台计算机安装 Windows 系统。

3. 安装虚拟机

如果计算机配置较高，可以考虑虚拟机方案。在 Windows 下安装虚拟机软件，然后通过虚拟机软件创建一台虚拟电脑，最后在虚拟电脑中安装 Linux 操作系统；也可以安装 Linux，在 Linux 中安装虚拟机再安装 Windows。

常用的虚拟机软件有 VMware、Virtual Box 和 Virtual PC 等,不同虚拟机软件的使用方法稍有不同。下文以 VMware 为例进行介绍。

优点:安装和使用 Linux 都很方便,还可同时使用 Windows 系统。
缺点:对计算机硬件要求高,特别是内存,推荐 4 GB 及以上。

在 Windows 下使用虚拟机,除了可以继续使用 Windows 下的工具之外,还有下列好处。

- 一台电脑可以同时存放多台虚拟机,这样就可以存在多个不同版本的 Linux 系统。
- 在硬件允许的情况下,甚至可以同时运行多台虚拟机。
- 安装好的虚拟机可以任意复制,方便在不同电脑之间迁移和扩散。

2.2 发行版选择和 ISO 下载

在第 1 章介绍 Linux 发行版的时候提到,Linux 有众多发行版,就算是常用的发行版也有十来种。不同发行版之间,在安装和使用上都有差异,选择一个合适的发行版,是能促进 Linux 的学习的。

首先,要考虑该发行版的流行度,越流行的发行版,用户越多,遇到问题寻求技术支持也越方便,如果选择小众的发行版,寻求技术支持就不那么方便了。

其次,要考虑该发行版使用的难易程度,通常来说,越简单易用的发行版越流行。

最后,进行嵌入式 Linux 开发,还必须考虑嵌入式 Linux 开发工具的问题。最好使用处理器半导体厂商以及开发平台厂商所选择的发行版,这样能够直接使用半导体或者开发平台原厂提供的各种工具,减少开发过程中的障碍。

基于以上 3 个理由,这里选择了 Ubuntu 发行版,下面的安装和使用都以 Ubuntu 为例进行介绍。Ubuntu 本身又有很多版本,选择的确切版本是 Ubuntu 12.04.5,是目前最适合于嵌入式 Linux 开发的 Ubuntu LTS(长期支持)版本。

Ubuntu12.04 下载地址:www.ubuntu.com/download/alternative-downloads,网页界面截图如图 2.1 所示。

建议选择 Desktop 版本,到底是 32-bit 版本还是 64-bit 版本,需要根据计算机硬件来决定,在硬件允许的情况下,推荐选择 64-bit 版本。

下载 ISO 文件后,如果进行虚拟安装,则可以直接使用 ISO 文件;如果进行物理实体安装,则可将 ISO 刻成启动光盘,或者用 unetbootin-windows 软件制作成 USB 启动盘备用。

用从 Ubuntu 官网下载的 ISO 镜像,安装后只能得到纯净的 Ubuntu 系统,如果从 www.zlg.cn/linux 下载经过重新打包的 Ubuntu 镜像,安装后将会得到已经构建好嵌入式 Linux 开发环境的 Ubuntu 系统。

如果使用虚拟机,还可以选择下载已经安装好的 Ubuntu 虚拟机文件,请参考 2.4 节。

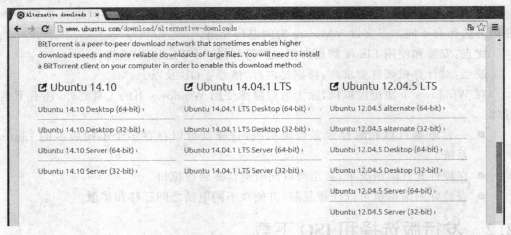

图 2.1　Ubuntu 镜像下载网页界面

2.3　VMware Player 软件

2.3.1　下载和安装

打开 VMware 官方网站（www.vmware.com），进入下载专区，下载非商用的 VMware Player 软件。在下载页面中选择下载 VMware Player for Windows 32 – bit and 64 – bit 软件，如图 2.2 所示。

图 2.2　VMware Player 下载页面

第 2 章 安装 Linux 操作系统

截止到本书完稿时,VMware Player 已经更新到了 7.0 版本,7.0 版本没有 32 位系统支持了,32 位系统请选择 6.0 版本下载使用。

文件下载完成后,得到 VMware-player-6.0.2-1744117.exe 程序安装文件(具体文件名以实际下载到的文件为准)。双击该程序安装文件,在弹出的对话框中单击"下一步"按钮,如图 2.3 所示。

图 2.3 安装 VMware Player

在弹出的"许可协议"对话框中选择"我接受许可协议中的条款",如图 2.4 所示。

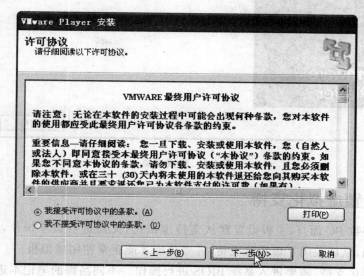

图 2.4 接受许可协议

然后按默认设置，一直单击"下一步"，直至如图 2.5 所示界面。

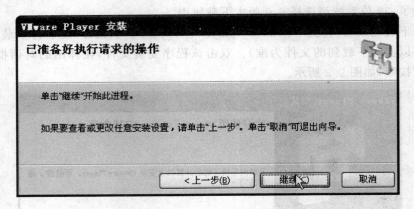

图 2.5　准备安装

此时单击"继续"按钮即可进行 VMware Player 软件的安装，安装完成时如图 2.6 所示。

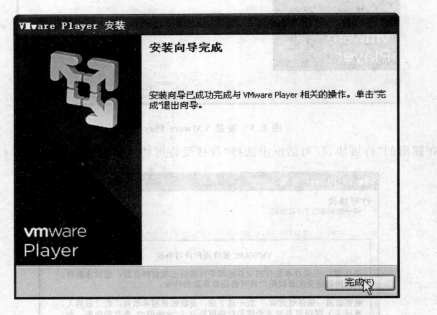

图 2.6　完成安装

2.3.2　设置虚拟化支持

对于大多数 PC 而言，主板设置默认支持虚拟化，无需进行该步操作，但是对于一些笔记本电脑，默认关闭了虚拟化支持，需要使能才能正常使用虚拟机。

设置虚拟化支持，需要进入系统 BIOS 进行操作。不同品牌的笔记本进入 BIOS 的方法也存在差异，有的是在刚启动时持续按 F2 键进入 BIOS，有的是 F10 键，具体请参考对应品牌电脑的主板说明。

进入 BIOS 系统后,找到 Intel Virtualization Technology 选项,将其配置为 Enable,如图 2.7 所示。注意,不同 PC 的 BIOS 中对应的选项位置及描述可能不同,请以实际情况为准。

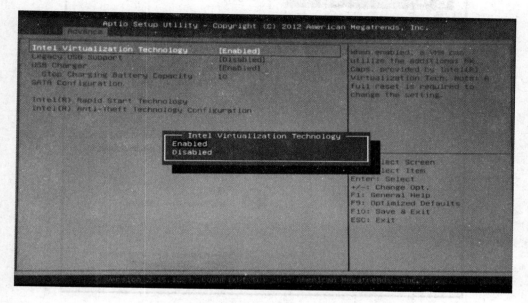

图 2.7 使能 Intel Virtualization Technology

设置好虚拟化支持后,保存并退出 BIOS,重启电脑。

2.4 使用现成的虚拟机

前面已经提到过,虚拟机可以在不同电脑之间迁移和扩散。如果觉得安装 Linux 操作系统麻烦,或者暂时不想安装,可以直接使用已经安装好的虚拟机镜像。打开 http://www.zlg.cn/linux,下载已经安装好的 Ubuntu 12.04 虚拟机镜像,存放到有足够空闲空间(建议 40GB 以上)的硬盘解压,将得到已经安装好的虚拟机,如图 2.8 所示。

图 2.8 下载得到的虚拟机镜像和解压后的文件夹

下载页面同时提供了 64 位和 32 位虚拟机文件,请根据计算机硬件具体情况选择:32 位处理器的计算机只能使用 32 位镜像;而对于 64 位处理器的计算机,无论安装了 32 位还是 64 位操作系统,都可以任意选择。

打开 WMware Player 软件,单击"打开虚拟机",选择打开已有的虚拟机,如图 2.9 所示。

图 2.9 选择"打开虚拟机"

在文件浏览器中,找到刚才虚拟机解压后得到的目录,打开虚拟机配置文件,如图 2.10 所示。

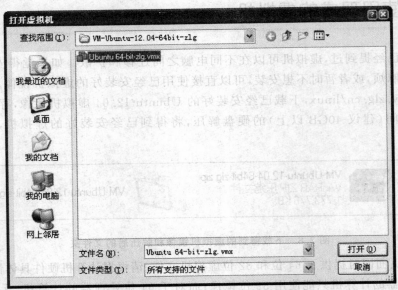

图 2.10 打开虚拟机配置文件

第 2 章 安装 Linux 操作系统

打开虚拟机配置文件的 VMware Player 界面,如图 2.11 所示,单击"播放虚拟机"按钮可以启动虚拟机。

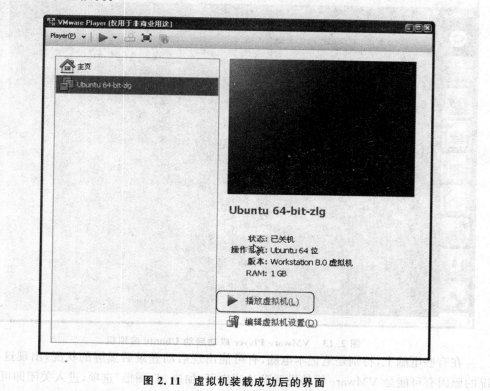

图 2.11 虚拟机装载成功后的界面

虚拟机文件被复制到新的位置,第一次运行虚拟机时会出现如图 2.12 所示的对话框,选择"我已复制该虚拟机"即可。

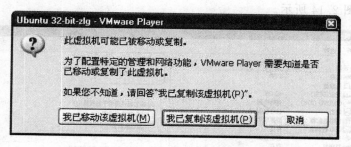

图 2.12 选择"我已复制该虚拟机"

之后虚拟机将会正常启动,启动成功后,可以看到 Ubuntu 桌面,如图 2.13 所示。

Ubuntu 系统在 VMware Player 中成功启动后,可以先阅读 2.7 小节,初步了解 Ubuntu 后,即可进入第 3 章,开始学习 Linux 命令。

如果以后想学习安装 Ubuntu,可以在另外的目录创建新的虚拟机,并安装新的 Ubuntu 系统。

图 2.13 VMware Player 成功启动 Ubuntu 虚拟机

在有些电脑上,特别是笔记本电脑,有可能出现启动登录后黑屏的状况,出现这种状况的原因有可能是 VMware 软件设置默认开启了"加速 3D 图形"选项,进入关闭即可。

先关闭虚拟机系统,打开虚拟机并装载虚拟机配置文件,在 VMware Player 主界面,选择"编辑虚拟机设置",在"硬件"选项卡中选择"显示器",将"加速 3D 图形"前面的勾去掉,如图 2.14 所示。

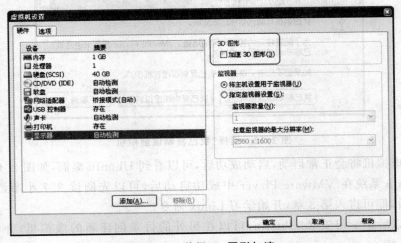

图 2.14 关闭 3D 图形加速

第 2 章　安装 Linux 操作系统

2.5　创建和配置虚拟机

2.5.1　创建虚拟机

双击桌面的 VMware Player 快捷方式图标，打开 VMware Player 软件，运行界面如图 2.15 所示。单击"创建新虚拟机(N)"，可以创建一台虚拟机。

图 2.15　创建新虚拟机

在弹出的向导欢迎界面中选择"稍后安装操作系统(S)"，然后单击"下一步"按钮，如图 2.16 所示。

在图 2.17 所示的"选择客户机操作系统"界面，选择 Linux(L)，并在版本下拉框中选择"Ubuntu 32 位"或者"Ubunutu 64 位"。请根据实际计算机硬件情况进行选择，图 2.17 的示例是安装 Ubuntu 64 位系统。

对于 64 处理器的计算机，如果安装了 32 位操作系统，开启了虚拟化支持的话，那么在安装虚拟机的时候也可以选择 64 位 Linux 系统。

单击"下一步"按钮，进入"命名虚拟机"设置界面，可设置虚拟机名称以及存储位置，如图 2.18 所示。名称可用默认名称，也可以更改为自定义的名称；但存放位置不推荐用默认值，必须放置到有足够空闲空间的硬盘分区上。

设置好确认无误后，继续单击"下一步"按钮，进入"指定磁盘容量"界面，如图 2.19 所示。

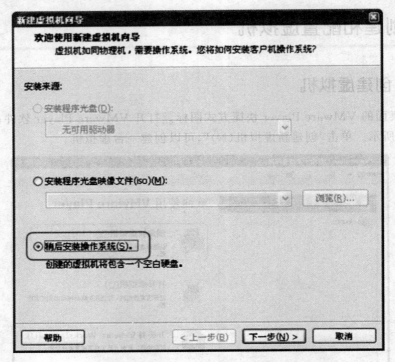

图 2.16 选择"稍后安装操作系统"

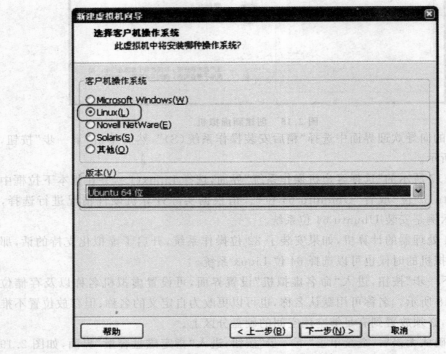

图 2.17 选择客户机操作系统

第 2 章　安装 Linux 操作系统

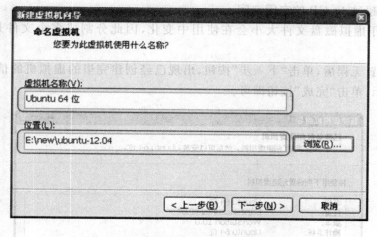

图 2.18　设置虚拟机名称及存储位置

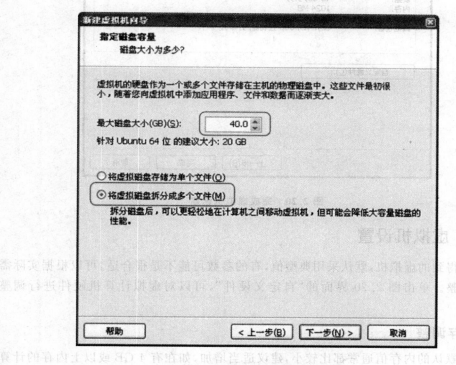

图 2.19　指定虚拟磁盘容量

（1）磁盘容量设置，建议 40 GB 以上。除了安装 Ubuntu 操作系统本身外，还会安装嵌入式 Linux 开发的各种工具，以及对应的源码等，都需要较大空间。

（2）图 2.19 示例分配了 40 GB 虚拟磁盘，会产生虚拟磁盘文件，但并不会立即占用 40 GB 的实际硬盘空间。虚拟磁盘文件会在使用过程中逐步增大，直到最大容量 40 GB。尽管不会立即占用 40 GB 硬盘空间，但是为了将来方便使用，必须保证放置虚拟机的磁盘有超过 40 GB 的空闲空间。

（3）由于虚拟磁盘文件大小会在使用中变化，因此分割成多个文件是比较好的选择。

确认设置无误后，单击"下一步"按钮，出现已经创建完毕的虚拟机的信息概览，如图 2.20 所示，单击"完成"按钮即可。

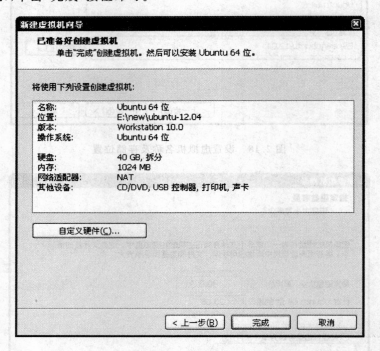

图 2.20　完成虚拟机创建

2.5.2　虚拟机设置

创建得到的虚拟机，默认采用典型值，有的参数可能不是很合适，可以根据实际需要进行调整。单击图 2.20 界面的"自定义硬件"，可以对虚拟计算机硬件进行调整定制。

1. 内存调整

系统默认的内存值通常都比较小，建议适当增加，如在有 4 GB 或以上内存的计算机上，给虚拟电脑的内存可以设置为 2 GB。进入自定义硬件界面后，在"硬件"选项卡选中"内存"，得到如图 2.21 所示的界面，在这个界面可以设置内存大小。

2. 虚拟网卡设置

不少用户都碰到过 VMware 虚拟网卡的问题，这里重点介绍一下。进入自定义硬件界面后，在"硬件"选项卡选择"网络适配器"，得到如图 2.22 所示的网卡设置界面。

第 2 章 安装 Linux 操作系统

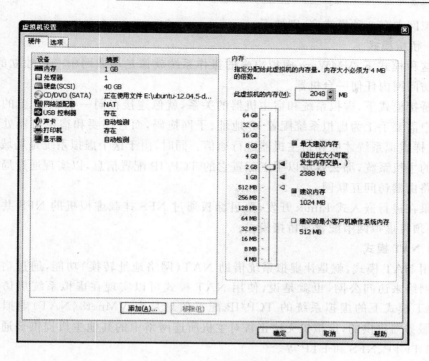

图 2.21 内存调整界面

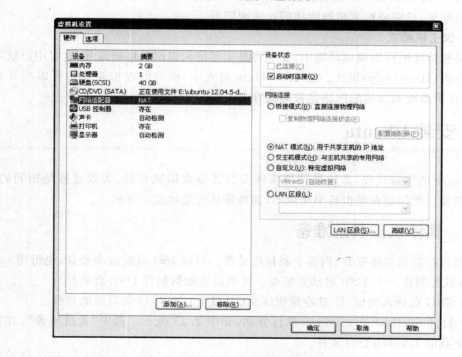

图 2.22 虚拟网卡设置

虚拟网卡有 3 种模式，分别如下。

(1) 桥接模式

在这种模式下，VMWare 虚拟出来的操作系统就像是局域网中一台独立的主机，它可以访问网内任何一台机器。

在桥接模式下，虚拟系统和宿主机器的关系，就像连接在同一个 Hub 上的两台电脑。用户需要手工为虚拟系统配置 IP 地址、子网掩码，而且还要和宿主机器处于同一网段，这样虚拟系统才能和宿主机器进行通信。同时，由于这个虚拟系统是局域网中一个独立的主机系统，那么就可以手工配置它的 TCP/IP 配置信息，以实现通过局域网的网关或路由器访问互联网。

如果在进行嵌入式 Linux 开发，要目标板通过 NFS 挂载虚拟机的 NFS 共享目录的话，必须将虚拟网卡配置为桥接模式。

(2) NAT 模式

使用 NAT 模式，就是让虚拟系统借助 NAT（网络地址转换）功能，通过宿主机器所在的网络来访问公网，也就是说，使用 NAT 模式可以实现在虚拟系统里访问互联网。NAT 模式下的虚拟系统的 TCP/IP 配置信息是由 VMnet8（NAT）虚拟网络的 DHCP 服务器提供的，虚拟机无法正常对主机所连网络中的其他主机提供普通的网络服务，如 TFTP、NFS 和 FTP 等。

采用 NAT 模式最大的优势是虚拟系统接入互联网非常简单，用户不需要进行任何其他的配置，只需要宿主机器能访问互联网即可。

(3) 仅主机模式

在某些特殊的网络调试环境中，要求将真实环境和虚拟环境隔离开，这时用户就可采用仅主机（Host-Only）模式。在 Host-Only 模式中，所有的虚拟系统是可以相互通信的，但虚拟系统和真实的网络是被隔离开的。

2.6 安装 Ubuntu

Ubuntu 的安装过程，无论是硬件实体安装还是虚拟机安装，大致过程是相同的。以下的安装过程都是在虚拟机中完成的，物理实体安装也是一样的。

2.6.1 实体机安装前准备

如果进行物理实体安装，则需要制作启动盘。可将 ISO 刻成启动光盘，也可用 unetbootin 软件制作一个 USB 启动安装盘。这里讲述如何制作 USB 启动盘。

(1) 将 U 盘插入电脑（U 盘容量建议 2 GB 以上），查看 U 盘对应的盘符。

(2) 打开 unetbootin-windows 软件界面，如图 2.23 所示。选中"光盘镜像"，并打开已经下载的 Ubuntu ISO 文件。

(3) 在驱动器一栏选择 U 盘对应的盘符，确定无误后单击"确定"，开始制作启动盘。

第 2 章 安装 Linux 操作系统

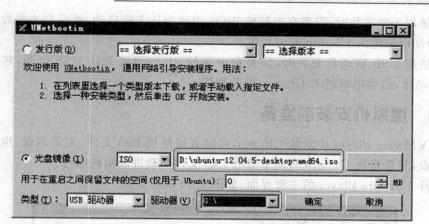

图 2.23 打开 unetbootin - windows 软件

制作时间较长,大约几分钟到十几分钟不等,这取决于计算机性能以及 U 盘的读写速度,制作过程如图 2.24 所示。

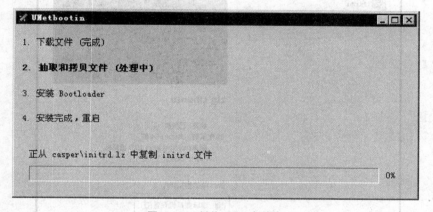

图 2.24 制作 USB 启动盘

当 USB 启动盘制作完成后,将显示如图 2.25 所示界面。这时不要单击"现在重启"按钮,直接单击"退出"按钮即可。

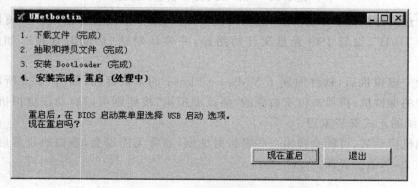

图 2.25 USB 启动盘制作完成

当使用光盘安装时,需要在电脑的 BIOS 设置为从光驱启动,然后在光驱放入安装光盘,启动电脑进入 Ubuntu 安装程序。

当使用 USB 启动盘安装时,需要在电脑的 BIOS 设置为从 USB 启动,然后插入 USB 启动盘,启动电脑进入 Ubuntu 安装程序。

2.6.2 虚拟机安装前准备

在 VMware Player 中安装 Ubuntu,可以直接使用 ISO 文件,无需刻盘,也无需制作启动盘,只需将从 Ubuntu 官网下载的 ISO 文件加载进虚拟机即可。

打开 VMware Player 的主页界面,如图 2.26 所示。

图 2.26 VMware Player 的主页界面

在新建的虚拟机上单击"编辑虚拟机设置"进入虚拟机设置界面,选中"硬件"选项卡的"CD/DVD",设置 ISO 光盘文件的路径,并确认勾选"启动时连接",如图 2.27 所示。

配置完虚拟机后,软件回到了 VMware Player 的主页界面,如图 2.28 所示,选中刚刚创建的虚拟机,再单击位于右侧的"播放虚拟机"按钮则可以启动该虚拟机并进入 Linux 系统的正式安装流程。

虚拟机启动后,可能会弹出一些警告对话框,通常无需理会,虚拟机正常启动后出现如图 2.29 所示的界面。

第 2 章 安装 Linux 操作系统

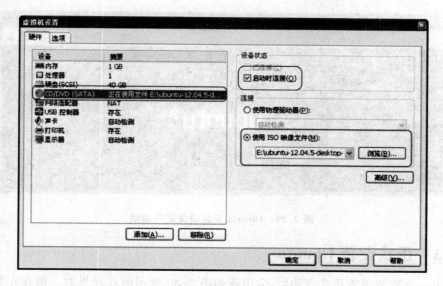

图 2.27 设置 ISO 文件

图 2.28 启动虚拟机

图 2.29　Ubuntu 安装镜像正常启动

2.6.3　正式安装 Ubuntu

Ubuntu 安装镜像正常启动后,会出现如图 2.30 所示的欢迎界面。请在左侧的列表选择"中文(简体)",然后单击"安装 Ubuntu"按钮进入下一步安装。

图 2.30　选择系统语言

在图 2.31 所示的"准备安装 Ubuntu"界面,会给出当前安装环境的检测结果,包括系统空闲磁盘以及是否联网等信息,单击"继续"进行下一步安装。

紧接着出现图 2.32 所示的"安装类型"选择界面,如果在全新硬盘或虚拟机安装 Ubuntu,可以选择"清除整个磁盘并安装 Ubuntu"选项。但如果用户是双系统安装,则

第 2 章 安装 Linux 操作系统

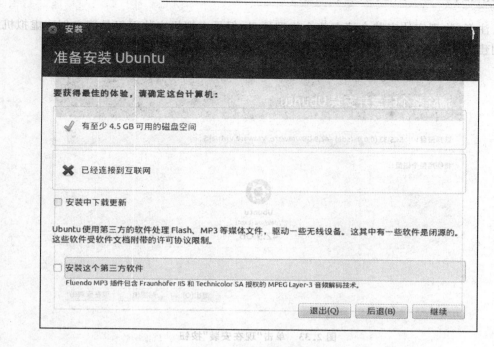

图 2.31 单击"继续"按钮

必须选择"其他选项",具体操作请参考其他资料。

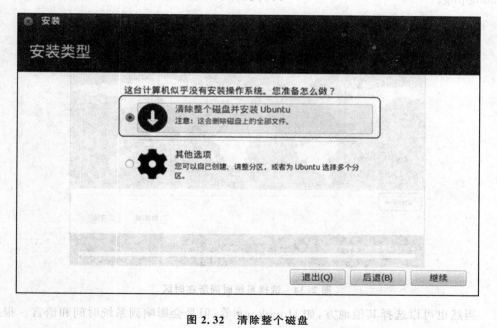

图 2.32 清除整个磁盘

单击"继续"按钮,出现"清除整个磁盘并安装 Ubuntu"的界面,如图 2.33 所示,单击"现在安装"按钮开始安装。

注意:物理实体安装会清空整个物理硬盘,但是虚拟机安装仅仅是清空创建虚拟机时创建的虚拟磁盘,并不会清空物理硬盘上的其他数据,无需担心。

图 2.33 单击"现在安装"按钮

紧接着会出现如图 2.34 所示的地理位置选择界面,请选择 shanghai 或者 Chongqing。

图 2.34 选择系统时间所在时区

当然也可以选择其他地方,如 Hongkong 等,但是会影响到系统时间和语言。很遗憾,这里并没有 Beijing 可选。

进入键盘布局设置界面。

然后单击"继续"按钮,进入如图 2.35 所示的"键盘布局"设置界面。选择"汉语"并单击"继续"按钮。

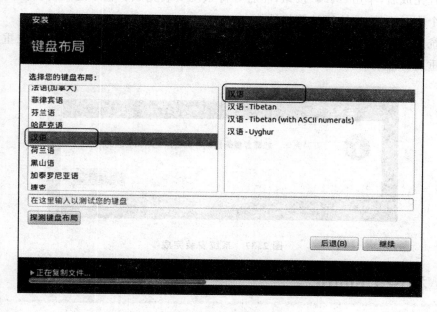

图 2.35 选择键盘布局

接着将进入"您是谁"的用户信息设置界面。在这里填写用户的相关信息,包括计算机名、用户名、用户密码等信息。

为方便后面的描述,这里设置计算机名为 Linux-host、用户名为 vmuser、用户密码为 vmuser,如图 2.36 所示。为方便系统启动后开机能自动进入桌面,这里设置登录方式为"自动登录"。

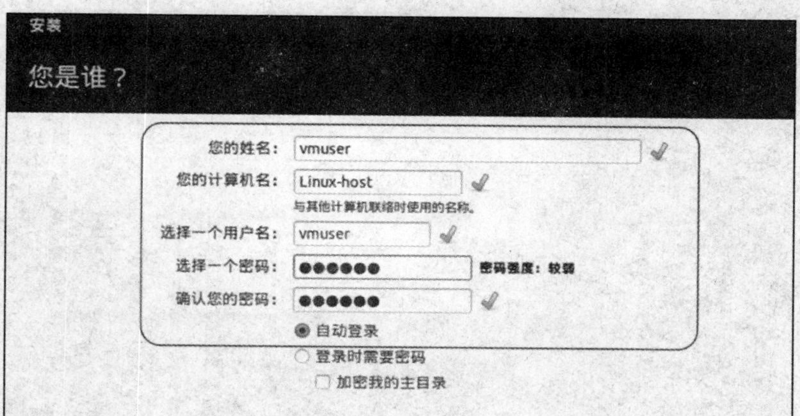

图 2.36 设置用户信息

设置完成后,单击"继续"按钮,然后等待系统安装完成。整个过程时间大约30分钟到1个小时不等,取决于计算机性能。

系统安装完成后,将出现如图2.37所示的"安装完成"对话框,单击"现在重启"按钮完成重启。

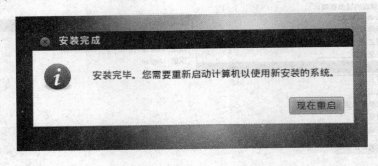

图2.37 系统安装完成

2.7 初识Ubuntu

2.7.1 Ubuntu桌面

Ubuntu启动后,进入桌面系统,桌面环境如图2.38所示。

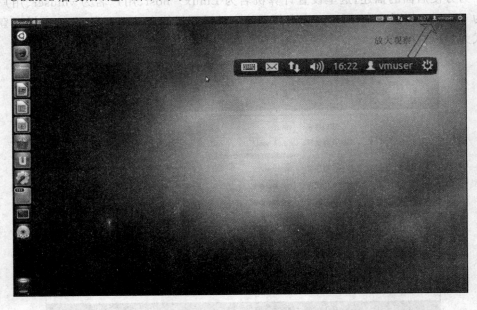

图2.38 Ubuntu桌面环境

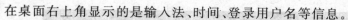

在桌面右上角显示的是输入法、时间、登录用户名等信息。

桌面的左侧是任务栏。在任务上，可以看到 Ubuntu 为用户准备了一些常用的软件：

浏览器，上网用；

文件浏览器，用于浏览计算机上的文件；

文档处理处理软件，类似 Windows Office 的 Word 软件；

表格处理软件，类似 Windows Office 的 Execl 软件；

演示文稿软件，类似 Windows Office 的 PowerPoint；

软件中心，为用户提供海量的软件下载、安装；

系统设置。

2.7.2 输入法

在桌面的右上角单击图标打开输入法菜单，如图 2.39 所示。

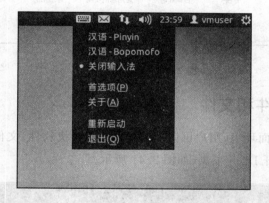

图 2.39 输入法菜单

在该菜单可以看到系统默认设置了两种汉字输入法。中/英文输入法切换的默认快捷键是"Ctrl+空格"；中文之间输入法切换的默认快捷键是"Alt+Shift"。若用户需要设置输入法和输入法切换的快捷键，请单击"首选项"菜单项进行设置。

2.7.3 系统设置

在任务栏单击图标即可打开系统设置窗口，如图 2.40 所示。用户可以在这里对系统进行设置，这和 Windows 的"控制面板"类似。

如果用户是使用虚拟机安装 Ubuntu，则系统启动后，桌面有可能不是默认全屏显示。这时可以在系统设置里单击"显示"图标，进入"显示"配置界面修改分辨率。

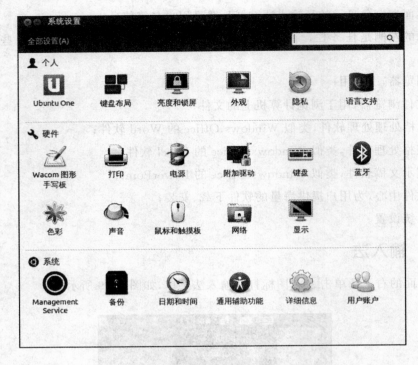

图 2.40　系统设置窗口

2.7.4　搜索软件和文件

在 Ubuntu 的桌面环境,用户可以用 Dash 工具查找软件、文件和目录。在任务栏单击 图标,即可打开 Dash 主页,如图 2.41 所示。

图 2.41　Dash 主页

在 Dash 主页显示了用户最近打开的程序和文件的图标。Dash 主页还有一个"搜索"输入框,用于搜索安装程序或者文件,支持模糊查找。Dash 主页下方有多个快捷方式方便用户搜索,功能如表 2.1 所列。

表 2.1 快捷方式说明

图标	应用	应用说明
	主页	—
	应用程序搜索	支持用户按类别(办公、附件、互联网、教育……)搜索程序
	文件搜索	支持用户按文件大小、修改时间和类型(目录、视频、文档、图片、演示文稿……)搜索文件
	视频文件搜索	空
	音频文件搜索	支持用户按音乐风格搜索音频文件

这些快捷方式简单易用,这里不再多述。

2.7.5 打开终端

在 Dash 的搜索输入框输入 terminal,即可搜索到终端程序。在实际应用中,并不需要写全,输入前面几个字母,系统就能自动列出相关软件,如输入 te,即可出现包含终端在内的程序,如图 2.42 所示。

图 2.42 搜索终端程序

小贴士:在中文版 Ubuntu 中,搜索支持中文拼音单字匹配,例如"终端",输入"终"的拼音"zhong"或者"端"的拼音"duan",都可以搜索到终端程序。如果记不起某个程序英文怎么写,而知道大概中文,就可以采用这种方法。

单击终端图标即可打开终端的窗口,如图 2.43 所示。按"Ctrl+Alt+T"组合键也可以打开终端窗口。终端窗口的大小,可以由用户用鼠标拖伸,或最大化来控制。

按"Ctrl+Shift+T"键可以在终端窗口再打开一个终端标签,如图 2.44 所示。按"Alt+1"或"Alt+2"可切换终端标签。

图 2.43 终端界面

图 2.44 再打开一个终端

2.7.6 安装软件

在 Ubuntu 中一般使用 apt-get 命令安装软件,但前提是电脑需要连接到互联网。apt-get 命令在执行时会在网上下载指定的软件包,然后完成安装。

例如,安装 vim 的方法是:

$ sudo apt-get install vim

若要卸载安装好的 vim,方法是:

$ sudo apt-get remove vim

Ubuntu 也提供很好的图形界面让用户比较方便查找、安装自己所需的软件。在 Ubuntu 桌面的左侧任务栏,单击 图标,即可打开如图 2.45 所示的软件中心。

用户可以很方便地在这里查找软件、下载软件,完成安装,或者卸载安装好的软件,这和 app store 类似。

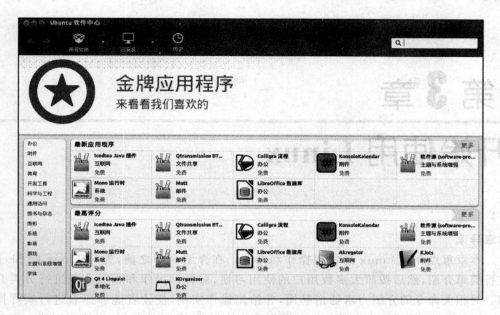

图 2.45 Ubuntu 软件中心

第 3 章

开始使用 Linux

本章导读

本章重点介绍 Linux 的常用操作和命令。在介绍命令之前,先对 Linux 的 Shell 进行简单介绍,然后按照大多数用户的使用习惯,对各种操作和相关命令进行分类介绍。对相关命令的介绍力求通俗易懂,并给出操作实例,使读者能够照着进行实际操作,并得到正确结果。命令是 Linux 操作系统的利器,务必掌握好,当然不可能一下子熟练掌握,但是只要多加练习,就可以运用自如,熟能生巧。最后对 Linux 的环境变量也进行必要的介绍。

3.1 Linux Shell

3.1.1 Shell 是什么

前面已经提到过,Linux 系统为用户提供了多种用户界面,包括 Shell 界面、系统调用和图形界面。其中 Shell 界面是 UNIX/Linux 系统的传统界面,也可以说是最重要的用户界面,无论是服务器、桌面系统还是嵌入式应用,都离不开 Shell。

Shell,英文本意是外壳,Linux Shell 就是 Linux 操作系统的外壳,为用户提供使用操作系统的接口,是 Linux 系统用户交互的重要接口。登录 Linux 系统或者打开 Linux 的终端,都将会启动 Linux 所使用的 Shell。

Linux Shell 是一个命令解释器,是 Linux 下最重要的交互界面,从标准输入上接收用户命令,将命令进行解析并传递给内核,内核则根据命令作出相应的动作,如果有反馈信息,则输出到标准输出上,过程示意如图 3.1 所示。嵌入式 Linux 的标准输入和输出都是串口终端。

Shell 既能解释自身的内建命令,也能解释外部命令,如系统某个目录下的可执行程序。Shell 首先判断是否是自己的内建命令,然后再检查是不是系统的应用程序。如果不是内建命令,在系统中也找不到这个应用程序,则提示错误信息;如果找到了该应用程序,则应用程序在调入系统调用时陷入内核。

第 3 章　开始使用 Linux

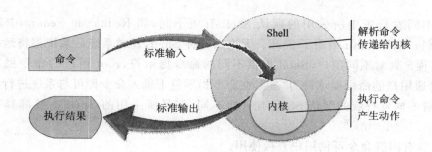

图 3.1　命令输入和结果输出

　　Shell 也是一种解释型的程序设计语言，并且支持绝大多数高级语言的程序元素，如变量、数组、函数以及程序控制等。Shell 编程简单易学，任何在 Shell 提示符中输入的命令都可以放到一个可执行的 Shell 程序文件中。Shell 文件其实就是众多 Linux 命令的集合，也称为 Shell 脚本文件。

3.1.2　Shell 的种类和特点

　　Linux Shell 有多种，比较通用且有标准的主要分为两类：Bourne Shell（sh）和 C Shell（csh），各自包括几种具体的 Shell，如表 3.1 所列。

表 3.1　常见 Linux Shell

类　别	名　称	说　明
Bourne Shell	Bourne shell（sh）	由贝尔实验室开发，UNIX 最初使用的 Shell
	Bourne Again shell（bash）	GNU 操作系统上默认的 Shell
	Korn shell（ksh）	—
	POSIX shell（sh）	Korn Shell 的变种
C Shell	CShell（csh）	目前使用较少
	TENEX/TOPS C shell（tcsh）	—

　　Bourne Shell 是 UNIX 最初使用的 Shell，在每种 UNIX 上都可以使用。Bourne Shell 的优点是在编程方面很好，缺点是用户的交互不如其他几种 Shell。

　　Bourne Again Shell 简称 Bash，是 Bourne Shell 的扩展，与 Bourne Shell 完全向后兼容，它在 Bourne Shell 的基础上增加了很多新特性。Bash 提供了命令补全、命令编辑和命令历史列表等功能，还包含了很多 C Shell 和 Korn Shell 中的优点，使用灵活，界面友好，编程方便，是 GNU/Linux 操作系统的默认 Shell。

　　Korn Shell 由 AT&T 的 Bell 实验室 David Korn 开发，吸收了所有 C Shell 的交互式特性，并融入了 Bourne Shell 的语法，与 Bourne Shell 完全兼容。

　　C Shell 由 Bill Joy 在 BSD 系统上开发，增强了用户交互功能，并将编程语法变成了 C 语言风格，还增加了命令历史、别名、文件名替换、作业控制等功能。目前使用较少。

在不同发行版中所采用的默认 Shell 有所不同,如 Redhat 和 Fedora 中默认的 Shell 为 bash,Ubuntu 中用了 dash。无论用哪种 Shell,登录系统后系统都将运行一个 Shell 进程。针对不同用户,Shell 提供不同的命令提示符,root 用户的命令提示符为"♯",普通用户的命令提示符为"$",在命令提示符下输入命令即可与系统进行交互。

尽管不同发行版的默认 Shell 有可能不同,但是所采用的 Shell 一般都具有如下特性:

- 具有内置命令可供用户直接使用;
- 支持复合命令:把已有命令组合成新的命令;
- 支持通配符(*、?、[]);
- 支持 TAB 键补齐;
- 支持历史记录;
- 支持环境变量;
- 支持后台执行命令或者程序;
- 支持 Shell 脚本程序;
- 具有模块化编程能力,如顺序流控制、条件控制和循环控制等;
- Ctrl+C 能终止进程。

3.2 Linux 常见命令

本节对嵌入式 Linux 开发中经常会用到的一些操作和相关命令进行介绍,进一步加深对 Linux 的了解。命令是 Linux 最重要的人机交互界面之一,学习并掌握 Linux 命令是学会 Linux 不可逾越的阶段。在 Shell 下,一些命令加上一些参数,或者几个简单命令进行组合,就可以完成在图形界面下需要经过复杂操作才能完成的任务。"简单就是美"在 Linux 的命令中得到了很好的体现。

Linux 的命令通常会有很多选项和参数,但平常操作中用到的都不多,在这里也仅仅选取常用的进行介绍,更多或者完整的 Linux 命令请参考 Linux 命令手册或者其他资料。在接触具体的命令之前,先对 Linux 命令的特点做一个概括,这也是使用 Linux 命令的一些注意事项:

- 大多数命令都有各种参数和选项;
- 大多数命令的参数可以组合使用(相斥参数除外);
- 用"命令--help"或者"man 命令"可以获取相应命令的详细用法;
- 不同版本的命令/工具所支持的参数可能会有所差异;
- 命令区分大小写,包括参数;
- Shell 支持 TAB 键命令补齐,输入命令开头字母,按 TAB 键能补齐命令。

3.2.1 导航命令

打开 Linux 的虚拟终端后,一般都停在用户主目录下。当前目录下有什么?如何进入到其他目录?进入其他目录后,如何才能知道当前的确切位置?像这类操作通常称之为导航。在 Linux 下,能帮助进行导航的命令有 3 个:ls、cd 和 pwd。

1. 查看当前目录的内容

打开 Linux 虚拟终端后,查看当前目录下的内容,几乎是所有 Linux 使用者的习惯。查看当前目录下有什么文件和目录,然后再进行其他操作。查看当前目录下内容的命令是 ls,简单地输入 ls 就可以了,参考图 3.2。

图 3.2 ls 命令结果

ls 命令应该是学习 Linux 的第一个命令。ls 命令支持选项,加上不同选项,可以按不同条件查看或者按不同方式排序结果。用法如下:

$ ls [选项]

下面给出一些常用选项和说明,如表 3.2 所列。

表 3.2 ls 命令常用选项

选项	说明
空	按字母顺序列出当前目录下的所有非隐藏文件(包括目录)
-a	按字母顺序列出当前目录下的所有文件,包括隐藏文件
-l	列出当前目录下的所有文件,包括文件长度、拥有者、权限和时间戳等信息
-t	按最后修改时间列出文件
-F	按类型列出所有文件,在文件末尾用不同符号区分: 斜线(/):表示目录 星号(*):表示可执行文件 @符号:表示链接文件
--color	以不同颜色显示目录、普通文件、可执行文件、压缩文件以及链接文件等

说明:

(1) Linux 命令区分大小写,在输入的时候需要特别注意;

(2) 各参数可以任意组合,如 ls-la;

(3) 支持通配符"*"、"?"等。

使用范例:以详细列表查看当前目录下的全部内容。可使用 ls-la 命令,结果如图 3.3 所示。

在 ls-la 命令的结果中,以点号(.)开始的是隐藏文件。

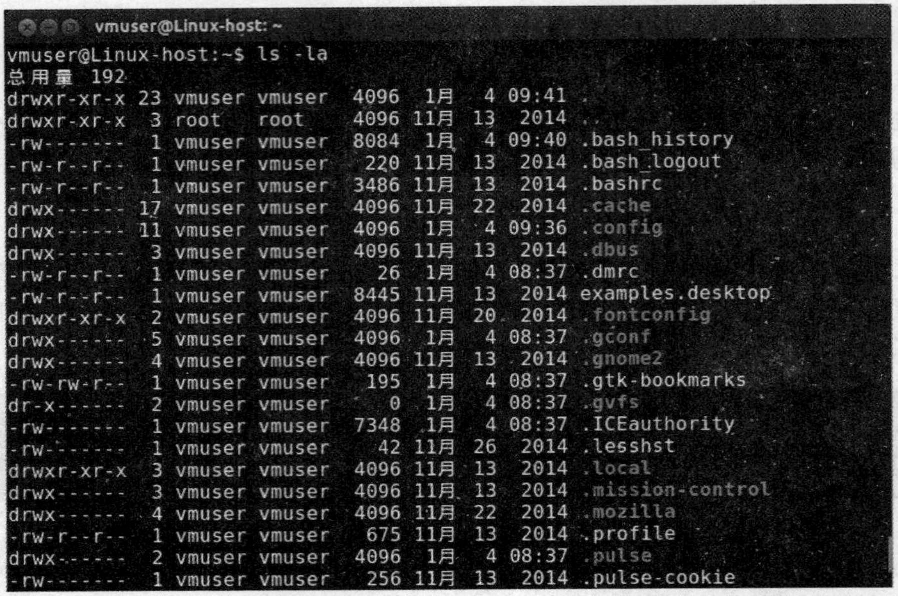

图 3.3　ls-la 命令结果

在 Linux 下,隐藏一个文件只需将文件改名为点号(.)开始的文件名即可,而在 Windows 下,通常需要修改文件属性。

2. 切换工作目录

得知所处目录下的内容后,可以根据需要进行操作。如果想进入到更深的目录中去,或者进入到系统其他目录中去,又该如何操作呢?这就要用到 cd 命令。cd 命令是 change directory 的缩写,用于改变工作目录,与 MS-DOS 的 cd 命令类似,用法如下:

$ cd 目标路径

Linux 下路径的表示方法,详见表 3.3。

表 3.3　Linux 下路径的表示方法

表示方法	说　明
/	根目录
句点(.)	当前目录
句点2(..)	上一层目录
~	当前用户的主目录,一般为/home/username,如当前登录用户为 user,则~表示/home/user 目录,cd 命令不加任何参数,将切换到用户主目录(~)
短横线(-)	上一次工作目录,cd-可切换至切换之前的工作目录

说明:

(1) 在 Linux 下,目录、计算机名和域名之间都是用斜线(/)分开,而非反斜线(\);

(2) 在 Linux 下,切换目录,可用相对路径,亦可用绝对路径。

第 3 章　开始使用 Linux

假定当前在用户主目录(~)下,现在先进入目录/etc/network,然后切换到/etc/network/if-down.d 目录,接下来在/etc/network/if-post-down.d 和/etc/network/if-down.d 目录间切换,操作过程的命令如下:

```
vmuser@Linux-host:~ $ cd /etc/network/
vmuser@Linux-host:/etc/network $ cd if-down.d/
vmuser@Linux-host:/etc/network/if-down.d $ cd ../if-down.d/
vmuser@Linux-host:/etc/network/if-down.d $ cd -
```

实际操作结果如图 3.4 所示。

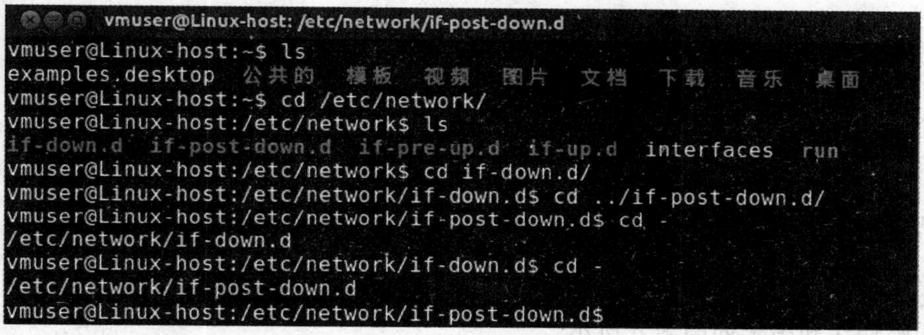

图 3.4　cd 命令操作示例

3. 查看当前路径

掌握了前面介绍的 ls 和 cd 两条命令后,几乎可以走遍整个 Linux 文件系统中所允许访问的目录。但是如果将 Linux 的命令提示设置为只提示当前目录名而不显示完整的路径,则在 Shell 下如果进入的目录较深,有时候可能不清楚当前所在路径而"迷路"。是一个导航辅助命令,功能是打印当前所在的路径,告知用户当前所处的位置。用法很简单,在 Shell 终端中输入 pwd 即可,命令如下:

```
vmuser@Linux-host:drivers $ pwd
```

如图 3.5 所示是 pwd 命令的一个简单范例。

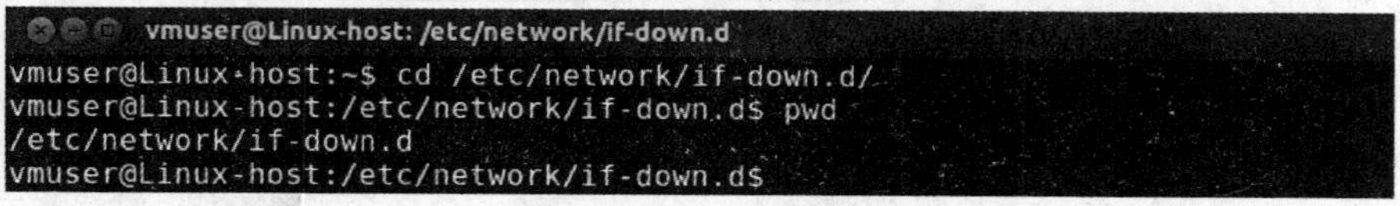

图 3.5　pwd 命令结果

3.2.2　目录操作命令

Linux 下的目录和文件都被称为文件,一般情况下不区分文件和目录,只是在特殊情况下加以区分。

1. 创建目录

创建目录在日常研发过程中是再常用不过的了。在图形界面下，单击右键选择新建文件夹可以完成目录创建的工作。在命令行下，用 mkdir 命令可以更简单快速地创建一个或者多个目录，甚至多级目录。

mkdir 用于创建一个或者多个目录，加上选项也可以创建多级目录，这样的快捷性是图形界面无法做到的。mkdir 支持的选项如表 3.4 所列，具体用法如下：

$ mkdir［选项］［参数］目录

表 3.4 mkdir 命令支持的选项

参　数	说　明
-m	创建目录的同时指定访问权限
-p	如果所创建目录的父目录不存在，则一同创建父目录

创建一个目录。假如要在当前目录下创建 new_dir 目录，命令如下：

vmuser@Linux-host:~ $ mkdir new_dir

实际操作和结果如图 3.6 所示。

图 3.6 创建一个目录

操作完成后，可以在文件浏览器中看到新创建的 new_dir 目录，如图 3.7 所示。

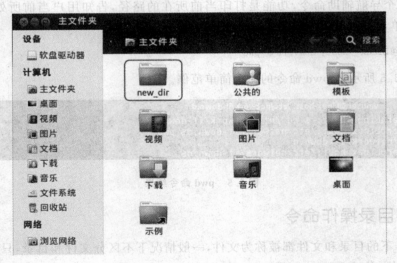

图 3.7 新创建的目录

第 3 章　开始使用 Linux

创建多个目录。假如要在当前目录下一次性创建 dir1、dir2、dir3 这 3 个目录，则只需在 mkdir 命令后面依次写出目录名即可，命令如下：

vmuser@Linux-host:test$ mkdir dir1 dir2 dir3

实际操作和结果如图 3.8 所示。

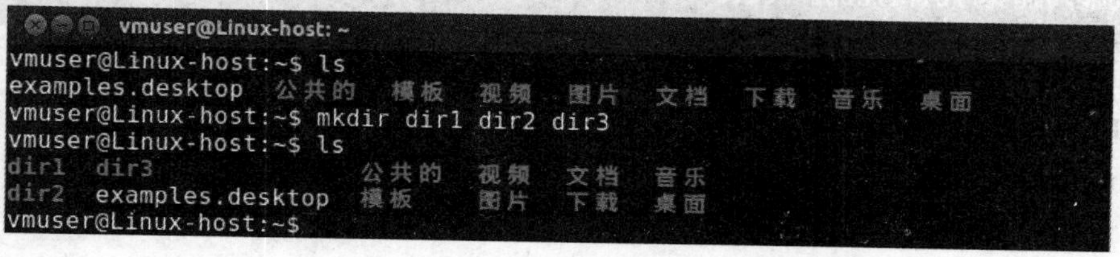

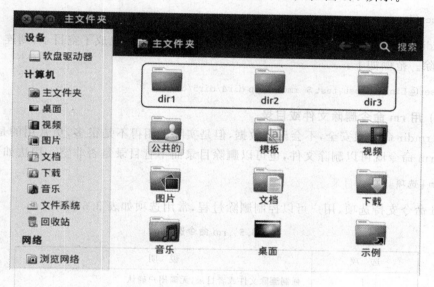

图 3.8　创建多个目录

操作完成后，可以在文件浏览器中看到新创建的目录，如图 3.9 所示。

图 3.9　创建多个目录的效果

创建多级目录。假如需要创建 dir1 目录，并在其中创建 apps 子目录，同时在 apps 目录下再创建 hello 子目录，则只需加上 -p 参数，操作命令如下：

vmuser@Linux-host:test$ mkdir-p dir1/apps/hello

实际操作和结果如图 3.10 所示。

2. 删除目录

如果一个目录不再需要，可以将其删除。在 Linux 下有两个命令可用于删除目录，rmdir 和 rm。

· 51 ·

图 3.10 创建多级目录

(1) 用 rmdir 命令删除空目录

rmdir 命令只能删除空目录,也可删除多级空目录。用法如下:

$ rmdir dir1 dir2

注意:rmdir 命令只能删除空目录,无法删除非空目录。

使用范例,删除空目录的操作如下:

vmuser@Linux-host:test $ rmdir dir1 dir2

rmdir 也支持参数-p,表示删除某个目录后,如果父目录也成了空目录,则连父目录一并删除。范例如下:

vmuser@Linux-host:test $ rmdir -p dir4/dir5/dir6/

(2) 用 rm 命令删除文件或目录

用 rmdir 命令很安全,不会误删数据,但是实际上用得不是很多,更常用的是用 rm 命令。rm 命令既可以删除文件,也可以删除目录而不管目录是否非空。用法如下:

$ rm [选项] 文件/目录

rm 命令支持选项,用户可以控制删除过程,常用选项如表 3.5 所列。

表 3.5 rm 命令选项

选 项	说 明
-f	强制删除文件或者目录,无需用户确认
-i	删除文件或者目录之前,需用户确认
-r	递归删除,删除指定目录以及子目录下的文件
-v	显示删除过程

注意:删除命令,无论是删除目录还是文件,一旦删除,都将不可恢复,并不像 Windows 下或者桌面下会移动到回收站暂存。特别是一般的嵌入式并不设定"回收站",所以在删除的时候请特别小心。

为了确保不误删文件,可使用 alias 别名,将 rm 命令设置为 rm-i,这样每次删除都会有确认过程。用法是:alias rm="rm-i"。

例如,强制删除某些文件和目录:

vmuser@Linux-host:test $ rm -fr dir3 video1.mpeg

如果加上-i参数,则需要用户确认:

vmuser@Linux-host:test $ rm -i config.gz
rm:是否删除有写保护的 普通文件"config.gz"?

这样,只有用户输入 y 后方可删除,输入 n 则保留文件。

3.2.3 文件操作命令

1. 创建空文件

在一些时候,为了某种特殊要求,需要在系统中创建一个空文件。touch 命令可以完成这个功能,创建的文件大小为 0,命令如下:

vmuser@Linux-host:~ $ touch a

操作过程和结果如图 3.11 所示。

```
vmuser@Linux-host:~$ touch a
vmuser@Linux-host:~$ ls -la a
-rw-rw-r-- 1 vmuser vmuser 0 1月  4 10:00 a
vmuser@Linux-host:~$
```

图 3.11 创建空文件

2. 创建一个有内容的文件

Linux 下创建文件,可以使用文本编辑器(如 Vi 等)来操作。对于简单的内容,可以用普通命令来创建文件。用普通命令创建非空文件,需要用到 Linux Shell 重定向机制。下面首先来了解一下重定向。

Linux Shell 终端启动的时候会打开 3 个标准文件:标准输入(stdin)、标准输出(stdout)和标准错误(stderr)。Shell 从标准输入(通常是键盘)接收命令,命令执行结果信息打印到标准输出(通常是终端屏幕)上,如有错误信息,则打印到标准错误(通常是终端屏幕)上,如图 3.12 所示。

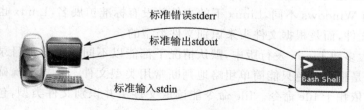

图 3.12 标准输入/标准输出和标准错误

Shell 允许用户对输入/输出进行重定向。输出重定向允许将输出信息从标准输出重定向到其他文件上,也可以重定向到某个设备如打印机上。如图 3.13 所示是将标准输出重定向到文件的示意图。

重定向在 Linux 下用">"和">>"表示,">"表示输出到一个新文件中,而">>"则

标准错误stderr
标准输入stdin
Bash Shell
标准输出stdout
文件

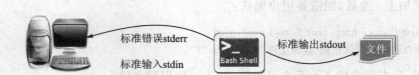

图 3.13　将标准输出重定向到文件

表示输出到现有文件的末尾。如果文件已经存在,则直接操作文件,否则将创建新文件。

echo 命令将内容回显到标准输出中,使用 echo 命令加上重定向可以创建一个带内容的非空文件,用法如下:

```
$ echo 内容 或者“内容”                #输出到标准输出
$ echo 内容 或者“内容”> 文件          #重定向到文件,如果文件不存在则创建新文件
```

回显内容如果不加引号,则用单空格替代多个连续空格;如果加了引号,则原封不动回显。图 3.14 所示操作过程显示了这些差异。

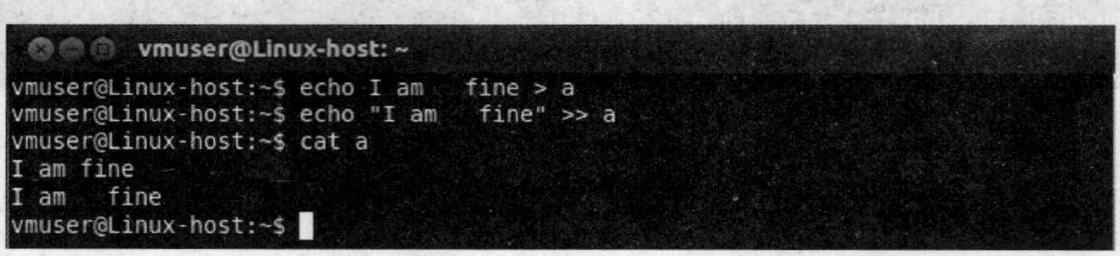

vmuser@Linux-host: ~
vmuser@Linux-host:~$ echo I am   fine > a
vmuser@Linux-host:~$ echo "I am   fine" >> a
vmuser@Linux-host:~$ cat a
I am fine
I am   fine
vmuser@Linux-host:~$

图 3.14　输出重定向

可以看到,第一次输入的内容没有引号,连续空格被单空格替换了,而第二次加了引号,连续空格依然保留。

3. 查看文件类型

在 Windows 下,文件都有标准扩展,基本上可以根据文件扩展名来识别和判断文件类型,如.exe 是可执行文件,.c 是 C 代码文件,.zip 是压缩文件等。

Linux 与 Windows 不同,Linux 下的文件并没有标准扩展名,Linux 也不是根据扩展名来识别文件,而是根据文件头来识别文件类型的。

尽管在大多数 Linux 发行版中,默认情况下都能以不同颜色显示目录以及不同类型的文件,但是根据颜色只能简单粗略地判断常用类型文件。要想准确确定一个文件的类型,必须依赖于 file 命令。file 命令能读取文件头并识别文件类型,包括目录。用法如下:

```
$ file 文件
```

说明:只能查看具有可读属性的文件。

file 命令支持通配符,如可以一次性查看当前目录下的全部文件类型,如图 3.15 所示。

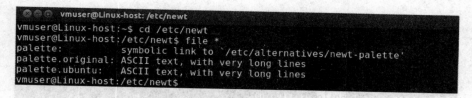

图 3.15　file 识别文件类型

file 命令还可以查看二进制可执行文件的详细信息，包括所运行的处理器体系结构。在 PC 机上用 gcc 编译得到的程序，用 file 命令查看如下：

vmuser@Linux-host:hello$ file hello

hello.x86: ELF 32-bit LSB executable, Intel 80386, version 1 (SYSV), dynamically linked (uses shared libs), for GNU/Linux 2.6.9, not stripped

而经过 arm-linux-gcc 交叉编译之后再次查看如下：

vmuser@Linux-host:hello$ file hello

hello: ELF 32-bit LSB executable, ARM, version 1, dynamically linked (uses shared libs), for GNU/Linux 2.6.27, not stripped

如果运行某个程序出现 "cannot execute binary file" 这样的错误，则很有可能是文件编译的目标体系结构与当前所运行的体系结构不一致，可用 file 命令进行确认。

4. 查看文件内容

准确判断文件类型后，对于 ASCII 码文件，无需使用特殊软件，仅仅用 Linux 的命令就可以查看，如文本文件、C 代码文件、Shell 脚本文件等。Linux 下可以查看文件内容的命令有好几个，如 more/less、head/tail、cat 等。

(1) 用 more/less 命令查看

more 和 less 这两个命令都可用来浏览文本文件，可以分页查看文件内容，空格翻页。文件浏览完毕，按键盘 q 退出。用法如下：

$ more/less 文件

相比来说 less 命令更加灵活，支持键盘的 Page Up 和 Page Down 键，可任意向前向后翻页浏览，并且还支持文本搜索。使用 less 打开文件后，输入 /abc 可在文本中搜索字符串 abc，匹配的字符串高亮显示。如图 3.16 所示是用 less 命令打开文件后搜索 hello 字符串的截图。

(2) 用 head/tail 命令查看

head 和 tail 这两个命令可分别查看文件头部和文件尾部，一般用于查看 ASCII 文件。默认显示 10 行，可加上参数指定显示内容的多少，支持的参数如表 3.6 所列。用法如下：

$ head/tail ［选项］［参数］文件

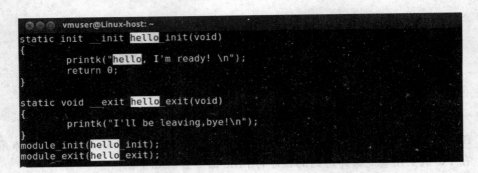

图 3.16　less 命令的字符串搜索

表 3.6　head 和 tail 命令支持的选项

参　数	说　明
-n [数字]	显示[数字]所指定的行数
-c [数字]	显示[数字]所指定的字节数

说明：数字的表示方法：b 512、kB 1000、K 1024、MB 1000 * 1000、M 1024 * 1024 等。

范例：指定显示多少行，如查看文件头的 20 行的操作如下：

vmuser@Linux-host:hello $ head -n 20 install.cf

范例：指定显示多少字节，例如，指定查看 300 字节的操作如下：

vmuser@Linux-host:hello $ head -c 300 install.cf

范例：查看文件开头的 512 字节的操作如下：

vmuser@Linux-host:hello $ head -c 1b install.cf

(3) 用 cat 命令查看

cat 命令可以将一个或者多个文件输出到标准输出上，来查看文件。用法如下：

$ cat 文件

5. 文件的合并

经常会有这么一种需求，即将某个文件的内容添加到另外一个文件的末尾，或者要求对某一个文件进行行编号。这样的工作在 Windows 下或者 Linux 图形界面下完成，都得花不少心思，基本上都得依赖于所使用的编辑软件。

尽管这样的工作比较复杂，但是在 Linux 命令行下，可以轻松解决，用 cat 命令可以几乎毫不费力就完成在图形界面下操作起来很复杂的工作。

cat 命令可以将一个或者多个文件输出到标准输出上，如果将标准输出重定向到某个文件，则将多个文件合并为一个文件。用法如下：

第3章 开始使用 Linux

$ cat [选项] 文件1 文件2 … [＞文件3]

如果不加选项,则原封不动地显示各个文件;如果加上一些参数的话,则可以对原文件进行一些处理。cat 命令常用选项如表 3.7 所列。

表 3.7 cat 命令常用选项

选 项	说 明
-n	从 1 开始对输出行进行编号
-b	类似于-n,从 1 开始编号,但是忽略空白行
-s	当遇到连续两行或以上的空白行时,就替换为一行空白行

例如,查看 hello.c 文件并编号的操作如下:

```
vmuser@Linux-host:hello$ cat -n hello.c
    1   # include <stdio.h>
    2   # include <stdlib.h>
    3   # include <unistd.h>
    4   # include <fcntl.h>
    5
    6   int main(int argc, char * * argv)
    7   {
        …
```

例如,查看 hello.c 文件并忽略空白行编号的操作如下:

```
vmuser@Linux-host:hello$ cat -b hello.c
    1   # include <stdio.h>
    2   # include <stdlib.h>
    3   # include <unistd.h>
    4   # include <fcntl.h>
    5   int main(int argc, char * * argv)
    6   {
        …
```

如果使用重定向符(＞),则可以将屏幕输出保存到另一个文件中,如果使用追加符(≫),则可以将屏幕输出添加到某个文件末尾。例如,将 hello.c 和 Makefile 文件增加行号后合并为 test 文件的操作如下:

```
vmuser@Linux-host:hello$ cat -n hello.c Makefile > test
```

说明:

(1) 重定向符(＞)可以将标准输出重定向到其他输出或者文件,文件不存在则会创建新文件;

(2) 追加符(≫)则将标准输出追加到文件末尾,如果文件不存在则创建新文件。

6. 文件压缩/解压

在日常开发过程中，不可避免地会用到压缩文件，如现在不少开源软件都是以压缩包方式提供，下载后必须解压才能使用；另一方面，也经常需要制作压缩文件，例如将工作资料打包进行备份。无论是压缩还是解压，都可以使用 tar 工具来实现。

tar 是 UNIX 系统的一个文件打包工具，只是连续首尾相连地将文件堆放起来，并不具备压缩功能，但是加上选项后，tar 就可以调用其他压缩/解压工具，实现文件的压缩和解压了。用法如下：

$ tar [选项] 文件

tar 工具常用选项如表 3.8 所列。

表 3.8 tar 常用选项

选 项	说 明
-c	创建存档文件，与-x 相斥
-t	列出档案文件的文件列表
-x	解包存档文件，与-c 相斥
-A	合并存档文件
-d	比较存档文件与源文件
-r	追加文件到存档文件末尾
-u	更新存档文件
-f	指定存档文件，与其他选项同时使用时，必须在最后，如 tar -xjvf a.tar.bz2
-v	显示详细处理信息
-C	转到指定目录，常用于解开存档文件
-j	调用 bzip2 程序
-z	调用 gzip 程序
-Z	调用 compress 程序
--exclude=PATH	排除指定文件/目录，常用于打包文件

使用示例如下：

(1) 解压 a.tar.bz2 文件，并显示详细信息：

vmuser@Linux - host: ~ $ tar - xjvf a.tar.bz2

(2) 解压 b.tar.gz 文件，并指定解压到/home/chenxibing/目录：

vmuser@Linux - host: ~ $ tar - xzvf b.tar.gz - C /home/chenxibing

紧跟 tar 命令选项的"-"可以不要，但是-C 的"-"是必需的，例如，上一条命令等价于：

vmuser@Linux - host: ~ $ tar xzvf b.tar.gz - C /home/chenxibing

第 3 章 开始使用 Linux

(3) 将 drivers 目录的文件打包,创建一个.tar.bz2 压缩文件:

vmuser@Linux-host:~$ tar -cjvf drivers.tar.bz2 drivers

7. 删除文件

删除文件用 rm 命令,用法与删除目录相同。

8. 文件改名和移动

在日常操作中,经常会将文件从一个目录移动到另一个目录,或者对文件进行改名。在 Linux 下,文件移动和改名都是通过 mv 命令实现的,且移动和改名可以同时实现。用法如下:

$ mv 源文件/目录 目的文件/目录

若目的路径与源路径不相同,则进行移动操作;若相同则进行改名操作。

文件改名和移动的用法比较简单,图 3.17 所示为先将目录 other 改名为 newdir,然后再将 newdir 移动到上一级目录并改名为 hello2。

```
vmuser@Linux-host:~$ mkdir -p test/apps
vmuser@Linux-host:~$ cd test/apps
vmuser@Linux-host:~/test/apps$ mkdir hello other
vmuser@Linux-host:~/test/apps$ ls
hello  other
vmuser@Linux-host:~/test/apps$ mv other/ newdir
vmuser@Linux-host:~/test/apps$ ls
hello  newdir
vmuser@Linux-host:~/test/apps$ mv newdir/ ../hello2
vmuser@Linux-host:~/test/apps$ ls ../
apps  hello2
vmuser@Linux-host:~/test/apps$
```

图 3.17 改名和移动

严格来说,Linux 下的文件名是由"路径+文件名"组成的,不同目录的两个同名文件实际上不是一个文件,如"/home/lpc3250/apps/hello.c"与"/home/lpc3250/drivers/hello.c"是两个不同文件。所以,Linux 下文件的改名和移动实际上是一回事。

说明:讲删除命令的时候,提到删除的文件不会在回收站暂存。通用桌面 Linux 一般都设有回收站,在桌面下删除一般会暂存在回收站。在命令行下若想将某个文件暂存回收站,只能用 mv 命令,将文件移动到回收站中。Linux 下的回收站,一般在主目录下,为隐藏文件.Trash,不同发行版回收站的路径也各不相同。Ubuntu 的回收站目录是~/.local/share/Trash。

Ubuntu 图形界面下的删除,实际上都是用 mv 指令,将"删除"的文件移动到回收站,而清空垃圾桶才是用 rm 命令彻底删除。

9. 文件复制

在图形界面下复制文件,无非是选中某个文件,然后选择复制操作,再进入目的目录,再粘贴。而在命令行下无需这么复杂,只需输入简单的命令 cp,就可以完成各种不同需求的文件复制操作。cp 命令用法如下:

$ cp [选项] 源文件/目录 目的文件/目录

cp 命令支持多种选项,可实现多种不同操作,常用的选项如表 3.9 所列。

表 3.9 cp 命令常用选项

选 项	说 明
-a	保留链接、文件属性并递归复制,等同于-dpR 组合,常用于复制目录
-d	复制时保留链接
-f	若目标文件已经存在,则直接删除而不提示
-i	若目标文件已经存在,则需要用户确认操作,与-f 相反
-p	除复制文件内容外,把访问权限和修改时间也复制到新文件中
-r	递归复制,递归复制指定目录下的文件和目录
-v	显示文件复制过程

通过 cp 命令,可以在同一目录下将文件/目录复制为另外一个文件/目录,也可将文件/目录复制到其他目录,还可使用其他文件名,图 3.18 所示的范例演示了这些操作。

```
vmuser@Linux-host:~$ cp -av /etc/newt/ .
"/etc/newt/" -> "./newt"
"/etc/newt/palette.ubuntu" -> "./newt/palette.ubuntu"
"/etc/newt/palette.original" -> "./newt/palette.original"
"/etc/newt/palette" -> "./newt/palette"
vmuser@Linux-host:~$
vmuser@Linux-host:~$ cp -av newt/ 2_newt
"newt/" -> "2_newt"
"newt/palette.ubuntu" -> "2_newt/palette.ubuntu"
"newt/palette.original" -> "2_newt/palette.original"
"newt/palette" -> "2_newt/palette"
vmuser@Linux-host:~$
vmuser@Linux-host:~$ cp -av newt/ /tmp/
"newt/" -> "/tmp/newt"
"newt/palette.ubuntu" -> "/tmp/newt/palette.ubuntu"
"newt/palette.original" -> "/tmp/newt/palette.original"
"newt/palette" -> "/tmp/newt/palette"
vmuser@Linux-host:~$
```

图 3.18 文件复制

10. 创建链接

链接文件在 Linux 系统中很常见，特别是库文件目录以及/etc 下与启动级别相关的目录。例如/etc/rc5.d/S99rc.local 文件，实际上是链接到/etc/init.d/rc.local 文件的一个软链接，如图 3.19 所示。

图 3.19　软链接文件

Linux 创建链接的命令为 ln，用法如下：

$ ln 选项　源文件/目录 目标文件

Linux 下的链接分软链接和硬链接两种，默认创建硬链接，选项加上 -s 则创建软链接。

硬链接通过索引节点进行链接，相当于源文件的镜像，占用与源文件一样大小的空间，修改其中任何一个，另外一个都会进行同样的改动。给一个文件创建硬链接后，文件属性的硬连接数会增加。

如图 3.20 所示，hello.c 原有的硬链接数是 1，创建硬链接 main.c 后，main.c 和 hello.c 文件大小一样，两者的硬链接数都增加为 2。

图 3.20　创建硬链接

硬链接不能跨文件系统，只能在同一个文件系统内进行链接，且不能对目录文件建立硬链接。给目录创建硬链接会出错，如图 3.21 所示。

图 3.21　创建目录硬链接错误

软链接和硬链接不同，软链接是产生一个新文件，这个文件指向另一个文件的位置，类似于 Windows 下的快捷方式。通常用得更多的是软链接，软链接可以跨文件系统，且可用于任何文件，包括目录文件。

假定为了使用方便，需要给 dir1 目录创建一个软链接 lpc，创建和结果如图 3.22 所示。

```
vmuser@Linux-host:~$ mkdir dir1
vmuser@Linux-host:~$ ln -s dir1 lpc
vmuser@Linux-host:~$ ls -l lpc
lrwxrwxrwx 1 vmuser vmuser 4 1月  4 10:38 lpc -> dir1
vmuser@Linux-host:~$
```

图 3.22　创建软链接

11．改变文件和目录权限

Linux 系统是一个真正的多用户操作系统，系统的每个目录和文件对不同用户开放都有不同的权限。一个普通文件/bin/bash 的 ls - l 命令的输出信息如下：

```
vmuser@Linux-host：~$ ls -l /bin/bash
-rwxr-xr-x 1 root root 917888 2010-08-11 04:47 /bin/bash
```

其中的 rwxr-xr-x 是权限信息，其说明如图 3.23 所示。

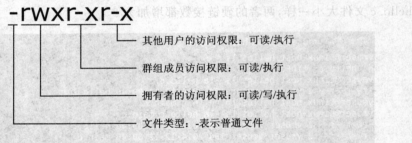

图 3.23　文件访问权限示例

输出信息第一列表示文件访问权限，第一个字符是-，表示这是一个普通文件，如果是 b 则表示是块设备，是 c 表示是字符设备，是 d 表示是目录，是 l 表示是链接文件，是 p 表示是命名管道，是 s 表示是 Socket 文件。

接下来的 9 个字符 rwxr-xr-x，分成三组，各含义如表 3.10 所列。

表 3.10　文件权限说明

内容	User(拥有者)			Group(群组成员)			Other(其他用户)		
权限	读	写	执行	读	写	执行	读	写	执行
字符	r	w	x	r	w	x	r	w	r
数字	4	2	1	4	2	1	4	2	1

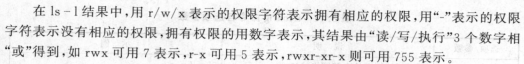

在 ls-l 结果中，用 r/w/x 表示的权限字符表示拥有相应的权限，用"-"表示的权限字符表示没有相应的权限，拥有权限的用数字表示，其结果由"读/写/执行"3 个数字相"或"得到，如 rwx 可用 7 表示，r-x 可用 5 表示，rwxr-xr-x 则可用 755 表示。

chmod 用于改变或者设置文件/目录的权限。用法如下：

$ chmod [参数] 文件/目录

设置或者改变文件/目录的权限，可直接用八进制表示，如将 hello 文件设置为任何人都可以读/写/执行：

vmuser@Linux-host:hello $ chmod 777 hello

更常用的是用字符方式设定文件/目录的权限，分别用 u/g/o 表示文件的拥有者/群组成员/其他用户，用 rwx 分别表示读/写/执行权限，用＋/－表示增加或去除某种权限。例如，将 hello 文件的其他用户权限可执行属性去掉：

vmuser@Linux-host:hello $ chmod o-x hello

如果同时设置 u/g/o，可用 a 表示，例如为 hello 增加全部用户可执行权限：

vmuser@Linux-host:~ $ chmod a+x hello

拥有可执行权限的文件，在 Linux 终端下通常呈现为绿色。如果在运行程序的时候遇到 permission dennied 这样的错误提示，则可在终端输入 chmod＋x file 命令，为将要运行的程序增加可执行权限。

类似的命令还有 chown 改变文件属主和 chgrp 改变文件群组，用法请参考其他资料。

3.2.4 网络操作命令

1. 网络配置

Linux 的网络功能很完善，在图形界面下有不少配置网卡的工具，在命令行下，也有不少用于配置网卡的工具和命令，用得最多的就是 ifconfig 命令，类似于 Windows 下的 ipconfig 命令，但是其功能强大得多。

ifconfig 命令是 Linux 系统配置网卡的命令工具，可用于查看和更改网络接口的地址和参数，包括 IP 地址、广播地址、子网掩码和物理地址，也可激活和关闭网卡。用法如下：

$ ifconfig 网络接口 [选项] 地址/参数

各参数如表 3.11 所列。

表 3.11 ifconfig 命令各选项参数

选项/参数	说明	示例
-a	查看系统拥有的全部网络接口	ifconfig -a
网络接口	指定操作某个网口	ifconfig eth0 192.168.1.136
broadcast	设置网口的广播地址	ifconfig eth0 broadcast 192.168.1.255
netmask	设置网口的子网掩码	ifconfig eth0 netmask 255.255.255.0
hw ether	设置网卡的物理地址(如果驱动不支持则无效)	ifconfig eth0 hw ether 00:11:00:00:11:22
up	激活指定网卡	ifconfig eth0 up
down	关闭指定网卡	ifconfig eth0 down

说明：

（1）使用 ifconfig 命令操作网口需要 root 权限；

（2）使用 ifconfig 命令修改网卡配置无需重启系统，也不能复位保存；

（3）可以同时配置网口的多个参数。

使用 ifconfig 命令同时配置网卡多个参数的范例如下：

vmuser@Linux-host：~ $ sudo ifconfig eth1 192.168.1.136 netmask 255.255.255.0 broadcast 192.168.1.255 up

2. ping 命令

有时候可能会遇到网络不通的故障，此时首先应该做的就是检查网络是否通畅。在 Linux 命令行下，可用 ping 命令来检查。用法如下：

$ ping IP 地址

如果没有进行特殊的路由设置，通常情况下只能 ping 同网段的主机，而不能进行跨网段的 ping 操作。

进行 ping 操作，如果能收到目标 IP 的返回信息，则表示网络通畅，例如：

vmuser@Linux-host：~ $ ping 192.168.1.100
PING 192.168.1.100 (192.168.1.100) 56(84) bytes of data.
64 bytes from 192.168.1.100：icmp_seq=1 ttl=128 time=0.206 ms
64 bytes from 192.168.1.100：icmp_seq=2 ttl=128 time=0.179 ms

3.2.5 安装和卸载文件系统

1. 文件系统挂载

Linux 允许多个文件系统存在于同一个系统中，也允许用户在系统运行中安装内核所支持的文件系统。例如，将一个 FAT 格式的 U 盘插入到 Linux 系统中。

往系统安装文件系统需要用到 mount 命令，并且需要 root 权限。用法如下：

第 3 章 开始使用 Linux

```
# mount [-参数][设备名称][挂载点]
```

mount 命令支持的参数较多,常用参数如表 3.12 所列。

表 3.12 mount 常用参数

参 数	说 明
-a	挂载/etc/fstab 文件中列出的所有文件系统
-r	以可读方式挂载
-w	以可写方式挂载(默认)
-v	显示详细安装信息
-t <文件系统类型>	指定文件系统类型,常见的文件系统类型有:
	ext/ext2/ext3/ext4:Linux 常用的文件系统
	msdos:MS-DOS 的 FAT,即 FAT16 文件系统
	vfat:Windows 系统的 FAT、FAT32 文件系统
	nfs:网络文件系统
	ntfs:Windows 2000/NT/XP 的 NTFS 文件系统
	auto:自动检测文件系统
-o <选项>	指定挂载时的一些选项,常用的有:
	defaults:使用默认值(auto、nouser、rw、suid)
	suid/nosuid:确认/不确认 suid 和 sgid 位
	user/nouser:允许/不允许一般用户挂载
	codepage=XXX:指定 codepage
	iocharset=XXX:指定字符集
	ro:以只读方式挂载
	rw:以读/写方式挂载
	remount:重新安装已经安装过的文件系统
	loop:挂载 loopback 设备以及 ISO 文件

说明:

(1) 挂载点必须是一个已经存在的目录;

(2) 如果挂载点非空,则挂载之前的内容将不可用,卸载后方可用;

(3) 一个挂载点可被多个设备/文件重复挂载,只是后一次挂载将覆盖前一次内容,卸载后可用;

(4) 使用多个-o 参数的时候,-o 只用一次,参数之间用半角逗号隔开。

假如需要在 Linux 系统中使用 FAT 格式的 U 盘,则需要进行挂载,实现文件系统安装的操作如下:

```
# mount -t vfat /dev/sda1 /mnt
```

在进行嵌入式 Linux 开发的过程中,mount 命令经常被使用,特别是进行 NFS 连接和调试的时候,通过 NFS 挂载,将远程主机 Linux 的某个共享目录挂载到嵌入式系统本地,将其当成本地设备进行操作。NFS 挂载范例如下:

[root@zlg /]# mount -t nfs 192.168.1.138:/home/chenxibing/lpc3250 /mnt -o nolock

nolock 表示禁用文件锁,当连接到一个旧版本的 NFS 服务器时常加该选项。

此外,嵌入式开发中常用的文件系统还有 cramfs、jffs2、yaffs/yaffs2 以及 ubifs 等,特别是用于 Nor Flash 的 jffs2 和用于 Nand Flash 的 yaffs/yaffs2、ubifs 等,在进行系统操作时通常需要对各设备进行挂载或者卸载,需要在挂载的时候指定正确的文件系统类型。挂载 yaffs2 分区的命令如下:

mount -t yaffs2 /dev/mtdblock2 /mnt

* 使用条件:需要内核支持 yaffs2 文件系统。

挂载 ubifs 分区的命令如下:

mount -t ubifs ubi0:rootfs /mnt

* 使用条件:需要内核支持 ubifs 文件系统。

2. 文件系统卸载

当不再需要某个文件系统的时候,可以将其卸载。umount 用于卸载已经挂载的设备或者文件。用法如下:

umount 挂载点

如果已经将 U 盘挂载到/mnt 目录下,则用完后的卸载命令为:

[root@zlg /]# umount /mnt

3.2.6 使用内核模块和驱动

1. 加载(插入)模块

Linux 是一个具有模块化特性的操作系统,允许在内核运行时插入模块或者卸载不再需要的模块。能够动态加载和卸载模块是 Linux 引以为豪的特性之一,如果某些功能平时用不到,就可以不用编译进内核,而采取模块方式编译,在需要的时候再插入内核,不再需要的时候则进行卸载,这样可以精简内核,提高效率,并提高系统的灵活性。Linux 中最常见的模块是内核驱动,掌握模块的加载和卸载,也是使用 Linux 必须掌握的内容之一。

通过 insmod 命令可以往正在运行的内核中插入某些模块而无需重启系统。用法如下:

insmod [选项] 模块 [符号名称=值]

insmod 常用选项如表 3.13 所列。

第 3 章 开始使用 Linux

表 3.13 insmod 命令常用选项

选项	说明
-f	强制将模块载入，不检查目前 kernel 版本与模块编译时的 kernel 版本是否一致
-k	将模块设置为自动卸载
-p	测试模块是否能正确插入
-x	不导出模块符号
-X	导出模块所有外部符号（默认）
-v	显示执行过程

一般情况下，如果一个模块的版本与所运行的内核不一致，则模块将无法插入系统。就算是由同一版本内核编译得到，如果内核配置文件不同，也有可能无法插入。使用-f 选项强制插入后，可能会出现运行不正确的情况。

插入和卸载模块需要 root 权限。插入模块比较简单，如需要往系统插入 beepdrv.ko 驱动模块的操作如下：

```
[root@zlg beep]# insmod beepdrv.ko
```

有些模块/驱动可以接受外部参数，从而在插入模块的时候为相应的符号赋值。一个模块/驱动能否接受外部参数，能够接受几个外部参数，取决于模块/驱动的具体实现，符号以及赋值请参考相应模块/驱动的说明。如下所示 pcm-8032a.ko 模块能接收 irq 和 addr 两个符号参数，且在插入模块的时候指定：

```
# insmod pcm-8032a.ko irq=3 addr=0x300
```

2. 查看系统已经加载的模块

如果想要知道某个模块是否已经插入系统，或者想知道系统已经加载了哪些模块，可用 lsmod 命令查看。lsmod 命令用法如下：

```
vmuser@Linux-host:~$ lsmod
```

lsmod 命令的结果实际上就是列出/proc/modules 的内容，结果如图 3.24 所示。

3. 卸载驱动模块

当某个内核模块或者驱动不再需要时，可以将其从系统中卸载，以释放所占用的资源。卸载模块用 rmmod 命令，用法如下：

```
# rmmod [选项] 模块
```

rmmod 命令常用选项如表 3.14 所列。

```
vmuser@Linux-host: ~
vmuser@Linux-host:~$ lsmod
Module                  Size  Used by
bnep                   18258  2
rfcomm                 47864  0
bluetooth             247024  10 bnep,rfcomm
snd_ens1371            25783  2
gameport               19699  1 snd_ens1371
snd_ac97_codec        134918  1 snd_ens1371
ac97_bus               12766  1 snd_ac97_codec
snd_pcm               102477  2 snd_ens1371,snd_ac97_codec
snd_seq_midi           13324  0
snd_rawmidi            30417  2 snd_ens1371,snd_seq_midi
snd_seq_midi_event     14899  1 snd_seq_midi
snd_seq                61930  2 snd_seq_midi,snd_seq_midi_event
snd_timer              29989  2 snd_pcm,snd_seq
snd_seq_device         14497  3 snd_seq_midi,snd_rawmidi,snd_seq
coretemp               13596  0
snd                    69533  11 snd_ens1371,snd_ac97_codec,snd_pcm,snd_rawm
idi,snd_seq,snd_timer,snd_seq_device
ppdev                  17113  0
psmouse                97873  0
```

图 3.24　查看内核模块

表 3.14　rmmod 常用可选项

选　项	说　明
-f	强制卸载正在被使用的模块，非常危险！需要内核支持(CONFIG_MODULE_FORCE_UNLOAD 使能)，否则无效
-w	通常情况下不能卸载正在被使用的模块，加上-w 选项后，指定模块将会被孤立，直到不再被使用
-s	将错误信息写入 syslog，而不是标准错误
-v	显示执行过程

如果一个模块正在被另外一个模块所依赖，或者正在被某个应用程序使用，则一般情况下无法卸载这个模块。如果内核支持强制卸载模块功能，则加上-f 可以卸载，但是不要轻易使用，否则有可能会带来严重错误。假定系统的 beep.ko 不再需要，卸载命令如下：

```
[root@zlg beep]# rmmod beepdrv.ko
```

4. 自动处理可加载模块

前面提到的 insmod/rmmod 分别用于加载和卸载模块，但是每次只能加载/卸载一个模块，如果一个模块依赖于多个模块，则需要进行多次操作，比较繁琐。modprobe 命令集加载/卸载功能于一身，并且可以自动解决模块间的依赖关系，将某模块所依赖的其他模块全部加载。用法如下：

```
# modprobe [选项] 模块 [符号 = 值]
```

modprobe 也支持很多选项，常用选项如表 3.15 所列。

第 3 章　开始使用 Linux

表 3.15　modprobe 常用选项

选项	说明
-C ＜文件＞	不使用默认配置文件,使用指定文件作为配置文件
-i	忽略配置文件中的加载和卸载命令
-r	卸载指定模块,包括依赖模块
-f	强制安装
-l	显示所有匹配模块
-a	安装所有匹配的模块
--show-depends	显示模块的依赖关系
-v	显示执行过程
-q	不显示任何信息
-V	显示版本信息

modprobe 处理模块时忽略模块的路径,这要求系统模块和驱动是按照 make modues_install 方式安装的,即模块必须放在/lib/modules/＄(uname-r)目录下,并且有正确的/lib/modules/＄(uname-r)/modules.dep 文件,modprobe 根据该文件来寻找和解决依赖关系。

5. 创建设备节点

如果系统不能自动创建设备节点,则在加载驱动后,需要为驱动建立对应的设备节点,否则无法通过驱动来操作设备。只有 root 用户才能创建设备节点,命令为 mknod,用法如下:

♯mknod 设备名 设备类型 主设备号 次设备号

如需要创建一个字符设备 led,主设备号为 231,次设备号为 0,则命令如下:

♯mknod /dev/led c 231 0

3.2.7　重启和关机

重启系统用 reboot 命令,关机用 poweroff 命令,两者都需要 root 权限。

3.2.8　其他命令

1. 临时获取 root 权限

在普通用户权限下,Linux 的很多命令都是不能使用的,一般在/sbin 和/usr/sbin 目录下的命令,其执行都需要 root 权限。sudo 命令可以临时获取 root 权限,需要输入密码。用法如下:

＄ sudo 命令

例如,当前登录用户是普通用户,想挂载一个新的文件系统,则可以这样操作:

```
$ sudo  /sbin/mount  ［参数］
```

根据发行版的不同，普通用户无法搜索 root 用户的搜索目录，所以最好指定命令所在的绝对路径。

另外，通过普通命令还可以操作只有 root 才能操作的文件。假定文件 root.ini 只有 root 用户才能修改，现在普通用户想修改，可以这样操作：

```
$ sudo vim root.ini
```

说明：

(1) sudo 只能临时获取 root 权限，通常一段时间之内(如 5 分钟之内)再次使用 sudo，无需输入密码，超过这段时间则需再次输入密码。

(2) 使用 sudo 命令需要管理员将用户添加到 sudoer 组中，一般在/etc/sudoers 文件中修改。

另外，su 命令可以切换到 root 用户，只要不用 exit 命令退出，则都将处在 root 权限下，这样比较危险，一般不推荐使用 su 命令。

2. 文件同步

经常会遇到这样的情形：刚刚修改了某个文件，突然断电，重启后发现刚刚做的修改并没有保存，或者被修改的文件已经损坏。这是由于 Linux 中对文件的操作都是先保存在缓存中，并没有立即写入磁盘，经系统调度后方可写入磁盘。如果修改了缓存，还没来得及写到磁盘就断电，自然会造成文件修改内容的丢失。

要想避免这种情况发生，就要在修改文件后，立即强制进行一次文件同步操作，将缓存的内容写入磁盘，确保文件系统的完整性。能实现这样功能的命令是 sync，只需在关闭文本编辑器后在 Shell 中输入 sync 命令即可。

3. 文件搜索

在嵌入式 Linux 开发过程中，对于大型工程，如在 Linux 内核或者 U-Boot 移植中，经常会遇到记不清某个文件位置的情况。如果用 cd 和 ls 命令在各个目录中盲目查找，则费时费力，效率低下，而使用 find 文件查找命令可以快速解决这样的问题。

find 是 Linux 下很常用的查找命令，功能很强大，用法也很复杂，这里仅仅介绍常用的简单用法。find 命令的基本语法如下：

```
$ find 路径  -选项 其他
```

最常用的是根据文件名来查找，只需加上-name 参数就可以了；另外还支持通配符进行模糊搜索。例如只大概知道内核源码 arch/arm 目录下有文件名以 mux 开头的文件，但不知道确切文件名，则可用下列命令搜索：

```
$ find arch/arm/  -name mux*.c
```

命令和实际操作结果如图 3.25 所示。

可以看到，arch/arm 目录下全部以 mux 开头的文件都被列了出来，在其中选择需

第 3 章 开始使用 Linux

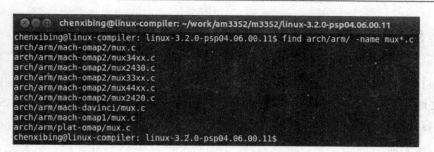

图 3.25　find 命令示例

要的文件进行查看和操作即可。

4. 字符串搜索

在嵌入式 Linux 开发中，还经常有另外一种查找情况。知道某个变量、函数名，但不知道在什么地方定义，或者知道某个关键字，想知道在哪些文件内用到了，这些都可以用 grep 命令完成。

grep 是 Linux 系统中一个强大的文本搜索工具，用法很多，也很复杂，这里仅介绍简单的常用方法。语法格式如下：

```
$ grep 选项
```

只要提供查找的关键字，用 grep 命令就可以完成查找。例如，想知道 pcf8563 这个关键字在 arch/arm 目录下的哪些地方用到了，可以输入下列命令：

```
$ grep "pcf8563" -R arch/arm
```

关键字最好加上双引号，特别是包含空格的关键字，对于单个关键字倒是可以不用引号。"-R"表示进行递归查找，而不是仅仅在指定的目录下查找。

命令和实际操作结果如图 3.26 所示，可以看到，凡是用了"pcf8563"的地方都被列了出来，并且用红色高亮显示。

图 3.26　grep 查找关键字

3.3 Shell 文件

Shell 文件是以某种方式将一些命令放在一起得到的文件,常称为 Shell 脚本。Shell 文件通常以"#!/bin/sh"开始,"#!"后面指定解释器,如下是一个简单 Shell 文件的内容:

```
#!/bin/sh
echo "hello, I am ashell script"
```

假定此文件名为 a.sh,增加可执行权限后,在 Shell 中即可运行,将在终端打印"hello, I am ashell script"字符串。

```
$ chmod +x a.sh
$ ./a.sh
hello, I am ashell script
```

执行 Shell 脚本有多种方式:
(1) 点+斜线+文件名,这种方式要求文件必须有可执行权限;
(2) 点+空格+文件名,这种方式不要求文件一定具有可执行权限;
(3) sh+空格+文件名,这种方式不要求文件一定具有可执行权限;
(4) source+空格+文件名,这种方式不要求文件一定具有可执行权限。

3.4 Linux 环境变量

3.4.1 环境变量

Linux 是一个多用户操作系统,每个用户都有自己专有的运行环境。用户所使用的环境由一系列变量定义,这些变量被称为环境变量。系统环境变量通常都是大写。

每个用户都可以根据需要修改自己的环境变量,以达到自己的使用要求。常见的环境变量如表 3.16 所列。

表 3.16 Linux 常见环境变量

变 量	说 明
PATH	决定了 Shell 将到哪些目录中寻找命令或程序,这个变量是在日常使用中需要经常修改的变量
TERM	指定系统终端
SHELL	当前用户 Shell 类型
HOME	当前用户主目录
LOGNAME	当前用户的登录名

续表 3.16

变　量	说　明
USER	当前用户名
HISTSIZE	历史命令记录数
HOSTNAME	主机的名称
LANGUGE	与语言相关的环境变量，多语言环境可以修改此环境变量
MAIL	当前用户的邮件存放目录
PS1	基本提示符，对于 root 用户是 #，对于普通用户是 $
PS2	附属提示符，默认是">"
LS_COLORS	ls 命令结果颜色显示

在 Shell 下通过美元符号（$）来引用环境变量，使用 echo 命令可以查看某个具体环境变量的值。例如，查看 TERM 的值：

```
$ echo $ TERM
```

使用 env 或者 printenv 命令可以查看系统全部的环境变量设置，例如：

```
chenxibing@gitserver-zhiyuan:~$ env
TERM=xterm
SHELL=/bin/bash
USER=chenxibing
MAIL=/var/mail/chenxibing
PATH=/usr/local/sbin:/usr/local/bin:/usr/sbin:/usr/bin:/sbin:/bin:/usr/games
PWD=/home/chenxibing
LANG=zh_CN.UTF-8
SHLVL=1
HOME=/home/chenxibing
LANGUAGE=zh_CN:zh
LOGNAME=chenxibing
```

3.4.2　修改环境变量

登录用户可以根据需要修改或设置环境变量。在 Linux 下修改环境变量既可以在终端通过 Shell 命令修改，也可以通过修改系统的配置文件来进行。

（1）通过 Shell 命令设置环境变量，常用于临时设置环境变量，一旦关闭当前终端或者新开一个终端，则所设置的环境变量都将丢失。可直接用等号（=）为变量赋值，或者用 export 命令为变量赋值，用法如下：

```
$ 变量=$变量:新增加变量值
$ export 变量=$变量:新增加变量值
```

新增加的变量值既可以放在变量原有值的末尾（$变量:新变量值），也可以放在变量原有值的开头(新变量值:$变量)。

例如,需要为系统 PATH 变量增加/opt/usr/bin 目录的操作如下:

```
vmuser@Linux-host:~$ echo $PATH
/usr/lib/qt-3.3/bin:/usr/kerberos/bin:/usr/local/ruby/bin:/opt/mysql5/bin:/usr/lib/ccache:/usr/local/bin:/bin:/usr/bin:/usr/local/sbin:/usr/sbin:/sbin
[chenxibing@fedora ~]PATH=$PATH:/opt/usr/bin
[chenxibing@fedora ~]echo $PATH
/usr/lib/qt-3.3/bin:/usr/kerberos/bin:/usr/local/ruby/bin:/opt/mysql5/bin:/usr/lib/ccache:/usr/local/bin:/bin:/usr/bin:/usr/local/sbin:/usr/sbin:/sbin:/opt/usr/bin
```

(2) 修改系统配置文件,可以达到永久改变环境变量的目的。修改某个配置文件后,在 Shell 下运行该文件即可使新的设置生效,或者在重新登录时使用新的变量。运行文件可使用"source 文件"命令的方式操作。通常可以修改的配置文件有/etc/profile 文件或者~/.bashrc(有的发行版上为~/.bash_profile)文件,但应注意:

- 修改/etc/profile 文件会影响使用本机的全部用户;
- 修改~/.bashrc 文件则仅仅影响当前用户;
- 推荐修改~/.bashrc 文件。

第 4 章

Linux 文件系统

本章导读

本章主要讲述 Linux 文件系统的结构和相关概念。学习这一章的内容，能够更加深刻形象地理解和掌握 Linux 操作系统。尽管都是一些概念性的介绍，没有实操练习，但还是请务必仔细阅读。

4.1 Linux 目录结构

Linux 文件系统对文件的管理包括两方面：一方面是文件本身，另一方面是目录。先从目录入手，会比较直观和更加容易理解。

4.1.1 Linux 目录树

整个 Linux 文件系统以根目录（/）为最顶层目录，下面包含众多和多级其他目录，形成了一个拓扑结构，整个目录结构看起来就像一棵倒挂着的树，称之为"Linux 目录树"，如图 4.1 所示。整个 Linux 有且只有这样一棵树。

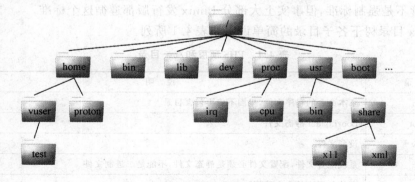

图 4.1 Linux 目录树

打开 Ubuntu 的文件浏览器，切换到根目录，实际呈现的内容如图 4.2 所示。

这个目录树实际上是一个虚拟的概念，并不与任何文件和介质绑定，也没有容量，

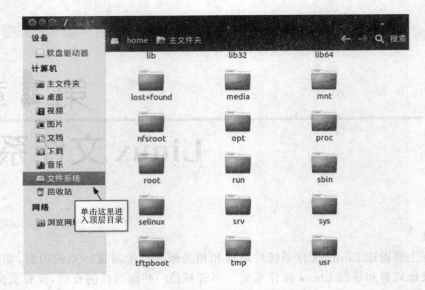

图 4.2 文件浏览器看到的根目录

甚至连读/写规则都没有。只有将某个介质（如磁盘或者光驱）挂载（mount）到这棵树的某个目录后，这个目录下面才有文件。但是，此时这个目录依旧没有容量的概念，看到的容量仅仅是磁盘或者光驱这个设备的容量属性，而不是文件系统的属性。

由于这棵树是虚拟的，没有任何限制，所以很容易进行扩展。

4.1.2 Linux 目录树标准

理论上，Linux 目录树的目录结构是可以随意安排的，事实上很多 Linux 系统开发人员也是这么做的，但这就带来了不同开发人员之间不统一的问题，很容易出现混乱。后来这样的问题得到了重视，文件层次标准（Filesystem Hierarchy Standard，FHS）就是在这种情况下出台的。FHS 对 Linux 根文件系统的基本目录结构做了比较详细的规定，尽管不是强制标准，但事实上大部分 Linux 发行版都遵循这个标准。

Linux 目录树下各子目录的简单说明如表 4.1 所列。

表 4.1 FHS 顶层和 /usr 目录

目录	说明
bin	基本命令的程序文件，里面不能再包含目录
boot	BootLoader 静态文件
dev	设备文件
etc	系统配置文件，配置文件必须是静态文件，不能是二进制文件
home	存放各用户的个人数据
lib	基本的共享库和内核模块
media	可移动介质的挂载点

续表 4.1

目 录		说 明
mnt		临时的文件系统挂载点
opt		附加的应用程序软件包
root		root 用户目录
sbin		基本系统命令的二进制文件
srv		系统服务的一些数据
tmp		临时文件
usr	/usr/bin	众多的应用程序
	/usr/sbin	超级用户的一些管理程序
	/usr/doc	Linux 文档
	/usr/lib	常用的动态链接库和软件包的配置文件
	/usr/man	帮助文档
	/usr/src	源代码
	/usr/local/bin	本地增加的命令
	/usr/local/lib	本地增加的库
var		可变数据

4.2 Linux 的文件

4.2.1 Linux 文件结构

文件是数据的一种组织形式，是具有文件名的一组相关信息的集合，是文件系统中存储数据的一个命名的对象。在 Linux 下一切都是文件，无论是程序、文档、数据库这样的普通文件，还是链接文件和目录这样的特殊文件，甚至连硬件设备都用文件来描述。在 Linux 下，所有文件的描述结构都是相同的，包含索引节点和数据，如图 4.3 所示。

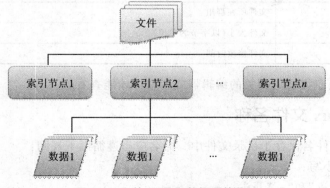

图 4.3 文件、记录和数据项的关系

索引节点：又称 I 节点，是 Linux 文件系统用来记录文件信息的一种数据结构，信息包括文件名、文件长度、文件权限、存放位置、所属关系、创建和修改时间等。文件系统维护了一个索引节点的数组，每个文件都与索引节点数组中的唯一一元素对应，索引节点在数组中的索引号称为索引节点号。每个文件都有一个索引号与之对应，而一个索引节点号可以对应多个文件。

数据：文件的实际内容。可以是空的，也可以非常大，并且拥有自己的结构。

一个文件的索引节点、文件大小、属主等信息，在 Shell 下可用 ls 命令加上参数-i 查看，例如：

```
chenxibing@gitserver-zhiyuan:~ $ ls -li examples.desktop
785326 -rw-r--r-- 1 chenxibing root 179 2010-10-15 09:07 examples.desktop
```

examples.desktop 文件各信息说明如表 4.2 所列。

表 4.2　examples.desktop 文件详细信息说明

信　息	说　明
examples.desktop	文件名
785326	索引节点号
-(第1个)	-表示是普通文件。可能出现的有： -：普通文件； c：字符设备； b：块设备； d：目录； l：链接文件； s：Socket 文件
rw-r--r--	文件访问权限：644
1	1 表示文件没有硬链接；如果文件有 1 个硬链接则为 2；对于目录，则表示该目录包含的目录文件数(包含隐藏的(.)和(..))
chenxibing	文件拥有者
root	文件所在群组
179	文件大小(以字节为单位)
2010-10-15 09:07	文件修改时间

文件数据信息需要用相关的编辑器或者软件才能查看。

4.2.2　Linux 文件名称

Linux 的文件名保存于目录文件中。命名应当遵循以下规则：
- 区分大小写；
- 不能以"＋"和"－"开头；

第4章 Linux 文件系统

- 不能包含"< >"、";"、"|"、"!"、"$!"、"%"、"&"、"*"、"?"、"\"、"()"、"[]"等在 Shell 中有特殊含义的字符;
- 不能包含空格;
- 长度不能超过 255 个字符。

在 Linux 系统中,文件名以点号(.)开始的是隐藏文件,用 ls 命令不加参数-a 将看不到这类文件。"同名"的隐藏文件与非隐藏文件是不同的,如.file 与 file 是两个不同的文件。

4.2.3 文件类型

Linux 系统中的文件可以分为如下几类:普通文件、目录文件、设备文件和符号链接文件。

1. 普通文件

普通文件又称常规文件,包含各种长度的字符串。常见的 C 程序文件、脚本文件、数据库文件等都是普通文件。普通文件在 Linux Shell 下用 ls 命令查看,在得到的信息中,第一个字符是"-"。如:

```
-rw-------  1 chenxibing member   10732 2011-01-08 13:28 .bash_history
```

2. 目录文件

目录文件是一种特殊文件,利用它可以构成文件系统的分层树形结构。在 Linux Shell 下用 ls 命令查看,第一个字符用 d 表示。如:

```
drwxr-xr-x  3 chenxibing member    4096 2010-11-27 14:02 abing
drwxr-xr-x  4 chenxibing member    4096 2010-10-19 14:00 git
```

3. 设备文件

设备是一种特别文件,除了存放在文件 i 节点中的信息外,它们不包含任何数据。有效的设备文件与相应的设备对应,通过设备文件,可以操作与之对应的硬件设备。

设备文件包括字符设备和块设备文件。字符设备文件按照字符操作设备,如键盘、终端等;块设备文件以块为单位操作设备,如磁盘、光盘等。Linux 系统的设备文件都放在/dev 目录下,用 ls -la 命令可以查看各设备的属性:

```
crw-rw-rw- 1 root root    1,   8 2011-01-08 15:12 random
crw-r--r-- 1 root root   10, 135 2011-01-08 15:12 rtc
brw-rw---- 1 root disk    8,   0 2011-01-08 15:12 sda
brw-rw---- 1 root disk    8,   1 2011-01-08 07:12 sda1
```

在输出信息中,第一个字符用 b 表示的是块设备,用 c 表示的是字符设备。

4. 符号链接文件

链接文件是一种特殊文件,提供对其他文件的参照,它的数据是它所链接文件的路径名。用 ln 命令可以创建一个文件的软/硬链接或者一个目录的软链接。链接文件常用于不同目录下的文件共享。链接文件在 ls 命令下的输出结果中第一个字符为字母 l,并以"文件 —> 目标"的方式显示,如链接文件 git 链接到/var/server/repo—git/chenxibing,查看结果为:

　　lrwxrwxrwx 1 chenxibing root   31 2010－10－22 08:37 git ->/var/server/repo－git/chenx-ibing

4.3　Linux 文件系统

　　Linux 最初是基于 X86 设计的,保存文件的物理设备是磁盘或者磁带。Linux 最初用于管理磁盘文件的文件系统是基于 Minix 的,存在文件管理效率不高的问题;后来在 Minix 的基础上进行了扩展,设计了专门用于 Linux 的 Ext 扩展文件系统(Extended file system),并添加到内核中,成为 Linux 事实上的标准文件系统,Linux 的发布和安装都基于 Ext 文件系统。

　　Ext 扩展文件系统经过发展,历经第二代扩展文件系统(the Second Extended file system,Ext2)、第三代扩展文件系统(the Third Extended file system,Ext3,)和第四代扩展文件系统(the fourth Extended file system,Ext4),目前最新和流行最广的是 Ext4。

　　Ext2 属于非日志型文件系统,而 Ext3/4 则是日志型文件系统。日志型文件系统用独立的日志文件跟踪磁盘内容的变化,比传统文件系统安全。

4.3.1　Ext3 文件系统特点

　　Ext3 从 Ext2 发展而来,并且完全兼容 Ext2 文件系统,且比 Ext2 可靠。在文件大小、数量和文件名方面有如下限制:
- 最大文件大小:2 TB;
- 最大文件数量:可变;
- 最长文件名限制:255 字节;
- 最大卷大小:16 TB;
- 文件名允许的字符数:除 NUL 和"/"外的所有字节。

整体上,Ext3 具有下面一些特点。

1. 高可用性

　　使用了 Ext3 文件系统后,即使在非正常关机后,系统也不需要检查文件系统;即使发生了宕机,也只需要数十秒钟即可恢复 Ext3 文件系统。

2. 数据的完整性

　　Ext3 文件系统能够极大地提高文件系统的完整性,避免意外宕机对文件系统的破坏。Ext3 文件系统为用户提供了两种模式来保证数据的完整性。其中一种是"同时保持文件系统及数据的一致性"模式。如果采用这种方式,用户永远不会看到由于非正常关机而存储在磁盘上的垃圾文件。

3. 文件系统的速度

尽管使用 Ext3 文件系统,有时在存储数据时仍可能需要多次写数据,但是,总体看来,Ext3 比 Ext2 的性能还是要好一些。因为 Ext3 的日志功能对磁盘的驱动器读/写头进行了优化,所以,文件系统的整体读/写性能并没有降低。

4. 数据转换

Ext3 兼容 Ext2,从 Ext2 文件系统转换成 Ext3 文件系统非常容易,只需要简单地键入两条命令即可完成整个转换过程,用户不用花时间备份、恢复和格式化分区等;并且 Ext3 文件系统可以不经任何更改,就直接加载成为 Ext2 文件系统。

5. 多种日志模式

Ext3 有多种日志模式,系统管理人员可以根据系统的实际工作要求,在系统的工作速度与文件数据的一致性之间作出选择。

- 一种工作模式是对所有文件数据及 metadata(定义文件系统中数据的数据)进行日志记录(data=journal 模式),这种模式的数据一致性好;
- 另一种工作模式则是只对 metadata 记录日志,而不对数据进行日志记录,就是所谓的 data=ordered 或者 data=writeback 模式,这种模式工作速度快。

4.3.2 Ext4 文件系统特点

Ext4 在 Ext3 的基础上进行了改进,修改了一部分重要的数据结构。Ext4 在性能和可靠性方面都有更好的表现,功能方面也更加丰富。

Ext4 兼容 Ext3,从 Ext3 迁移到 Ext4,无需格式化磁盘或者重装系统。

与 Ext3 相比,Ext4 具有下列特点。

1. 支持更大的文件系统和文件

Ext3 支持的最大的文件系统是 16 TB,Ext4 则支持到了 1 EB(1 048 576 TB,1EB=1 024 PB,1 PB=1 024 TB);Ext3 支持的最大文件是 2 TB,而 Ext4 则支持到了 16TB。

2. 无限数量的子目录

Ext3 只支持 32 000 个子目录,而 Ext4 则支持无限数量的子目录。

3. Extents

Ext3 采用间接块映射,当操作大文件时,效率极其低下。比如一个 100 MB 大小的文件,在 Ext3 中要建立 25 600 个数据块(每个数据块大小为 4 KB)的映射表;而 Ext4 引入了现代文件系统中流行的 extents 概念,每个 extent 为一组连续的数据块,上述文件则表示为"该文件数据保存在接下来的 25 600 个数据块中",大大提高了效率。

4．多块分配

当写入数据到 Ext3 文件系统中时,Ext3 的数据块分配器每次只能分配一个 4 KB 的块,写一个 100 MB 的文件就要调用 25 600 次数据块分配器,而 Ext4 的多块分配器 multiblock allocator(mballoc)则支持一次调用分配多个数据块。

5．延迟分配

Ext3 的数据块分配策略是尽快分配,而 Ext4 和其他现代文件操作系统的策略是尽可能地延迟分配,直到文件在 cache 中写完才开始分配数据块并写入磁盘,这样就能优化整个文件的数据块分配,与前两种特性搭配起来可以显著提升性能。

6．快速 fsck

以前执行 fsck 时第一步都很慢,因为它要检查所有的 inode,而现在 Ext4 给每个组的 inode 表中都添加了一份未使用 inode 的列表,今后 fsck Ext4 文件系统就可以跳过它们只去检查那些在用的 node 了。

7．日志校验

日志是最常用的部分,也极易导致磁盘硬件故障,而从损坏的日志中恢复数据会导致更多的数据损坏。Ext4 的日志校验功能可以很方便地判断日志数据是否损坏,而且它将 Ext3 的两阶段日志机制合并成一个阶段,在增强安全性的同时提高了性能。

8．无日志模式(no journaling)

日志总归有一些开销,Ext4 允许关闭日志,以便某些有特殊需求的用户可以借此提升性能。

9．在线碎片整理

尽管延迟分配、多块分配和 extents 能有效减少文件系统碎片,但碎片还是不可避免会产生。Ext4 支持在线碎片整理,并提供 e4defrag 工具进行个别文件或整个文件系统的碎片整理。

10．inode 相关特性

Ext4 支持更大的 inode,较之 Ext3 默认的 inode 大小 128 字节,Ext4 为了在 inode 中容纳更多的扩展属性(如 ns 时间戳或 inode 版本),默认 inode 大小为 256 字节。Ext4 还支持快速扩展属性(fast extended attributes)和 inode 保留(inodes reservation)。

11．持久预分配(persistent preallocation)

P2P 软件为了保证下载文件有足够的空间存放,常常会预先创建一个与所下载文件大小相同的空文件,以免未来的数小时或数天之内磁盘空间不足导致下载失败。Ext4 在文件系统层面实现了持久预分配并提供相应的 API(libc 中的 posix_fallocate()),比应用软件自己实现更有效率。

12. 默认启用 barrier

磁盘上配有内部缓存，以便重新调整批量数据的写操作顺序，优化写入性能，因此文件系统必须在日志数据写入磁盘之后才能写 commit 记录。若 commit 记录写入在先，而日志有可能损坏，那么就会影响数据完整性。Ext4 默认启用 barrier，只有当 barrier 之前的数据全部写入磁盘，才能写 barrier 之后的数据。

4.3.3 其他文件系统

Linux 支持多种文件系统，且同时存在于一个运行的系统中。查看 /proc/filesystems 文件，可以看到系统支持的全部文件系统：

```
vmuser@Linux-host:~$ cat /proc/filesystems
nodev   sysfs
nodev   rootfs
nodev   ramfs
nodev   bdev
nodev   proc
nodev   cgroup
nodev   cpuset
nodev   tmpfs
nodev   devtmpfs
nodev   debugfs
nodev   securityfs
nodev   sockfs
nodev   pipefs
nodev   anon_inodefs
nodev   devpts
        ext3
        ext2
        ext4
nodev   hugetlbfs
        vfat
nodev   ecryptfs
        fuseblk
nodev   fuse
nodev   fusectl
nodev   pstore
nodev   efivarfs
nodev   mqueue
nodev   rpc_pipefs
nodev   binfmt_misc
nodev   nfs
```

nodev   nfs4
nodev   nfsd

可以看到，Linux 支持多种文件系统，这里不再一一介绍，仅对其中两个具有代表性的 proc 文件系统和 sysfs 文件系统进行简单说明。

1. proc 文件系统

proc 是 Linux 系统中的一种特殊文件系统，是内核和内核模块用来向进程发送消息的机制，只存在于内存中，实际上是一个伪文件系统。用户和应用程序可通过/proc 获得系统的信息，还可以改变内核的某些参数。/proc 子目录和所包含的内容说明如表 4.3 所列。

表 4.3 /proc 子目录内容说明

/proc 下的子目录	所包含的内容
/proc/cpuinfo	CPU 的信息（型号、家族、缓存大小等）
/proc/meminfo	物理内存、交换空间等的信息
/proc/mounts	已加载的文件系统的列表
/proc/devices	可用设备的列表
/proc/filesystems	被支持的文件系统
/proc/modules	已加载的模块
/proc/version	内核版本
/proc/cmdline	系统启动时输入的内核命令行参数

2. sysfs 文件系统

sysfs 是 Linux 2.6 引入的一个新型文件系统，是一个基于内存的文件系统，它的作用是将内核信息以文件的方式提供给用户程序使用。该文件系统的目录层次结构严格按照内核的数据结构组织。除了二进制文件外（只有特殊场合才使用），sysfs 文件内容均以 ASCII 格式保存，且一个文件只保存一个数据，另外，一个文件不可大于一个内存页（通常为 4 096 字节）。

sysfs 提供一种机制，使得可以显式地描述内核对象、对象属性及对象间的关系。sysfs 有两组接口，一组针对内核，用于将设备映射到文件系统中；另一组针对用户程序，用于读取或操作这些设备。表 4.4 描述了内核中的 sysfs 要素及其在用户空间中的表现。

表 4.4 sysfs 内部结构与外部表现

sysfs 在内核中的组成要素	在用户空间中的显示
内核对象（kobject）	目录
对象属性（attribute）	文件
对象关系（relationship）	链接（symbolic link）

第 4 章　Linux 文件系统

sysfs 产生了一个包含所有系统硬件的层次视图,把连接在系统上的设备和总线组织成为一个分级的文件,向用户空间导出内核数据结构以及它们的属性。sysfs 清晰地展示了设备驱动模型中各组件的关系,顶层目录包括 block、device、bus、drivers、class、power 和 firmware 等,各目录和所包含的内容如表 4.5 所列。

表 4.5　sysfs 目录结构

/sys 下的子目录	所包含的内容
/sys/devices	这是内核对系统中所有设备的分层次表达模型,也是/sys 文件系统管理设备最重要的目录结构
/sys/dev	这个目录下维护一个按字符设备和块设备的主次号码(major:minor)链接到真实设备(/sys/devices 下)的符号链接文件
/sys/bus	这是内核设备按总线类型分层放置的目录结构,devices 中的所有设备都连接于某种总线之下,在这里的每一种具体总线之下都可以找到每一个具体设备的符号链接,它也是构成 Linux 统一设备模型的一部分
/sys/class	这是按照设备功能分类的设备模型,如系统所有输入设备都会出现在/sys/class/input 之下,而不论它们是以何种总线连接到系统的。它也是构成 Linux 统一设备模型的一部分
/sys/kernel	这里是内核所有可调整参数的位置,目前只有 uevent_helper、kexec_loaded、mm 和新式的 slab 分配器等几项较新的设计在使用它,其他内核可调整参数仍然位于 sysctl(/proc/sys/kernel) 接口中
/sys/module	这里有系统中所有模块的信息,不论这些模块是以内联(inlined)方式编译到内核映像文件(vmlinuz)中还是编译为外部模块(ko 文件),都可能出现在/sys/module 中: ● 编译为外部模块(ko 文件)在加载后会出现对应的/sys/module/<module_name>/,并且在这个目录下会出现一些属性文件和属性目录来表示此外部模块的一些信息,如版本号、加载状态、所提供的驱动程序等。 ● 编译为内联方式的模块则只在当它有非 0 属性的模块参数时会出现对应的/sys/module/<module_name>,这些模块的可用参数会出现在/sys/modules/<modname>/parameters/<param_name>中: ① 如/sys/module/printk/parameters/time 这个可读/写参数控制着内联模块 printk 在打印内核消息时是否加上时间前缀。 ② 所有内联模块的参数也可以按<module_name>.<param_name>=<value>的形式写在内核启动参数上,如启动内核时加上参数 printk.time=1 与向/sys/module/printk/parameters/time 写入 1 的效果相同。 ● 没有非 0 属性参数的内联模块不会出现于此
/sys/power	这里是系统中的电源选项,这个目录下有几个属性文件可以用于控制整个机器的电源状态,如可以向其中写入控制命令让机器关机、重启等

第 5 章

Vi 编辑器

本章导读

本章主要介绍 UNIX 世界的文本编辑利器 Vi/Vim。熟练掌握 Vm/Vim 编辑器，能极大提高文本或者编写的效率，为开发工作带来便利。从接触 Vi/Vim 到熟练掌握，需要一个过程，但只要常加练习，就可以熟能生巧。

5.1 Vi/Vim 编辑器

Linux 用户经常需要对系统配置文件进行文本编辑，所以至少要掌握一种文本编辑器，首选编辑器是 Vi/Vim。几乎任何一个发行版都有 Vi 或者 Vim 编辑器，在嵌入式 Linux 中通常也会集成 Vi 编辑器。

Vi 编辑器是 Linux 和 UNIX 上最基本的文本编辑器，工作在字符模式下，支持众多的命令，是一款功能强大，效率很高的文本编辑器。Vi 编辑器可以对文本进行编辑、删除、查找和替换、文本块操作等，全部操作都是在命令模式下进行的。Vi 有两种工作模式：命令模式和输入模式。嵌入式 Linux 系统中集成的 Vi 编辑器通常是由 Busybox 构建的，只支持部分 Vi 命令，很多完整版 Vi 中的命令在嵌入式中不可用。

Vim 是 Vi 的加强版，比 Vi 更容易使用。Vi 的命令几乎全部都可以在 Vim 上使用，安装了 Vim 的系统，在命令行输入 vi，实际启动的是 Vim 编辑器。下面的介绍不对 Vi 和 Vim 加以区分。

5.2 Vi 的模式

Vi 的工作模式可分为命令模式和输入模式，两者之间可以任意切换：

- 命令模式，从键盘上输入的任何字符都被作为编辑命令来解释，Vi 下很多操作（如配置编辑器、文本查找和替换、选择文本等）都是在命令模式下进行的。

- 输入模式,从键盘上输入的所有字符都被插入到正在编辑的缓冲区中,被当作正文。

启动 Vi 后处于命令模式,在命令模式下,输入编辑命令,将进入输入模式;在输入模式下,按 ESC 键将进入命令模式,Vi 的关系转换如图 5.1 所示。

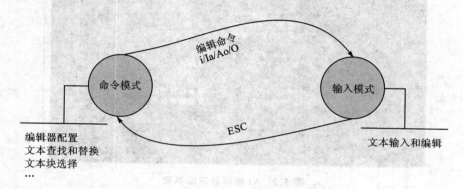

图 5.1　Vi 模式转换关系

这里的编辑命令是指:插入(i 或者 I)、附加(a 或者 A)以及打开(o 或者 O)命令。

5.3　Vim 的安装

Ubuntu 默认安装了 Vi 编辑器,但没有安装 Vim,可用 apt-get install 命令进行安装:

```
vmuser@Linux-host $ sudo apt-get install vim
```

5.4　启动和关闭 Vi

1. 启动 Vi

在 Linux Shell 终端,输入 vi 或者"vi 文件名"即可启动 Vi 编辑器,默认进入命令模式。

```
vmuser@Linux-host $ vi
```

刚启动的 Vi 界面如图 5.2 所示。

2. 退出 Vi

在命令模式下输入如表 5.1 所列的命令都可以退出 Vi 编辑器,回到 Shell 界面。

图 5.2 Vi 编辑器启动界面

表 5.1 退出 Vi 的命令

命 令	说 明
:q	退出未被编辑过的文件
:q!	强行退出 Vi,丢弃所做改动
:x	存盘退出 Vi
:wq	存盘退出 Vi
ZZ	等同于:wq

5.5 光标移动

Vi 编辑器的整个文本编辑都用键盘而非鼠标来完成,传统的光标移动方式是在命令模式下输入 h、j、k、l 完成光标的移动,后来也支持键盘的方向键以及 Page Up 和 Page Down 翻页键了,并且这些键可在命令模式和输入模式下使用。光标移动示意图如图 5.3 所示。

总结一下在命令模式下光标移动的方法:

● 上:k、Ctrl+P、〈up_arrow〉;

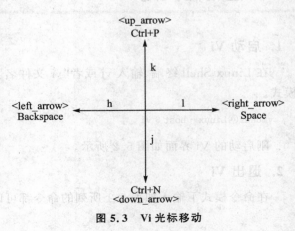

图 5.3 Vi 光标移动

- 下：j、Ctrl＋N、〈down_arrow〉；
- 左：h、Backspace、〈left_arrow〉；
- 右：l、Space、〈right_arrow〉。

无论在输入模式下还是命令模式下，都支持 Page Up 和 Page Down 翻页。

另外，Vi 支持命令快速光标定位，常用命令如表 5.2 所列。

表 5.2　光标快速定位

命　令	说　明
G	将光标定位到最后一行
nG	将光标定位到第 n 行
gg	将光标定位到第 1 行
ngg	将光标定位到第 n 行
:n	将光标定位到第 n 行

5.6　文本编辑

5.6.1　文本输入

在命令模式下输入编辑命令（i/I、a/A、o/O），就可以进入输入模式，Vi 左下角将会提示"插入"字样，如图 5.4 所示。

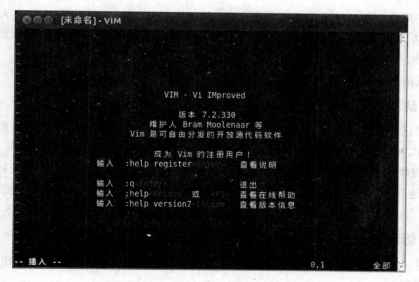

说明：波浪线（～）开始的行表示空行。

图 5.4　输入模式的 Vi

在输入模式下,任何从键盘输入的字符都将被当成正文。

进入输入模式的编辑命令有 a/A、i/I 和 o/O,它们之间的差异如表 5.3 所列。

表 5.3 Vi 的编辑命令

命 令	说 明
a	在当前光标位置后面开始插入
A	在当前行行末开始插入
i	在当前光标前开始插入
I	在当前光标行行首开始插入
o	从当前光标开始下一行开始插入
O	从当前光标开始前一行开始插入

在输入模式下,可以使用键盘上的功能键对文本进行操作,如用退格键删除文本,用方向键移动光标,也可使用翻页键翻页等。

5.6.2 文本处理

使用 Vi 能进行高效的文本编辑处理,这主要得益于 Vi 提供了丰富的文本处理命令,可在命令模式下进行快速的文本复制、粘贴、删除、剪切、查找、替换、撤销和恢复等操作。

1. 文本块选定

将光标移到将要选定的文本块开始处,按 ESC 进入命令模式,再按 v,进入可视状态(视图左下角提示"可视"字样),然后移动光标至文本块结尾,被选定的文本块高亮显示,如图 5.5 所示。

连按两次 ESC 可以取消所选定文本块。

2. 复制和粘贴

如果已经选定文本块,按 y,即可将所选定文本复制到缓冲区,将光标移到将要粘贴的地方,按 p,就可完成文本粘贴。

Vi 提供了很多简便快捷的复制方法,在命令模式下,连按 yy,则可复制光标所在行的内容,连按 yny 即可复制从光标所在行开始的 n 行。例如:y5y,即复制光标开始的 5 行内容。

3. 剪切和删除

最后一次剪切和删除的内容都能够被粘贴到其他位置。常用的剪切和删除命令如表 5.4 所列。

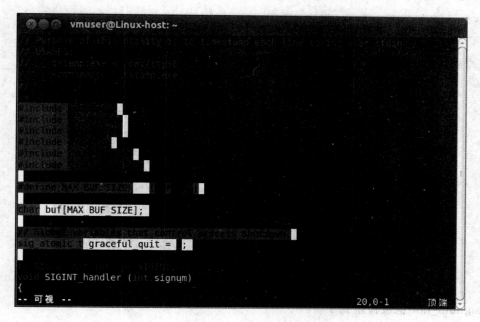

图 5.5　选定文本块

表 5.4　剪切和删除命令

命令	说明
x 或 nx	剪切从光标所在位置开始的一个或 n 个字符
X 或 nX	剪切光标前的一个或 n 个字符
dd	删除光标所在的行
D	删除从光标位置开始至行尾
dw	删除从光标位置至该词末尾的所有字符
d0	删除从光标位置开始至行首
dnd	删除光标所在行开始的 n 行
dnG	将光标所在行至第 n 行删除

4. 文本查找

在命令模式下，输入"/字符串"即可从光标位置开始向下查找字符串，如输入"/text"，即从光标所在位置向下开始查找 text 字符串。输入"?字符串"则从光标位置开始向上查找字符串。无论向下还是向上查找，查找下一个，按键盘 n 键即可。如图 5.6 所示是在 Vi 中搜索字符串 signun 得到的结果。

默认情况下搜索到的字符串不会高亮显示，在命令模式下输入":set hlsearch"可以实现高亮显示。

用"/字符串"或者"?字符串"方式搜索，将以局部匹配结果显示搜索结果，例如搜索字符串 abc，字符串 abcd 也将会被显示在搜索结果中。如图 5.6 所示，搜索 signum，

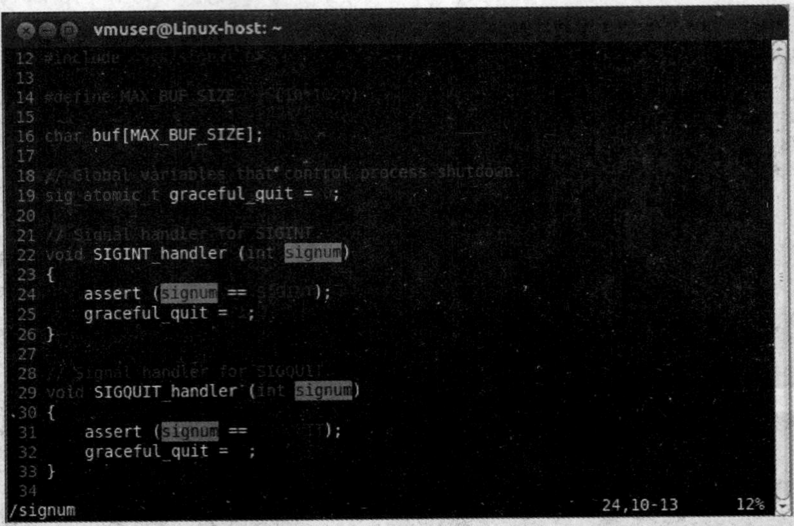

图 5.6　搜索字符串

则 signum_not 也被搜索到了。

如果不希望将 abcd 列入显示结果中,则可用全局匹配搜索。方法为:先将光标移动到字符串 abc,然后按"SHIFT＋*"完成搜索。如图 5.7 所示,用这种方法搜索字符串 signum,字符串 signum_not 已经不在搜索结果中。

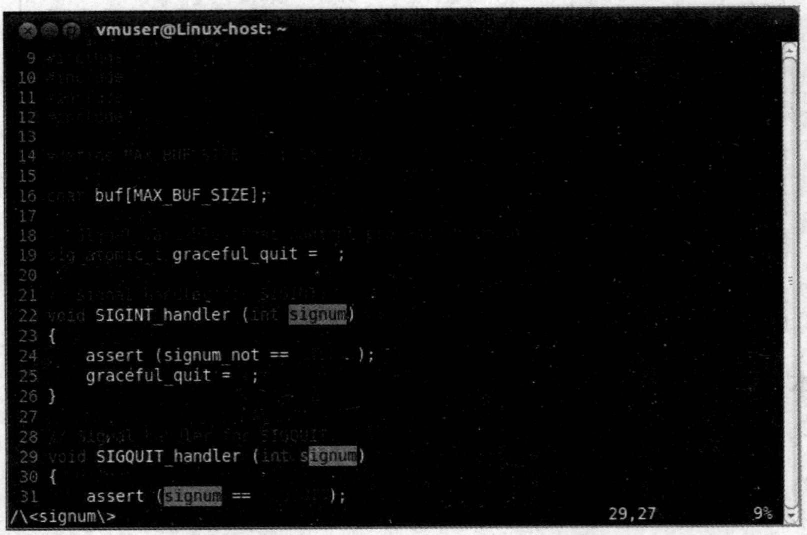

图 5.7　全局匹配搜索

5. 文本替换

文本替换的命令稍微复杂一些,在命令模式下,输入:

:%s /old/new/g

第 5 章　Vi 编辑器

能够将文本内全部的字符串 old 替换为 new。为了安全起见,可以在替换命令尾部加上 c,这样每次替换前都需要确认一下。

6. 撤销和恢复

在命令命令模式下输入 u,可撤销所做的更改,恢复编辑前的状态。这里的编辑以保存命令为界,例如,打开一篇文本,在编辑过程中被保存了 3 次,则可撤销 3 次。最多能撤销的次数由 Vi 的 undolevels 决定,一般是 500。不小心多按了 u 时,可以用 Ctrl+R 来恢复。

注意,一旦文本被关闭,再次打开将无法使用 u 撤销所做更改。

5.7　配置 Vi

Vi 编辑器支持很多配置选项,如设置和取消行号、设置 TAB 键字符数、设置语法高亮等,在命令模式下输入":set"可以对 Vi 进行配置。在一般模式下,输入":set number"可以显示行号,输入":set nonumber"取消显示行号。常用的配置命令如表 5.5 所列。

表 5.5　配置 Vi 命令

命令	说明
:set number	显示行号
:set ignorecase	不区分大小写
:set tabstop=n	按下 tab 键则实际输入 n 个空格
:set hlsearch	搜索时高亮显示
:syntax on	开启语法高亮

灵活利用 Vi 的这些配置特性,在编程过程中能带来极大便利,如在 C 编程中,设置语法高亮,能极大减少编码中的书写错误。设置了语法高亮和没有设置语法高亮的效果对比如图 5.8 所示。

再例如,显示行号在编写代码的时候也非常有帮助,但是在用鼠标选择代码片段并复制的时候,如果开启了显示行号的话,会连同行号一起复制。如果不需要行号,可以在命令模式下输入":set nu!"将行号关闭。显示与不显示行号的效果如图 5.9 所示。

在 Vi 内执行配置命令的效果是临时的,关闭 Vi 后再次打开 Vi,则需要重新配置。Vi 有自己的配置文件,可以是/etc/vim/vimrc 或者~/.vimrc。两者的区别是前者是全局的,影响登录本机的全部用户,后者仅仅对当前用户有效。

把配置命令放在配置内,每次启动 Vi 就会自动载入配置文件中的设置。如程序清单 5.1 所示是一个简单的 Vi 配置文件范例。

(a) 开启了语法高亮　　　　　　　　(b) 没有设置语法高亮

图 5.8　开启和不开启语法高亮对比

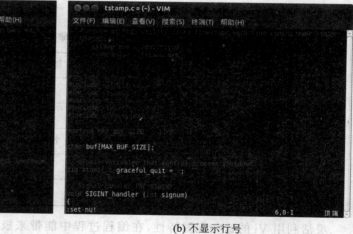

(a) 显示行号　　　　　　　　　　　(b) 不显示行号

图 5.9　显示和不显示行号的效果对比

程序清单 5.1　Vi/Vim 配置文件范例

```
"在窗口标题栏显示文件名称
set title
"编辑的时候将所有的 tab 设置为空格
set tabstop = 4
"设置自动对齐空格数
set shiftwidth = 4
"显示行号
set number
"搜索时高亮显示
```

```
set hlsearch
" 不区分大小写
set ignorecase
" 语法高亮
syntax on
```

说明：以"开始的是注释。

Vi 的功能远远不止这些，更多的命令请参考 Vi 的用户手册以及其他资料，熟练掌握 Vi 的使用，能极大提高 Linux 下的文本编辑效率。

5.8 文件对比

在编码过程中，经常会用到文件对比功能。Vim 包含了文件对比工具 vimdiff。用 vimdiff 工具可以很容易实现文件对比。

用法：

vmuser@Linux‑host:~ $ vimdiff file1 file2 file3

vimdiff 可以同时进行两个以上文件的对比，但大多数情况下是进行两个文件的对比。如图 5.10 所示是两个有差异的文件的对比效果。

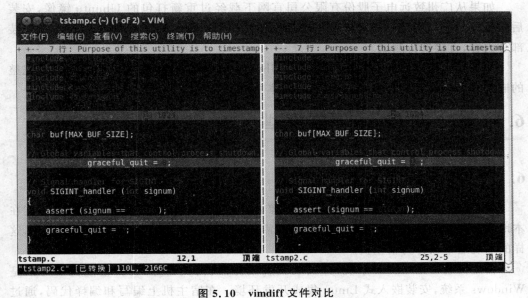

图 5.10 vimdiff 文件对比

第 6 章
嵌入式 Linux 开发环境构建

本章导读

本章首先讲述在 Linux 环境下进行嵌入式 Linux 开发的基本方法,然后对嵌入式开发用到的软件进行介绍,包括如何安装和测试。这一章是进行嵌入式 Linux 开发必不可少的基础,请务必仔细理解,并进行正确的设置。

如果用从 Ubuntu 官网下载的 ISO 镜像,安装后只能得到纯净的 Ubuntu 系统,则在进行嵌入式 Linux 开发前,必须按照本章步骤先搭建嵌入式 Linux 开发环境。

如果从广州致远电子股份有限公司官网下载经过重新打包的 Ubuntu 镜像,安装后将会得到已经构建好嵌入式 Linux 开发环境的 Ubuntu 系统,则可以跳过本章安装部分内容,直接进行测试。

如果直接使用已经安装好后打包的 Ubuntu 虚拟机,该虚拟机也已经安装了完整的嵌入式 Linux 开发环境,则也可以跳过本章的安装。

6.1 嵌入式 Linux 开发模型

6.1.1 交叉编译

由于嵌入式系统资源匮乏,一般不能像 PC 一样安装本地编译器和调试器,不能在本地编写、编译和调试自身运行的程序,而需借助其他系统(如 PC)来完成这些工作,这样的系统通常被称为宿主机。

宿主机通常是 Linux 系统,并安装交叉编译器、调试器等工具;宿主机也可以是 Windows 系统,安装嵌入式 Linux 集成开发环境。在宿主机上编写和编译代码,通过串口、网口或者硬件调试器将程序下载到目标系统里面运行,系统示意图如图 6.1 所示。

所谓交叉编译,就是在宿主机平台上使用某种特定的交叉编译器,为某种与宿主机不同平台的目标系统编译程序,得到的程序在目标系统上运行而非在宿主机本地运行。这里的平台包含两层含义:一是核心处理器的架构,二是所运行的系统。这样,交叉编

第 6 章 嵌入式 Linux 开发环境构建

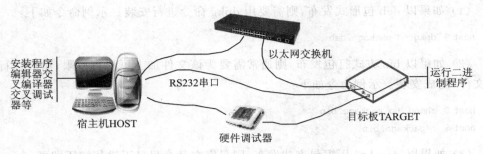

图 6.1 嵌入式 Linux 开发环境

译有 3 种情形：

(1) 目标系统与宿主机处理器相同，运行不同的系统；
(2) 目标系统与宿主机处理器不同，运行相同的系统；
(3) 目标系统与宿主机处理器不同，运行不同的系统。

实际上，在 PC 上进行非 Linux 的嵌入式开发，哪怕使用 IDE 集成环境，如 Keil、ADS、Realview，都是交叉编译和调试的过程，只是 IDE 工具隐藏了细节，没有明确提出这个概念。

6.1.2 交叉编译器

交叉编译器是在宿主机上运行的编译器，但是编译后得到的二进制程序却不能在宿主机上运行，而只能在目标机上运行。交叉编译器的命名方式一般遵循"处理器-系统-gcc"这样的规则，一般通过名称便可以知道交叉编译器的功能，例如下列交叉编译器：

- arm-none-eabi-gcc，表示目标处理器是 ARM，不运行操作系统，仅运行前后台程序；
- arm-uclinuxeabi-gcc，表示目标处理器是 ARM，运行 μClinux 操作系统；
- arm-none-linux-gnueabi-gcc，表示目标处理器是 ARM，运行 Linux 操作系统；
- mips-linux-gnu-gcc，表示目标处理器是 MIPS，运行 Linux 操作系统。

进行 ARM Linux 开发，通常选择 arm-linux-gcc 交叉编译器。ARM-Linux 交叉编译器可以自行从源代码编译，也可以从第三方获取。在能从第三方获取交叉编译器的情况下，请尽量采用第三方编译器而不要自行编译。一是编译过程繁琐，不能保证成功；二是就算编译成功，也不能保证交叉编译器的稳定性，编译器的不稳定性会对后续的开发带来无限隐患，而第三方提供的交叉编译器通常都经过比较完善的测试，确认是稳定可靠的。

6.2 安装交叉编译器

交叉编译器的安装方法，通常与交叉编译器的打包发布方式有关：

(1) 如果以 deb 包形式发布,则需要用 dpkg 命令进行安装。示例命令如下:

host $ dpkg - i package.deb

(2) 如果以 bin 方式打包发布,则通常需要为该文件加上可执行权限,然会运行这个文件,完成安装。示例命令如下:

host $ chmod + x package.bin
host $ ./package.bin

(3) 如果以.tar.bz2 压缩包方式发布,则只需在某个目录下进行解压即可。

host $ tar xjvf package.tar.bz2

以上 3 条命令在实际中须将 package 替换为实际文件名称。

由于以 deb 或者 bin 方式发布的工具链对不同版本操作系统的适应性较差,所以大多数都采用.tar.bz2 这样的压缩包形式发布,下面重点讲述这种工具链的安装方法。

6.2.1 解压工具链压缩包

交叉编译器通常以 arm-none-linux-gnueabi.tar.bz2 这样的名称发布(不同厂家的不同开发平台,交叉编译工具链的实际名称可能有所差别,请以实际为准),解压命令如下:

vmuser@Linux - host:~ $ tar xjvf arm - none - linux - gnueabi.tar.bz2

如果希望解压到一个指定的目录中,则可以先将 arm-none-linux-gnueabi.tar.bz2 压缩包复制到目标目录,然后进入目标目录再运行解压命令,也可以在任意目录解压,通过-C 指定目标目录。假定希望解压到/home/ctools/目录,则命令如下:

vmuser@Linux - host:~ $ tar xjvf arm - none - linux - gnueabi.tar.bz2 - C /home/ctools/

1. 确定交叉编译器的实际目录

以 deb 或者 bin 方式发布的工具包,安装后通常会自动设置环境变量;而以.tar.bz2 方式发布的工具包,在完成解压后,如果不设置环境变量,不指定交叉编译器的完整路径,系统就无法调用交叉编译器。

假如交叉工具链安装在/home/ctools/arm-2011.03/bin/目录下,用 ls 命令可以查看到该目录下的各种文件:

vmuser@Linux - host:~ $ ls /home/ctools/arm - 2011.03/bin/

arm - none - linux - gnueabi - addr2line	arm - none - linux - gnueabi - cpp
arm - none - linux - gnueabi - gcov	arm - none - linux - gnueabi - nm
arm - none - linux - gnueabi - size	arm - none - linux - gnueabi - ar
arm - none - linux - gnueabi - elfedit	arm - none - linux - gnueabi - gdb
arm - none - linux - gnueabi - objcopy	arm - none - linux - gnueabi - sprite
arm - none - linux - gnueabi - as	arm - none - linux - gnueabi - g + +

```
arm-none-linux-gnueabi-gdbtui        arm-none-linux-gnueabi-objdump
arm-none-linux-gnueabi-strings       arm-none-linux-gnueabi-c++
arm-none-linux-gnueabi-gcc           arm-none-linux-gnueabi-gprof
arm-none-linux-gnueabi-ranlib        arm-none-linux-gnueabi-strip
arm-none-linux-gnueabi-c++filt       arm-none-linux-gnueabi-gcc-4.5.2
arm-none-linux-gnueabi-ld            arm-none-linux-gnueabi-readelf
```

有不少初学者不知道自己将交叉编译器安装在哪个目录下了，确认方法就是看 arm-none-linux-gnueabi-* 这些文件到底在哪个目录。

2. 全路径引用

如果不想添加设置交叉编译器的路径到系统环境变量中，则必须在每次使用交叉编译器的地方写明交叉编译器的全路径，例如：

```
CC=/home/ctools/arm-2011.03/bin/arm-none-linux-gnueabi-
make CROSS_COMPILE=$CC ARCH=arm uImage
```

如果系统安装了多个不同版本的同名编译器，就可以采用这种方法。不过前提是必须对自己安装的交叉编译器路径完全清楚。

6.2.2 设置环境变量

如果系统只有一个交叉编译器，则还是强烈推荐设置系统环境变量，毕竟每次都设置全路径，显得有点麻烦。设置系统环境变量后，只需在 Linux 终端输入 arm-none-linux-gnueabi-gcc 就可以调用交叉编译器，简单方便。

设置系统环境变量有 3 种方法，下面分别讲述。

1. 临时设置

临时设置系统环境变量，是通过 export 命令，将交叉编译器的路径添加到系统 PATH 环境变量中。用法如下（多个值之间用冒号隔开）：

```
host$ export PATH=$PATH:/交叉编译器路径
```

紧接前面这个示例，在添加交叉编译器路径前，先查看系统 PATH 变量的值：

```
chenxibing@linux-compiler:~$ echo $PATH
/home/chenxibing/bin:/usr/local/sbin:/usr/local/bin:/usr/sbin:/usr/bin:/sbin:/bin:/usr/games:/usr/local/games
```

添加工具链路径：

```
$ export PATH=$PATH:/home/ctools/arm-2011.03/bin/
```

再次查看 PATH 的值：

```
chenxibing@linux-compiler:~$ echo $PATH
```

/home/chenxibing/bin:/usr/local/sbin:/usr/local/bin:/usr/sbin:/usr/bin:/sbin:/bin:/usr/games:/usr/local/games:/home/ctools/arm-2011.03/bin

可以看到，交叉编译器的路径已经被添加到系统 PATH 变量中。此时在终端输入 arm-none-linux-gnueabi-，然后按键盘 TAB 键，就可以看到很多以 arm-none-linux-gnueabi-开头的命令被列了出来，说明系统已经能够正确找到交叉编译器了。

```
chenxibing@linux-compiler:~$ arm-none-linux-gnueabi-
arm-none-linux-gnueabi-addr2line     arm-none-linux-gnueabi-cpp
arm-none-linux-gnueabi-gcov          arm-none-linux-gnueabi-nm
arm-none-linux-gnueabi-size          arm-none-linux-gnueabi-ar
rm-none-linux-gnueabi-elfedit        arm-none-linux-gnueabi-gdb
arm-none-linux-gnueabi-objcopy
arm-none-linux-gnueabi-sprite        arm-none-linux-gnueabi-as
arm-none-linux-gnueabi-g++           arm-none-linux-gnueabi-gdbtui
arm-none-linux-gnueabi-objdump       arm-none-linux-gnueabi-strings
arm-none-linux-gnueabi-c++           arm-none-linux-gnueabi-gcc
arm-none-linux-gnueabi-gprof         arm-none-linux-gnueabi-ranlib
arm-none-linux-gnueabi-strip         arm-none-linux-gnueabi-c++filt
arm-none-linux-gnueabi-gcc-4.5.2     arm-none-linux-gnueabi-ld
arm-none-linux-gnueabi-readelf
```

用这种方法设置环境变量，只能对当前终端有效，关闭终端再次打开将会失效，需要重新设置。

2. 修改全局配置文件

在终端中添加环境变量，需要每次都打开终端设置，也很麻烦。可以考虑将设置的过程添加到系统配置文件中。/etc/profile 是系统全局的配置文件，在该文件中设置交叉编译器的路径，能够让登录本机的全部用户都可以使用这个编译器。

打开终端，输入 sudo vi /etc/profile 命令，打开/etc/profile 文件，在文件末尾添加：

```
export PATH=$PATH:/home/ctools/arm-2011.03/bin
```

然后输入". /etc/profile"（点＋空格＋文件名），执行 profile 文件，使刚才的改动生效。如果没有书写错误，此时打开终端，输入 arm-none-linux-gnueabi-，然后按 TAB 键，同样可以看到很多以 arm-none-linux-gnueabi-开头的命令。

3. 修改用户配置文件

/etc/profile 是全局配置文件，其内容会影响登录本机的全部用户。如果不希望影响其他用户，也可以只修改当前用户的配置文件，通常是"~/.bashrc"或者"~/.bash_profile"。

修改方法与修改/etc/profile 类似，这里无需 sudo，直接用 Vi 打开即可，并在文件

第6章 嵌入式 Linux 开发环境构建

末尾增加：

```
export PATH=$PATH:/home/ctools/arm-2011.03/bin/
```

与执行/etc/profile 的方式一样，输入". .bashrc"或者". .bash_profile"，执行修改过的文件，使修改生效。如果无误，打开终端，输入 arm-none-linux-gnueabi-，然后按 TAB 键，同样可以看到很多以 arm-none-linux-gnueabi-开头的命令。

4. 测试工具链

简单测试。打开终端，输入交叉编译器命令，如 arm-none-linux-gnueabi-gcc，然后回车，能够得到下列类似信息，说明交叉编译器已经能够正常工作了。

```
$ arm-none-linux-gnueabi-gcc
arm-none-linux-gnueabi-gcc: no input files
```

进一步测试，可以编写一个简单的 C 文件，用交叉编译器交叉编译，并查看编译结果。在"~"目录下创建 hello.c 文件，然后编写如程序清单 6.1 所示内容。

程序清单 6.1　Hello 程序清单

```c
#include <stdio.h>
int main(void)
{
    int i;
    for (i=0; i<5; i++) {
        printf("Hello %d! \n", i);
    }
    return 0;
}
```

输入完成后，保存并关闭 hello.c 文件，输入以下命令对 hello.c 进行编译，并查看编译后生成文件的属性：

```
vmuser@Linux-host ~ $ cd ~                           #浏览到程序文件所在目录
vmuser@Linux-host ~/hello $ arm-none-linux-gnueabi-gcc hello.c -o hello
                                                     #编译 hello.c 文件
vmuser@Linux-host ~/hello $ file hello               #查看编译生成的 hello 文件属性
hello:ELF 32-bit LSB executable, ARM, version 1 (SYSV), dynamically linked (uses shared libs), for
GNU/Linux 2.6.26, stripped
```

可以看到 hello 程序是 32 位 ARM 指令架构的程序。

5. 安装 32 位的兼容库

如果前面的操作都能得到正确结果，那么就该为自己庆祝一下了，因为交叉编译器已经安装完毕，并且能够正常工作了。但是事情总有例外，很有可能在终端输入 arm-none-linux-gnueabi-gcc 命令后,得到的却是下面的结果:

- bash:./arm-none-linux-gnueabi-gcc:没有那个文件或目录

此时请确认:

(1) 在某个目录下确实存在 arm-none-linux-gnueabi-gcc 文件;

(2) 在终端输入 arm-none-linux-gnueabi-,按 TAB 键,能找到 arm-none-linux-gnueabi-* 系列命令。

如果这两个条件都确认无误,那么问题就好解决了。这种问题主要发生在 64 位操作系统上,原因在于大多数交叉编译器为了适应性,通常以 32 位发布,而实际系统是 64 位的,存在架构差异,所以不能执行。

解决办法很简单,安装 32 位兼容库就好了。在 Ubuntu 12.04 上的安装命令如下:

vmuser@Linux-host ~ $ sudo apt-get install ia32-libs

- 32 位兼容库需要从 Ubuntu 的源下载,所以此时主机系统应当能访问互联网。
- 在 Ubuntu 12.04 的 64 位下安装 32 位库的名字为 ia32-libs,其他版本的 Ubuntu 名称可能有变。

安装 32 位兼容库后,再次执行 arm-none-linux-gnueabi-gcc 命令,应该得到如下信息:

arm-none-linux-gnueabi-gcc: no input files

6.3 SSH 服务器

6.3.1 SSH 能做什么

SSH 是 Secure Shell 的缩写,是建立在应用层和传输层基础上的安全协议,能够有效防止远程管理过程中的信息泄露问题。

SSH 实际上是一个 Shell,可以通过网络登录远程系统,当然,前提是远程系统已经开启了 SSH 服务。经常会遇到下列情形:

(1) Linux 主机不在本地,但又要使用或者维护这台计算机;

(2) 一个嵌入式 Linux 产品不方便接调试串口,需要进行维护;

(3) 在远程机器和本地机器之间进行文件传输。

如果远程目标系统已经开启了 SSH 服务,则通过 SSH 可以轻松解决以上问题。

使用 SSH 服务,一方面需要在远程系统上安装 SSH 服务,另一方面要在本地系统上安装 SSH 客户端,常见的 SSH 客户端有 putty、SSH Secure Shell Client 等。下面分别介绍。

注意,在本机安装了虚拟机,也可以将虚拟机的 Linux 认为是远程系统。若使用 SSH 客户端软件登录虚拟机中的 Linux 系统,则必须配置虚拟机的以太网连接方式为

Bridged(桥接)模式,同时电脑的物理网卡必须接到网络,否则客户端将无法连接 SSH 服务器。

6.3.2　安装 SSH 服务器

在 Linux 主机输入下面命令安装 SSH 服务器:

```
vmuser@Linux - host:~ $ sudo apt - get install openssh - server
```

SSH 服务器安装成功后,终端显示如图 6.2 所示。

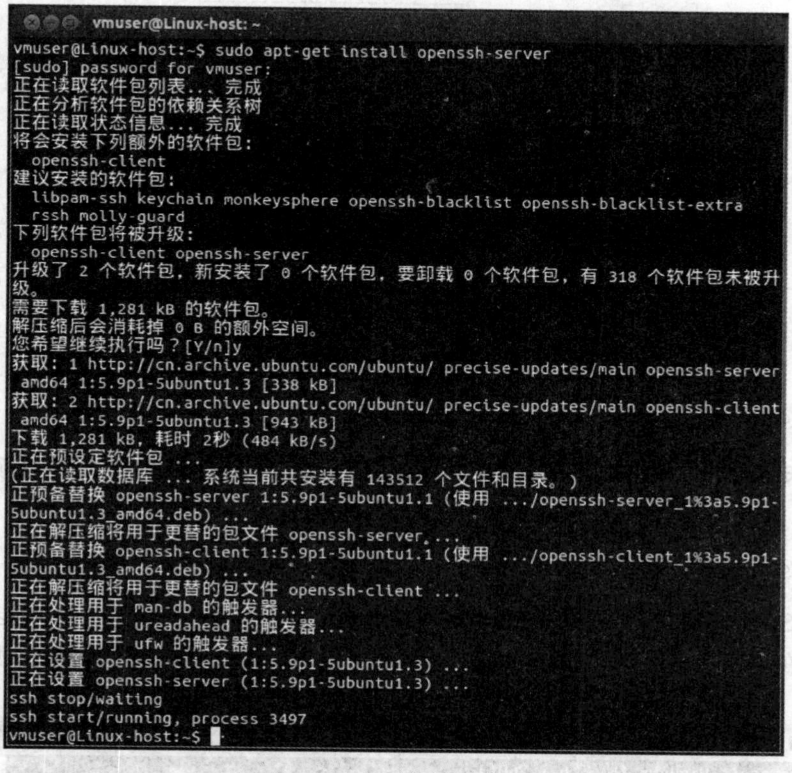

```
vmuser@Linux-host: ~
vmuser@Linux-host:~$ sudo apt-get install openssh-server
[sudo] password for vmuser:
正在读取软件包列表... 完成
正在分析软件包的依赖关系树
正在读取状态信息... 完成
将会安装下列额外的软件包:
  openssh-client
建议安装的软件包:
  libpam-ssh keychain monkeysphere openssh-blacklist openssh-blacklist-extra
  rssh molly-guard
下列软件包将被升级:
  openssh-client openssh-server
升级了 2 个软件包, 新安装了 0 个软件包, 要卸载 0 个软件包, 有 318 个软件包未被升
级。
需要下载 1,281 kB 的软件包。
解压缩后会消耗掉 0 B 的额外空间。
您希望继续执行吗?[Y/n]y
获取: 1 http://cn.archive.ubuntu.com/ubuntu/ precise-updates/main openssh-server
 amd64 1:5.9p1-5ubuntu1.3 [338 kB]
获取: 2 http://cn.archive.ubuntu.com/ubuntu/ precise-updates/main openssh-client
 amd64 1:5.9p1-5ubuntu1.3 [943 kB]
下载 1,281 kB, 耗时 2秒 (484 kB/s)
正在预设定软件包 ...
(正在读取数据库 ... 系统当前共安装有 143512 个文件和目录。)
正预备替换 openssh-server 1:5.9p1-5ubuntu1.1 (使用 .../openssh-server_1%3a5.9p1-
5ubuntu1.3_amd64.deb) ...
正在解压缩将用于更替的包文件 openssh-server ...
正预备替换 openssh-client 1:5.9p1-5ubuntu1.1 (使用 .../openssh-client_1%3a5.9p1-
5ubuntu1.3_amd64.deb) ...
正在解压缩将用于更替的包文件 openssh-client ...
正在处理用于 man-db 的触发器...
正在处理用于 ureadahead 的触发器...
正在处理用于 ufw 的触发器...
正在设置 openssh-client (1:5.9p1-5ubuntu1.3) ...
正在设置 openssh-server (1:5.9p1-5ubuntu1.3) ...
ssh stop/waiting
ssh start/running, process 3497
vmuser@Linux-host:~$
```

图 6.2　成功安装 SSH 服务器

6.3.3　测试 SSH 服务

在虚拟机里,如果 VMware 虚拟网卡设置为 NAT 模式,则 Linux 系统网卡设置为动态 IP 即可;如果虚拟网卡设置为桥接模式,则需要为 Linux 设置一个与 Windows 系统同一个网段的静态 IP 地址。

对于静态 IP 的设置,可以在图形界面进入系统设置,选择网卡设置,IPV4 设置为"手动",并在地址栏填写 IP 地址、掩码等信息,参考图 6.3。

图6.3 设置静态IP地址

当然,也可以在终端使用ifconfig命令进行设置:

vmuser@Linux-host ~ $ sudo ifconfig eth0 192.168.1.137

只有知道了Linux主机的IP地址后,才能进行SSH连接。如果不能确定IP地址,则可以打开终端,用ifconfig命令进行查看和确认:

vmuser@Linux-host ~ $ ifcofig

进行SSH连接之前,最好先用ping命令测试Windows和Linux之间能否正常通信。可以在Windows中打开cmd命令行,输入ping命令进行测试,例如,测试IP为192.168.1.137的Linux主机,如果能收到回应帧则表示通信正常,如图6.4所示。

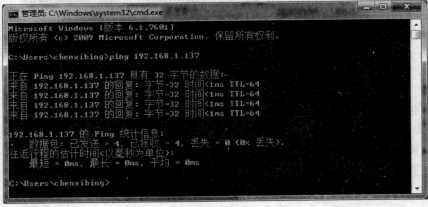

图6.4 Windows ping命令测试

第6章 嵌入式 Linux 开发环境构建

也可以在 Linux 下打开终端,用 ping 命令 ping Windows 主机,收到回应帧表示测试正常,如图 6.5 所示。

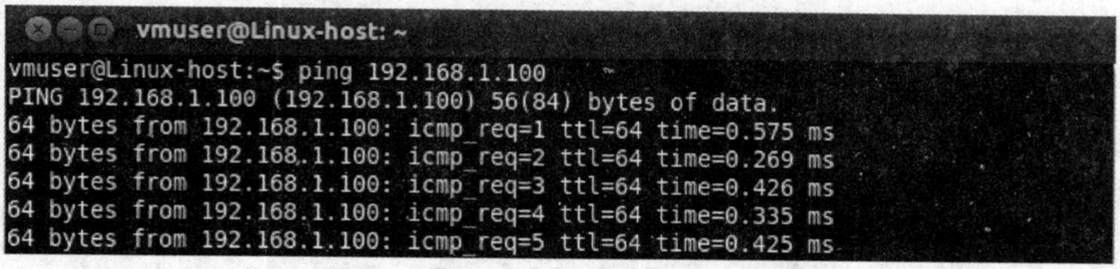

```
vmuser@Linux-host:~$ ping 192.168.1.100
PING 192.168.1.100 (192.168.1.100) 56(84) bytes of data.
64 bytes from 192.168.1.100: icmp_req=1 ttl=64 time=0.575 ms
64 bytes from 192.168.1.100: icmp_req=2 ttl=64 time=0.269 ms
64 bytes from 192.168.1.100: icmp_req=3 ttl=64 time=0.426 ms
64 bytes from 192.168.1.100: icmp_req=4 ttl=64 time=0.335 ms
64 bytes from 192.168.1.100: icmp_req=5 ttl=64 time=0.425 ms
```

图 6.5 Linux ping 命令测试

注意,Windows 7 默认打开了系统防火墙,是禁止 ping 的,如果在 Linux 下 ping Windows 7,则需要先关闭 Windows 7 的防火墙。

另外,Windows 也需要设置为静态 IP 地址。

6.3.4 用 Putty 测试

Putty(下载地址:www.putty.org)是一个小巧的多功能绿色工具,可以实现 SSH、telnet、串口等多种协议登录,程序界面如图 6.6 所示。

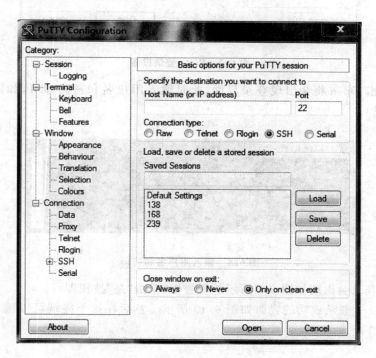

图 6.6 Putty 软件界面

·105·

选择 SSH 登录需要进行一些设置。在 Host Name 一栏填写远程系统的 IP 地址，在 Connection type 一栏中选择 SSH，如图 6.7 所示。

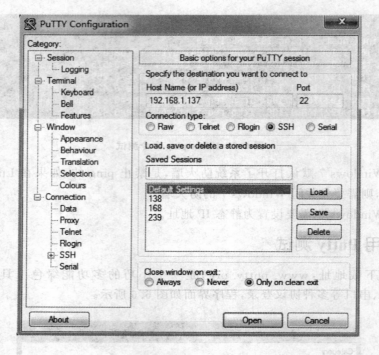

图 6.7　Putty 登录设置

然后单击 Open 将会出现登录界面，此时输入用户名和密码即可，如图 6.8 所示（密码不可见）。

图 6.8　输入用户名和密码

第一次登录会出现如图 6.9 所示的警告框，单击"是"按钮即可。

通过 Putty 登录成功的界面如图 6.10 所示。然后在这个终端可以输入 Linux 的命令进行操作。

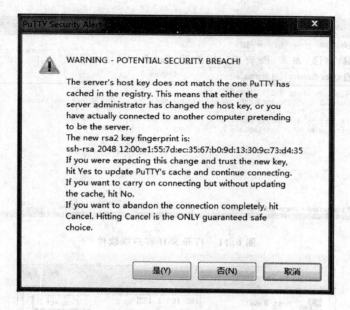

图 6.9　警告提示和确认

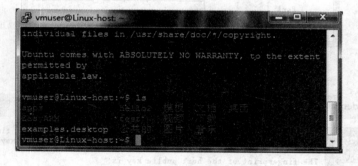

图 6.10　Putty 成功登录远程 Linux

6.3.5　用 SSH Secure Shell 测试

首先请下载并安装 SSH Secure Shell Client 软件(可通过网络搜索文件名称得到下载地址)，该软件安装很简单，不再介绍。SSH Secure Shell Client 除了能进行远程 Shell 登录之外，还能通过 SSH Secure File Transfer Client 进行文件传输。

双击桌面图标，打开 SSH Secure Shell Client 软件，如图 6.11 所示。

单击窗口中的 Quick Connect 按钮，将弹出一个连接对话框，如图 6.12 所示。在 Host Name 栏输入 Linux 的主机 IP 地址，如 192.168.1.137，在 User Name 中输入用户名，如 vmuser。

单击 Connect 按钮，如果是第一次连接，则会出现如图 6.13 所示的确认提示，单击 Yes 按钮确认即可。

嵌入式 Linux 开发教程(上册)

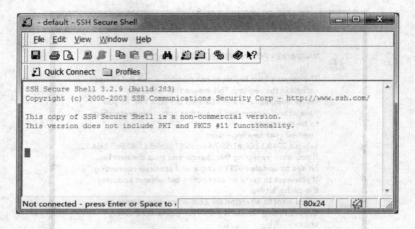

图 6.11　打开 SSH 客户端软件

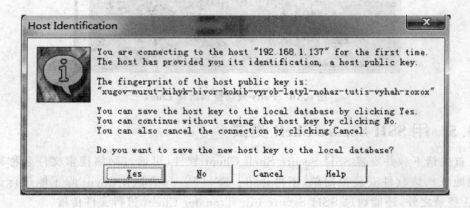

图 6.12　输入主机 IP 和登录用户名

图 6.13　信息确认

然后将弹出一个对话框要求输入登录用户的密码,如图 6.14 所示。

输入密码并无误后,将成功连接到主机,如图 6.15 所示。

单击桌面 图标,或者选择 Windows→New File Transfer 选项打开一个远程文件传输界面,如图 6.16 所示。

左边是本地 Windows 的主机目录,可以浏览到任意目录,选中文件或者文件夹后,

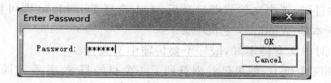

图 6.14 输入密码

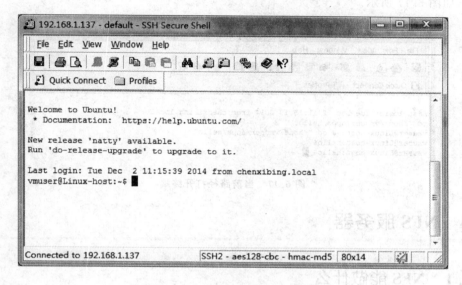

图 6.15 SSH Secure Shell 连接成功

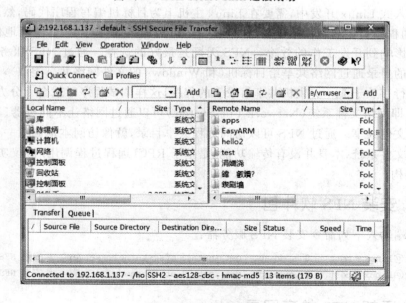

图 6.16 SSH 远程终端

右击选择 Upload 即可将本地文件或者文件夹上传到远程 Linux 主机中;右边是远程

Linux 主机文件目录,选中文件或者目录后,右击选择 Download 即可将远程 Linux 主机的文件下载到本地 Windows 主机中。

说明,SSH 对中文支持不好,最好不要传输中文文件。

在远程 Linux 主机上,如果已经浏览到了一个目的目录,并希望通过 Shell 操作该目录,则可以选择 Windows→New Terminal in Current Directory,将会默认进入当前目录,如图 6.17 所示。

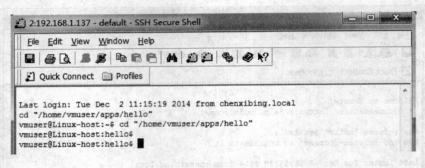

图 6.17 当前路径打开终端

6.4 NFS 服务器

6.4.1 NFS 能做什么

在嵌入式 Linux 开发中,需要在 Linux 主机上为目标机编写程序代码,然后编译程序,生成的程序要传输到目标机上才能调试、运行。那么如何更快、更便捷地传输文件呢?这将影响到开发工作的效率。NFS 无疑是最好的选择。通过 NFS 服务,主机将用户指定的目录通过网络共享给目标机(和 Windows 的文件网络共享类似),目标机可以直接运行存放于 Linux 主机共享目录下的程序,这样调试程序时就会十分方便。

NFS 即网络文件系统(Network File-System)可以通过网络让不同机器、不同系统之间实现文件共享。通过 NFS 可以访问远程共享目录,就像访问本地磁盘一样。NFS 只是一种文件系统,本身并没有传输功能,是基于 RPC(远程过程调用)协议实现的,采用 C/S 架构。

6.4.2 安装 NFS 软件包

在终端输入下列命令安装 NFS 服务器:

```
vmuser@Linux-host ~ $ sudo apt-get install nfs-kernel-server    #安装 NFS 服务器端
vmuser@Linux-host ~ $ sudo apt-get install nfs-common           #安装 NFS 客户端
```

6.4.3 添加 NFS 共享目录

安装完 NFS 服务器等相关软件后,需要指定用于共享的 NFS 目录,其方法是在/

etc/exports 文件里设置对应的目录及相应的访问权限,每一行对应一个设置。下面介绍如何添加 NFS 共享目录。

在终端输入 sudo vi /etc/exports 指令,如下所示:

```
vmuser@Linux-host:~$ sudo vi /etc/exports
[sudo] password for vmuser:
```

/etc/exports 文件打开后,文件内容如程序清单 6.2 所示。

程序清单 6.2 /etc/exports 文件内容

```
# to NFS clients.  See exports(5).
#
# Example for NFSv2 and NFSv3:
# /srv/homes       hostname1(rw,sync,no_subtree_check) hostname2(ro,sync,no_subtree_check)
#
# Example for NFSv4:
# /srv/nfs4        gss/krb5i(rw,sync,fsid=0,crossmnt,no_subtree_check)
# /srv/nfs4/homes  gss/krb5i(rw,sync,no_subtree_check)
```

若需要把/nfsroot 目录设置为 NFS 共享目录,请在该文件末尾添加下面一行:

```
/nfsroot         *(rw,sync,no_root_squash)
```

其中 * 表示允许任何网段 IP 的系统访问该 NFS 目录。添加完成后,文件内容如程序清单 6.3 所示。

程序清单 6.3 添加了 NFS 目录

```
#
# Example for NFSv2 and NFSv3:
# /srv/homes       hostname1(rw,sync,no_subtree_check) hostname2(ro,sync,no_subtree_check)
#
# Example for NFSv4:
# /srv/nfs4        gss/krb5i(rw,sync,fsid=0,crossmnt,no_subtree_check)
# /srv/nfs4/homes  gss/krb5i(rw,sync,no_subtree_check)
#
/nfsroot     *(rw,sync,no_root_squash)
```

修改完成后,保存并退出/etc/exports 文件。然后新建/nfsroot 目录,并为该目录设置最宽松的权限:

```
vmuser@Linux-host:~$ sudo mkdir /nfsroot
```

```
vmuser@Linux-host:~$ sudo chmod -R 777 /nfsroot
vmuser@Linux-host ~$ sudo chown -R nobody /nfsroot
```

为了方便测试 NFS 是否挂载成功,可以在/nfsroot 目录下创建 NFS_Test 目录用于测试。

6.4.4 启动 NFS 服务

在终端中执行如下命令,可以启动 NFS 服务:

```
vmuser@Linux-host ~$ sudo /etc/init.d/nfs-kernel-server start
```

执行如下命令则可以重新启动 NFS 服务:

```
vmuser@Linux-host ~$ sudo /etc/init.d/nfs-kernel-server restart
```

执行启动命令后,其操作结果如图 6.18 所示,表示 NFS 服务已正常启动。

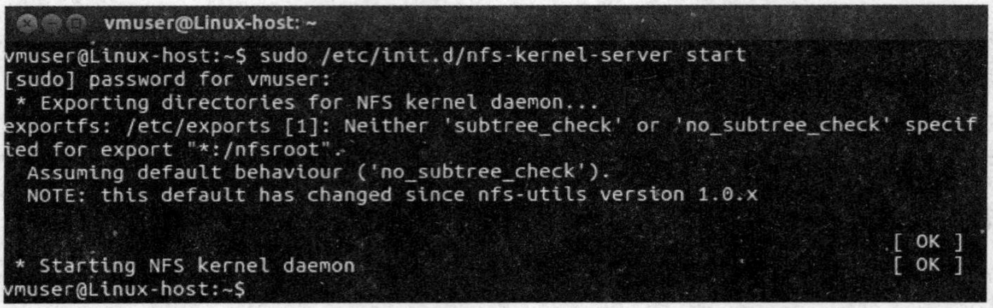

```
vmuser@Linux-host:~$ sudo /etc/init.d/nfs-kernel-server start
[sudo] password for vmuser:
 * Exporting directories for NFS kernel daemon...
exportfs: /etc/exports [1]: Neither 'subtree_check' or 'no_subtree_check' specif
ied for export "*:/nfsroot".
  Assuming default behaviour ('no_subtree_check').
  NOTE: this default has changed since nfs-utils version 1.0.x

                                                                          [ OK ]
 * Starting NFS kernel daemon                                             [ OK ]
vmuser@Linux-host:~$
```

图 6.18　启动 NFS 服务

在 NFS 服务已经启动的情况下,如果修改了/etc/exports 文件,则需要重启 NFS 服务,以刷新 NFS 的共享目录。

当然,在下一次启动系统时,NFS 服务是自动启动的。

6.4.5 测试 NFS 服务器

NFS 服务启动后,可以在 Linux 主机上进行自测。测试的基本方法为:将已经设定好的 NFS 共享目录 mount(挂载)到另外一个目录下,看能否成功。

假定 Linux 主机 IP 为 192.168.12.123,NFS 共享目录为/nfsroot,则可使用如下命令进行测试:

```
vmuser@Linux-host~$ sudo mount -t nfs 192.168.12.123:/nfsroot /mnt -o nolock
```

如果指令运行没有出错,则 NFS 挂载成功,在/mnt 目录下应该可以看到/nfsroot 目录下的内容。

6.5 TFTP 服务器

6.5.1 TFTP 能做什么

TFTP(Trivial File Transfer Protocol,简单文件传输协议)是 TCP/IP 协议族中用来在客户机和服务器之间进行简单文件传输的协议,开销很小。

这时候可能有人会纳闷,既然前面已经介绍了功能强大的 SSH 和 NFS 服务,还有必要介绍 TFTP 吗? TFTP 尽管简单,但在很多地方还是不可替代的,正如俗话说的"尺有所短,寸有所长"。

TFTP 通常用于内核调试。在嵌入式 Linux 开发过程中,内核调试是其中一个基础且重要的环节。调试内核通常与 Bootloader 配合使用,只需在 Bootloader 中实现了网卡驱动和 TFTP 客户端,就可以使用 TFTP 传输内核。

使用 TFTP 服务,还需要在主机上实现 TFTP 服务器,可以在 Linux 下实现,也可以在 Windows 下实现。

6.5.2 安装配置 TFTP 软件

用户可以在主机系统联网的情况下,在终端上输入下面命令进行安装:

vmuser@Linux-host ~ $ sudo apt-get install tftpd-hpa tftp-hpa

软件安装成功后,终端显示如图 6.19 所示。

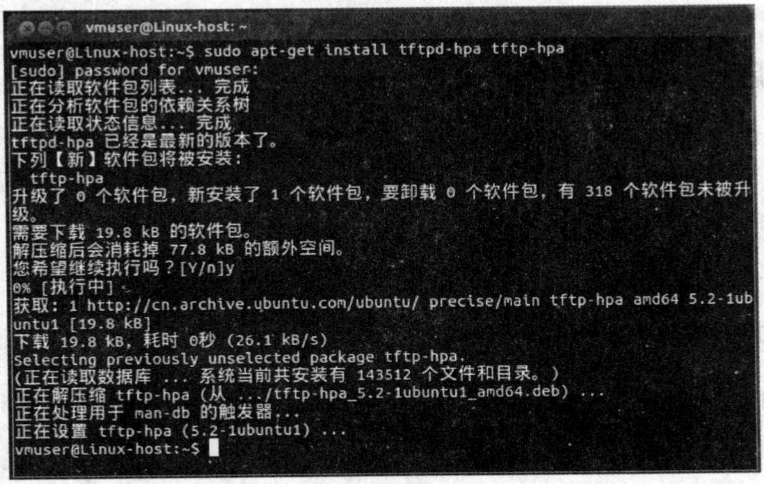

图 6.19 安装 TFTP 软件

6.5.3 配置TFTP服务器

TFTP软件安装后,默认是关闭TFTP服务的,需要更改TFTP配置文件/etc/default/tftp-hpa,可通过终端输入如下命令进行修改:

```
vmuser@Linux-host ~ $ sudo vi /etc/default/tftpd-hpa
```

用户需要指定一个目录为TFTP的根目录。若用户需要把/tftpboot目录设置为tftp根目录,请在/etc/default/tftp-hpa文件的TFTP_DIRECTORY变量中指定,如下所示:

```
TFTP_USERNAME = "tftp"
TFTP_DIRECTORY = "/tftpboot"
TFTP_ADDRESS = "0.0.0.0:69"
TFTP_OPTIONS = "-l -c -s"
```

如果在用户的Linux系统下尚未创建/tftpboot目录,则需要创建该目录,并需要使用chmod命令为该目录设置最宽松的权限。目录创建及权限设置命令如下:

```
vmuser@Linux-host ~ $ sudo mkdir /tftpboot
[sudo] password for vmuser:
vmuser@Linux-host ~ $ sudo chmod -R 777 /tftpboot
vmuser@Linux-host ~ $ sudo chown -R nobody /tftpboot
```

说明,在Windows下,通过tftpd32.exe(下载地址:http://tftpd32.jounin.net)可以很便捷地实现一个TFTP服务器,只需将tftpd32.exe放在某个文件夹下并运行即可。

6.5.4 启动TFTP服务

TFTP服务器安装配置完成后,启动TFTP服务的终端命令如下:

```
vmuser@Linux-host:~ $ sudo service tftpd-hpa start
tftpd-hpa start/running, process 2389
```

当然,直接重启系统也可以启动TFTP服务。

6.5.5 测试TFTP服务器

在TFTP服务器目录/tftpboot下创建一个测试文件tftpTestFile:

```
vmuser@Linux-host ~ $ touch tftpTestFile
```

测试文件准备好了之后,打开终端,输入以下测试命令(假设192.168.12.123为当前Linux主机的IP地址):

```
vmuser@Linux-host ~ $ tftp 192.168.12.123
tftp> get tftpTestFile
```

第 6 章　嵌入式 Linux 开发环境构建

```
tftp> q
vmuser@Linux-host ~ $ ls tftpTestFile
```
tftpTestFile　　　　＃如果看到 tftpTestTFile 文件则表示 TFTP 服务器配置成功

至此，TFTP 服务器已经配置并测试成功，若用户操作结果与上述现象不同，则需要检查相关操作步骤是否按照文档内容操作。

第二篇　EasyARM-i.MX283A 开发平台

　　本篇内容围绕 EasyARM-i.MX283A 开发套件展开,首先介绍了开发套件的软硬件资源;然后通过一章的篇幅对该平台的基本操作进行描述,包括硬件连接、上电开机开始,以及通过串口输入基本命令进行系统操作和设置,也对一些进阶操作进行了介绍;最后讲述系统固件恢复的烧写以及固件升级操作方法。

　　本篇一共分为 3 章,各章的标题和大概内容如下:
- 第 7 章　EasyARM-i.MX283A 开发套件介绍,介绍软硬件资源。
- 第 8 章　EasyARM-i.MX283A 入门实操,介绍上电开机后的基本操作和系统设置,以及一些进阶操作。
- 第 9 章　系统固件烧写,讲述如何恢复系统以及固件升级。

第 7 章

EasyARM-i.MX283A 开发套件介绍

本章导读

本章对 EasyARM-i.MX283A 开发套件进行介绍，包括硬件和软件资源。另外，还介绍了与之配套的 AP-283Demo 扩展板，通过扩展板，可以进行更多功能扩展。对于这章内容，只需进行简单了解即可。

7.1 开发套件简介

EasyARM-i.MX283A 开发套件是广州周立功单片机科技有限公司精心设计的一款集教学、竞赛、实验、产品设计以及功能评估于一身的入门级开发套件，其产品外观如图 7.1 所示。

图 7.1 EasyARM-i.MX283A 产品图片

EasyARM-i.MX283A 采用 Freescale 的 MCIMX28x 处理器（基于 ARM926EJ-S 内核），具有丰富的硬件资源，提供了完善的 Linux 软件支持包、开发工具和丰富的实用范例，大大降低了 Linux 学习门槛和开发难度，可以帮助用户在短期内实现产品功能验证和开发。EasyARM-i.MX283A 的基本接口分布如图 7.2 所示。

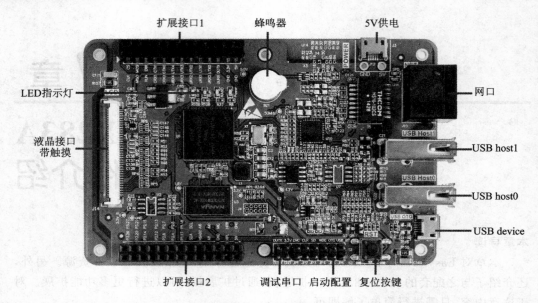

图 7.2　EasyARM–i.MX283A 的基本接口分布

7.2　硬件资源

EasyARM–i.MX283A 提供了丰富的外设接口，具体资源如表 7.1 所列。

表 7.1　EasyARM–i.MX283A 硬件资源

项　目	EasyARM–i.MX283A
CPU	MCIMX283（ARM926EJ–S 内核，454 MHz）
内存	64 MB DDR2
电子硬盘	128 MB SLC Nand Flash
LCD 接口	16 bit 液晶接口
触摸屏	四线电阻式触摸屏
以太网	1 路 10/100M 自适应以太网卡
串口	1 路调试串口（排针引出） 5 路应用串口，通过扩展接口 1 引出[1]
USB Host	2 路，USB 2.0
USB device	1 路 USB 2.0（与 USB host0 复用）
TF 卡接口	1 路
ADC	4 路（含 1 路高速 ADC），通过扩展接口 2 引出
LED	3 个
蜂鸣器	1 个

续表 7.1

项 目	EasyARM-i.MX283A
GPIO	9 路,通过扩展接口 1/2 引出
I²C 接口	1 路,通过扩展接口 2 引出[2]
SPI 接口	1 路,通过扩展接口 1 引出[3]

注:[1]、[2]、[3]这 3 个功能部件,在必要的时候都可以设置为 GPIO 功能。

7.3 软件资源

EasyARM-i.MX283A 开发套件提供完善的 Linux BSP,包括 Bootloader、Linux 内核源码、Qt 图形界面和开发工具等,具体软件资源如表 7.2 所列。

表 7.2 EasyARM-i.MX283A 提供的 Linux 资源列表

资 源		说 明
Bootloader		版本 U-Boot-2009.08
Linux 内核		版本 Linux 2.6.35.3
根文件系统		支持 sysfs、rootfs、bdev、ext3、ext2、ramfs、nfs、jffs2、ubifs、tmpfs 文件系统
外设驱动	Nand Flash	驱动源码:drivers/mtd
外设驱动	SD/MMC	驱动源码:drivers/mmc
	TFT LCD	驱动源码:drivers/video
	触摸屏	驱动源码:drivers/input/touchscreen
	SPI	驱动源码:drivers/spi
	I²C	驱动源码:drivers/i2c
	AUART	驱动源码:drivers/serial
	ADC	驱动源码:drivers/misc
外设驱动	PWM	驱动源码:drivers/video(LCD)
	GPIO	驱动源码:drivers/gpio
	RTC	驱动源码:drivers/rtc
	蜂鸣器驱动	提供源码,详见光盘
图形界面		Qt 4.7.0,提供源码
外设范例程序		基本的开发范例如以太网、串口、QT 编程等
开发所需的基本工具		USB、TF 卡烧写工具、交叉编译工具链(gcc-4.4.4-glibc-2.11.1-multilib-1.0)、串口工具(TeraTerm)、文件传输工具(SSHSecureShellClient-3.2.9)等

7.4 开发所需配件

使用 EasyARM-i.MX283A 进行学习和开发,还需要一些配件(非标配,可自行购买),配件和说明如表 7.3 所列。

表 7.3 开发配件

配件名	用 途	样 例	备 注
MicroUSB 线	采用 USB 方式供电(默认供电方式)		USB 接口的电源必须有 5 V、1 A 的供电能力
网线	用于应用软件调试和进行网络通讯		开发套件和主机直连用交叉线,通过交换机用平行线
RS232-TTL 模块	RS-232 电平转换		推荐使用广州致远电子研发的 TTL 电平转 RS-232 电平串口模块
PL2303HX USB 转串口 TTL 模块	USB 串口通信		若电脑没有串口,则需要采用 USB 转串口模块

7.5 产品组装

EasyARM-i.MX283A 的套件安装配件包含 M2 铜柱(螺纹直径 2 mm)、M2 螺丝(螺纹直径 2 mm)、FFC 柔性连接线、TFT-4.3A 液晶屏等。安装步骤如下。

1. 安装铜柱

将 M2 铜柱插入到 TFT-4.3A 液晶屏的安装孔中,旋紧,将其他三个也按同样的方法安装。安装效果如图 7.3 所示。

2. 安装FFC柔性连接线

将TFT-4.3A的FPC连接器(J1)连接盖上掀打开,将FFC柔性连接线反面朝上插入FPC连接器,压下FPC连接器的连接盖,如图7.4(a)所示。FFC柔性连接线的另一端正面朝上连接到开发板中,效果如图7.4(b)所示。

图7.3 铜柱安装效果图

(a) FFC连接线插入FPC连接器　　　　　　　　(b) 连接到开发板

图7.4 安装液晶屏FFC连接线

连接线安装效果如图7.5所示。

图7.5 FFC连接线安装效果图

3. 固定液晶屏

将TFT-4.3A液晶屏按图7.6所示叠放。

使用M2螺丝将TFT-4.3A液晶屏固定在开发板上。套件安装完成,整体效果如图7.7所示。

图 7.6 安装液晶屏

图 7.7 整体安装效果图

7.6 AP-283Demo 扩展板

AP-283Demo 是广州致远电子股份有限公司"0 利润"开源硬件 AWorks 系列配板中的一款产品,接口与 EasyARM-i.MX280/3/7.A 系列接口兼容,可以应用于任何一款开发板上。

7.6.1 硬件特性

AP-283Demo 扩展板作为 EasyARM-iMX280/3/7.A 系列的学习配板,板上具有通用的外设学习资源,可以提供用户方便地学习 EasyARM-iMX280/3/7A 系列开发板和相应的操作系统,具体有以下资源:

- 4 个 GPIO 流水灯;

- 5 个 GPIO 控制独立按键;
- 1 路 SPI 控制 4 位数码管和 1 路 SPI 接口 Flash(选配);
- 1 路 I²C 接口 EEPROM;
- 1 路 I²S 接口音频接口;
- 1 路热敏电阻输入 ADC 和 1 路滑动变阻器输入 ADC
- 1 路隔离 CAN-Bus 通信接口(选配兼容非隔离 CAN-Bus);
- 2 路串口 TTL-RS232 转换接口。

7.6.2 外设接口布局

AP-283Demo 扩展板的整体布局如图 7.8 所示。

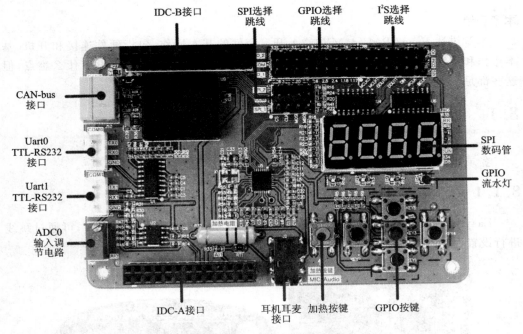

注:完整接口说明请参考产品数据手册。

图 7.8　AP-283Demo 扩展板接口和布局

第 8 章
EasyARM-i.MX283A 入门实操

本章导读

本章讲述 EasyARM-i.MX283A 开发套件的基本操作,包括硬件连接和开机、基本操作和系统设置,以及一些进阶操作。这一章都是一些操作描述,没有什么难点,但这些都是嵌入式 Linux 开发过程中的常用操作,需要熟练掌握。

8.1 开机和登录

登录用户名和密码都是 root。

8.1.1 启动方式设置

EasyARM-i.MX283A 支持 Nand Flash、TF 卡、USB 三种启动方式,可通过跳线进行设置,跳线位置如图 8.1 所示。

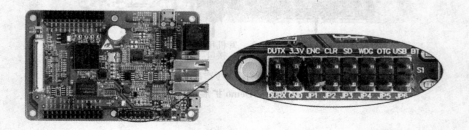

图 8.1 启动方式跳线

使用短路器对跳线的设置有断开和短接,如图 8.2 所示。

第 8 章　EasyARM‑i.MX283A 入门实操

EasyARM‑i.MX283A 具体启动方式设置详见表 8.1。

表 8.1　启动方式设置

启动方式	JP3(SD)跳线	JP4(WDC)跳线	JP6(USB)跳线
Nand Flash	断开	短接	断开
TF 卡	短接	短接	断开
USB	断开	短接	短接

注意:JP4(WDC)为硬件看门狗禁能控制跳线,出厂演示的 Linux 系统未实现看门狗控制,故需短接 JP4,以禁止硬件看门狗功能,否则系统将不断重启。

图 8.2　短路器使用示意图

8.1.2　供电连接

EasyARM‑i.MX283A 采用 MicroUSB 接口方式供电,用户需自备一条 Mi‑croUSB 线缆,如图 8.3 所示。

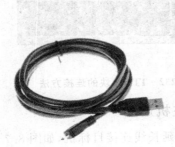

图 8.3　MicroUSB 线

将 MicroUSB 线缆两端分别接到评估套件 POWER 端口和 USB 接口的电源(推荐有 5 V、1 A 的供电能力)。

注意,电脑 USB 供电仅能提供 500 mA 以内的电流,如果 EasyARM‑i.MX283A 连接了大的显示屏或者 USB 接口挂载了大功率的 USB 外设,请不要使用电脑的 USB 接口供电,而要采用独立的 USB 电源供电。

设置 EasyARM‑i.MX283A 为 Nand Flash 启动方式,然后上电。

8.1.3　串口硬件连接

1. 目标机的调试串口

EasyARM‑i.MX283A 的调试串口是 TTL 电平,通过针脚引出,如图 8.4 所示。

计算机的标准串口通常是 RS‑232 电平,用串口连接 EasyARM‑i.MX283A 的调试串口时,需要转换成 RS‑232 电平,可用 RS‑232‑TTL 模块实现。图 8.5 所示是一个 RS‑232‑TTL 转换模块。

图 8.4　TTL 调试串口　　　　　　　图 8.5　RS-232-TTL 模块

使用导线(如杜邦线)分别连接 EasyARM-i.MX283A 和 RS232-TTL 的针脚：3.3V—VCC、GND—GND、DUTX—TXD、DURX—RXD，如图 8.6 所示。

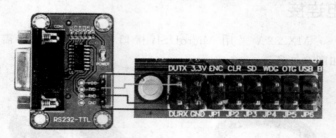

图 8.6　调试串口和 RS-232-TTL 模块的连接方法

2. 目标机的 RS-232 调试串口和主机连接

若主机配备有标准串口，可以使用串口延长线连接目标机，如图 8.7 所示。

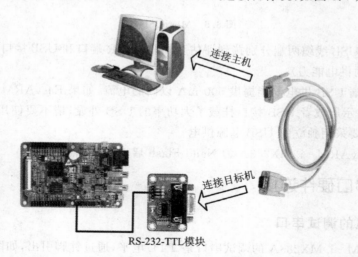

图 8.7　使用串口延长线连接

若主机没有配备标准串口，可以使用 USB 转 RS-232 串口线来扩展串口，连接方式如图 8.8 所示。

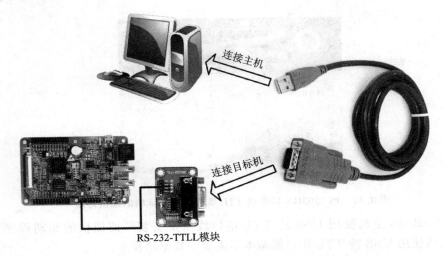

图 8.8 使用 USB 转 RS-232 串口线连接

在 Windows 主机使用 USB 转 RS-232 串口线需要安装厂商提供的驱动程序。在 Linux 主机使用 USB 转 RS-232 串口线基本不需要安装驱动程序。

3. 目标机的 TTL 调试串口和主机连接

EasyARM-i.MX283A 的调试串口接口是 TTL 电平的,如果不想使用前面介绍的方式连接串口,也可以使用 USB 转 TTL 串口线进行连接,连接方法如图 8.9 所示。

USB 转 TTL 串口线的产品很多,这里仅以 PL2303HX USB 转 TTL 串口线为例进行介绍,PL2303HX USB 转 TTL 串口线的实物如图 8.10 所示。

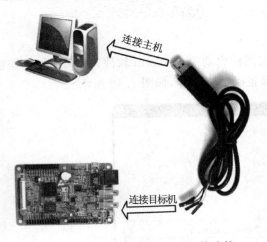

图 8.9 使用 USB 转 TTL 串口线连接

图 8.10 PL2303HX USB 转 TTL 串口线

PL2303HX USB 转 TTL 串口线的接线定义:红色为+5 V,黑色为 GND,白色为 RXD,绿色为 TXD,与 EasyARM-i.MX283A 调试串口的连接方法如图 8.11 所示。

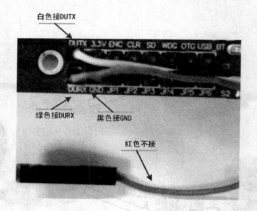

图 8.11　PL2303HX USB 转 TTL 串口线与目标机的连接方法

在 Windows 主机使用 USB 转 TTL 串口线需要安装厂商提供的驱动程序。在 Linux 主机使用 USB 转 TTL 串口线基本不需要安装驱动程序。

8.1.4　Windows 环境串口登录

Windows 下的串口终端软件比较多，如 Tera Term、putty、Xshell 等。这里仅介绍 Tera Term(V4.67 版本)的用法。

1. 安装 Tera Term

产品光盘上附有 Tera Term 的安装程序文件 teraterm-4.67.exe。双击 teraterm-4.67.exe 文件开始安装，安装操作比较简单，这里就不再多述。

说明：Tera Term 安装完成后，安装程序会提示继续安装 LogMeTT 软件和 TTLEditor 软件，可以选择安装或不安装。

2. 打开 Tera Term 软件

Tera Term 安装完成后，在桌面双击 图标启动 Tera Term 软件，在弹出的新建连接窗口，选择 Serial 单选框，并在 Port 选择正确的串口号，如图 8.12 所示。

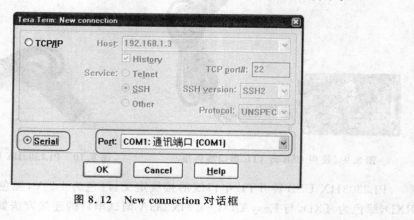

图 8.12　New connection 对话框

在 Windows 下，串口（包括用 USB 扩展的串口）是以端口的形式出现的，端口的名称为 COM1、COM2、COM3 等，每个串口对应一个端口。

设置完成后，单击 OK 按钮关闭对话框，返回 Tera Term，如图 8.13 所示的主界面。

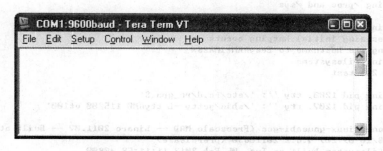

图 8.13　Tera Term 主界面

3. 串口设置

在如图 8.13 所示的主界面中，选择 Setup→Serial port 菜单项打开串口配置界面，并进行串口设置：115200-8n1，无流控，如图 8.14 所示。

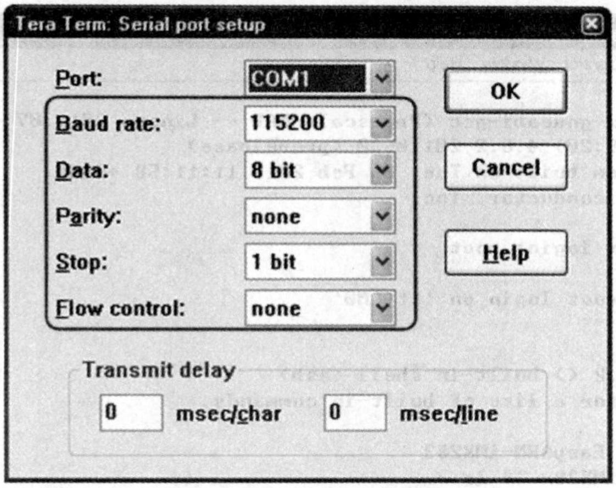

图 8.14　串口配置界面

确认无误后单击 OK 按钮完成设置，返回 Tera Term 主界面。

注意：主菜单的 Setup→Save setup 可以保存设置。

4. 使用 Tera Term 登录

设置正确的串口软硬件连接，给 EasyARM-i.MX283A 上电。在上电的一瞬间，蜂鸣器会"哔"一声响，表示 EasyARM-i.MX283A 上已经进入启动程序，同时 Tera Term 会打印系统的启动信息，启动完成后，会出现串口终端登录提示，如图 8.15 所示。

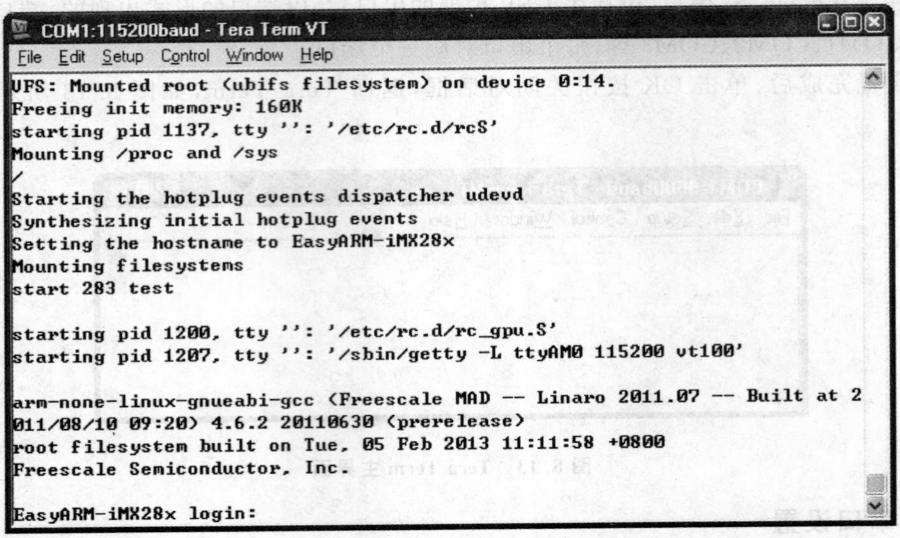

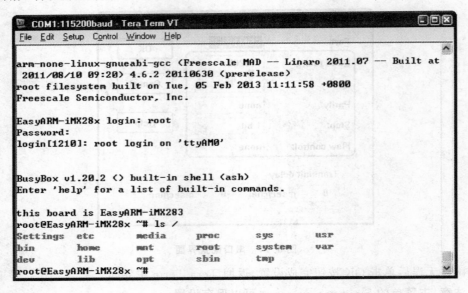

图 8.15 准备登录

用户名和密码都是 root，输入用户名和密码完成登录，如图 8.16 所示。

图 8.16 登录完成

注意：用户在输入密码时，串口是不会回显输入字符的。

- 若串口终端没有启动信息输出，请检查 Tera Term 选择的端口是否正确，串口是否可用：把串口的 2-3 引脚短接，然后在 Tera Term 输入任意字符，看输入的字符能否正确回显，如果能正确回显表示选择的端口正确并且串口正常。
- 如果输出字符是乱码，则请确认波特率等设置是否正确。

如果液晶硬件组装连接无误，则当 EasyARM-i.MX283A 启动完成后，在液晶上将显示如图 8.17 所示的 zylauncher 界面。

图 8.17　zylauncher 界面

8.1.5　Linux 环境串口登录

若在 Window 下使用 Linux 虚拟机，则建议使用 Windows 的串口终端。只有安装了实体 Linux，才必须使用 Linux 的串口终端。

在 Linux 常用的串口终端软件有 minicom 和 kermit，这里仅介绍 minicom 的使用方法。

1. Linux 的串口设备

Linux 串口以设备文件的方式出现，在/dev/目录下。若串口是主机配备的，那么串口设备文件通常为 ttyS0、ttyS1 等；若串口是用 USB 扩展出来的，那么串口设备文件通常为 ttyUSB0、ttyUSB1 等。

使用下列命令可以查看主机配备串口的设备文件名：

```
vmuser@Linux-host:~$ dmesg | grep ttyS
[    0.770047] 00:08: ttyS0 at I/O 0x3f8 (irq = 4) is a 16550A
[    0.790417] 00:09: ttyS1 at I/O 0x2f8 (irq = 3) is a 16550A
```

使用下列命令可以查看主机 USB 扩展串口的设备文件名：

```
vmuser@Linux-host:~$ dmesg | grep ttyUSB
[   10.912236] usb 4-2: pl2303 converter now attached to ttyUSB0
```

2. 安装和配置 minicom

输入下列命令安装 minicom：

```
vmuser@Linux-host:~$ sudo apt-get install minicom
```

minicom 安装完成后，需要经过配置才能使用。在终端输入下列命令进入 minicom 的配置界面：

```
vmuser@Linux-host:~$ sudo minicom -s
```

加上"-s"选项表示进入 minicom 的配置界面。

(1) 进入 minicom 的配置界面

命令输入完成后，进入 minicom 的配置界面。这是基于字符界面的菜单，如图 8.18 所示。

在菜单上，使用键盘的"↑"、"↓"方向键移动亮条到某个菜单项，表示选中该菜单项。选中指定的菜单项后，按 Enter 键进入子菜单或执行菜单项的操作。

(2) 进入串口端口配置菜单

选中 Serial prot setup 菜单项，如图 8.19 所示。

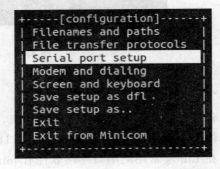

图 8.18 minicom 配置的主菜单　　　　图 8.19 选中 Serial port setup 菜单项

然后按 Enter 键进入串口端口的配置菜单，如图 8.20 所示。

```
+-----------------------------------------------------------------+
| A -    Serial Device       : /dev/tty8                          |
| B - Lockfile Location      : /var/lock                          |
| C -    Callin Program      :                                    |
| D -    Callout Program     :                                    |
| E -    Bps/Par/Bits        : 115200 8N1                         |
| F - Hardware Flow Control  : Yes                                |
| G - Software Flow Control  : No                                 |
|                                                                 |
|     Change which setting?                                       |
+-----------------------------------------------------------------+
```

图 8.20 串口端口配置菜单

在该菜单可以看到有 A～G 的菜单项，通过键入字母（不分大小写）进入相应的菜单项。

(3) 设置串口设备文件名

键入 A（或 a）进入 Serial Device 菜单项，设置串口的设备文件名，如图 8.21 所示。把默认的串口设备文件名改成与目标机连接的串口设备文件名，然后按 Enter 键

```
| A -    Serial Device            : /dev/tty8
| B -    Lockfile Location        : /var/lock
| C -    Callin Program           :
| D -    Callout Program          :
| E -    Bps/Par/Bits             : 115200 8N1
| F -    Hardware Flow Control    : Yes
| G -    Software Flow Control    : No
|
|        Change which setting?
```

图 8.21　设置串口的设备文件名

确定并返回串口端口配置菜单,如图 8.22 所示。具体的串口设备文件名根据自己的实际情况而定。

```
| A -    Serial Device            : /dev/ttyS1
| B -    Lockfile Location        : /var/lock
| C -    Callin Program           :
| D -    Callout Program          :
| E -    Bps/Par/Bits             : 115200 8N1
| F -    Hardware Flow Control    : Yes
| G -    Software Flow Control    : No
|
|        Change which setting?
```

图 8.22　更改串口设备文件名

(4) 设置串口属性

串口端口配置菜单中的 E 菜单项(Bps/Par/Bits)是串口属性设置项,需要设置为 "115200 8N1"(115 200 波特率,8 位数据位,无奇偶校验,1 位停止位)。若该项默认不是"115200 8N1",则需要设置。键入 E(或 e)进入串口属性设置界面,如图 8.23 所示。

在该界面,输入冒号前面的字母可选择相应的值:
- 输入 C～E(大小写不分)选择串口波特率设置,输入 E(或 e)选择 115200;
- 输入 Q(或 q)选择 8-N-1。

设置完成后,按 Enter 键确定并返回串口端口配置菜单,如图 8.24 所示。

(5) 设置硬/软件流控制

串口端口配置菜单中的 F 菜单项是硬件流控制,该菜单项只有 Yes 或 No 选项,键入 F(或 f)切换 Yes 或 No 的设置,硬件流控制请选择 No。G 菜单项是软件流控制,请用同样的方法设置为 No。设置完成后如图 8.25 所示。

(6) 保存设置

按 Enter 键返回 minicom 的配置主菜单,然后选中 Save setup as dfl 菜单项,如图 8.26 所示。

```
+---------[Comm Parameters]---------+
|                                   |
|        Current: 115200 8N1        |
| Speed            Parity      Data |
| A: <next>        L: None     S: 5 |
| B: <prev>        M: Even     T: 6 |
| C:   9600        N: Odd      U: 7 |
| D:  38400        O: Mark     V: 8 |
| E: 115200        P: Space         |
|                                   |
| Stopbits                          |
| W: 1             Q: 8-N-1         |
| X: 2             R: 7-E-1         |
|                                   |
|                                   |
| Choice, or <Enter> to exit?       |
+-----------------------------------+
```

图 8.23　串口属性设置界面

```
+--------------------------------------------------------------+
| A -    Serial Device         : /dev/ttyS1                    |
| B - Lockfile Location        : /var/lock                     |
| C -    Callin Program        :                               |
| D -    Callout Program       :                               |
| E -    Bps/Par/Bits          : 115200 8N1                    |
| F - Hardware Flow Control    : Yes                           |
| G - Software Flow Control    : No                            |
|                                                              |
|     Change which setting?                                    |
+--------------------------------------------------------------+
```

图 8.24　返回串口设置主菜单

```
+--------------------------------------------------------------+
| A -    Serial Device         : /dev/ttyS1                    |
| B - Lockfile Location        : /var/lock                     |
| C -    Callin Program        :                               |
| D -    Callout Program       :                               |
| E -    Bps/Par/Bits          : 115200 8N1                    |
| F - Hardware Flow Control    : No                            |
| G - Software Flow Control    : No                            |
|                                                              |
|     Change which setting?                                    |
+--------------------------------------------------------------+
```

图 8.25　完成串口端口配置

再按 Enter 键保存刚才的设置。

(7) 退出 minicom 的配置

在 minicom 的主菜单，选中 Exit from Minicom 菜单项，如图 8.27 所示。

第 8 章　EasyARM - i.MX283A 入门实操

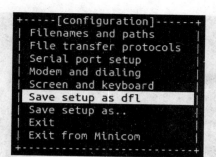
图 8.26　选择 Save setup as dfl

图 8.27　选中 Exit from Minicom 菜单项

这时按 Enter 键退出 minicom 的配置主菜单,返回 Shell 终端。

3. 使用 minicom 登录

输入下面命令进入 minicom 的串口终端界面:

```
vmuser@Linux-host:~ $ sudo minicom -c on
```

注:加上"-c on"选项表示支持彩色字符显示。

给 EasyARM - i.MX283A 上电,minicom 将打印出系统的启动信息,启动完成后,出现系统登录提示信息,如图 8.28 所示。

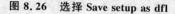

图 8.28　准备登录

用户名和密码都是 root,输入用户名和密码完成登录,如图 8.29 所示。

```
vmuser@Linux-host: ~
Mounting filesystems
start 283 test

starting pid 1204, tty '': '/etc/rc.d/rc_gpu.S'
starting pid 1210, tty '': '/sbin/getty -L ttyAM0 115200 vt100'

arm-none-linux-gnueabi-gcc (Freescale MAD -- Linaro 2011.07 -- Built at 2011/08)
root filesystem built on Tue, 05 Feb 2013 11:11:58 +0800
Freescale Semiconductor, Inc.

EasyARM-iMX28x login: root
Password:
login[1210]: root login on 'ttyAM0'


BusyBox v1.20.2 () built-in shell (ash)
Enter 'help' for a list of built-in commands.

this board is EasyARM-iMX283
root@EasyARM-iMX28x ~# ls /
Settings  etc      media    proc     sys      usr
bin       home     mnt      root     system   var
dev       lib      opt      sbin     tmp
root@EasyARM-iMX28x ~#
```

图 8.29　登录完成

8.2　关机和重启

当需要关机或重启时，如果有数据存储操作，则为了确保数据完全写入，可输入 sync 命令，完成数据同步后关机并按 RST 键重启。

也可输入 reboot 命令重启：

```
root@EasyARM - iMX28x ～# reboot
```

该命令会在自动成全数据同步后重启系统。

8.3　查看系统信息

8.3.1　查看系统内核版本

通过查看/proc/version 文件可以获得系统内核的版本信息：

```
root@EasyARM - iMX28x ～# cat /proc/version
Linux version 2.6.35.3 - 571 - gcca29a0 - g2300c2d - dirty (zhuguojun@zlgmcu) (gcc version 4.4.4(4.4.4_09.06.2010) ) #284 PREEMPT Tue Nov 11 19:28:55 CST 2014
```

8.3.2 查看内存使用情况

使用 free 命令可以查看内存的使用情况：

```
root@EasyARM-iMX28x ~ # free
                total        used        free      shared     buffers
Mem:           124588       34644       89944           0           0
-/+ buffers:                34644       89944
Swap:               0           0           0
```

注意：范例信息仅供参考，请以实际产品为准，下同。

8.3.3 查看磁盘使用情况

使用 df-m 命令可以查看系统磁盘的使用情况：

```
root@EasyARM-iMX28x ~ # df -m
Filesystem       1M-blocks    Used   Available    Use%   Mounted on
ubi0:rootfs             94      35          59     37%   /
tmpfs                   61       0          61      0%   /dev
shm                     61       0          61      0%   /dev/shm
rwfs                     1       0           0     73%   /mnt/rwfs
rwfs                     1       0           0     73%   /var
tmpfs                   16       0          16      0%   /tmp
```

8.3.4 查看 CPU 等的信息

通过查看 /proc/cpuinfo 文件，可以获得 CPU 等的信息：

```
root@EasyARM-iMX28x ~ # cat /proc/cpuinfo
Processor         : ARM926EJ-S rev 5 (v5l)
BogoMIPS          : 226.09
Features          : swp half thumb fastmult edsp java
CPU implementer   : 0x41
CPU architecture  : 5TEJ
CPU variant       : 0x0
CPU part          : 0x926
CPU revision      : 5

Hardware          : Freescale MX28EVK board
Revision          : 0000
Serial            : 0000000000000000
```

BogoMIPS 是处理器的运算能力，表示每秒处理指令的百万数。

8.4 设置开机自动启动

1. 开机启动脚本

系统的 /etc/rc.d/init.d/start_userapp 文件为开机时自动执行的脚本,该脚本内容如程序清单 8.1 所示。需要开机自动执行的命令或运行程序,都可以在这个文件里添加。

程序清单 8.1 start_userapp 文件内容

```
#!/bin/sh
ifconfig lo up
ifconfig eth0 hw ether 02:00:92:B3:C4:A8
# ifconfig eth0 down

# you can add your app start_command three
# start ssh
/bin/dropbear
# start qt command,you can delete it
export TSLIB_PLUGINDIR = /usr/lib/ts/
export TSLIB_CONFFILE = /etc/ts.conf
export TSLIB_TSDEVICE = /dev/input/ts0
export TSLIB_CALIBFILE = /etc/pointercal
export QT_QWS_FONTDIR = /usr/lib/fonts
export QWS_MOUSE_PROTO = Tslib:/dev/input/ts0
/usr/test/up_test_function

test_value = `cat /sys/devices/platform/zlg-systemType/board_name`
if [ $test_value ! = "280" ]
then
        /usr/share/zylauncher/start_zylauncher >/dev/null &
        echo " "
fi
```

2. 添加开机自动执行命令

假定希望开机时自动执行/root 目录下的 hello 程序,则在 start_userapp 文件中增加执行/root/hello 程序的命令:

```
# you can add your app start_command three
/root/hello
# start ssh
```

```
/bin/dropbear
```

3. 禁止开机启动图形界面

EasyARM-i.MX283A 在开机启动系统时，默认启动 zylauncher 演示程序。如果不希望开机启动 zylauncher 演示程序，则可修改 /etc/rc.d/init.d/start_userapp 文件，把启动 zylauncher 的命令注释掉（#表示注释）：

```
test_value = 'cat /sys/devices/platform/zlg-systemType/board_name'
if [ $test_value != "280" ]
then
    #    /usr/share/zylauncher/start_zylauncher > /dev/null &
         echo " "
fi
```

8.5 加载驱动模块

8.5.1 在 Shell 终端上加载和使用驱动模块

加载驱动模块时需要使用 insmod 命令。以 EasyARM-i.MX283A Linux 系统 /root 目录下的 beep.ko 驱动模块为例，加载 beep.ko 驱动模块的命令为：

```
root@EasyARM-iMX28x ~ # cd /root/
root@EasyARM-iMX28x ~ # insmod beep.ko
```

beep.ko 驱动模块加载完成后，会在 /dev 目录下生成相应的设备文件节点，如下所示：

```
root@EasyARM-iMX28x ~ # ls /dev/imx28x_beep
/dev/imx28x_beep
```

/root 目录下的 beep_test 应用程序运行时需要 /dev/imx28x_beep 设备文件节点，所以 beep.ko 驱动模块加载后，就可以执行这个应用程序，操作如下：

```
$   ./beep_test
```

测试程序运行结果是蜂鸣器鸣叫 2 声。

8.5.2 在脚本文件中加载和使用驱动模块

当驱动模块被加载后，udev 会在比较短的时间内为驱动模块生成设备文件节点。所以在 Shell 终端下加载驱动模块后，再运行依赖该驱动模块的应用程序时，在绝大多数情况下不会出问题，毕竟手工输入命令的速度远远比不上 udev 为驱动模块生成设备文件节点的速度。但是，若在脚本文件中加载驱动模块后马上执行依赖该驱动模块的应用程序，就有可能出现在应用程序运行时，udev 还没完成生成设备文件节点的情况而导致出错。

解决办法是,在脚本文件加载驱动的命令执行以后,立即运行 udevtrigger 命令生成设备文件,再执行使用该设备文件的应用程序。在/etc/rc.d/init.d/start_userapp 文件中设置开机自动执行 beep_test 程序的方法如下:

```
# you can add your app start_command three
insmod   /root/test.ko
udevtrigger
/root/test
# start ssh
/bin/dropbear
```

8.6 网络设置

1. ifconfig 命令

EasyARM-i.MX283A 的以太网接口为 eth0。在 Linux 系统下,使用 ifconfig 命令可以显示或配置网络设备,其常用的组合命令格式如下:

ifconfig 网络端口 IP 地址 hw＜HW＞ ether MAC 地址 netmask 掩码地址 broadcast 广播地址 [up|down]

2. 设置 IP 地址

通过 ifconfig 命令可以查看或者设置网卡的 IP 地址。操作示例如下:

```
root@EasyARM-iMX28x ~ # ifconfig eth0 192.168.28.236
eth0: Freescale FEC PHY driver [Generic PHY] (mii_bus:phy_addr = 0:05, irq = -1)              # 表示网卡启动
PHY: 0:05 - Link is Up - 100/Full                                                               # 表示网线连接
```

该命令把 eth0 网卡的 IP 地址设置为 192.168.28.236,同时启动网卡。

输入 ifconfig eth0 命令可以查看 eth0 网卡当前的状态:

```
root@EasyARM-iMX28x ~ # ifconfig eth0
eth0      Link encap:Ethernet    HWaddr 02:00:92:B3:C4:A8
          inet addr:192.168.28.236  Bcast:192.168.28.255  Mask:255.255.255.0
          UP BROADCAST RUNNING MULTICAST   MTU:1500  Metric:1
          RX packets:1936 errors:0 dropped:0 overruns:0 frame:0
          TX packets:0 errors:0 dropped:0 overruns:0 carrier:0
          collisions:0 txqueuelen:1000
          RX bytes:138010 (134.7 KiB)   TX bytes:0 (0.0 B)
```

3. 动态获得 IP 地址

如果希望使用动态 IP 地址，则可用 udhcpc 命令。操作示例如下：

```
root@EasyARM-iMX28x ~ # udhcpc
udhcpc (v1.20.2) started
eth0: Freescale FEC PHY driver [Generic PHY] (mii_bus:phy_addr = 0:05, irq = -1)
Sending discover...
PHY: 0:05 - Link is Up - 100/Full
Sending select for 192.168.138.103...
Lease of 192.168.138.103 obtained, lease time 7200
Deleting routers
adding dns 192.168.138.1
root@EasyARM-iMX28x ~ # ifconfig eth0          #查看设置效果
eth0      Link encap:Ethernet   HWaddr 02:00:92:B3:C4:A8
          inet addr:192.168.138.103  Bcast:255.255.255.255  Mask:255.255.255.0
          UP BROADCAST RUNNING MULTICAST  MTU:1500  Metric:1
          RX packets:25 errors:0 dropped:0 overruns:0 frame:0
          TX packets:2 errors:0 dropped:0 overruns:0 carrier:0
          collisions:0 txqueuelen:1000
          RX bytes:3957 (3.8 KiB)  TX bytes:656 (656.0 B)
```

4. 修改 MAC 地址

EasyARM-i.MX283A 支持修改网卡的 MAC 地址，可用 ifconfig 命令修改。操作示例如下：

```
root@EasyARM-iMX28x ~ # ifconfig eth0 hw ether 00:11:22:33:44:55
root@EasyARM-iMX28x ~ # ifconfig eth0          #查看设置效果
eth0      Link encap:Ethernet   HWaddr 00:11:22:33:44:55
          inet addr:192.168.28.236  Bcast:192.168.28.255  Mask:255.255.255.0
          UP BROADCAST RUNNING MULTICAST  MTU:1500  Metric:1
          RX packets:3355 errors:0 dropped:0 overruns:0 frame:0
          TX packets:0 errors:0 dropped:0 overruns:0 carrier:0
          collisions:0 txqueuelen:1000
          RX bytes:237724 (232.1 KiB)  TX bytes:0 (0.0 B)
```

5. 设置子网掩码

设置子网掩码的示例如下：

```
root@EasyARM-iMX28x ~ # ifconfig eth0 netmask 255.255.255.0
root@EasyARM-iMX28x ~ # ifconfig eth0          #查看设置效果
eth0      Link encap:Ethernet   HWaddr 00:11:22:33:44:55
          inet addr:192.168.28.236  Bcast:192.168.28.255  Mask:255.255.255.0
          UP BROADCAST RUNNING MULTICAST  MTU:1500  Metric:1
```

```
RX packets:3920 errors:0 dropped:0 overruns:0 frame:0
TX packets:0 errors:0 dropped:0 overruns:0 carrier:0
collisions:0 txqueuelen:1000
RX bytes:279347 (272.7 KiB)  TX bytes:0 (0.0 B)
```

6. 设置广播地址

设置广播地址的示例如下：

```
root@EasyARM-iMX28x ~ # ifconfig eth0 broadcast 192.168.28.225
root@EasyARM-iMX28x ~ # ifconfig eth0              #查看设置效果
eth0      Link encap:Ethernet   HWaddr 00:11:22:33:44:55
          inet addr:192.168.28.236  Bcast:192.168.28.225  Mask:255.255.255.0
          UP BROADCAST RUNNING MULTICAST    MTU:1500  Metric:1
          RX packets:5052 errors:0 dropped:0 overruns:0 frame:0
          TX packets:0 errors:0 dropped:0 overruns:0 carrier:0
          collisions:0 txqueuelen:1000
          RX bytes:358016 (349.6 KiB)  TX bytes:0 (0.0 B)
```

7. 关闭/启动网卡

使用下面的命令关闭 eth0 网卡：

```
root@EasyARM-iMX28x ~ # ifconfig eth0 down
```

在网卡关闭后，可以使用下面的命令启动 eth0 网卡：

```
root@EasyARM-iMX28x ~ # ifconfig eth0 up
eth0: Freescale FEC PHY driver [Generic PHY] (mii_bus:phy_addr = 0:05, irq = -1)
                                                                    #表示网上启动
PHY: 0:05 - Link is Up - 100/Full                                   #表示网线连接
```

8. 设置默认网关

添加、删除或查看网关参数使用 route 命令，如需要将默认网关设置为 192.168.28.1，其示例命令如下：

```
root@EasyARM-iMX28x ~ # route add default gw 192.168.28.1
```

若需要删除该网关设置，其示例命令如下：

```
root@EasyARM-iMX28x ~ # route del default gw 192.168.28.1
```

若需要查看当前网关设置，其示例命令如下：

```
root@EasyARM-iMX28x ~ # route -n
```

9. 设置 DNS

若 EasyARM-i.MX283A 需要使用域名访问互联网，则需要先设定 DNS，否则访问可能不正常。DNS 记录在/etc/resolv.conf 配置文件中。

打开/etc/resolv.conf 文件后在其中添加 DNS 配置,可以添加多行。若首选 DNS 及备用 DNS 分别为 192.168.0.1 和 192.168.0.2,则其示例配置如下:

```
# nameserver ip address
nameserver 192.168.0.1
nameserver 192.168.0.2
```

文件修改后保存,DNS 的修改即时生效。

10. 开机自动设置网络参数

使用上述的 ifconfig、udhcpc、route 命令设置的网络参数,在断电或复位后丢失。若需要开机自动设置网络参数,则需要开机时自动执行设置网络参数的命令。

在/etc/rc.d/init.d/start_userapp 文件中增加网络配置命令:

```
# you can add your app start_command three
ifconfig eth0 192.168.28.236
route add default gw 192.168.28.1

# start qt command,you can delete it
```

8.7 通过 SSH 登录系统

若 EasyARM - i.MX283A 目标机设置了开机自动设置 IP 并和主机建立了网络连接,则在目标机的 Linux 系统启动完成后,用户可以通过 SSH 登录系统。

注意:

(1) 目标机和主机的 IP 地址必须在同一网段。在通过网络登录目标机的 Linux 系统前,最好先在主机 ping 一下目标机,看网络是否畅通。

(2) 通过网络登录系统后,请勿改变目标机的网络参数,否则可能会造成登录中断。

SSH 登录账号:root,密码:root。

在 Windows 下可以使用 putty/Xshell 登录开发板。在 Linux 主机可以通过 ssh 命令登录,命令如下:

```
vmuser@Linux-host:~ $ ssh root@192.168.28.236
                              #假设 192.168.28.236 为目标机的 IP 地址
```

在试图第一次登录目标机时,该命令会询问用户:

```
Are you sure you want to continue connecting (yes/no)?
```

这时输入 yes 即可,然后输入登录密码:

```
vmuser@Linux-host:~ $ sshroot@192.168.28.236
```

```
The authenticity of host '192.168.28.236 (192.168.28.236)' can't be established.
RSA key fingerprint is dc:37:5e:c2:32:ec:51:b0:cb:c3:81:7d:8d:2c:8e:a0.
Are you sure you want to continue connecting (yes/no)? yes
Warning: Permanently added '192.168.28.236' (RSA) to the list of known hosts.
root@192.168.28.236's password:

BusyBox v1.20.2 () built-in shell (ash)
Enter 'help' for a list of built-in commands.

this board is EasyARM-iMX283
root@EasyARM-iMX28x ~ #
```

这时已经登录到目标机的 Linux 系统中。

8.8 TF 卡的使用

把 TF 卡插入 EasyARM-i.MX283A 的 TF 插座后,Linux 系统将会自动检测到 TF 卡,并打印 LOG 信息:

```
mmc0: new high speed SD card at address b368
mmcblk0: mmc0:b368 MSD   1.85 GiB
mmcblk0: p1 p2 p3
```

EasyARM-i.MX283A 的 Linux 系统会为 TF 卡的每个分区在/media 目录下生成一个目录,目录的名字为 sd-mmcblk$n$(n 表示不同的分区,$n=0,1,2,3,…$),TF 卡的每个分区分别挂载在这些目录下。用户在这些目录下保存的文件都存储在 TF 卡的分区里。

输入 df -m 命令可以查看 TF 卡各分区的挂载情况和分区的使用,例如:

```
root@EasyARM-iMX28x ~ # df -m
Filesystem       1M-blocks    Used    Available    Use%    Mounted on
ubi0:rootfs      94           35      59           37%     /
tmpfs            61           0       61           0%      /dev
shm              61           0       61           0%      /dev/shm
rwfs             1            0       0            73%     /mnt/rwfs
rwfs             1            0       0            73%     /var
tmpfs            16           0       16           0%      /tmp
/dev/mmcblk0p1   1871         35      1741         2%      /media/sd-mmcblk0p1
```

TF 卡在使用前需要格式化,EasyARM-i.MX283A 支持 TF 卡使用 FAT、EXT2、EXT3 文件系统。

TF 卡使用完成后,在弹出 TF 卡前,需要卸载 TF 所有分区的挂载,操作如下:

```
vmuser@Linux-host ~ $ umount  /media/sd-mmcblkn(n = 0、1、2……)
```

注意:在卸载 TF 卡分区挂载时,当前工作目录不得在分区挂载的目录下。

8.9 U 盘的使用

EasyARM-i.MX283A 有两个 USB Host 接口:USB Host1 和 USB Host0。当 USB Host0 接口需要使能时,要保持板上的 JP5(OTG)跳线断开。

把 U 盘插入 USB Host 接口后,Linux 会检测到 U 盘插入,并打印设备信息:

```
usb 2-1: new high speed USB device using fsl-ehci and address 2
scsi0 : usb-storage 2-1:1.0
scsi 0:0:0:0: Direct-Access     SanDisk  Cruzer           1.01 PQ: 0 ANSI: 2
sd 0:0:0:0: [sda] 7821312 512-byte logical blocks: (4.00 GB/3.72 GiB)
sd 0:0:0:0: [sda] Write Protect is off
sd 0:0:0:0: [sda] Assuming drive cache: write through
sd 0:0:0:0: [sda] Assuming drive cache: write through
 sda: sda1
sd 0:0:0:0: [sda] Assuming drive cache: write through
sd 0:0:0:0: [sda] Attached SCSI removable disk
EXT2-fs (sda1): warning: mounting unchecked fs, running e2fsck is recommended
```

EasyARM-i.MX283A 的 Linux 系统会为 U 盘的每个分区在/media 目录下生成一个目录,目录的名字为 usb-sdsn(s 用于区分不同的 U 盘,n 用于区分不同的分区,s=a,b,c…n=0,1,2,3,…),U 盘的每个分区分别挂载在这些目录下。在这些目录下保存的文件,实际上都存储在 U 盘的分区里。

输入 df -m 命令可以查看 U 盘分区的挂载情况和分区的使用,例如:

```
root@EasyARM-iMX28x /media# df -m
Filesystem        1M-blocks    Used    Available   Use%    Mounted on
ubi0:rootfs          94          35       59        37%    /
tmpfs                61           0       61         0%    /dev
shm                  61           0       61         0%    /dev/shm
rwfs                  1           0        0        73%    /mnt/rwfs
rwfs                  1           0        0        73%    /var
tmpfs                16           0       16         0%    /tmp
/dev/sda1           858           0      815         0%    /media/usb-sda1
/dev/sdb1          1871          35     1741         2%    /media/usb-sdb1
```

U 盘在使用前需要格式化,EasyARM-i.MX283A 支持 U 盘使用 FAT、EXT2、EXT3 文件系统。

U 盘使用完成后,在拔出 U 盘前,需要卸载 U 盘所有分区的挂载:

```
vmuser@Linux-host ~ $ umount   /media/usb-sdasn(n=0,1,2……)
```

注意:在卸载 U 盘分区时,当前工作目录不能在分区挂载的目录下。

8.10 USB Device 的使用

EasyARM - i.MX283A 的 JP5(OTG)跳线用短路器短接后,USB OTG 接口使能。USB OTG 接口支持 USB Device 功能,可以把 EasyARM - i.MX283A 虚拟成一个 U 盘。

把 EasyARM - i.MX283A 虚拟成 U 盘需要加载板上的/root/g_file_storage.ko 驱动,加载该驱动的命令如下:

```
# insmod /root/g_file_storage.ko stall=0 file=块设备 removable=1
```

在加载 g_file_storage.ko 驱动时,需要传入几个参数,这里只需关心 file 参数。file 参数表示把 EasyARM - i.MX283A 虚拟成 U 盘后,使用哪一个块设备存储这个虚拟 U 盘的数据。当这个虚拟 U 盘连接到电脑后,在电脑看到的这个虚拟 U 盘的文件系统就是这个块设备的文件系统。若块设备还没有格式化,则可以在电脑上格式化。

8.10.1 把 TF 卡作为虚拟 U 盘的储存空间

把 TF 卡格式化(假设格式化成 FAT 文件系统),然后插入到 EasyARM - i.MX283A TF 卡槽,系统就会检测到 TF 卡的插入,并挂载到指定的目录。

输入 df - m 命令查看 TF 卡的块设备和挂载的目录,操作示例如下:

```
root@EasyARM-iMX28x ~ # df -m
Filesystem       1M-blocks    Used    Available    Use%    Mounted on
ubi0:rootfs      94           35      59           37%     /
tmpfs            61           0       61           0%      /dev
shm              61           0       61           0%      /dev/shm
rwfs             1            0       0            73%     /mnt/rwfs
rwfs             1            0       0            73%     /var
tmpfs            16           0       16           0%      /tmp
/dev/mmcblk0p1   1871         35      1741         2%      /media/sd-mmcblk0p1
```

在该例子中,TF 卡的块设备为/dev/mmcblk0p1,挂载到/media/sd-mmcblk0p1 目录下。

输入下面的命令加载 g_file_storage.ko 驱动:

```
root@EasyARM-iMX28x ~ # insmod /root/g_file_storage.ko stall=0 file=/dev/mmcblk0p1 removable=1
g_file_storage gadget: File-backed Storage Gadget, version: 20 November 2008
g_file_storage gadget: Number of LUNs=1
g_file_storage gadget-lun0: ro=0, file: /dev/mmcblk0p1
fsl-usb2-udc: bind to driver g_file_storage
```

命令执行完成后,将 MiscroUSB 线插入 EasyARM-i.MX283A 的 USB OTG 接口并连接到电脑(假设为 Windows 系统),在"我的电脑"下将看到多了一个 U 盘驱动器,这就是 EasyARM-i.MX283A 虚拟出来的 U 盘。进入该 U 盘,新建一个名为 new.txt 的文件,然后从电脑中卸载这个 U 盘。

这时在 EasyARM-i.MX283A 中可以查看刚才新建的 new 目录,操作如下:

```
root@EasyARM-iMX28x ~ # ls /media/sd-mmcblk0p1/new.txt
/media/sd-mmcblk0p1/new.txt
```

使用类似的方法也可以把 U 盘作为虚拟 U 盘的存储空间。

8.10.2 使用普通文件作为虚拟 U 盘的存储空间

普通文件可以作为虚拟块设备使用,因此也可以用作虚拟 U 盘的存储空间。普通文件可以存储在文件系统的任何位置。生成特定大小的普通文件可以用 dd 命令,其命令格式为:

```
dd if = file of = loop_file bs = size count = num
```

dd 命令的执行需要几个参数:
- if 参数表示生成文件的数据是从哪个文件输入的;
- of 参数表示要生成的 loop 文件路径;
- bs 参数表示生成文件每块的大小;
- count 参数表示生成文件有多少个块。

使用下列命令生成一个 10 MB 大小的普通文件:

```
root@EasyARM-iMX283 ~ # dd if = /dev/zero of = /dev/shm/disk bs = 1024 count = 10240
10240 + 0 records in
10240 + 0 records out
10485760 bytes (10.0MB) copied, 0.329593 seconds, 30.3MB/s
```

生成的普通文件为/dev/shm/disk,大小为 1 024×10 240=10 MB。

输入下列命令加载 g_file_storage.ko 驱动:

```
root@EasyARM-iMX283 ~ # insmod /root/g_file_storage.ko stall = 0 file = /dev/shm/disk removable = 1
```

命令执行完成后,将 MiscroUSB 线插入 EasyARM-i.MX283A 的 USB OTG 接口并连接到电脑(假设为 Windows 系统),在"我的电脑"下将看到多了一个 U 盘驱动器,这就是 EasyARM-i.MX283A 虚拟出来的 U 盘。由于普通文件还没有格式化,所以得到的虚拟 U 盘需要格式化,可以在 Windows 下直接对虚拟 U 盘进行格式化式。格式化完成后,进入该 U 盘,新建一个 new.txt 文件,然后卸载这个 U 盘。

这时在 EasyARM-i.MX283A 中把普通文件挂载到/mnt/目录下,命令如下:

```
root@EasyARM-iMX28x ~ # mount /dev/shm/disk /mnt/
```

挂载完成后，进入/mnt/目录即可看到刚才新建的 new.txt 文件：

```
root@EasyARM-iMX28x ~ # cd /mnt/
root@EasyARM-iMX28x /mnt# ls
new.txt
```

8.11 LED 使用

在 EasyARM-iMX283A 上有 Nand、RUN、ERR 三个 LED：
- Nand LED 是 Nand Flash 读/写指示灯，由硬件直接控制，用户不可控制，当程序访问 Nand Flash 时，该 LED 闪烁；
- RUN LED 是系统心跳灯（默认），不断按固定节奏闪烁，表示系统正在运行；
- ERR LED 留给用户自由控制使用；
- RUN LED 和 ERR LED 的功能可以由用户设置。

8.11.1 LED 的操作接口

在 EasyARM-i.MX283A 的/sys/class/leds 目录下有 led-err 和 led-run 两个目录，如下所示：

```
root@EasyARM-iMX28x ~ # cd /sys/class/leds/
root@EasyARM-iMX28x /sys/class/leds# ls
beep      led-err    led-run
```

其中 led-err 目录是 ERR LED 的操作接口，led-run 目录是 RUN LED 操作接口。

以 RUN LED 为例，进入 led-run 目录，该目录的内容为：

```
root@EasyARM-iMX28x /sys/class/leds# cd /sys/class/leds/led-run/
root@EasyARM-iMX28x /sys/devices/platform/mxs-leds.0/leds/led-run# ls
brightness        max_brightness    subsystem       uevent
device            power             trigger
```

其中 brightness 用于控制 LED 亮灭，trigger 用于设置 LED 的触发条件。

8.11.2 触发条件设置

trigger 文件用于查看和设置 LED 的触发条件。查看触发条件示例如下：

```
root@EasyARM-iMX28x /sys/devices/platform/mxs-leds.0/leds/led-run# cat trigger
none nand-disk mmc0 [heartbeat]
```

可以看到当前 LED 支持的触发条件有：none、nand-disk、mmc0、heartbeat，其中[heartbeat]表示当前 LED 的触发条件为 heartbeat。

往 trigger 写入特定字符串可以设置 LED 触发条件，例如将 LED 触发条件设置为用户控制，可写入 none，操作示例如下：

root@EasyARM-iMX28x /sys/devices/platform/mxs-leds.0/leds/led-run # echo none >trigger
root@EasyARM-iMX28x /sys/devices/platform/mxs-leds.0/leds/led-run # cat trigger
[none] nand-disk mmc0 heartbeat

1. 设置为用户控制

当 LED 的触发条件设置为 none 时，可以自由控制 LED 的点亮和熄灭。设置 LED 的触发条件为 none 的方法为：

root@EasyARM-iMX28x /sys/devices/platform/mxs-leds.0/leds/led-run # echo none >trigger
root@EasyARM-iMX28x /sys/devices/platform/mxs-leds.0/leds/led-run # cat trigger
[none] nand-disk mmc0 heartbeat

这时可使用 brightness 文件控制 LED 的点亮和熄灭，命令如下：

root@EasyARM-iMX28x /sys/devices/platform/mxs-leds.0/leds/led-run # echo 1 >brightness   #控制 LED 点亮
root@EasyARM-iMX28x /sys/devices/platform/mxs-leds.0/leds/led-run # echo 0 >brightness   #控制 LED 熄灭

2. 设置为心跳指示

若用户需要把 LED 的触发条件设置为系统心跳指示，设置方法为：

root@EasyARM-iMX28x /sys/devices/platform/mxs-leds.0/leds/led-run # echo heartbeat >trigger

这时 LED 由系统时钟所控制。LED 按固定的节奏点亮和熄灭，表示系统正在运行。

3. 设置为 TF 卡检测

若需要把 LED 的触发条件设置为 TF 卡检测，则设置方法为：

root@EasyARM-iMX28x /sys/devices/platform/mxs-leds.0/leds/led-run # echo mmc0 >trigger

这时把 TF 卡插入到 TF 卡槽时，LED 会闪烁一下。

4. 设置为 Nand Flash 读/写指示

若需要把 LED 的触发条件设置为 Nand Flash 读/写指示，则设置方法为：

root@EasyARM-iMX28x /sys/devices/platform/mxs-leds.0/leds/led-run # echo nand-disk >trigger

这时当 Nand Flash 发生读/写操作时,LED 会发生闪烁。例如,在/home 目录保存一个文件:

```
root@EasyARM-iMX28x /# dd if=/dev/zero of=/home/disk bs=1024 count=10240
10240+0 records in
10240+0 records out
10485760 bytes (10.0MB) copied, 0.345239 seconds, 29.0MB/s
root@EasyARM-iMX28x /# sync
```

当上述命令运行时,LED 会发闪烁。

8.12 蜂鸣器的使用

为方便使用蜂鸣器,系统为蜂鸣器提供了类似于 LED 的操作接口,对应的操作文件是/sys/class/leds/beep/brightness。写入 1 使蜂鸣器鸣叫,写入 0 停止鸣叫。

操作示例如下:

```
root@EasyARM-iMX28x ~# echo 1 >/sys/class/leds/beep/brightness  # 控制蜂鸣器鸣叫
root@EasyARM-iMX28x ~# echo 0 >/sys/class/leds/beep/brightness  # 控制蜂鸣器停止鸣叫
```

8.13 LCD 背光控制

EasyARM-i.MX283A 的 LCD 背光控制接口文件为/sys/class/backlight/mxs-bl/brightness。该文件可以设置的值为 0~100:当设置为 0 时,背光最暗;当设置为 100 时,背光最亮。其设置命令如下:

```
root@EasyARM-iMX28x ~# echo 100 > /sys/class/backlight/mxs-bl/brightness
```

LCD 亮度默认值为 80:

```
root@EasyARM-iMX28x ~# cat /sys/class/backlight/mxs-bl/brightness
80
```

8.14 触摸屏的校准

触摸屏校准命令为 ts_calibrate,在终端输入 ts_calibrate 命令,LCD 上出现如图 8.30 所示的 5 点校准界面。

```
root@EasyARM-iMX28x ~# ts_calibrate
```

使用触笔单击"+"指针的中心,直到校准完成。输入 reboot 命令重启系统,或者先输入 sync 命令,然后按复位键重启系统。

图 8.30 触摸屏校准界面

8.15 GPIO 操作

EasyARM – i.MX283A 可用作 GPIO 功能的接口如图 8.31 所示。

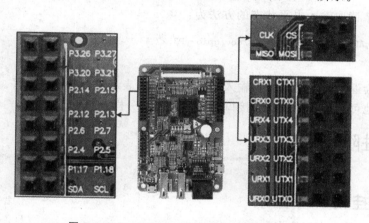

图 8.31 EasyARM – i.MX283A 的可用 GPIO

在这些接口中,以 Px.xx(x 为数字)命名的接口是 GPIO 专用的接口,而其他接口则在有需要的情况下可以复用为 GPIO 功能(但一旦用作 GPIO 功能,除非重启,否则不能恢复为原来的功能)。

在/root 目录下有 gpio_driver.ko 驱动模块文件。输入下面命令加载驱动模块:

root@EasyARM – iMX28x ~ # insmod /root/gpio_driver.ko

驱动加载完成后,会为每个 GPIO 端口都生成一个设备文件节点:

```
root@EasyARM – iMX28x ~ # ls /dev/gpio*
/dev/gpio-CLK      /dev/gpio-MOSI     /dev/gpio-P2.7     /dev/gpio-URX2
/dev/gpio-CRX0     /dev/gpio-P1.17    /dev/gpio-P3.20    /dev/gpio-URX3
/dev/gpio-CRX1     /dev/gpio-P1.18    /dev/gpio-P3.21    /dev/gpio-URX4
/dev/gpio-CS       /dev/gpio-P2.12    /dev/gpio-P3.26    /dev/gpio-UTX0
/dev/gpio-CTX0     /dev/gpio-P2.13    /dev/gpio-P3.27    /dev/gpio-UTX1
/dev/gpio-CTX1     /dev/gpio-P2.14    /dev/gpio-RUN      /dev/gpio-UTX2
/dev/gpio-DURX     /dev/gpio-P2.15    /dev/gpio-SCL      /dev/gpio-UTX3
```

/dev/gpio-DUTX	/dev/gpio-P2.4	/dev/gpio-SDA	/dev/gpio-UTX4
/dev/gpio-ERR	/dev/gpio-P2.5	/dev/gpio-URX0	
/dev/gpio-MISO	/dev/gpio-P2.6	/dev/gpio-URX1	

这些设备文件节点和 GPIO 接口的丝印一一对应,例如可以控制 P3.27 接口的设备文件节点是/dev/gpio-P3.27。通过这些设备文件节点,用户可以在 shell 直接操作指定的 GPIO。

以 P3.27 为例,控制 P3.27 输出高电平的方法为:

```
root@EasyARM-iMX28x ~# echo 1 >/dev/gpio-P3.27
```

控制 P3.27 输出低电平的方法为:

```
root@EasyARM-iMX28x ~# echo 0 >/dev/gpio-P3.27
```

在 P3.27 读取输入电平状态的方法为:

```
root@EasyARM-iMX28x ~# cat /dev/gpio-P3.27
0 或 1
```

该命令会返回 0 或 1:0 表示输入的是低电平;1 表示输入的是高电平。

至于其他可以用作 GPIO 的接口操作方法也是一样。

8.16 进阶操作

8.16.1 挂载 NFS 目录

若主机配置好了 NFS 服务,则可以在 EasyARM-i.MX283A 目标机上把主机的 NFS 目录挂载到本地的目录。在挂载主机的 NFS 目录前,建议使用 ping 命令测试目标机和主机之间网络是否畅通。

假设主机的 NFS 目录为/nfsroot,IP 地址为 192.168.28.235,在 EasyARM-i.MX283A 的终端输入下列命令挂载主机的 NFS 目录:

```
root@EasyARM-iMX28x ~# mount -t nfs 192.168.28.235:/nfsroot /mnt -o nolock
root@EasyARM-iMX28x ~#
```

若命令没有出错,表示挂载成功,进入 EasyARM-i.MX283A 的/mnt 目录就可以访问主机的/nfsroot 目录。

8.16.2 使用 NFS 根文件系统

Linux 内核支持从网络加载根文件系统,这对嵌入式 Linux 开发非常有用,特别是在系统开发初期。将根文件系统放在主机上,方便文件系统的调整,也不用考虑文件系统的体积,等系统开发完毕后再进行裁剪即可。

1. 设置 NFS 根文件系统

假设主机的 IP 地址为 192.168.28.235,NFS 目录为/nfsroot。

把光盘的 rootfs_imx28x.tar.bz2 文件复制到主机的 NFS 目录/nfsroot,然后解压:

```
vmuser@Linux-host:~$ sudo tar -jxvf rootfs_imx28x.tar.bz2
```

这里必须用 root 权限解压,否则会出错。

解压完成后,会在/nfsroot 目录下生成 rootfs 目录。那么 NFS 根文件系统就在主机的/nfsroot/rootfs 目录下:

```
vmuser@Linux-host:~$ ls /nfsroot/rootfs
bin  dev  etc  home  lib  media  mnt  opt  proc  root  sbin  sys  system  tmp  usr
var
```

2. 在目标机设置内核 NFS 启动参数

启动 EasyARM-i.MX283A,然后立即在串口终端不断键入空格键,直到进入 U-Boot 的终端:

```
In:     serial
Out:    serial
Err:    serial
Net:    fec_get_mac_addr
got MAC address from IIM: 00:04:9f:c7:82:19
FEC0
Warning: FEC0 MAC addresses don't match:
Address in SROM is          00:04:9f:c7:82:19
Address in environment is   02:00:92:b3:c4:a8

Hit any key to stop autoboot:  0
MX28 U-Boot >
```

这时出现了"MX28 U-Boot >"符号,这是 U-boot 的命令提示符,表示准备接受用户的命令输入。

修改 U-boot 的 bootargs 环境变量,该变量保存了内核的启动参数。设置内核 NFS 启动的参数一般格式为:

```
setenv bootargs root=/dev/nfs rw console=$(consolecfg) nfsroot=$(serverip):$(rootpath) ip=$(ipaddr):$(serverip):$(gatewayip):$(netmask):$(hostname)::off
```

其中各个参数的意义如下:

consolecfg——调试串口配置;

serverip——提供 NFS 服务的主机 IP;

ipaddr——本机 IP(目标系统 IP);
gateway——网关;
netmask——子网掩码;
hostname——目标板的主机名;
rootpath——主机 NFS 根文件系统路径。

若主机的 IP 为 192.168.28.235,则 NFS 根文件系统路径为/nfsroot/rootfs;EasyARM－i.MX283A 的 IP 为 192.168.28.236,则设置内核启动参数的命令为:

MX28 U-Boot＞setenv bootargs 'root=/dev/nfs rw console=ttyAM0,115200n8 nfsroot=192.168.28.235:/nfsroot/
rootfs ip=192.168.28.236:192.168.28.235:192.168.28.254:255.255.255.0:epc.zlgmcu.com:eth0:off mem=64M'

设置完成后,输入 saveenv 命令保存设置:

MX28 U-Boot＞saveenv
Saving Environment to NAND...
Erasing Nand...
NAND Erasing at 0x00000000000100000 -- 100% complete.
Writing to Nand... done

在 U-Boot 终端输入 reset 命令重启系统,或者重新上电重启。

3. 进入 NFS 根文件系统

EasyARM-i.MX283A 启动时,会在终端打印启动信息。在启动信息中可以看到设置的内核启动参数是否传给了内核,以及是否正确:

Starting kernel ...

Uncompressing Linux... done, booting the kernel.
Linux version 2.6.35.3-571-gcca29a0-g2300c2d-dirty (zhuguojun@zlgmcu) (gcc version 4.4.4 (4.4.4_09.06.2010))
#284 PREEMPT Tue Nov 11 19:28:55 CST 2014
CPU: ARM926EJ-S [41069265] revision 5 (ARMv5TEJ), cr=00053177
CPU: VIVT data cache, VIVT instruction cache
Machine: Freescale MX28EVK board
Memory policy: ECC disabled, Data cache writeback
Built 1 zonelists in Zone order, mobility grouping on. Total pages:32512
Kernel command line: **root=/dev/nfs rw console=ttyAM0,115200n8 nfsroot=192.168.28.235:/nfsroot/rootfs ip=192.168.28.236:192.168.28.235:192.168.28.254:255.255.255.0:epc.zlgmcu.com:eth0:off mem=64M**
PID hash table entries:512 (order:-1, 2048 bytes)

第 8 章　EasyARM – i.MX283A 入门实操

EasyARM – i.MX283A 启动完成后,将打印下列信息:

```
mxs – rtc mxs – rtc.0: setting system clock to 1970 – 01 – 01 00:01:51 UTC (111)
eth0: Freescale FEC PHY driver [Generic PHY] (mii_bus:phy_addr = 0:05, irq = – 1)
IP – Config: Complete:
     device = eth0, addr = 192.168.28.236, mask = 255.255.255.0, gw = 192.168.28.254,
     host = epc, domain = , nis – domain = zlgmcu.com,
     bootserver = 192.168.28.235, rootserver = 192.168.28.235, rootpath =
Looking up port of RPC 100003/2 on 192.168.28.235
PHY: 0:05 – Link is Up – 100/Full
Looking up port of RPC 100005/1 on 192.168.28.235
VFS: Mounted root (nfs filesystem) on device 0:14.
Freeing init memory: 160K
starting pid 1120, tty '': '/etc/rc.d/rcS'
Mounting /proc and /sys
/
Starting the hotplug events dispatcher udevd
Synthesizing initial hotplug events
Setting the hostname to EasyARM – iMX28x
Mounting filesystems
Booted NFS, not relocating: /tmp /var
umount: can't umount /tmp: Invalid argument
start 283 test

starting pid 1180, tty '': '/etc/rc.d/rc_gpu.S'
starting pid 1186, tty '': '/sbin/getty – L ttyAM0 115200 vt100'

arm – none – linux – gnueabi – gcc (Freescale MAD – – Linaro 2011.07 – – Built at 2011/08/
10 09:20) 4.6.2 20110630
     prerelease)
root filesystem built on Tue, 05 Feb 2013 11:11:58 + 0800
Freescale Semiconductor, Inc.

EasyARM – iMX28x login:
```

用户名和密码都是 root,输入后完成登录,之后可进行其他操作。

```
root@EasyARM – iMX28x ~ # ls /
Settings    etc      media    proc    sys       usr
bin         home     mnt      root    system    var
dev         lib      opt      sbin    tmp
```

4. 恢复设置

若需要恢复 EasyARM – i.MX283A 从 Nand Flash 启动根文件系统,则可以在

U-Boot的终端重新设置内核启动参数：

```
MX28 U-Boot > setenv bootargs gpmi = g console = ttyAM0,115200n8  ubi.mtd = 1 root =
ubi0:rootfs rootfstype =
ubifs fec_mac = ethact mem = 64M
```

然后输入 saveenv 保存设置，接着重新启动 EasyARM - i.MX283A 即可。

8.16.3 使用 TFTP 启动内核

U-boot 支持通过网络从 TFTP 服务器下载内核到本地内存，然后启动内核。这种方法通常用于内核调试阶段。

假设主机的 IP 为 192.168.28.235，TFTP 服务器的根目录为 /tftpboot。把光盘的内核固件文件 uImage 上传到主机 TFTP 服务器的根目录。

然后启动 EasyARM - i.MX283A 并进入 U-Boot 命令行，输入命令设置主机的 IP 和目标机的 IP，命令如下：

```
MX28 U-Boot > setenv serverip 192.168.28.235      #设置主机 IP
MX28 U-Boot > setenv ipaddr 192.168.28.236        #设置目标机 IP
MX28 U-Boot > saveenv                              #保存设置
Saving Environment to NAND...
Erasing Nand...
NAND Erasing at 0x0000000000100000 -- 100% complete.
Writing to Nand.
```

设置完成后，运行组合命令 settftpboot，设置 EasyARM - i.MX283A 使用 TFTP 启动内核，命令如下：

```
MX28 U-Boot > run settftpboot
Saving Environment to NAND...
Erasing Nand...
NAND Erasing at 0x0000000000100000 -- 100% complete.
Writing to Nand... done
MX28 U-Boot >
```

重启 EasyARM - i.MX283A，U-Boot 将会从 TFTP 服务器下载内核到本地内存，命令如下：

```
TFTP from server 192.168.28.235; our IP address is 192.168.28.236
Filename 'uImage'.
Load address: 0x41600000
Loading: T ####################################################
           ####################################################
           #########################
done
```

```
Bytes transferred = 2519700 (267294 hex)
```

其中"Loading:"后的"#"表示下载正在执行;"T"表示下载出现停顿,可能是网络不畅造成的。

如果 TFTP 下载无误,则内核下载完成后将会自行启动。

若需要恢复从 Nand Flash 启动内核,则可以在 U-Boot 终端输入下面命令:

```
MX28 U-Boot > run setnandboot
Saving Environment to NAND...
Erasing Nand...
NAND Erasing at 0x0000000000100000 -- 100 % complete.
Writing to Nand... done
```

然后重启 EasyARM-i.MX283A 即可。

8.16.4 内存文件系统

EasyARM-i.MX283A 的 /dev/shm 目录挂载了内存文件系统,在该目录操作的文件都是存储在内存中的,系统断电时存储的内容丢失。

注意,在内存文件系统存储文件会占用系统的内存空间。

第9章
系统固件的烧写

本章导读

本章主要讲述 EasyARM – iMX283A Linux 固件的烧写方法,可以通过 TF 卡和 USB 两种方式进行整体固件烧写,也可以通过网络进行局部固件升级。

9.1 Nand Flash 存储器分区

EasyARM – i.MX283A 板载 128 MB 的 Nand Flash,其扇区大小为 128 KB,Linux 内核以及文件系统都安装在其中,Nand Flash 的分区情况如表 9.1 所列。

表 9.1 Nand Flash 分区信息

分 区	地址范围	大 小	用 途
Bootloader、kernel	0x00000000～0x01400000	20 MB	U-boot 及其环境变量参数、内核
rootfs	0x01400000～0x08000000	108 MB	根文件系统

9.2 烧写流程图

EasyARM – iMX283A 从 Nand Flash 启动时,有两种不同启动方式:
- 普通模式:Linux 内核(uImage)通过 U-boot 导引启动,这是出厂默认方式;
- 自启动模式:Linux 内核(imx_ivt_linux.sb)通过引导代码启动。

由于启动方式的差异,所需要的固件也是有差别的,故分别提供了两套不同的固件,详见产品光盘出厂固件目录。

无论选择哪种启动方式,烧写方法都是类似的,可以通过 TF 卡或者 USB 方式进行烧写,大致流程如图 9.1 所示。

第 9 章 系统固件的烧写

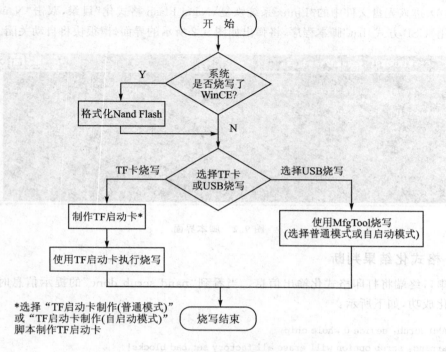

图 9.1 烧写流程图

9.3 格式化 Nand Flash

如果板子原本就是 Linux 操作系统，且仅仅进行固件恢复或者升级，则无需格式化 Nand，除非在使用过程中安装了 WinCE。只有重新安装 Linux 时才需进行 Nand 格式化操作。

可通过 USB Boot 或者 SD Boot 两种方式完成 Nand 格式化。

9.3.1 通过 USB Boot 引导格式化 Nand Flash

1. 格式化操作

使用 USB Boot 方式进行 Nand 格式化的步骤如下：

（1）把 EasyARM - i.MX283A 设置为 USB 启动方式（使用短路器短接 JP4 和 JP6 跳线，保持 JP1、JP2、JP3 和 JP5 跳线断开）。

（2）使用 MicroUSB 通信电缆连接 EasyARM - i.MX283A 的 USB OTG 接口和主机。

（3）建立主机和 EasyARM - i.MX283A 的调试串口连接。

（4）打开串口终端软件，并进行正确设置（115200,8n1）。

（5）给 EasyARM - iMX283A 接通电源。

（6）进入光盘文件中的"Linux系统恢复\Nand Flash格式化"目录，双击"Nand Flash格式化_USB方式.bat"脚本程序，将弹出如图9.2所示的界面，但很快将自动关闭。

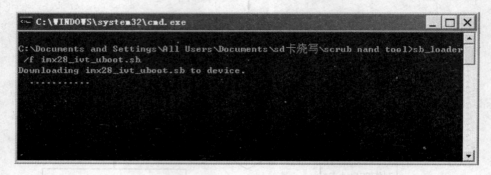

图9.2 脚本界面

2. 格式化结果判断

串口终端将打印格式化输出信息。当看到"nand scrub done"的提示信息时，表示格式化成功，如下所示：

```
NAND scrub: device 0 whole chip
Warning: scrub option will erase all factory set bad blocks!
         There is no reliable way to recover them.
         Use this command only for testing purposes.
NAND Erasing at 0x0000000007fe0000 -- 100 % complete.
OK!
nand scrub done.
MX28 U - Boot >
```

如果看到串口终端的输出信息在"nand scrub done"的上一行打印了"ERROR!"字样，则表示格式化失败。

如果串口出现少量"MTD Erase failure：-%d at:0xXXXXXXXXXXXXXXXX"的提示信息，如：

```
NAND scrub: device 0 whole chip
Warning: scrub option will erase all factory set bad blocks!
         There is no reliable way to recover them.
         Use this command only for testing purposes.
NAND Erasing at 0x0000000001700000 --    9 % complete.
nand0: MTD Erase failure: -5 at:0x00000000018c0000
NAND Erasing at 0x00000000047a0000 --   28 % complete.
nand0: MTD Erase failure: -5 at:0x0000000004900000
NAND Erasing at 0x00000000070a0000 --   44 % complete.
nand0: MTD Erase failure: -5 at:0x00000000070c0000
NAND Erasing at 0x0000000008cc0000 --   55 % complete.
```

第 9 章 系统固件的烧写

```
nand0: MTD Erase failure: -5 at:0x0000000008d40000
NAND Erasing at 0x000000000ffe0000 -- 100% complete.
OK!
nand scrub done.
MX28 U-Boot >
```

这是由于 Nand Flash 存在坏块所致，属于正常情况，Nand Flash 允许存在一定数量的坏块。

如果出现的信息全是这样的错误，则有可能是 Nand 损坏。

若启动"Nand Flash 格式化_USB 方式.bat"脚本时，串口终端没有反应，则请检查是否有下列情形：

- 串口终端通信参数是否设置好。
- MicroUSB 通信电缆是否连接正常。
- "Nand Flash 格式化_USB 方式.bat"在启动一次后，EasyARM-i.MX283A 必须再重新上电或按 RST 复位后，才能再一次进行格式化。
- 设置为 USB 启动方式的 EasyARM-i.MX283A 接入电脑后，在电脑的设备管理器中会多一个 HID 设备出来，如图 9.3 所示；若电脑中未发现这个设备，则

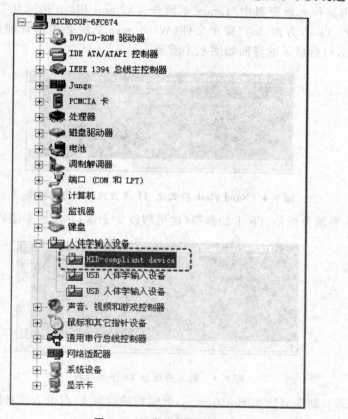

图 9.3 正常连接的情况

请先检查启动模式配置及与电脑的连接是否正常,然后重新复位 EasyARM-i. MX283A 开发套件并插拔 USB 连接线。
- "Nand Flash 格式化_USB 方式.bat"脚本调用了 imx28_ivt_uboot_erase.sb 文件及飞思卡尔原厂提供的 sb_loader.exe 程序,所以运行该脚本前需要保证同一目录下的 imx28_ivt_uboot_erase.sb 文件及 sb_loader.exe 文件正常且未被占用。
- Windows 7 系统必须以管理员身份运行"Nand Flash 格式化_USB 方式.bat"脚本。

9.3.2 通过 SD Boot 方式格式化 Nand Flash

1. 制作格式化启动卡

通过 SD Boot 方式格式化 Nand Flash 需要先制作一张格式化 Nand Flash 专用的 TF 启动卡,其制作步骤如下:

(1) 将一张空白的 TF 卡通过读卡器插入电脑(操作系统必须为 XP 专业版或 Windows7 旗舰版),并记下电脑分配给它的盘符(推荐使用 Class 4 的 TF 卡)。

(2) 双击运行光盘资料中"Linux 系统恢复\Nand Flash 格式化"目录下的"Nand Flash 格式化_TF 卡方式.bat"脚本文件(Windows7 系统必须以管理员身份运行该脚本),该脚本运行后显示的界面如图 9.4 所示。

图 9.4 Nand Flash 格式化_TF 卡方式脚本启动界面

(3) 输入系统分配给 TF 卡的盘符(这里假设为 g 盘)并按回车键,如图 9.5 所示。

图 9.5 输入分配给 TF 卡的盘符

(4) 启动卡制作完后如图 9.6 所示,此时按照移除 U 盘的方式移除该 TF 卡即可。

第 9 章 系统固件的烧写

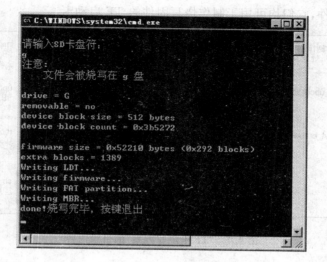

图 9.6 Nand 格式化专用启动卡制作完成

2. 执行格式化

格式化专用启动卡制作好之后,按如下步骤进行 Nand Flash 的格式化。

(1) 把 EasyARM-i.MX283A 设置为 SD 启动方式(使用短路器短接 JP3 和 JP4 跳线,保持 JP1、JP2、JP5 和 JP6 的跳线断开)。

(2) 建立主机和 EasyARM-i.MX283A 的调试串口连接。

(3) 打开串口终端软件,并进行正确设置(115200,8n1)。

(4) 将格式化专用启动卡接入 EasyARM-i.MX283A 的 TF 卡座。

(5) 接通 EasyARM-i.MX283A 电源,等待格式化程序运行完毕。

格式化过程中,串口终端打印信息与"通过 USB Boot 引导格式化"时串口打印的信息完全相同。

9.4 TF 卡烧写方案

TF 卡烧写方案是:在 Windows 系统制作固件烧写用的 TF 启动卡,然后使用 TF 启动卡烧写固件。

烧写过程分两步:制作 TF 启动卡和进行固件烧写操作。

9.4.1 TF 卡烧写用的固件

TF 卡烧写所需的固件在光盘的"Linux 系统恢复\MfgTool 1.6.2.055-ZLG140813\Profiles\MX28 Linux Update\OS Firmware\files"目录下。该目录下的内容如图 9.7 所示。

该目录提供了 TF 启动卡制作(普通模式).bat 和 TF 启动卡制作(自启动模式).

bat两个脚本文件,它们均可用于制作烧写固件的TF启动卡。

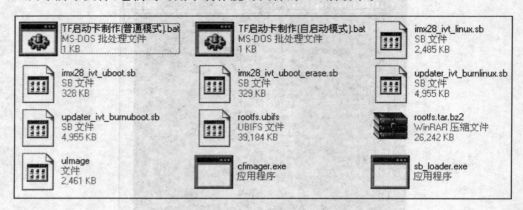

图9.7 "TF卡烧写方案"的目录内容

9.4.2 制作TF启动卡

准备一张TF卡(经验证,Class2和Class10不能使用,推荐使用Class4)和一个读卡器。请确保该TF卡只有一个分区,并且是FAT32格式。若有多个分区,则先使用Windows的磁盘管理工具删除所有分区后再重建一个主分区。

把TF卡装入读卡器,再把读卡器插入PC机的USB端口。这时Windows将在"我的电脑"中增加一个驱动器,如图9.8所示。

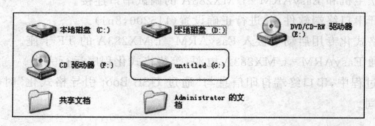

图9.8 添加的驱动器

进入TF卡烧写固件所在的目录,双击TF启动卡制作(普通模式).bat或TF启动卡制作(自启动模式).bat脚本文件,将弹出如图9.9所示的界面。

图9.9 提示用户输入读卡器的盘符

第 9 章 系统固件的烧写

输入刚插入的读卡器的盘符(假设为 G 盘),然后按 Enter 键,执行启动卡的制作。制作过程如图 9.10 所示。这里需要花几分钟的时间。

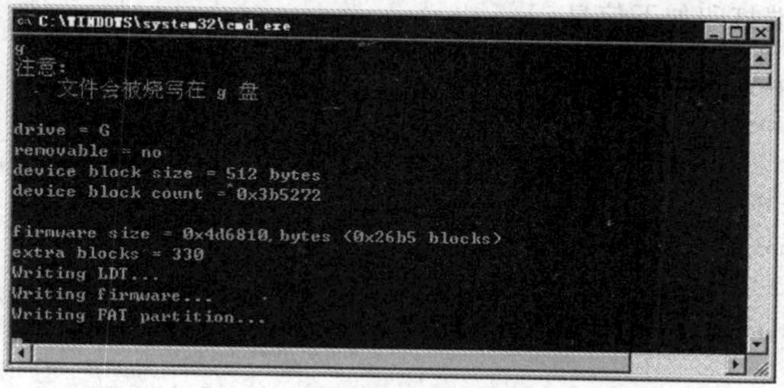

图 9.10 输入盘符

制作完成后,将显示如图 9.11 所示的信息。

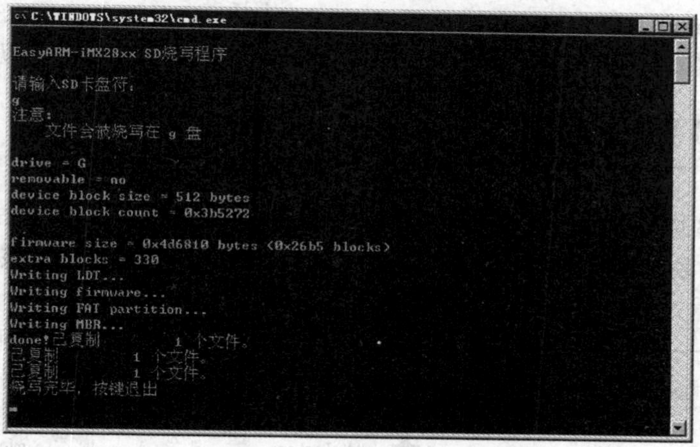

图 9.11 制作完成

按回车键退出。至此,可用于烧写固件的 TF 启动卡就制作好了。

9.4.3 固件烧写步骤

使用 TF 启动卡烧写固件的步骤如下:
(1) 把制作好的 TF 启动卡插入 EasyARM-i.MX283A 的 TF 卡卡座。
(2) 把 EasyARM-i.MX283A 设置为 SD 启动方式(使用短路器短接 JP3 和 JP4 跳线,保持 JP1、JP2、JP5 和 JP6 的跳线断开)。
(3) 建立主机和 EasyARM-i.MX283A 的调试串口连接。
(4) 打开串口终端软件,并进行正确设置(115200,8n1)。
(5) 给 EasyARM-i.MX283A 重新上电或按 RST 键复位。

这时 EasyARM-i.MX283A 自动进入固件烧写程序,同时在串口终端打印烧写过程信息,整个过程需要几分钟时间。

当 EasyARM-i.MX283A 在蜂鸣器发出"哔,哔,哔……"的声音时,表示烧写完成,并在串口终端打印如下信息:

```
UBIFS: un-mount UBI device 0, volume 0
write rootfs done
writing uboot......
writing uboot done
writeing kernel...
Erase Total 32 Units
Performing Flash Erase of length 131072 at offset 0x5e0000 done
2+1 records in
2+1 records out
writeing kernel done
system install is done,you can reboot system
```

然后把 EasyARM-i.MX283A 设置为 Nand Flash 启动方式(拔出 JP3 的短路器),按 RST 键复位系统。EasyARM-i.MX283A 将从 Nand Flash 启动 Linux 系统。

9.5 USB 烧写方案

通过 USB 烧写固件时需要使用飞思卡尔提供的 MfgTool 软件。MfgTool 软件在光盘的"Linux 系统恢复\ MfgTool 1.6.2.055-ZLG140813"目录下。该目录下的内容如图 9.12 所示,其中 MfgTool.exe 程序是 USB 固件烧写的程序。

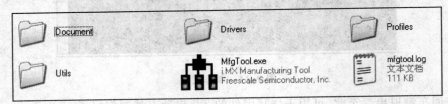

说明:MfgTool.exe 软件不支持 Win8 系统。

图 9.12 MfgTool 软件

1. 硬件连接

硬件连接方法如下:

(1) 把 EasyARM-i.MX283A 设置为 USB 启动方式(使用短路器短接 JP4 和 JP6 跳线,保持 JP1、JP2、JP3 和 JP5 的跳线断开)。

(2) 使用 MicroUSB 线缆连接 EasyARM-i.MX283A 的 USB OTG 接口和主机。

2. 设置 MtgTool 软件

双击运行 MfgTool.exe 软件,软件界面如图 9.13 所示。

选择主菜单中的 Options→Configuration 菜单项,打开 MfgTool 的配置界面,如

图 9.14 所示。

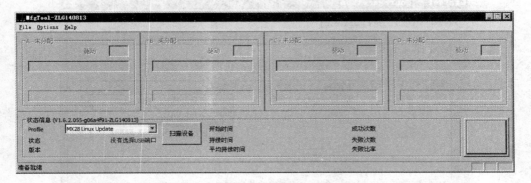

图 9.13　MtgTool.exe 软件的主界面

图 9.14　MfgTool 的配置界面

　　在 MfgTool 的配置界面上单击 Profiles 标签，在 UTP_UPDATE 项的"选项"列中选择"NAND 普通模式（128M NAND）"或"NAND 自启动模式（128M NAND）"，如图 9.15 所示。然后单击"确定"按钮。

　　切换到 USB Ports 标签，选中已经连接上的 HID - compliant device（即 EasyARM - iMX283A 设备），如图 9.16 所示。然后单击"确定"按钮。

3. 执行烧写

　　返回到 MfgTool 主界面后显示软件正在监视 HID - compliant device，如图 9.17 所示。

　　此时单击"开始"按钮执行烧写操作，如图 9.18 所示。

图 9.15　选择 SinglechipNAND

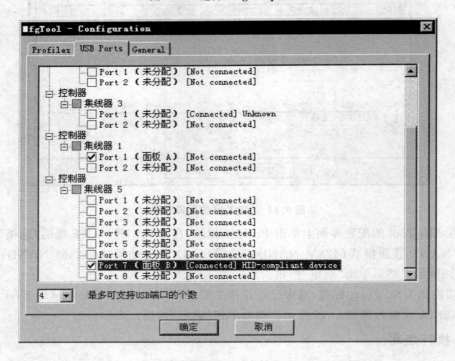

图 9.16　选中连接的 HID – compliant device

烧写完成后单击"停止"按钮，如图 9.19 所示。

注意：在烧写过程中需要保持 MiniUSB 线缆连接正常以及对 EasyARM – i.

第 9 章 系统固件的烧写

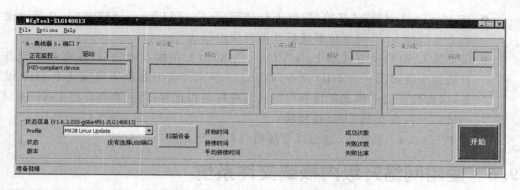

图 9.17　MfgTool 监视 HID-compiant device

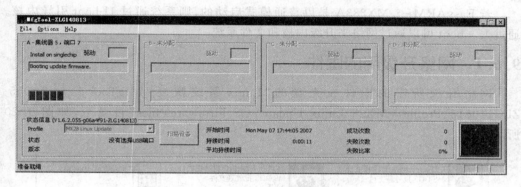

图 9.18　执行烧写

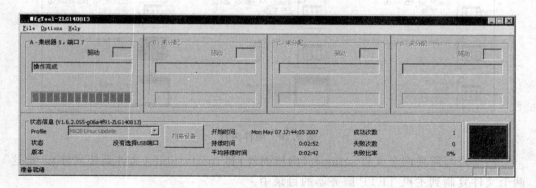

图 9.19　烧写完成

MX283A 正常供电,否则在烧写过程中容易出错。

烧写完成后,把 EasyARM-i.MX283A 设置为 Nand Flash 启动方式(取出 JP6 的短路器),按 RST 键复位系统,EasyARM-i.MX283A 将从 Nand Flash 启动 Linux 系统。

若在使用 MfgTool 软件时出错,请检查是否有下列情形:

● MicroUSB 线缆是否连接正常。

- 在 MfgTool 中单击"开始"按钮进行烧写后,EasyARM-i.MX283A 必须再重新上电或按 RST 键复位系统后才能再次进行烧写。
- 设置为 USB 启动方式的 EasyARM-iMX283A 在接入电脑后,在电脑的设备管理器中会多出一个 HID 设备,如图 9.3 所示。若电脑中未发现这个 HID 设备,请先检查启动模式配置及与电脑的连接是否正常,然后重新复位 EasyARM-iMX283A 并插拔 USB 连接线;
- 在 Windows 7 系统下,建议以管理员身份运行 MfgTool 软件。

9.6 使用网络升级内核或文件系统

若 EasyARM-i.MX283A 是以普通模式启动的,则系统通过 U-boot 引导内核。通过 U-boot 可以通过网络来升级内核和文件系统。

9.6.1 网络升级用的固件

网络升级所需的固件在光盘的"Linux 系统恢复\MfgTool 1.6.2.055-ZLG140813\Profiles\MX28 Linux Update\OS Firmware\files"目录下,如图 9.20 所示。

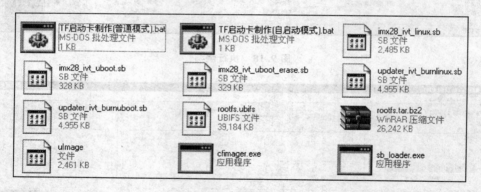

图 9.20 固件内容

网络烧写需要两个文件:uImage(内核固件)和 rootfs.ubifs(文件系统固件)。把这两个文件复制到主机 TFTP 服务器的目录中。

9.6.2 升级步骤

使用网络执行内核或文件系统固件升级的步骤如下。

1. 硬件连接

硬件连接方法如下:

(1) 把 EasyARM-i.MX283A 设置为 Nand Flash 启动方式(使用短路器短接 JP4 跳线,JP1、JP2、JP3、JP5 及 JP6 跳线保持断开);

第9章 系统固件的烧写

(2) 建立 EasyARM-i.MX283A 的调试串口和主机之间的串口连接；
(3) 在主机上打开串口终端；
(4) 使用网线连接 EasyARM-i.MX283A 和主机。

2. 进入 U-boot 命令行

上电启动 EasyARM-i.MX283A 并进入 U-Boot 命令行，如下所示：

```
In:    serial
Out:   serial
Err:   serial
Net:   fec_get_mac_addr
got MAC address from IIM: 00:04:9f:c7:82:19
FEC0
Warning: FEC0 MAC addresses don't match:
Address in SROM is          00:04:9f:c7:82:19
Address in environment is   02:00:92:b3:c4:a8

Hit any key to stop autoboot:  0
MX28 U-Boot >
```

3. 在 U-boot 配置目标机和主机 IP

EasyARM-i.MX283A 的目标机和主机 IP 必须在同一个网段。本示例中的主机 IP 为 192.168.28.235，EasyARM-iMX28A 的 IP 设置为 192.168.28.236。

在串口终端输入如下命令：

```
MX28 U-Boot > setenv ipaddr 192.168.28.236
MX28 U-Boot > setenv serverip 192.168.28.235
MX28 U-Boot > saveenv
```

4. 测试目标机和主机之间的网络是否畅通

在执行升级之前需要先确保 EasyARM-i.MX283A 与主机的网络连接畅通，可以使用 ping 命令进行测试。如果出现"host x.x.x.x is alive"这样的提示，则表示网络连接正常：

```
MX28 U-Boot > ping 192.168.28.235
Using FEC0 device
host 192.168.28.235 is alive       #表示网络连接畅通
```

如果出现"host x.x.x.x is not alive"的提示，则表示网路有故障，请检查硬件连接或者网络配置，操作如下：

```
MX28 U-Boot > ping 192.168.28.235
Using FEC0 device
ping failed; host 192.168.28.235 is not alive    #表示网络不通
```

·173·

5. 执行烧写

在 EasyARM-i.MX283A 与主机网络连接畅通的条件下,输入 run upkernel 命令升级内核固件,操作如下:

```
MX28 U-Boot > run upkernel
Using FEC0 device
TFTP from server 192.168.28.234; our IP address is 192.168.28.236
Filename 'uImage'.
Load address: 0x41600000
Loading: T#################################################
         #################################################
         ############################
done
Bytes transferred = 2519700 (267294 hex)

NAND erase: device 0 offset 0x200000, size 0x300000
NAND Erasing at 0x00000000004e0000 -- 100% complete.
OK!
nand scrub done.

NAND write: device 0 offset 0x200000, size 0x300000
3145728 bytes written: OK
```

输入 run uprootfs 命令升级文件系统,操作如下:

```
MX28 U-Boot > run uprootfs

NAND erase: device 0 offset 0x1400000, size 0x6c00000
NAND Erasing at 0x0000000007fe0000 -- 100% complete.
OK!
nand scrub done.
…… 省略 ……
         #################################################
         ####
done
Bytes transferred = 40124416 (2644000 hex)
Volume "rootfs" found at volume id 0
```

9.6.3 故障排除

若主机的 TFTP 服务器不可访问(即使网络可以 ping 通),则将会导致升级内核或文件系统命令执行失败,此时串口终端显示信息如下:

```
MX28 U-Boot >   run upkernel
```

第 9 章 系统固件的烧写

```
Using FEC0 device
TFTP from server 192.168.28.235;our IP address is 192.168.28.236
Filename 'uImage'.
Load address:0x41600000
Loading:T T T T T T T T T T
```

或

```
MX28 U-Boot > run uprootfs

NAND erase:device 0 offset 0x1400000, size 0x6c00000
NAND Erasing at 0x0000000007fe0000 -- 100% complete.
OK!
 ...
TFTP from server 192.168.28.234;our IP address is 192.168.28.236
Filename 'rootfs.ubifs'.
Load address:0x41600000
Loading:T T T T T T T T T
```

此时需要检查是否忘记打开 TFTP 服务器,或者 TFTP 服务器软件被相关防火墙拦截。

若 TFTP 服务器根目录下未放置 uImage 及 rootfs.ubifs 文件,则在执行升级内核或文件系统时将会出现"File not found"的错误,如下所示:

```
MX28 U-Boot > run upkernel
Using FEC0 device
TFTP from server 192.168.28.235;our IP address is 192.168.28.236
Filename 'uImage'.
Load address:0x41600000
Loading:T
TFTP error:'File not found' (1)
Starting again
```

这时只需要将光盘文件中的 uImage 及 rootfs.ubifs 文件放到 TFTP 服务器的目录中即可。

注意:EasyARM-i.MX283A 的 U-Boot 仅支持 100 Mb 的全双工、半双工的网络,不支持 10 Mb 的全双工、半双工的网络。

第9章 系统固件的烧写

using RuOO device.
TFTP from server 192.168.28.235; our IP address is 192.168.28.236
Filename 'zImage'.
Load address: 0x80000000
Loading: T T S T T T T T T
.
.
done
MX28 U-Boot > run uprootfs

NAND erase: device 0 offset 0x400000, size 0x600000
NAND erasing at 0x00000000/0x600000 -- 100 % complete
OK!
进行
TFTP from server 192.168.28.235; our IP address is 192.168.28.236
Filename 'rootfs.ubifs'.
Load address: 0x41800000
Loading: T T T T T T T T T

此时需要检查是否写好了TFTP服务器，或者TFTP服务器系统软件是否太旧等
错误。

若TFTP服务器或引导下未能将zImage及rootfs.ubifs文件，调查将打印如下提
或文件名打印会出现"File not found"的错误，如下所示：

MX28 U-Boot > run uprootfs
Using RuOO device.
'TFTP from server 192.168.28.235; our IP address is 192.168.28.236
Filename 'zImage'.
Load address: 0x41800000
Loading: T
TFTP error: 'File not found' (1)
Starting again

故此只需要检查为什么没有引用zImage及rootfs.ubifs文件后再进行TFTP服务器即可，
未中断开。

注意：EasyARM-i.MX283A的U-Boot仅支持100 Mb的全双工、半双工的网络，
不支持10 Mb的全双工、半双工的网络。

第三篇　Linux 应用编程

第三篇是本书(上册)的重点内容，花了大量篇幅来讲述嵌入式 Linux 应用编程。首先介绍了嵌入式 Linux C 编程环境，紧接着讲述了文件 I/O、多进程、多线程等基础内容，然后介绍了嵌入式 Qt 编程，之后特别介绍了嵌入式 Linux 应用中的特殊硬件编程，接着介绍了串口和网络编程，最后对 Shell 编程进行了初步介绍。

本篇一共 9 章，各章节标题和大概内容如下：
- 第 10 章　Linux C 编程环境，讲述 GCC、Makefile、GDB 等基本工具，还分别介绍了 Eclipse 在 Linux 和 Windows 环境下的使用。
- 第 11 章　Linux 文件 I/O，主要讲述 Linux 下文件的基本操作。在 Linux 下，一切都是文件，文件操作是 Linux 应用编程的基础，这一章内容很重要。
- 第 12 章　进程与进程间通信，讲述 Linux 下多进程编程的基本方法，以及进程间通信的常用方式。
- 第 13 章　Linux 多线程编程，讲述 Linux 下多线程编程的方法和技巧。
- 第 14 章　嵌入式 GUI 编程，讲述嵌入式 Qt4 编程。
- 第 15 章　特殊硬件接口编程，讲述非传统标准外设的应用编程，如 GPIO、SPI、I^2C 等接口编程。
- 第 16 章　Linux 串口编程，讲述 Linux 下串口编程的基本方法。
- 第 17 章　C 语言网络编程入门，讲述 Linux 下 C 语言网络编程的基本方法。
- 第 18 章　Shell 初步编程，对 Linux 下的 Shell 编程进行入门介绍。

本篇涉及的内容较多，在实际学习和产品开发中，可能并不需要掌握全部内容，可有针对性地进行选择，但通常来说，前 4 章内容是必不可少的，这 4 章内容是 Linux 应用编程的基础。

第三篇 Linux 应用编程

第二篇基本上是学习基础知识,为后文做准备。从第三篇开始真正进入大家期待的 Linux 应用编程。所以说真正从此开始学习 Linux C 语言编程,读者要进入了解 I/O,文件描述符等很陌生的概念的阶段。所以学习下来可能有一定的难度,尤其是对从来没有入门过 Linux 的读者来说。在此建议读者先学习完第一、二篇的基础知识,再学习第三篇的内容,可以打下坚实的基础。

本篇一共十一章,涉及的主要内容如下所示。

- 第 8 章: Linux C 编程工具。主要包括 GCC、Makefile、GDB 等工具以及 C 语言集成开发工具 Eclipse 在 Linux 和 Windows 下的使用 上手配置。

- 第 9 章: Linux 文件 I/O。上层详细讲述 Linux 下文件 I/O 操作及基本事件,和 Linux 下一些隐藏文件、文件属性和 Linux 虚拟文件系统等知识。

- 第 10 章: 进程。讲述什么是进程以及在 Linux 下的进程的相关基本命令及进程的创建和退出等方式。

- 第 11 章: Linux 多线程。讲述 Linux 下多线程的基本概念以及编程方法。

- 第 12 章: 信号。讲述信号的相关机制并讲解 IO 多路复用。

- 第 15 章: 串口通信和总线。介绍串口编程相关知识以及嵌入式常见总线接口、如 GPIO、SPI、I2C 等接口协议。

- 第 16 章: 网络。Linux 中的网络编程是 Linux 上相当重要的基本技术。

- 第 17 章: C 语言数据结构入门。因为 Linux 下 C 语言数据结构的应用十分广泛。

- 第 18 章: Shell 相关编程基础。对 Linux 下的 Shell 常见编程进行入门介绍。

本章相关的内容参考,其大部分书都讲述其中,本篇不必花费篇幅再去重复,内容是 Linux 应用编程上手阶段,因此重点更偏向于内容的重要性、章节的顺序、实用以及学习过程中的讲解。

内容是 Linux 应用编程基础。

第 10 章

Linux C 编程环境

本章导读

本章主要讲述 Linux C 的编程环境。先对 GCC 编译器进行介绍,同时也对 GNU Makefile 进行了简单的介绍,紧接着介绍了 GDB 调试工具,最后介绍了 Eclipse 集成开发环境。

有单片机或者 ARM 嵌入式开发的经验工程师,对 Keil、ADS 这样的 IDE 集成开发环境一定不会陌生;对于有 Windows PC 编程经验的工程师,对 VisualStudio 一定也不陌生。但是一旦进入 Linux 世界,那些曾经熟悉的工具都将不见踪影,一切都那么陌生,不得不重新开始。

Linux 世界是一个极其开放和自由的世界,极具个性化,给用户提供了各种可能的选择,也正是因为如此,给一些有"选择困难症"的新手带来了选择上的困难,也让一些急于求成的新手产生了"病急乱投医,逢庙就烧香"的举动。这一章的内容就是一剂良药,能有效地解决这两类问题。

依旧遵循 Linux"简单就是美"的设计哲学,重点介绍 Vi+Gcc+Make+GDB 这一组"黄金搭档",它们是 Linux 世界编程的经典组合。这个组合的推出,既能帮助"选择困难症"者做决定性选择,也能有效防止"病急乱投医"。掌握好这几个工具,就拥有了一把进行 Linux C 编程的利剑。Vi 的使用已经在前面章节介绍过了,这章就不再介绍,仅介绍其他搭档工具。

当然,对于一些大型程序,在 IDE 环境中编程或许能带来更多好处。为此,也介绍了一个在 Linux 世界几乎"无所不能"的 IDE——Eclipse。

这一章是 Linux 应用程序开发的基础,也是嵌入式 Linux 开发的基础,务必熟练掌握。

10.1 GCC

10.1.1 GCC 简介

GCC(GNU Compiler Collection,GNU 编译器套件)是由 GNU 开发的编程语言编译器。GNU 编译器套件包括 C、C++、Objective-C、Fortran、Java、Ada 和 Go 语言的前端,也包括了这些语言的库(如 libstdc++、libgcj 等)。GCC 的官网是 http://gcc.gnu.org,截止此书出版最新版本是 GCC 4.9.2。

GCC 是以 GPL 许可证所发行的自由软件,也是 GNU 计划的关键部分。GCC 的初衷是为 GNU 操作系统专门编写一款编译器,现已被大多数类 Unix 操作系统(如 Linux、BSD、Mac OS X 等)采纳为标准的编译器,甚至在微软的 Windows 上也可以使用 GCC。

GCC 支持多种计算机体系结构芯片,如 x86、ARM、MIPS 等,并已被移植到其他多种硬件平台。

GCC 原名为 GNU C 语言编译器(GNU C Compiler),只能处理 C 语言。但其很快地扩展,变得可处理 C++,后来又扩展为能够支持更多编程语言,如 Fortran、Pascal、Objective-C、Java、Ada、Go 以及各类处理器架构上的汇编语言等,所以改名 GNU 编译器套件(GNU Compiler Collection)。

10.1.2 GCC 工具软件

GCC 是一个编译器套件,包含很多软件包,主要软件包如表 10.1 所列。

表 10.1 GCC 主要软件包

名 称	功能描述
cpp	C 预处理器
gcc	C 编译器
g++	C++编译器
gccbug	创建 BUG 报告的 Shell 脚本
gcov	覆盖测试工具,用于分析程序哪里做优化效果最佳
libgcc	GCC 的运行库
libstdc++	标准 C++库
libsupc++	提供支持 C++语言的函数库

GCC 支持多种语言编译,这里仅对 C/C++语言编译相关内容进行初步介绍。表 10.2 列出了用于编译和链接 C/C++程序所需的文件扩展名。

第 10 章　Linux C 编程环境

表 10.2　C/C++程序常用文件名后缀

扩展名	文件内容
.a	静态库,由目标文件构成的文件库
.c	C语言源码,必须经过预处理
.C、.cc 或 .cxx	C++源代码文件,必须经过预处理
.h	C/C++语言源代码的头文件
.i	.c文件经过预处理后得到的C语言源代码
.ii	.C、.cc 或 .cxx源码经过预处理得到的C++源码文件
.o	目标文件,是编译过程得到的中间文件
.s	汇编语言文件,是.i文件编译后得到的中间文件
.so	共享对象库,也称动态库

Ubuntu 默认安装了 GCC,但软件包可能不全,为了确保有一个基本完善的本地编译环境,可安装 build-essential 软件包。在确保 Linux 能联网的情况下,在终端输入如下安装命令:

```
vmuser@Linux-host:~ $ sudo apt-get install build-essential
```

10.1.3　GCC 基本使用方法

GCC 最基本的用法是:

$ gcc [选项] [文件名]

下面以 hello.c 的编译为例,初步了解一下 GCC 的基本用法。

1. 编译 hello.c

在当前目录下创建 hello 目录并进入,用 Vi 编辑器创建一个 hello.c 文件:

```
vmuser@Linux-host $ mkdir hello
vmuser@Linux-host $ cd hello
vmuser@Linux-host:hello $ vi hello.c
```

输入下列代码后保存:

```
#include <stdio.h>
int main (void)
{
    printf("hello, gcc! \n");
    return 0;
}
```

编写好的代码如图 10.1 所示。

现在要用 GCC 编译 hello.c 文件。在终端的 hello 目录下,输入下列命令:

图 10.1 编写好的 hello.c

`vmuser@Linux-host:hello $ gcc hello.c -o hello`

可以看到,hello.c 被成功编译,并得到可执行文件 hello,如图 10.2 所示。

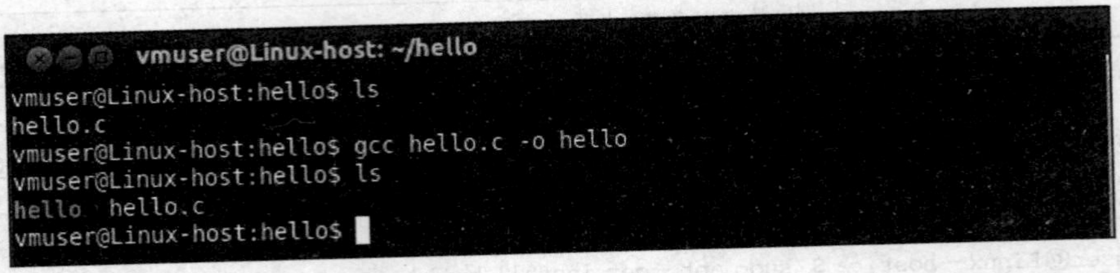

图 10.2 编译 hello.c 文件

在终端输入"./hello",执行 hello 程序,可以看到输出结果,如图 10.3 所示。

图 10.3 hello 程序执行结果

在编译的时候也可以不指定-o hello,直接输入:

`vmuser@Linux-host:hello $ gcc hello.c`

编译完毕将会得到 a.out 文件,如图 10.4 所示,a.out 的执行结果和 hello 是一样的。

图 10.4 编译生成 a.out

编译 hello.c 命令很简单,但实际上,看似很简单的这一步操作,却隐藏了很多操作细节。下面将通过这个示例,对其中的一些细节进行还原和了解。

2. GCC 编译过程

从 hello.c 到 hello(a.out) 文件,应当历经 hello.i、hello.s、hello.o,最后才得到 hello(或 a.out)文件,分别对应着预处理、编译、汇编和链接 4 个步骤,整个过程如图 10.5 所示。

图 10.5　hello.c 编译全过程

这 4 步大致的工作内容如下:

(1) 预处理,C 编译器对各种预处理命令进行处理,包括头文件包含、宏定义的扩展、条件编译的选择等。

(2) 编译,将预处理得到的源代码文件进行"翻译转换",产生出机器语言的目标程序,得到机器语言的汇编文件。

(3) 汇编,将汇编代码翻译成机器码,但是还不可以运行。

(4) 链接,处理可重定位文件,把各种符号引用和符号定义转换成为可执行文件中的合适信息,通常是虚拟地址。

下面根据 hello.c 这个示例,跟踪一下其中的细节。

(1) 预处理

在 gcc 命令加上 -E 参数,可以得到预处理文件。输入下列命令:

```
vmuser@Linux-host:hello$ gcc -E hello.c -o hello.i
```

将会产生 hello.i 文件,这就是 hello.c 经过预处理后的文件。实际操作结果见图 10.6。

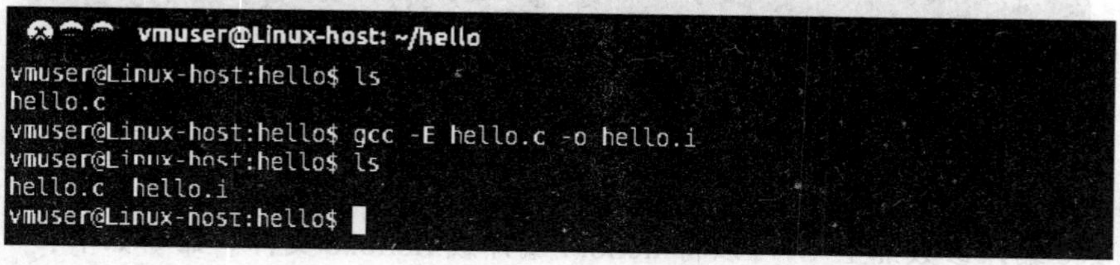

```
vmuser@Linux-host:hello$ ls
hello.c
vmuser@Linux-host:hello$ gcc -E hello.c -o hello.i
vmuser@Linux-host:hello$ ls
hello.c  hello.i
vmuser@Linux-host:hello$
```

图 10.6　预编译得到 hello.i 文件

一个原本连同空行才 8 行的代码,经过预处理,得到了一个 800 多行的预处理文件,文件打开的内容如图 10.7 所示。

hello.i 文件末尾处的内容如图 10.8 所示。

其余部分内容请用 Vi 打开后进行查看。可以看到,hello.c 经过预处理后得到的 hello.i 文件,除了原本的几行代码之外,还包含了很多额外的变量、函数等,这些都是

图 10.7　hello.i 文件开头

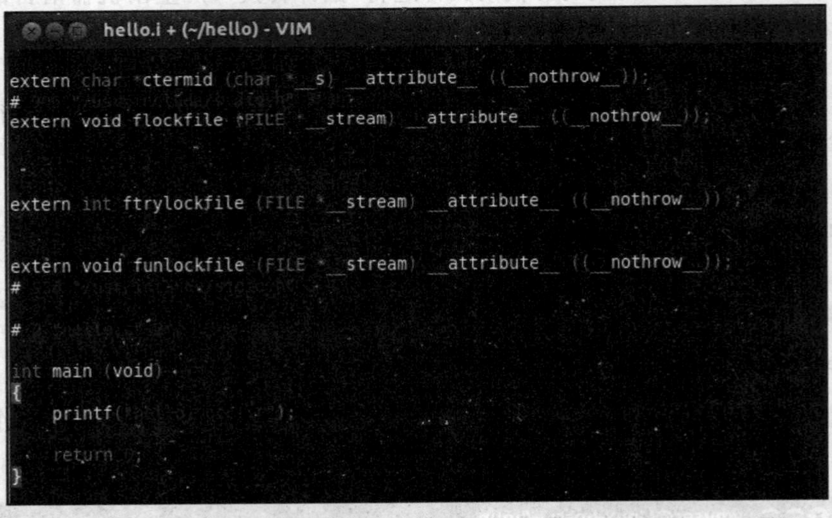

图 10.8　hello.i 文件末尾

预处理器处理的结果。

（2）编　译

在 gcc 编译参数加上 -S，可以将 hello.i 编译成 hello.s 文件。命令如下：

vmuser@Linux-host:hello $ gcc -S hello.i

实际操作和结果如图 10.9 所示。

hello.s 是一个汇编文件，可用 Vi 编辑器打开查看，如图 10.10 所示。

可以看到，该文件内容都是汇编语句。这里不对汇编进行解释。

（3）汇　编

得到了汇编文件后，通过 gcc 就可以得到机器码了。在终端输入下列命令，可以得

第 10 章　Linux C 编程环境

图 10.9　编译得到 hello.s 文件

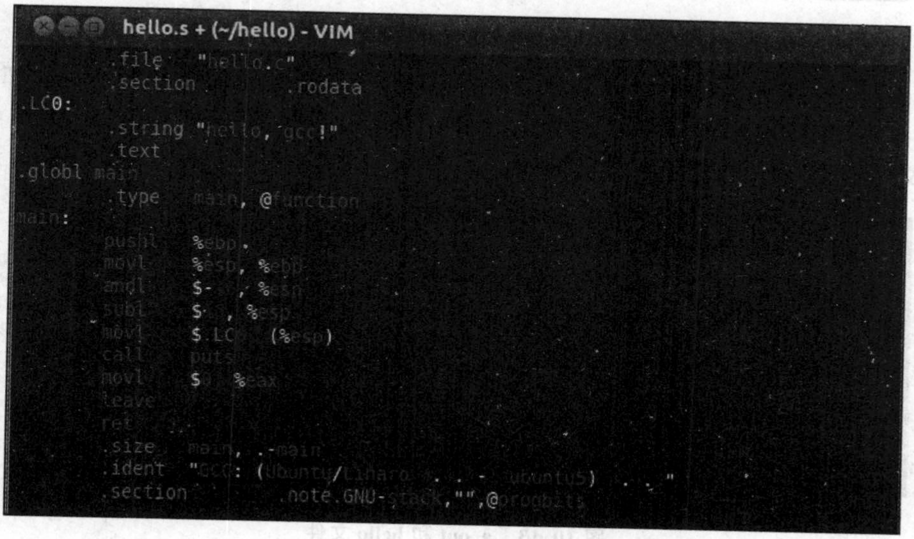

图 10.10　hello.s 文件内容

到 hello.o 文件。

```
vmuser@Linux-host:hello $ gcc -c hello.s
```

实际操作和结果如图 10.11 所示。

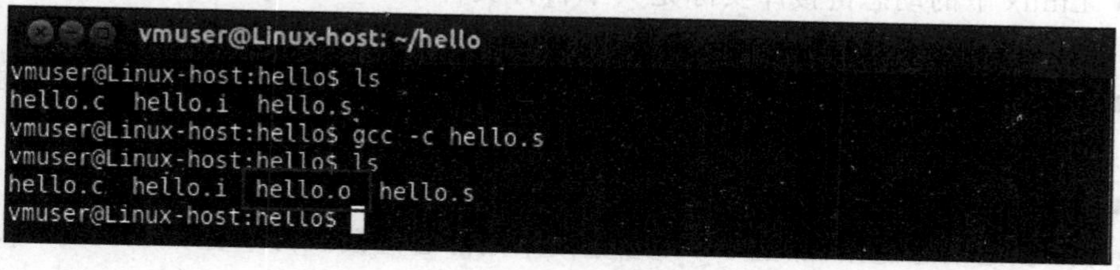

图 10.11　汇编得到 hello.o 文件

（4）链　接

尽管已经得到了机器码，但还是不可以运行的，必须要经过链接才能运行。在终端输入下列命令，将会得到可执行文件 a.out。

```
vmuser@Linux-host:hello $ gcc hello.o
```

操作和结果如图 10.12 所示。

图 10.12 链接得到 a.out 文件

a.out 是 gcc 默认输出文件名称,可以通过-o 参数指定新的文件名。例如加上-o hello 参数,将会生成 hello 文件,这个文件和 a.out 实际上是一样的,用 md5sum 命令计算文件校验值,两者完全一样,如图 10.13 所示。

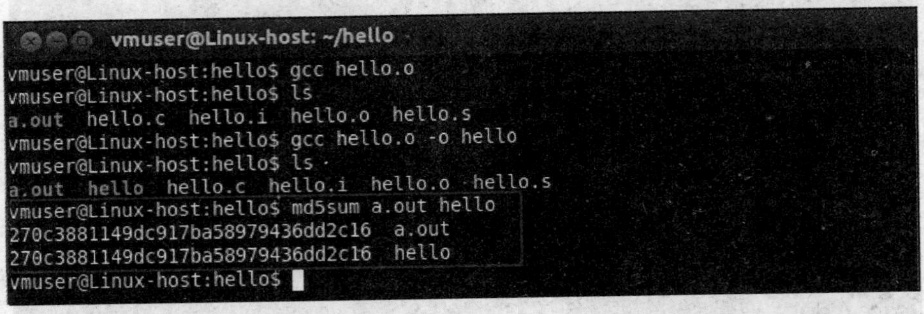

图 10.13 a.out 和 hello 文件

链接可分为动态链接和静态链接:
- 动态链接使用动态链接库进行链接,生成的程序在执行的时候需要加载所需的动态库才能运行。动态链接生成的程序小巧,但是必须依赖动态库,否则无法执行。
- Linux 下的动态链接库实际是共享目标文件(shared object),一般是 .so 文件,类似于 Windows 下的 .dll 文件。
- 静态链接使用静态库进行链接,生成的程序包含程序运行所需要的全部库,可以直接运行,不过体积较大。
- Linux 下静态库是汇编产生的 .o 文件的集合,一般以 .a 文件形式出现。

gcc 默认是动态链接,加上-static 参数则采用静态链接。再来看 hello.c 示例,在链接的时候加上-static 参数:

```
vmuser@Linux-host:hello$ gcc hello.o -static -o hello_static
```

操作命令和结果如图 10.14 所示,可以看到,动态链接生成的文件大小是 7155 字节,而静态链接生成的文件却有 616 096 字节,体积明显大了很多。

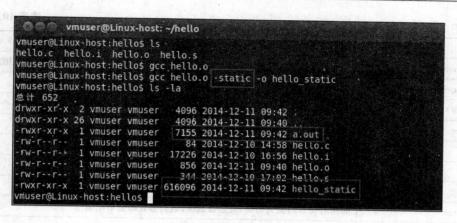

图 10.14 静态链接和动态链接结果对比

10.1.4 GCC 编译控制选项

前面已经讲过，GCC 的基本用法是：

$ gcc [选项] [文件名]

GCC 后有很多编译控制选项，使得 GCC 可以根据不同的参数进行不同的编译处理，可供 GCC 调用的参数大约有 100 来个，但实际使用中并不会用到这么多的选项和参数。这里只介绍一些最基本和最常用的控制选项及参数，如表 10.3 所列。

表 10.3 gcc 常用选项和参数

名 称	功能描述
-c	只编译不链接。编译器只是将输入的.c 等源代码文件生成.o 为后缀的目标文件，通常用于编译不包含主程序的子程序文件
-S	只对文件进行编译，不汇编和链接
-E	只对文件进行预处理，不编译汇编和链接
-o output_filename	确定输出文件的名称为 output_filename，这个名称不能和源文件同名。如果不给出这个选项，gcc 就给出预设的可执行文件 a.out
-g	产生符号调试工具(GNU 的 gdb)所必要的符号信息，要想对源代码进行调试，就必须加入这个选项。g 也分等级，默认是-g2,-g1 是最基本的,-g3 包含宏信息
-DFOO=BAR	在命令行定义预处理宏 FOO,值为 BAR
-O	对程序进行优化编译、链接。采用这个选项，整个源代码会在编译、链接过程中进行优化处理，这样产生的可执行文件的执行效率可以提高，但是编译、链接的速度就相应地要慢一些
-ON	指定代码的优化等级为 N，可取值为 0、1、2、3;O0 没有优化,O3 优化级别最高
-Os	使用了-O2 的优化部分选项，同时对代码尺寸进行优化

续表 10.3

名 称	功能描述
-Idirname	将 dirname 目录加入到程序头文件搜索目录列表中,是在预编译过程中使用的参数
-L dirname	将 dirname 目录加入到库文件的搜索目录列表中
-l FOO	链接名为 libFOO 的函数库
-static	链接静态库
-ansi	支持 ANSI/ISO C 的标准语法,取消 GNU 语法中与该标准相冲突的部分
-w	关闭所有警告,不建议使用
-W	开启所有 gcc 能提供的警告
-werror	将所有警告转换为错误,开启该选项,遇到警告都会中止编译
-v	显示 gcc 执行时的详细过程,GCC 及其相关程序的版本号

其实在 hello.c 示例中,已经见识过了其中的部分控制选项,如-o、-E、-static、-S 等。表 10.3 所列的大部分控制选项都比较好理解,为了进一步加深印象,再对其中一些选项进行介绍。

1. 头文件包含

C 程序中的头文件包含两种情况:

A) #include <head.h>
B) #include "myhead.h"

A 类使用尖括号(< >),B 类使用双引号(""),这两种情况并不仅仅是写法上的差异,对编译器而言,是有不同的意义的:

- 对于使用尖括号的第一种情况,预处理器会在系统预设的头文件包含目录搜索头文件。
- 对于使用双引号的第二种情形,预处理程序则在目标文件所在目录内搜索相应文件,如果当前路径没有找到所包含的头文件,则会到系统预设目录进行搜索。也就是说,使用双引号的搜索路径包含了使用尖括号的情形。

继续看 hello.c 示例,在编译的时候加上-v 参数:

vmuser@Linux-host:hello $ gcc -v hello.c

编译将会显示详细的编译过程。仔细查看其中的信息,可以看到如图 10.15 所示红框所标注的信息,这些就是编译器编译过程中的全部搜索路径。

通过-I dirname 参数可以将 dirname 指定的目录添加到头文件搜索目录列表中。例如,在编译 hello.c 的时候加上-I /home/vmuser/hello:

vmuser@Linux-host:hello $ gcc -v hello.c -I /home/vmuser/hello

在输出信息中,可以看到/home/vmuser/hello 目录已经被添加到了搜索路径中,如图 10.16 所示。

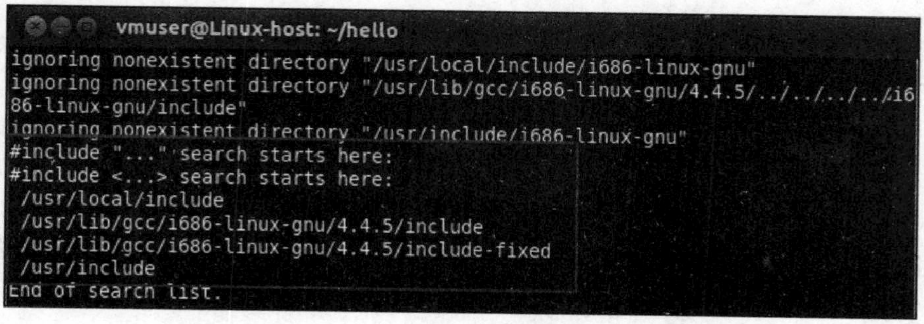

第 10 章　Linux C 编程环境

```
vmuser@Linux-host: ~/hello
ignoring nonexistent directory "/usr/local/include/i686-linux-gnu"
ignoring nonexistent directory "/usr/lib/gcc/i686-linux-gnu/4.4.5/../../../../i6
86-linux-gnu/include"
ignoring nonexistent directory "/usr/include/i686-linux-gnu"
#include "..." search starts here:
#include <...> search starts here:
 /usr/local/include
 /usr/lib/gcc/i686-linux-gnu/4.4.5/include
 /usr/lib/gcc/i686-linux-gnu/4.4.5/include-fixed
 /usr/include
End of search list.
```

图 10.15　头文件搜索路径

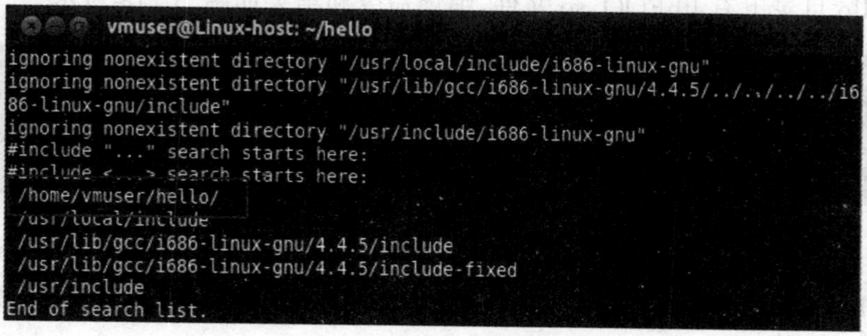

```
vmuser@Linux-host: ~/hello
ignoring nonexistent directory "/usr/local/include/i686-linux-gnu"
ignoring nonexistent directory "/usr/lib/gcc/i686-linux-gnu/4.4.5/../../../../i6
86-linux-gnu/include"
ignoring nonexistent directory "/usr/include/i686-linux-gnu"
#include "..." search starts here:
#include <...> search starts here:
 /home/vmuser/hello/
 /usr/local/include
 /usr/lib/gcc/i686-linux-gnu/4.4.5/include
 /usr/lib/gcc/i686-linux-gnu/4.4.5/include-fixed
 /usr/include
End of search list.
```

图 10.16　用"-I"参数添加头文件搜索路径

用了-I 参数添加头文件搜索目录，则在代码中只需用双引号包含头文件即可，无需指定头文件路径。

2. 库文件链接

编译器提供了很多底层库文件，应用程序可以直接使用，例如标准输入输出库，只需要包含 stdio.h 头文件，编译器在编译的时候会使用系统默认路径链接这个库。

在实际产品开发过程中，往往会对某个产品的一些功能进行封装，以库文件的形式发布，给第三方用户使用。第三方用户拿到这个库文件，就必须在编译的时候将这个库链接到应用程序中。

库文件用法有两种，一种是在编译列表中写出库文件全名（可带路径）。假定一个静态库文件名为 libFOO.a/libFOO.so，其链接用法（参考图 10.17）：

$ gcc hello.c libFOO.a 或者 gcc hello.c libFOO.so

另一种方式是分别用-L 指定库文件路径，并用-l 参数加上 FOO 名称即可，无需库文件全名：

（1）将 libFOO.so 所在目录添加到系统库文件搜索路径中。在编译的时候通过-L dirname 完成，例如：

$ gcc hello.c -L /home/vmuser/hello

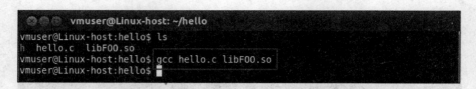

图 10.17 链接库文件方法 1

（2）指定链接库文件名。在编译的时候可通过-lFOO 参数将 libFOO.so 链接到应用中：

$ gcc hello.c -L /home/vmuser/hello -lFOO

在 hello 目录下有 libFOO.so 文件，编译命令和结果如图 10.18 所示。

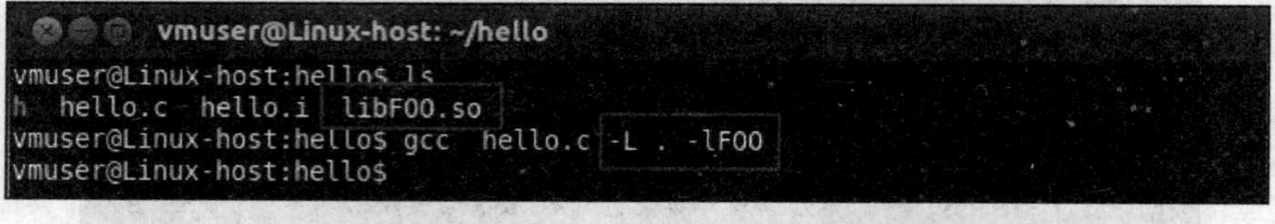

图 10.18 链接库文件

因为 libFOO.so 就在 hello 目录下，也就是当前编译路径，所以路径用"-L ."来表示。

使用了第三方库动态编译的可执行程序，在运行的时候还需要加载相应的库文件，但库文件的存放路径无需与编译路径一致，只要放在运行系统环境的库文件路径即可。例如编译的时候 libFOO.so 在/home/vmuser/hello 目录下，将得到的 hello 程序放在另外的电脑上运行，只需要将 libFOO.so 复制到目标系统的系统库文件路径（如"/usr/lib"目录）即可，而不是/home/vmuser/hello 这个目录。

3. 优化等级

GCC 优化等级由低到高分别是-O0、-O1、-O2 和-O3。优化等级越高，编译时间就会越长，这点在大工程编译时体现得尤为明显。不同的优化等级，所产成的代码尺寸、执行效率等方面也是不同的。

实际上还有一个在嵌入式系统中常用的优化等级-Os。-Os 相当于-O2.5，使用了-O2 的优化部分选项，可以同时对代码尺寸进行优化。

4. 调试信息

对于较大的程序，在开发过程中通常需要调试，以寻找和解决其中的 BUG。如果开启了优化选项，那么得到的代码是没有任何调试信息的，对于需要调试的程序，必须在编译的时候保留调试信息，关闭优化选项，打开-g 调试选项。

打开调试信息后，代码尺寸会变大，如图 10.19 所示是 hello 的实例效果。

程序开发完成，解决了 BUG 后，通常需要关闭调试选项，根据需要打开优化选项后再进行测试和发布。

第10章 Linux C 编程环境

图 10.19 开启调试选项对比

10.1.5 创建静态库和共享库

1. 创建静态库

静态库是 .o 文件的集合,这些 .o 文件是编译器按照常规方法生成的,在 Linux 下也称文档(archive),用 ar 工具来管理。

下面以用两个 C 文件来创建静态库为例进行讲述。在用户主目录下,创建一个 libhelloa 目录,并在其中创建 hello1.c 和 hello2.c 两个文件:

```
/* hello1.c */
#include <stdio.h>
int hello1 (void)
{
    printf("hello 1! \n");

    return 0;
}


/* hello2.c */
#include <stdio.h>
int hello2 (void)
{
    printf("hello 2! \n");

    return 0;
}
```

然后输入下列命令,将两个文件编译成目标文件:

vmuser@Linux-host:libhelloa $ gcc -c hello1.c hello2.c

编译完成,将会得到 hello1.o 和 hell2.o 两个目标文件。
接着,用 ar 命令即可创建一个库文件。输入下列命令:

```
vmuser@Linux-host:libhellloa$ ar -r libhello.a hello1.o hello2.o
ar: creating libhello.a
```

这样,就得到了 libhello.a 库文件。按照前面介绍的用法进行使用即可。

2. 创建共享库

共享库也是目标文件的集合,但这些文件是由编译器按照特殊方式生成的。对象模块的每个地址(函数调用和变量引用)都是相对地址,允许在运行时被动态加载和运行。

创建共享库首先需要编译对象模块。继续以 hello1.c 和 hello2.c 为例进行示范。在用户主目录下创建 libhelloso 目录,将前面两个.c 文件复制到其中:

```
vmuser@Linux-host:libhelloso$ cp -av ../libhelloa/*.c .
"../libhelloa/hello1.c" ->"./hello1.c"
"../libhelloa/hello2.c" ->"./hello2.c"
```

在终端输入下列命令,将两个 C 文件编译成一个目标文件:

```
vmuser@Linux-host:libhelloso$ gcc -c -fpic hello1.c hello2.c
```

与创建静态库不同,这里加入了-fpic 参数,表示生成的对象模块是可重定位的,pic 表示位置独立代码(Position Independent Code)。

编译完成,得到了 hell1.o 和 hello2.o 两个文件,再用下列命令生成共享库:

```
vmuser@Linux-host:libhelloso$ gcc -shared hello1.o hello2.o -o libhello.so
```

编译完成,得到共享库文件 libhello.so。

上面是分步进行介绍的,可以将两条命令合成一条命令,直接编译 C 文件得到.so 共享库:

```
vmuser@Linux-host:libhelloso$ gcc -fpic -shared hello1.c hello2.c -o libhello.so
```

生成共享库后,按照前面介绍的用法进行使用即可。

10.1.6 arm-linux-gcc

arm-linux-gcc 是交叉编译器,基本用法与 gcc 相同。

10.2 GNU make

编写 Makefile 是 UNIX 和 Linux 世界编程不可回避的话题。实际上在 Windows 下编程,也有 makefile 存在,只不过具体细节都被集成开发环境隐藏了,而 Linux 下,这一切都展现在眼前。

10.2.1 make 和 GNU make

前面 hello.c 的编译示例中,都是通过输入命令对文件进行编译。对于只有一个文

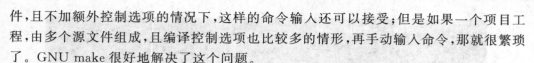

件,且不加额外控制选项的情况下,这样的命令输入还可以接受;但是如果一个项目工程,由多个源文件组成,且编译控制选项也比较多的情形,再手动输入命令,那就很繁琐了。GNU make 很好地解决了这个问题。

make 是 20 世纪 70 年代发明的用于编程项目编译的辅助工具。make 的编译思路很简单,如果源程序发生了改变,并需要重新构建程序或者其他输出文件时,make 先查看时间戳哪些改变了,并按照要求重新构建这些文件,而不会浪费时间重新构建其他文件。

GNU make 是 make 工具的 GNU 版本,已经成为工业标准,它属于自由软件,目前非常流行。

在终端输入 make 命令就会调用 make 工具,make 会在当前目录按照文件名顺序寻找 Makefile 文件,依次按照:GNUmakefile、makefile、Makefile。如果找到其中的任何一个,就读取并按照其中的规则执行,否则报错。如图 10.20 所示的范例中,在 hello 目录下输入 make 命令,由于在 hello 目录下没有任何一个 makefile 文件,所以报错。

图 10.20　找不到 makefile 文件

10.2.2　给 hello.c 编写一个 Makefile

在 hello 目录下创建一个名为 GNUmakefile、makefile 或者 Makefile 的文件,通常习惯采用的文件名是 Makefile,然后再次输入 make,那么出现的错误信息为"无目标,停止",如图 10.21 所示,说明已经找到了 Makefile 文件,只是文件内容不对。

图 10.21　make 无目标

用 Vi 打开 Makefile 文件,在其中输入下列代码:

```
all:
(TAB)gcc hello.c
```

gcc hello.c 不能顶格,而是必须以 TAB 字符('\t')隔开,且不能以相同数量的空格代替,格式正确的 Makefile 文件,在 Vi 中会语法高亮显示,效果如图 10.22 所示。

图 10.22　在 Makefile 输入代码

保存并退出 Vi,再次输入 make 命令,将会看到编译成功,产生了 a.out 文件,如图 10.23 所示。

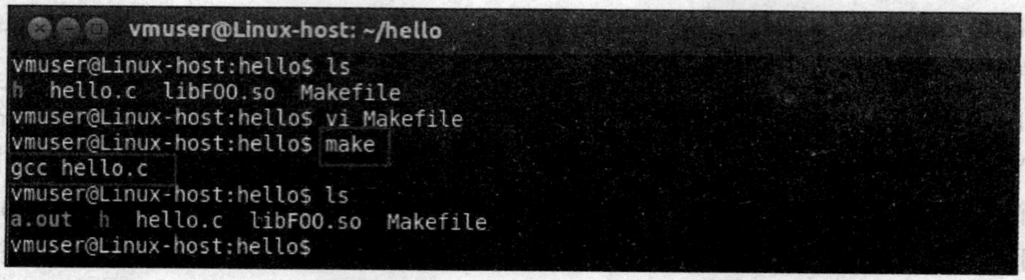

图 10.23　输入 make 命令和结果

至此,已经编写出了一个可以工作的 Makefile 文件。尽管能够工作,却是一个最简单,同时也是最简陋的 Makefile 文件。

如果编写的 Makefile 文件不采用默认的 3 个文件名中的任何一个,则在输入 make 命令的时候可通过-f 参数指定文件名。例如,将编写好的 Makefile 文件改名为 app.mk,然后在终端输入 make -f app.mk,也能正确进行编译,如图 10.24 所示。

图 10.24　指定文件名 make

10.2.3　Makefile 的规则

1. 目　标

前面看到的示例,尽管简陋,却体现了 Makefile 文件编写的基本语法格式。Makefile 的基本语法格式是:

```
target: prerequisites
        command
```

target 是编译目标,在编译的时候输入 make target 就可以执行 target 的规则。target 既可以是目标文件,也可以是可执行文件,还可以是一个标签,如前面的 all。

prerequisites 是依赖关系文件,即生成 target 所需要的文件或者目标。

command 是生成 target 所需执行的命令。

介绍 Make 的时候提到过,make 会根据时间戳来决定哪些文件需要重新编译。对照这个规则来解释就是:如果 prerequisites 中如果有一个以上的文件比 target 文件要新的话,则 command 所定义的命令就会被执行。

再回头看 hello.c 的 Makefile 文件内容:

all:
(TAB)gcc hello.c

整个 Makefile 只定义了一个目标 all,也没有任何依赖关系,all 目标对应的命令为 gcc hello.c。这里的目标 all 是一个标签,也是第一个目标。将第一个目标设置为 all 是一个习惯,当然也可以改为任何一个标签。终端输入 make,不指定任何编译目标,默认执行第一个标签的规则,也就是说输入 make 和 make all 实际上是等同的。

2. 伪目标

试想想这种情形,如果一个目标名与当前目录下的某一个文件名相同,那么 make 的时候会出现什么情况?

先来尝试一下,将生成的 a.out 文件复制为新文件 all,然后再 make,操作过程和结果如图 10.25 所示。

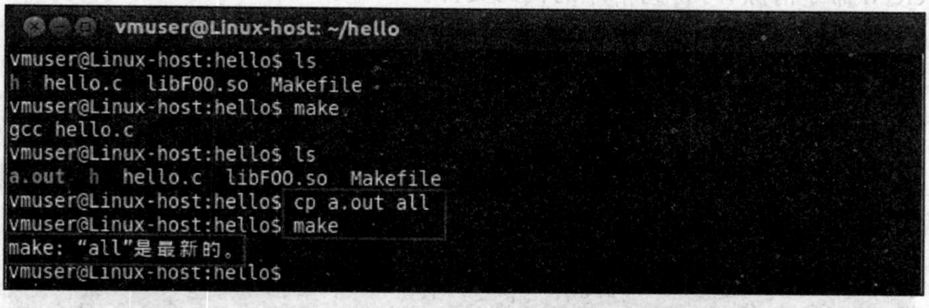

图 10.25　make 和结果 1

可以看到,make 提示""all"是最新的"。根据前面介绍的 make 处理流程,"是最新的"意味着 all 目标对应的规则永远不会被执行,哪怕实际需要编译的文件已经修改过,也不会被重新编译。

如果在编写 Makefile 的时候,一不小心出现这样的问题,那么对程序是致命的。针对这个问题,Makefile 有一个解决办法,引入了一个新的目标——伪目标。伪目标是一个标签,这个目标只执行命令,不创建目标,还能避免目标与工作目录下的实际文件名冲突。

伪目标的写法如下:

.PHONY:标签

对于前面这个示例,将 Makefile 文件稍微修改一下,在末尾增加一行:

.PHONY:all

完整代码如图 10.26 所示。

图 10.26　伪目标 all

将 all 设置为伪目标后,尽管在当前目录下有同名的 all 文件,但是在终端输入 make 命令,可以看到,all 的命令被正确执行,如图 10.27 所示。

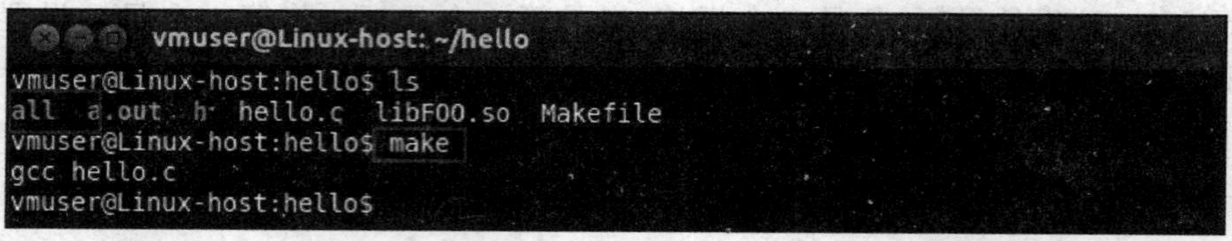

图 10.27　make 和结果 2

在实际应用中,通常会有一个 clean 目标,这个目标几乎都会被设置为伪目标,用于清除编译产生的中间文件和可执行文件。在进行源码打包或者发布的时候,先通过 make clean 命令清除,可得到干净的代码文件。

如果为 hello.c 的 Makefile 增加一个伪目标 clean,可以这么写:

.PHONY:clean
(TAB)-rm -v a.out

clean 对应的命令是-rm -v a.out,就是普通的删除命令,加-v 参数是显示删除列表。完整的 Makefile 文件如图 10.28 所示。

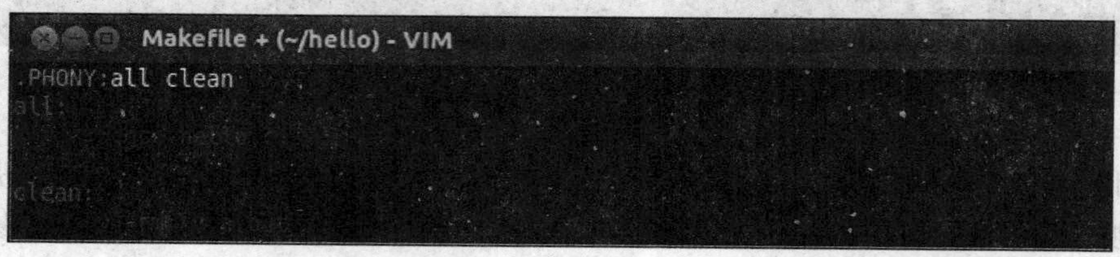

图 10.28　hello.c 的 Makefile

如果一个 Makefile 文件有多个伪目标,则可以分多行单独声明,也可以将多个伪目标一并声明,各伪目标之间用空格隔开。

clean 伪目标的命令为-rm,如果在 rm 命令前加了"-",含义是如果这条命令执行失败,make 将忽略这个错误,继续往下执行;如果不加"-",则 make 停止。一个工程,连续两次 make clean 后,那么第二次 clean 的时候,由于相关文件已经不存在了,在加了"-"的情况下,clean 会提示出错,但被忽略(参考图 10.29(a));而不加"-"则不忽略(参考图 10.29(b))。

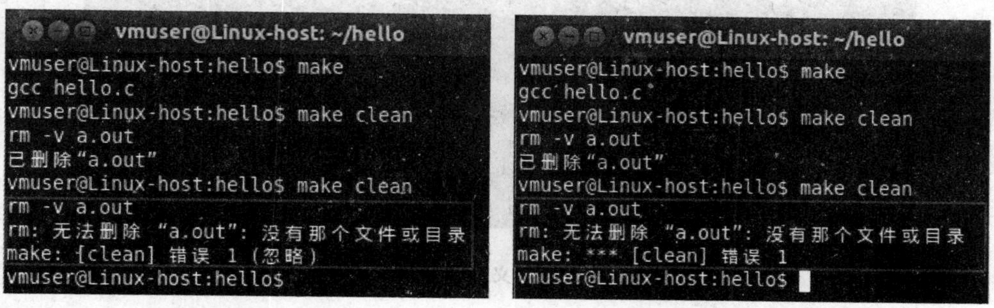

图 10.29 使用"-"与不使用"-"的结果对比
(a) 使用-rm命令 (b) 使用rm命令

"-"的含义不仅仅对 rm 命令有效，对 Makefile 中的所有命令都有效，它等效于 make -i 命令。

3. 自定义变量

make 支持在 Makefile 文件中定义变量。合理使用变量，能增强 Makefile 文件的通用性，并简化 Makefile 文件编写。

一般的 Makefile 文件编写中，通常会为源文件、可执行文件以及编译参数等分别定义一个变量，并予以赋值，在编译规则中直接引用这些变量。

变量的定义和赋值方法通常是：

VAR = value

在用到变量的地方，通过美元符号"$"和括号"()"一起来完成变量引用，如 $(VAR)。

对于 hello.c 的 Makefile，如果定义源文件 SRC 和可执行文件 EXE 两个变量，对 Makefile 进行改写，可如下：

```
EXE = hello
SRC = hello.c
all:
    gcc - o $(EXE) $(SRC)
.PHONY:clean
    rm - v $(EXE)
```

使用了自定义变量后，只需将 EXE 和 SRC 两个变量进行修改，即可将这个 Makefile 文件用于其他文件编译，增强了通用性。

用变量改写后的 Makefile 在 Vi 中的快照如图 10.30 所示，可以看到，自定义变量也会呈现语法高亮显示。

变量的赋如果有多个值，可直接在等号（=）后面列出，如：

图 10.30　自定义变量和语法高亮

```
SRC = hello.c hello1.c hello2.c
```

值除了直接用等号（＝）赋值外，还可以使用追加符号（＋＝）进行追加：

```
SRC = hello.c
SRC += hello1.c hello2.c
SRC += hello2.c
```

如果赋值很长，还可以使用换行符（\）进行换行处理：

```
SRC = hello.c    \
      hello1.c\
      hello2.c
```

可以在 Makefile 中加注释，对文件或者其中一些变量、规则进行说明，有助于文件阅读和理解，注释行以井号（#）开始并顶格。图 10.30 的第一行就是注释。

4. makefile 变量

其实，make 本身有一些特殊变量可以在 Makefile 中使用，能进一步简化 Makefile 的编写。这些特殊变量包括环境变量、自动变量和预定义变量。

环境变量就是系统的环境变量。Makefile 中基本上可以直接引用几乎所有的系统环境变量，比如代表当前登录用户的 USER，系统外部命令搜索路径 PATH 等，这些变量都可以直接以 ＄(VAR) 的方式引用。

但是 make 对环境变量的处理有一个例外，就是 Shell，make 在默认情况下会指定 Shell 为"/bin/sh"，而不使用用户指定的其他用于交互 Shell。

另外还有一个可以直接引用但需要小心使用的环境变量——PWD，PWD 的值是 make 开始运行时的当前路径。但是，它可能与 make 当前正在解释执行的 Makefile 所在的路径不一致，不能认为它一定就是 Makefile 所在的路径。

如果在 Makefile 中定义了一个与系统环境变量同名的自定义变量，则自定义变量会覆盖系统变量的值，这点值得注意。

自动变量不用定义，且会随着上下文的不同而发生改变。make 的自动变量都是一些比较难记住的符号，都以美元符号（＄）开头。使用了自动变量的 Makefile 文件读起来会显得抽象和生涩一些。常用的 make 自动变量如表 10.4 所列。

第 10 章 Linux C 编程环境

表 10.4 make 的自动变量

自动变量	含 义
$@	规则的目标文件名
$<	规则的目标的第一个依赖文件名
$^	规则的目标所对应的所有依赖文件的列表,以空格分隔
$?	规则的目标所对应的依赖文件新于目标文件的文件列表,以空格分隔
$(@D)	规则的目标文件的目录部分(如果目标在子目录中)
$(@F)	规则的目标文件的文件名部分(如果目标在子目录中)

为前面的示例增加一个文件 hello1.c,用自动变量再编写 Makefile。可以编写如图 10.31 所示的文件。

```
# Makefile for hello
EXE = main
OBJ = hello.o hello1.o
SRC = hello.c hello1.c

$(EXE):$(OBJ)
    gcc -o $(EXE) $^

.PHONY:clean
clean:
    rm $(EXE)
```

图 10.31 使用了自动变量的 Makefile 文件

这个 Makefile 和前面看到的相比,增加了几点内容:
(1) 增加了目标和依赖;
(2) 编译多个 C 文件,多个文件用空格隔开;
(3) 使用了自动变量。

来看第 6 行,EXE:$(OBJ),可执行文件依赖于目标文件,目标文件有更新,因此才会重新编译生成可执行文件。编译命令也用了自动变量 $^,在这里对应所有生成的目标文件。

可执行文件名不一定要和源文件相同或者有关系,可以任意取,在这个示例中将可执行文件名设置为 main。这个 Makefile 的 make 结果如图 10.32 所示。

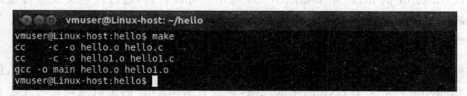

图 10.32 make 和结果 3

这个 Makefile 用到的一些 gcc 参数请对照 10.1 节的相关介绍,不再讲解。

·199·

预定义变量。make 的**预定义变量**用于定义程序名称以及传递给这些程序的参数和标志位等。常见的预定义变量和描述如表 10.5 所列。

表 10.5　make 预定义变量和说明

预定义变量	含　义
AR	归档维护程序，默认值为 ar
AS	汇编程序，默认值为 as
CC	C 语言编译程序，默认值为 cc
CPP	C 语言预处理程序，默认值为 cpp
RM	文件删除程序，默认值为 rm -f
ARFLAGS	传递给 AR 程序的标志，默认为 rv
ASFLAGS	传递给 AS 程序的标志，默认值无
CFLAGS	传递给 CC 程序的标志，默认值无
CPPFLAGS	传递给 CPP 程序的标志，默认值无
LDFLAGS	传递给链接程序的标志，默认值无

对前一个 Makefile 进行一些更改，增加 -g 的编译选项，链接当前目录下的 libFOO.so，用以上预定义变量进行改写。如图 10.33 所示是一个范例。

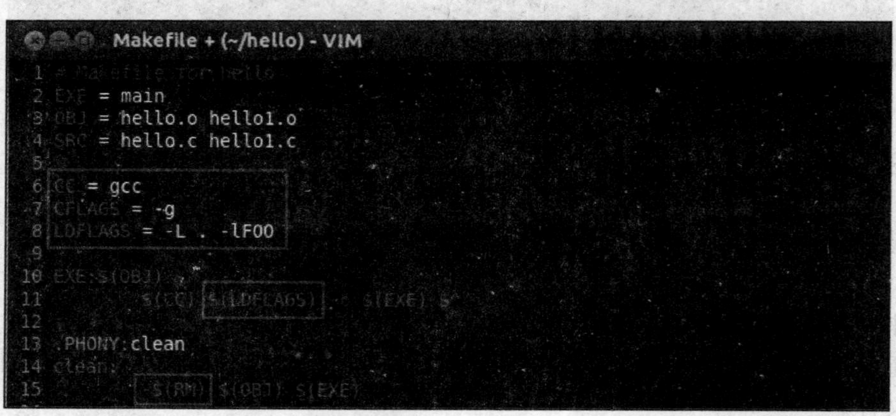

图 10.33　用预定变量改写 Makefile

该 Makefile 的 make 结果如图 10.34 所示。可以看到，通过预定义变量传递的参数全部生效。

5. 隐式规则和显式规则

再回头看图 10.31 和图 10.33 所示范例的 EXE:$(OBJ)，EXE 依赖于 OBJ，但是整个 Makefile 只定义了 EXE 的生成规则，并没有给出 OBJ 的生成规则。可是怎么编译却没有出错呢？

这是因为 make 有一些既定的目标生成规则，称之为隐式规则。例如对于一个

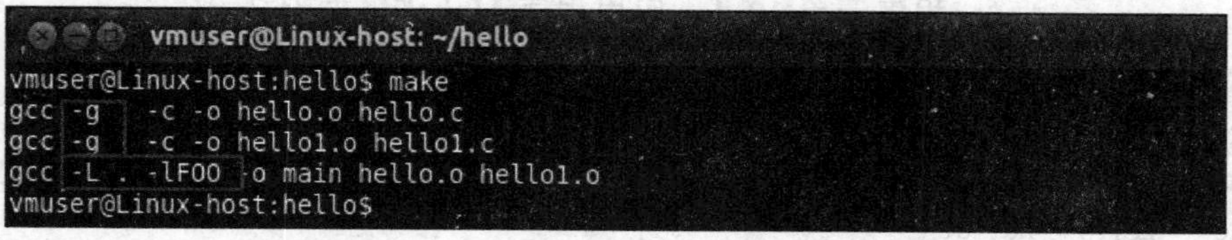
vmuser@Linux-host: ~/hello
vmuser@Linux-host:hello$ make
gcc -g -c -o hello.o hello.c
gcc -g -c -o hello1.o hello1.c
gcc -L . -lFOO -o main hello.o hello1.o
vmuser@Linux-host:hello$

图 10.34 make 和结果 4

file. o 文件,make 会优先寻找同名的 file. c 文件,并按照 gcc -c file. c -o file. o 的编译规则生成 file. o 文件。对于不同语言,有不同的隐式规则,所以一般来说,不推荐用隐式规则。

显式规则是用户自定义的规则。在使用隐式规则有隐患的情况下,更应当使用显式规则,明确指定生成规则。例如前面提到的隐式规则,用显式规则来定义可为:

```
OBJ: $(SRC)
        $(CC) -o $(OBJ) -c $^
```

如果不用自定义变量,还可以这么写,也称为模式规则:

```
%.o: %.c
        $(CC) -o $(OBJ) -c $@
```

经过改写之后的 Makefile 如图 10.35 所示。

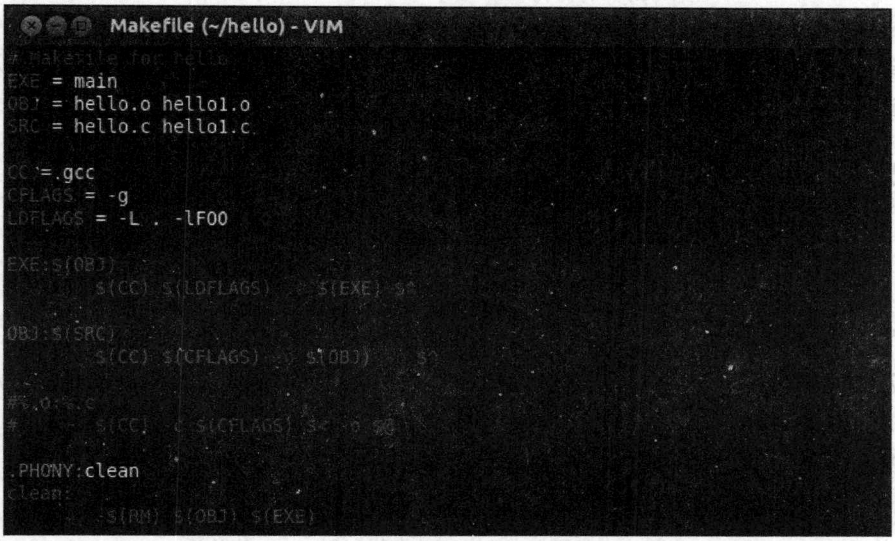
Makefile (~/hello) - VIM
EXE = main
OBJ = hello.o hello1.o
SRC = hello.c hello1.c
CC = gcc
CFLAGS = -g
LDFLAGS = -L . -lFOO
EXE:$(OBJ)
OBJ:$(SRC)
.PHONY:clean
clean:

图 10.35 使用显示规则和隐式规则

至此,已经得到了一个基本比较完整的 Makefile 文件。只要修改文件的头三个变量,就能用于其他工程编译,这也可以说是一个基本 Linux 应用程序 Makefile 文件的框架。为了方便使用,这里贴出全部文本,如程序清单 10.1 所示。

程序清单 10.1　应用程序 Makefile 框架

```
# Makefile for hello
EXE = main
OBJ = hello.o hello1.o
SRC = hello.c hello1.c

CC = gcc
CFLAGS = -g
LDFLAGS = -L. -lFOO

EXE:$(OBJ)
        $(CC) $(LDFLAGS) -o $(EXE) $^

OBJ:$(SRC)
        $(CC) $(CFLAGS) -o $(OBJ) -c $^

# %.o:%.c
#       $(CC) -c $(CFLAGS) $< -o $@

.PHONY:clean
clean:
        -$(RM) $(OBJ) $(EXE)
```

注意：如果在链接的时候增加了链接库，则运行该程序必须添加相应的库文件，否则就无法运行。如果程序本身无需额外的链接库，将 LDFLAGS 留空即可。

10.2.4　make 命令

一个工程编写了 Makefile 后，通常只需要在当前目录下输入 make 命令即可完成编译。然而实际上 make 命令本身是可以接受参数的，完整的用法如下：

make[选项][宏定义][目标]

选项可以指定 make 的工作行为，宏定义可以指定执行 Makefile 的宏值，目标则是 Makefile 中的目标，包含伪目标。这些参数都是可选的，各参数之间用空格分隔。

现在列举一些常用的选项，并进行简要说明，如表 10.6 所列。

表 10.6　make 常见选项

选　项	说　明
-C dir	指定 make 开始运行之后的工作目录为 dir，默认为当前目录
-d	打印除一般处理信息之外的调试信息，例如进行比较的文件的时间，尝试的规则等
-e	不允许在 makefile 中对环境变量赋新值，即丢弃与环境变量同名的自定义变量

续表 10.6

选 项	说 明
-f file	使用指定文件为 makefile
-i	忽略 makefile 运行时命令产生的错误,不退出 make
-I dir	指定 makefile 运行时的包含目录,多个包含目录用空格分隔
-S	执行 makefile 时遇到错误即退出。这是 make 的默认工作方式,无需指定
-v	打印 make 版本号

Makefile 编写实际上是一个很复杂的工作,Makefile 还有很多复杂和灵活的语法,在这里不再进行深入介绍,这里所介绍的内容已经能够满足基本的嵌入式 Linux 程序开发,能阅读常见的 Makefile 文件,对于大部分新手来说,已经够用了。

对于一般的小工程,自己编写 Makefile 可以对程序编译进行精确控制,但是对于较大的工程,文件太多,如果都需要手工编写 Makefile 的话,工作量会比较大。不过 Linux 下有 automake 工具,经过简单配置就可以自动生成 Makefile 文件,有兴趣的可以进一步了解。

10.3 GDB

10.3.1 GDB 介绍

GDB(the GNU Project Debugger)是 GNU 发布的一个功能强大的 UNIX 程序调试工具,可以调试 Ada、C、C++、Objective-C 和 Pascal 等多种语言的程序,可以在大多数 UNIX 和 Microsoft Windows 变种上运行。GDB 既可以在本地调试,也可以进行远程调试。

GDB 可以在命令行下启动,通过命令行对程序进行调试,也有自己的图形前端,如 DDD。无论通过何种方式启动 GDB,通过 GDB 能够对程序进行如下调试:

- 运行程序,还可以给程序加上某些参数,指定程序的行为。
- 使程序在特定的条件下停止。
- 检查程序停止时的运行状态。
- 改变程序的参数,以纠正程序中的错误。

10.3.2 GDB 基本命令

需要使用 GDB 调试的程序,在编译的时候必须加-g 参数,开启调试信息。运行 GDB 调试程序通常使用如下方式:

```
$ gdb <程序名称>
```

在 GDB 的命令提示符后,输入 help,能够得到 GDB 命令的分类,主要有:

- aliases 命令别名
- breakpoints 断点设置
- data 数据查看
- files 指定和检查文件
- internals 维护命令
- running 运行程序
- stack 检查堆栈
- status 状态查看
- tracepoints 跟踪程序

进入 GDB 命令提示符后，输入 help 以及命令分类，能够获得这类命令的所有命令信息。表 10.7 列出了一些使用 GDB 调试时会用到的一些常用命令。更多命令可以从 GDB 的指南中获得。

表 10.7 GDB 基本命令

命 令	描 述
break	设置断点：break ＋ 要设置断点的行号
clear	清除断点：clear ＋ 要清除断点的行号
delete	用于清除断点和自动显示的表达式的命令
disable	让所设断点暂时失效。如果要让多个编号处的断点失效，可将编号之间用空格隔开
enable	与 disable 相对
run	运行调试程序
countinue	继续执行正在调试的程序
file	装入想要调试的可执行文件
kill	终止正在调试的程序
list	列出产生执行文件的源代码的一部分
next	执行一行源代码但不进入函数内部
step	执行一行源代码而且进入函数内部
run	执行当前被调试的程序
quit	终止 gdb
watch	监视一个变量的值而不管它何时被改变
make	在 GDB 中重新产生可执行文件
shell	在 gdb 中执行 UNIX shell 命令

GDB 支持很多与 UNIX shell 程序一样的命令编辑特征。在 GDB 中也能像在 Bash 或 Tcsh 中那样使用 Tab 键让 GDB 实现命令的自动补齐。如果命令不唯一的话，GDB 会列出所有匹配的命令。另外，GDB 也能用方向键上下翻阅历史命令。

10.3.3 GDB 调试范例

下面以一个经典的 GDB 调试范例程序来演示 GDB 的基本使用方法。在用户主目录下,创建 bugging 目录,并在其中创建 bugging.c 文件,编写如程序清单 10.2 所示的代码(行前数字为 Vi 中的行号)。

程序清单 10.2 bugging.c 源代码

```
 1 /* bugging.c */
 2 #include <stdio.h>
 3 #include <stdlib.h>
 4
 5 static char buff[256];
 6 static char *string;
 7
 8 int main(void)
 9 {
10         printf("Please input a string: ");
11         gets(string);
12         printf("Your string is: %s", string);
13
14         return 0;
15 }
```

这个程序非常简单,其目的是接受用户的输入,然后将用户的输入打印出来。但是错误也是很明显的,使用了一个未经过初始化的字符串地址 string,见第 11 行。

编写 Makefile,在编译参数中加上 -g 参数,使之生成 bugging 文件。

先直接运行 bugging 程序,由于 string 未初始化,所以运行出现段错误:

```
vmuser@Linux-host:bugging$ ./bugging
Please input a string: asdf
段错误
```

现在用 GDB 来对该程序进行调试。

(1) 先启动 GDB 并装载 bugging 文件:

```
vmuser@Linux-host:bugging$ gdb bugging
GNU gdb (GDB) 7.2-ubuntu
Copyright (C) 2010 Free Software Foundation, Inc.
License GPLv3+: GNU GPL version 3 or later http://gnu.org/licenses/gpl.html
This is free software: you are free to change and redistribute it.
There is NO WARRANTY, to the extent permitted by law.  Type "show copying"
and "show warranty" for details.
This GDB was configured as "i686-linux-gnu".
```

```
For bug reporting instructions, please see:
<http://www.gnu.org/software/gdb/bugs/>...
Reading symbols from /home/vmuser/bugging/bugging...done.
(gdb)
```

(2) 在 gdb 命令提示符下输入 run 命令,执行已经装载的 bugging 文件,并根据程序要求输入字符串,如"asdf":

```
(gdb)run
Starting program: /home/vmuser/bugging/bugging
Please input a string: asdf

Program received signal SIGSEGV, Segmentation fault.
0x0018c1d8 in gets () from /lib/libc.so.6
(gdb)
```

程序运行提示出现"Segmentation fault"。

(3) 输入 where 命令,查看程序可能出错的地方:

```
(gdb)where
#0  0x0018c1d8 in gets () from /lib/libc.so.6
#1  0x08048417 in main () at bugging.c:11
(gdb)
```

根据提示信息,bugging.c 的第 11 行处可能有问题。

(4) 输入 list 命令,查看第 11 行附近的代码:

```
(gdb)list
1       /* bugging.c */
2       #include <stdio.h>
3       #include <stdlib.h>
4
5       static char buff[256];
6       static char * string;
7
8       int main(void)
9       {
10          printf("Please input a string: ");
(gdb)       //这里回车即可,回车重复上一条命令。
11          gets(string);
12          printf("Your string is: %s", string);
13
14          return 0;
15      }
(gdb)
```

说明：在 GDB 命令提示符下直接按回车键为重复上一次的命令。

（5）用 break 命令，在第 11 行处设置断点：

(gdb) break 11
Breakpoint 1 at 0x804840a: file bugging.c, line 11.
(gdb)

（6）输入 run 命令，重新运行程序，程序将会在第 11 行处停止，这时程序执行正常：

(gdb)**run**
The program being debugged has been started already.
Start it from the beginning?(y or n) y   //这里输入 y
Starting program：/home/vmuser/bugging/bugging

Breakpoint 1, main () at bugging.c:11
11   gets (string);
(gdb)

（7）输入 next 命令，单步执行，根据程序要求输入字符串：

(gdb)**next**
Please input a string：asdf

Program received signal SIGSEGV, Segmentation fault.
0x0018c1d8 in gets () from /lib/libc.so.6
(gdb)

程序执行第 11 行时确实会出错。这里的代码为 gets()函数，唯一参数和能导致函数出错的因素就是变量 string。

（8）输入 print 命令查看 string 的值：

(gdb)print string
$1 = 0x0
(gdb)

指针变量，string 的值为 0，也就是说，string 是一个空指针 NULL。这是因为没有将 string 初始化为有效地址的缘故。

（9）修改程序，在原第 10 行前增加 string 赋值语句"string = buff"（注意行号发生了变化）：

```
10              string = buff;
11              printf ("Please input a string: ");
12              gets (string);
```

（10）再次编译，重新调试。继续在第 11 行设置断点，在输入字符串前后分别查看 string 的值，与修改前对比：

```
             (gdb) print string
$1 = 0x804a040 ""
(gdb) next
12                  gets (string);
(gdb) next
Please input a string: asdf
13                  printf ("Your string is: %s", string);
(gdb) print string
$2 = 0x804a040 "asdf"
```

程序已经运行正常,GDB 调试完毕。再次直接运行 bugging 程序:

```
vmuser@Linux-host:bugging$ ./bugging
Please input a string: asdf
Your string is: asdf
```

10.3.4 GDB 远程调试

前面介绍了 GDB 的本地调试,而进行嵌入式 Linux 开发更多的是进行 GDB 远程调试。GDB 远程调试与本地调试相比,多了远程连接这一步,下面对 GDB 远程连接进行介绍。

GDB 远程调试需要两个程序,一个是目标机的 GDBServer,另一个是运行于本地机器的与之对应的 GDB。对于 ARM 嵌入式 Linux 而言,通常是 arm-linux-gdb。远程系统和本地系统之间通过网线连接,大致连接示意如图 10.36 所示。

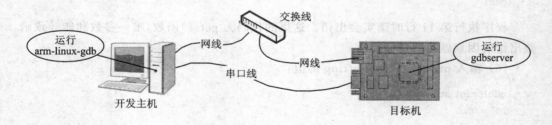

图 10.36 GDB 远程连接示意

说明:目标机和开发主机之间的网络,也可以通过交叉线直连,推荐通过交换机连接。

进行远程 GDB 调试,首先需要在目标系统中启动 gdbserver,这就要求部署的目标板文件系统必须包含 gdbserver 程序,否则不能进行远程 GDB 调试。这里假定目标板包含 gdbserver 程序。

仍然以 bugging 程序为例进行说明,首先需要用交叉编译器进行交叉编译,并开启调试信息。修改 Makefile 的 CC 变量为 CC=arm-none-linux-gnueabi-gcc:

第10章 Linux C 编程环境

```
CC = arm-none-linux-gnueabi-gcc
CFLAGS = -g
```

然后输入 make 命令进行交叉编译,之后按照下列步骤进行远程连接和调试。

(1) 启动开发板,进行 NFS 连接,进入 NFS 需要调试的程序所在目录:

```
[root@M3352 ~]# mount -t nfs 192.168.1.168:/home/chenxibing /mnt/
[root@M3352 ~]# cd /mnt/bugging
[root@M3352 bugging]# ls
Makefile    bugging*    bugging.c    bugging.o
```

(2) 执行 gdbserver 命令,启动 gdbserver,设置端口号(假定为 2000),并装载 bugging 程序,输入后系统创建一个调试进程,监听设定的端口:

```
[root@M3352 bugging]# gdbserver :2000 bugging
Process bugging created; pid = 1062
Listening on port 2000
```

命令和结果如图 10.37 所示。

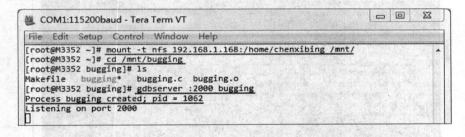

图 10.37 启动 gdbserver

(3) 在主机启动 arm-linux-gdb 程序,并装载 bugging 程序:

```
chenxibing@linux-compiler:bugging$ arm-none-linux-gnueabi-gdb bugging
```

操作结果如图 10.38 所示。

GDB 成功启动,在(gdb)提示符下通过 remote 命令进行远程连接:

```
(gdb) target remote 192.168.1.136:2000
```

其中,192.168.1.136 为开发板 IP 地址,2000 为目标系统开启的端口号。

实际结果如图 10.39 所示。

GDB 连接成功,同时在目标系统终端也出现提示信息 "Remote debugging from host 192.168.1.168",如图 10.40 所示。

至此,主机和目标系统之间已经建立了远程连接,在主机(gdb)命令提示符下,就可输入各种命令进行远程调试了(在远程调试中,可能某些 gdb 命令运行会出错)。

调试完毕,在主机(gdb)提示符下输入 q,可终止 GDB 调试和连接,此时目标板出

图 10.38 主机启动 arm-linux-gdb

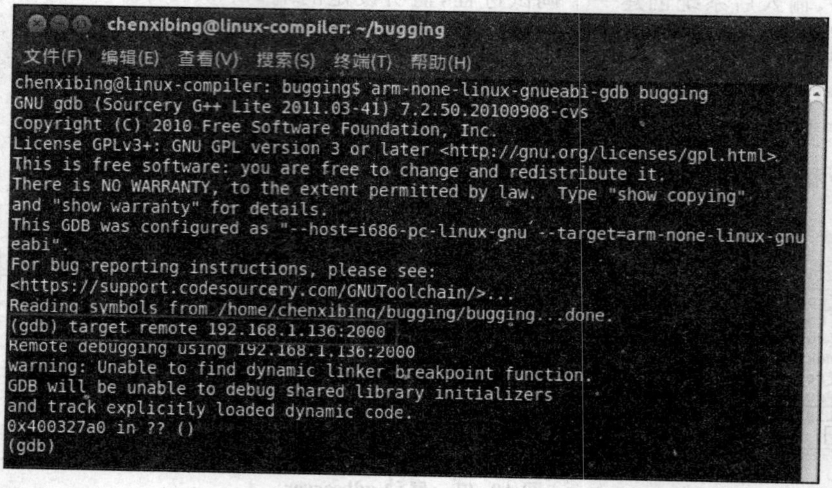

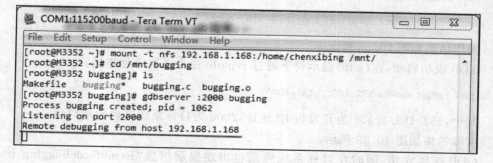

图 10.39 gdb 远程连接成功(主机)

图 10.40 GDB 连接成功(目标板)

现"Killing inferior"提示信息并退到 Shell 终端,如图 10.41 所示。

第 10 章 Linux C 编程环境

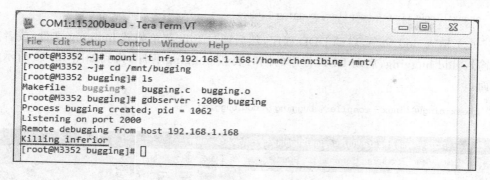

图 10.41 终止 GDB 远程调试

10.3.5 GDB 图形前端 DDD

DDD 是一个简洁的 GBD 图形前端,可以在图形界面下进行 GDB 调试。如果系统没有安装 DDD,可输入下列命令进行安装:

chenxibing@linux-compiler:~$ sudo apt-get install ddd

安装后,在终端输入 ddd 即可启动 DDD 程序,DDD 的主界面如图 10.42 所示。

chenxibing@linux-compiler:~$ ddd

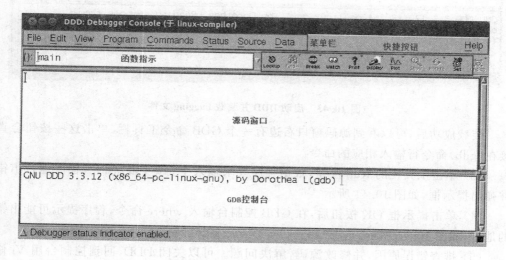

图 10.42 DDD 主界面

主界面包含菜单栏、快捷按钮、源码窗口、控制台等部分。源码窗口在装载应用程序后,会出现一个 GDB 命令工具栏。

继续以 bugging.c 为例,讲述 DDD 的基本用法。

(1) 打开终端,进入 bugging 目录,编译 bugging 程序,生成带调试信息的可执行文件 bugging。

·211·

```
chenxibing@linux-compiler:bugging$ make
```

（2）输入 ddd 命令，启动 DDD 程序，然后通过 File 菜单装载 bugging 文件，或者直接输入 ddd bugging，启动 DDD 程序的同时装载 bugging 程序，得到如图 10.43 所示的界面。

```
chenxibing@linux-compiler:bugging$ ddd bugging
```

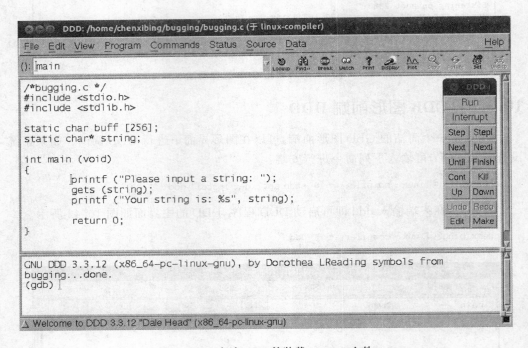

图 10.43　启动 DDD 并装载 bugging 文件

装载成功后，可以看到源码窗口右边有一个 GDB 命令工具栏，单击这些按钮会直接在(gdb)命令行输入相应的命令。

（3）单击工具栏的 Run 按钮，根据程序要求输入字符串，如"asdf"，程序运行出错并弹出提示框，如图 10.44 所示。

（4）单击提示框 OK 按钮后，在 GDB 控制台输入 where 命令，程序提示可能出错的地方，如图 10.45 所示。

（5）排查错误原因，并修改源码，解决问题。可以关闭 DDD，回到控制台用 Vi 修改程序，并重新编译后再次装载调试；也可以在 GDB 工具栏，单击 Edit 按钮，在弹出的编辑器选择栏选择中意的编辑器打开并修改源码，修改完毕后关闭编辑器，并单击工具栏的 Make 按钮，完成程序编译，然后继续调试。

DDD 不复杂，更多的功能请自行研究。

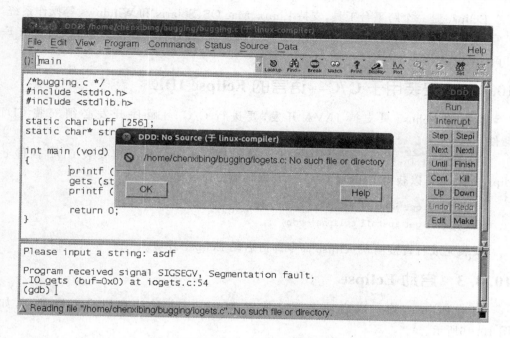

图 10.44　程序运行出错

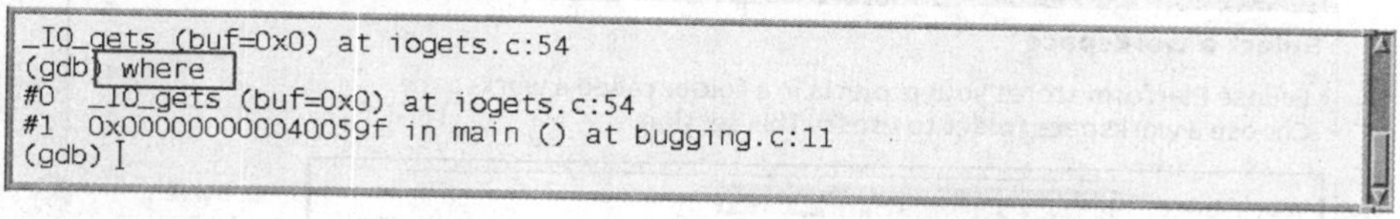

图 10.45　输入 where 命令

10.4　用于 C/C++语言的 Eclipse IDE

10.4.1　Eclipse 简介

　　Eclipse 是一个源码开放的、基于 JAVA 的可扩展开发平台,最初主要用于 JAVA 开发,通过插件可作为 C++、Python、PHP 等语言的开发工具。

　　Eclipse 本身只是一个框架和一组服务,用于通过插件构建开发环境。由于有众多的插件支持,使得 Eclipse 拥有极佳的灵活性,很多软件开发商都以 Eclipse 为框架开发自己的 IDE。

Eclipse 是一个跨平台工具,支持 Linux、Mac OS、Solaris 和 Windows 等操作系统,其官网为 www.eclipse.org。最初由 IBM 公司开发,2001 年贡献给开源社区,现由 Eclipse 基金会管理。

10.4.2 安装用于 C/C++ 语言的 Eclipse IDE

标准的 Eclipse 只支持 JAVA 开发,要进行 C/C++ 程序开发必须安装 CDT 插件。

在 Ubuntu 下,可用 apt-get 命令先安装 eclipse-platform,再安装 CDT 插件 eclipse-cdt,就可以获得 Eclipse C/C++ 开发环境。命令如下:

```
$ sudo apt-get install eclipse-platform
$ sudo apt-get install eclipse-cdt
```

安装完成后直接输入 eclipse 命令即可启动 Eclipse 环境。

10.4.3 启动 Eclipse

启动 Eclipse,第一次启动会要求配置 Workspace,默认在用户主目录下,如图 10.46 所示。

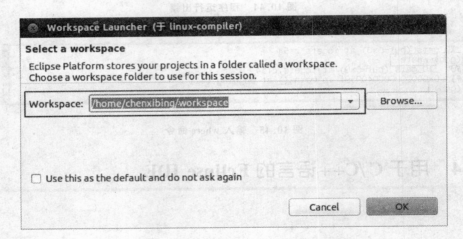

图 10.46 配置 workspace

建议使用默认配置,当然也可以选择合适的目录。如果选中了 Use this as the default and do not ask again,则以后启动都不会再有这个对话框。

单击 OK 按钮,进入 Eclipse IDE 欢迎界面,如图 10.47 所示。

单击界面中的 C/C++ Development 可以获得帮助文档,如图 10.48 所示。在开发过程中可以多翻阅这个文档。

第 10 章 Linux C 编程环境

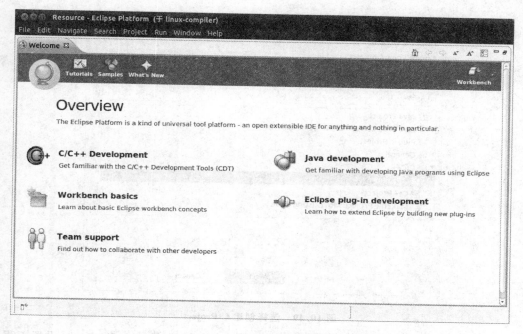

图 10.47　Eclipse 欢迎界面

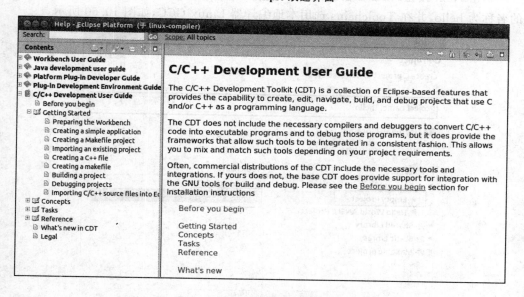

图 10.48　Eclipse C/C++开发帮助文档

10.4.4　创建 C 工程

在 Eclipse 主界面中，选择 File→New→Project 菜单项，在弹出的 New Project 对话框中选择 C Project 选项，如图 10.49 所示。

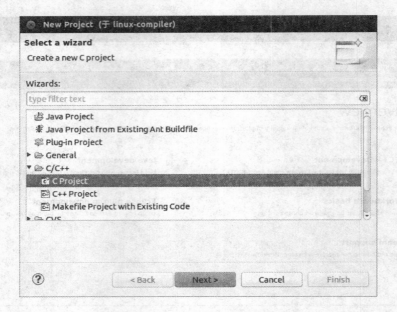

图 10.49 选择创建 C Project

单击 Next 按钮,在工程创建界面选择创建一个空工程(Empty Project),设置工程的名称为 hello,并在 Toolchains 选用本地编译器 Linux GCC,如图 10.50 所示。

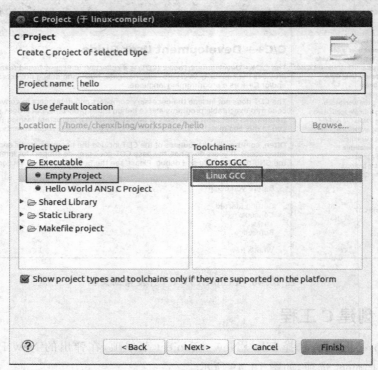

图 10.50 配置 C 工程

第 10 章 Linux C 编程环境

当然,也可以选择创建一个 Hello World ANSI C Project 样板工程快速体验 Eclipse C 工程,这里就不再介绍了,有兴趣的读者可以试试。

单击 Next 按钮,在配置界面,选中 Debug 和 Release 两个目标,如图 10.51 所示。

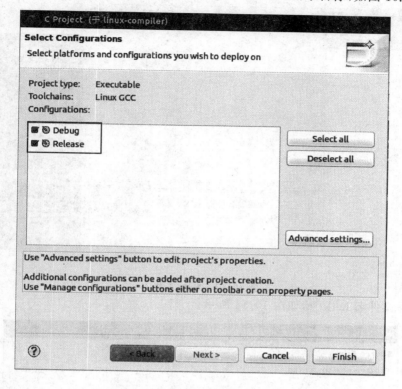

图 10.51 选中 Debug 和 Release

然后单击 Finish 按钮,在如图 10.52 所示的 Open Associated Perspective 对话框,单击 Yes 按钮即可。

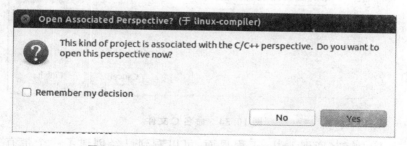

图 10.52 Open Associated Perspective 对话框

之后进入 hello 工程界面,如图 10.53 所示。

由于在创建工程的时候选择的是创建空工程,所以看到的工程界面里没有任何源码文件。下面紧接着来创建一个 C 文件,并添加到工程中。

选择 File→New→Source File 菜单项,在弹出的 New Source File 界面的 Source

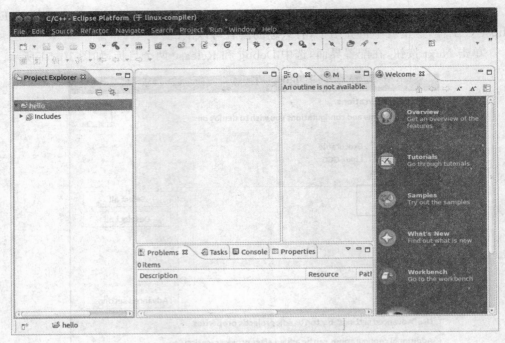

图 10.53　hello 工程 1

file 栏填写文件名 hello.c，如图 10.54 所示。

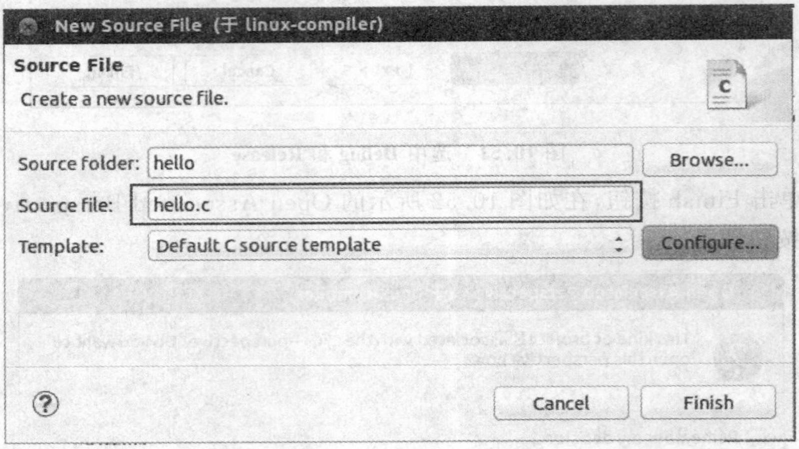

图 10.54　命名 C 文件

单击 Finish 按钮，回到 hello 工程界面，可以看到已经创建了一个带有文件头的 hello.c 文件，并已经添加到 hello 工程中，如图 10.55 所示。

注意：创建 C 文件的时候，选择 Default C source template 模板，得到的 C 文件会自动创建文件头，选择 NONE 则无文件头。

在 hello.c 中添加如下代码并保存：

第 10 章 Linux C 编程环境

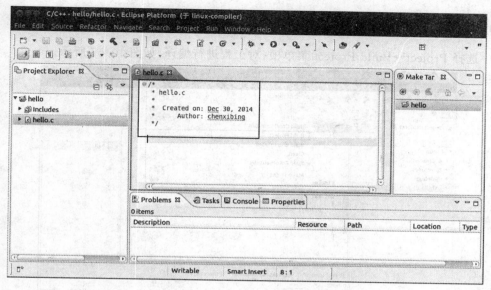

图 10.55 hello 工程 2

```
#include <stdio.h>
int main(int argc, char *argv[])
{
    printf("hello world\n");
    return 0;
}
```

添加代码后的工程界面如图 10.56 所示。

至此,hello 工程创建完成。

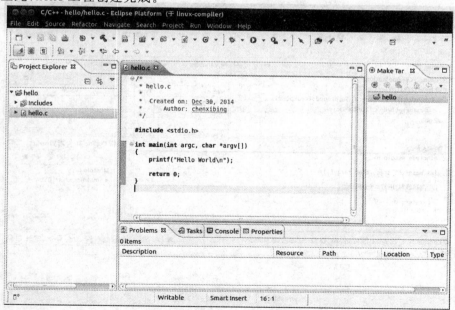

图 10.56 hello 工程 3

10.4.5 本地编译和调试

选择 Project→Build Project 菜单项，对工程进行编译，如图 10.57 所示。

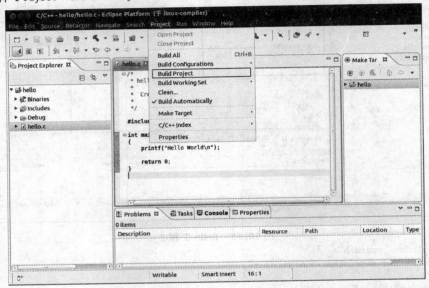

图 10.57 编译 hello 工程

通常默认选择 Debug 目标进行编译，可以进行调试。

选择 Run→Debug 菜单项，在弹出的 Confirm Perspective Switch 对话框单击 Yes 按钮确认，进入如图 10.58 所示的调试界面。

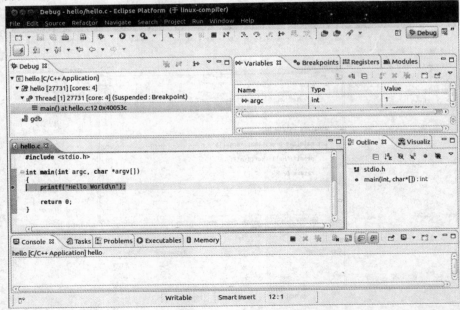

图 10.58 hello 工程调试界面

选择 Run→Step Over,单步运行程序,同时可在 Console 窗口观察程序运行结果,如图 10.59 所示。

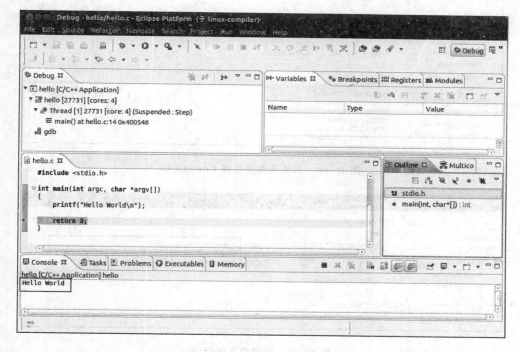

图 10.59　hello 程序调试结果

程序调试完毕后,可选择 Release 目标重新编译并进行发布。选择 Project→Build→Configurations→Set Active→Release 菜单项,选择 Release 目标,然后选择 Project→Build Project 菜单项完成工程编译,生成 Release 目标。

10.4.6　交叉编译和远程调试

1. 重设交叉编译器

程序在主机开发完毕后,如果需要放到 ARM 上运行,则需要重设工程的编译器为交叉编译器并进行重新编译。

选择 Project→Properties 菜单项,在弹出的工程属性界面选择 C/C++ Build 的 Toolchain Editor,在 Current toolchain 栏将编译器类型设置为 Corss GCC,如图 10.60 所示。

再单击 C/C++ Build 的 Settings 栏,在 Prefix 栏填写交叉编译器的前缀(如 arm-none-linux-gnueabi-),在 Path 中填写交叉编译器的实际路径,如图 10.61 所示。

设置完毕后,单击 OK 按钮,回到工程界面,选择 Project→Build Configurations→Set Active→Debug 菜单项,选择 Debug 目标重新编译工程。

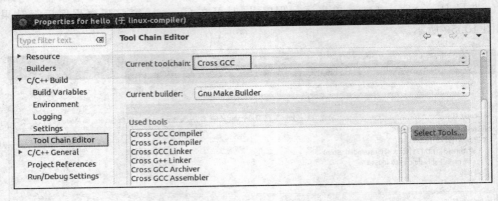

图 10.60　编译器类型选择 Cross GCC

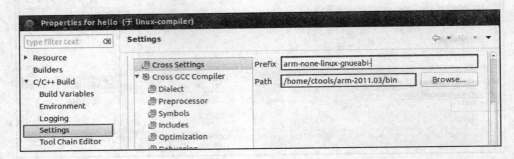

图 10.61　设置交叉编译器

2. 远程连接设置

选择 Run→Debug Configurations 菜单项,启动 Debug 调试配置界面,如图 10.62 所示。

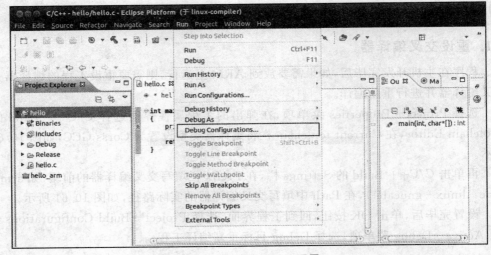

图 10.62　进入 Debug 配置

在 Debug 配置界面双击 C/C++ Aplication，将会生成 hello Debug 配置，如图 10.63 所示。

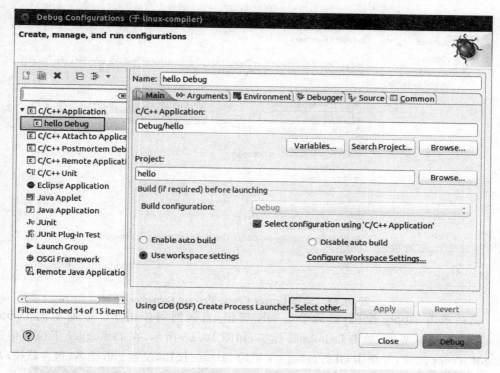

图 10.63　hello Debug 配置

进行远程 GDB 调试时，单击 Select other，在如图 10.64 所示的 Select Perferred Launcher 界面单击 Change Workspace Settings。

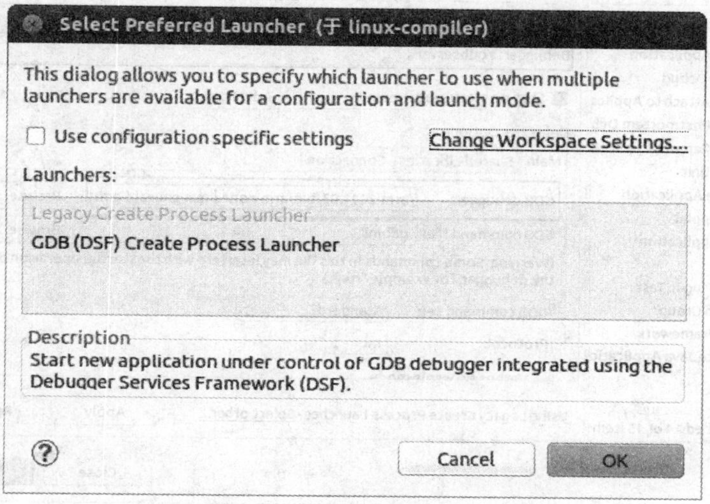

图 10.64　Select Perferred Launcher 界面

单击 Change Workspace Settings 后进入 Preferences 界面,将 C/C++ Application 的 Debug 设置为 Legacy Create Process Launcher,如图 10.65 所示。

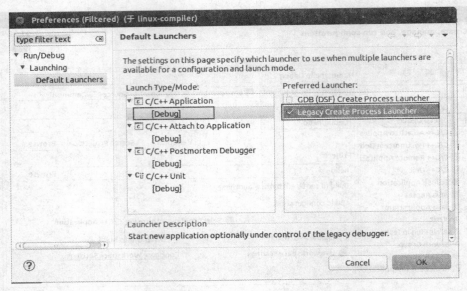

图 10.65　选择 Legacy Create Process Launcher

之后单击 Apply 按钮,然后单击 OK 按钮,直到回到如图 10.63 所示的 Debug Configureations 界面,单击 Debugger 标签,如图 10.66 所示,在 Debugger 下拉框中选择 gdbserver 选项,并单击 GDB debugger 栏的 Browse 按钮,设置 gdb 全名(包含路径),

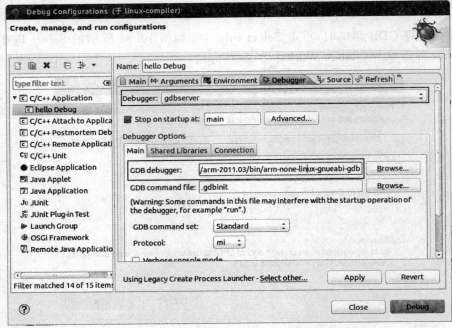

图 10.66　设置 Debugger

示例设置为 arm-none-linux-gnueabi-gdb。

单击 Connection 标签，设置连接类型为 TCP，并在 Host name or IP Address 栏填写开发板的 IP 地址，端口号可用默认值，如图 10.67 所示。

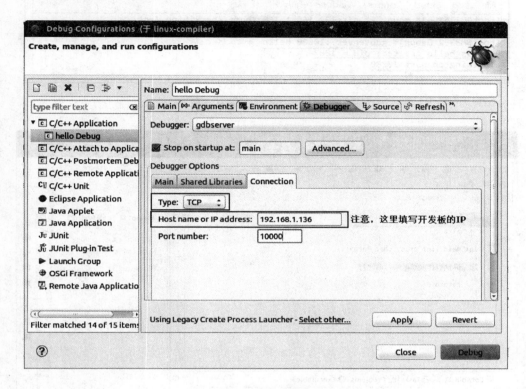

图 10.67　设置连接类型

设置完毕后，单击 Apply 按钮，然后单击 Close 按钮关闭设置窗口。

3. 远程连接和调试

启动开发板进行 NFS 挂载，并进入 hello 可执行调试文件所在的目录，输入下列命令，启动 gdbserver 和 hello 程序，将会创建一个调试进程，监听 10000 端口。

```
target# gdbserver :10000 hello
Process hello created; pid = 1007
Listening on port 10000
```

操作示例如图 10.68 所示。

也可以不进行 NFS 挂载，而是将 hello 文件复制到开发板后启动 gdbserver，但这种方式不利于调试纠错修改，故不推荐。

选择 Eclipse 的 Run→Debug，启动 GDB 调试（若弹出 Confirm Perspective Switch 对话框，单击 Yes 按钮确认即可）进入程序调试界面，程序会停在 main 函数，等待调试控制操作，如图 10.69 所示。

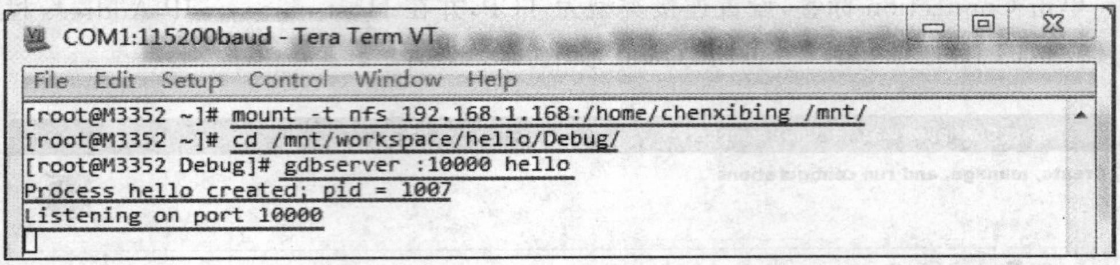

图 10.68 gdbserver 启动示例

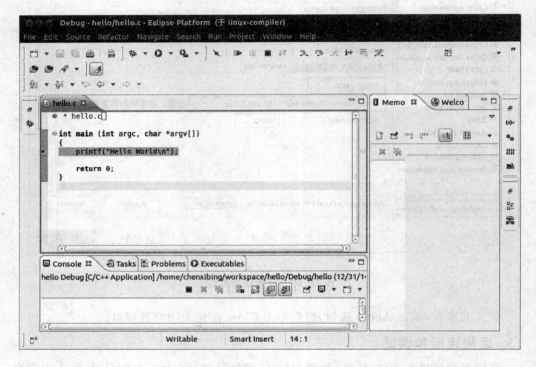

图 10.69 远程 GDB 连接成功（主机）

远程 GDB 连接成功后，目标板一端会出现"Remote debugging from host 192.168.1.168"这样的提示信息，如图 10.70 所示。

在 Eclipse 界面，选择 Run→Step Over，运行程序，可以看到目标板这边的程序执行结果，如图 10.71 所示。

至此，GDB 远程连接成功，并能正确进行调试控制，接下去的工作就是根据需要进行其他调试工作了，这里不再叙述。

进行 GDB 远程连接必须保证目标板和服务器能进行正常的网络通信，否则有可能出现如图 10.72 所示的连接错误提示。

调试完毕后，选择 Run→Terminate，可以终止 GDB 连接，同时目标板终端出现

第 10 章 Linux C 编程环境

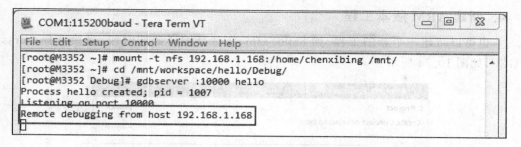

图 10.70　远程 GDB 连接成功(目标板)

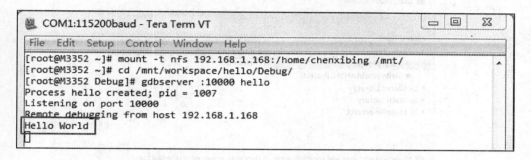

图 10.71　程序调试和输出

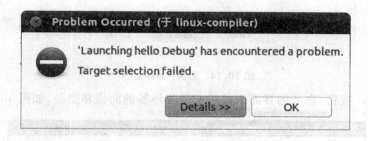

图 10.72　GDB 远程连接错误

"Killing inferior"的提示信息,并退回到 Shell 终端,如图 10.73 所示。

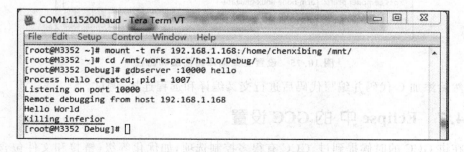

图 10.73　终止 GDB 远程调试

4. 新建 ARM 版本工程

也可以新建一个新的工程，如 hello_arm，在选择编译器的时候，直接选择 Corss GCC，如图 10.74 所示。

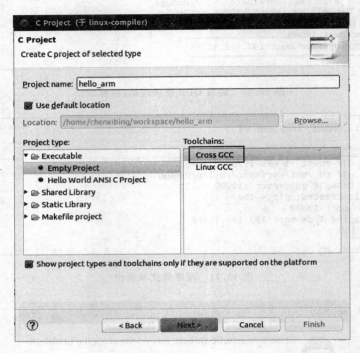

图 10.74 选择 Cross GCC

单击 Next 按钮，在新的界面中设置交叉编译器的前缀和路径，如图 10.75 所示。

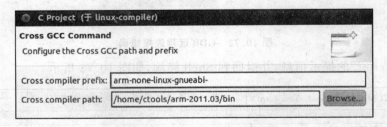

图 10.75 设置交叉编译器前缀和路径

然后添加 C 代码并编写代码后进行交叉编译和远程连接、调试。

10.4.7 Eclipse 中的 GCC 设置

在讲 GCC 的时候提到过，GCC 有很多控制选项，如优化等级、链接和文件包含等。在 Eclipse 的工程中，通常不建议修改 Makefile 文件，而应该在界面进行设置。

在 Eclipse 界面，选中工程，选择 Project→Properties 菜单项，单击 C/C++ Build 的

Settings,将得到 GCC 设置界面,包括编译器、链接器和汇编器等设置,如图 10.76 所示。

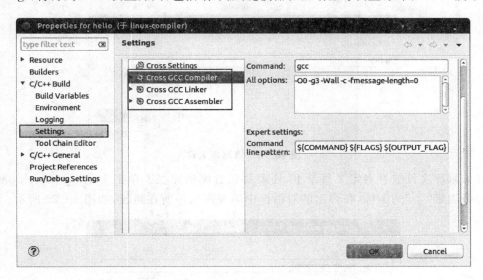

图 10.76　GCC 设置界面

1．增加库链接

在 GCC 设置界面找到 Cross GCC Linker 的 Libaries,得到如图 10.77 所示的库添加界面。

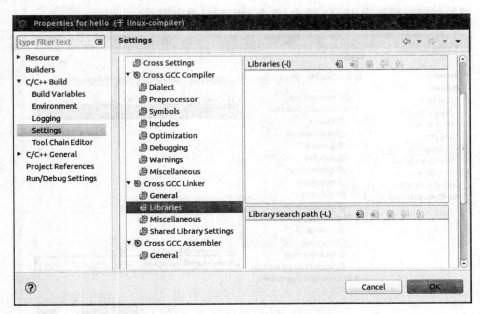

图 10.77　库连接添加界面

单击 Libraries(-l)旁边带"＋"的图标,在弹出的对话框中填写库文件名称。仍然以 libFOO.so 的库文件为例,在库名中填写 FOO 即可,如图 10.78 所示。

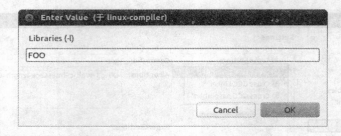

图 10.78　填写库名称

如果库文件放在自定义目录下,还需要包含库的路径。单击 Library search path (-L) 旁边带"＋"的图标,在弹出的对话框中填写库文件所在路径,如图 10.79 所示。

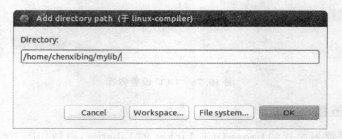

图 10.79　填写库文件路径

填写好的界面如图 10.80 所示,单击 OK 按钮确定即可。

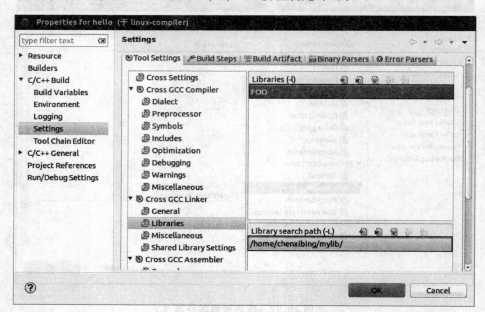

图 10.80　增加了自定义库和路径

2. 增加文件包含

如果要包含额外的文件和路径,可单击 Cross GCC Compiler 的 Inclues,按照与前面类似的方法进行添加。

10.4.8 导入已有的工程文件

在 Eclipse 主界面,选择 File→Import 菜单项,可以导入已经建立好的 Eclipse 工程。在 Import 的 Select 界面,选择 General 的 Existing Projects into Workspace,如图 10.81 所示。

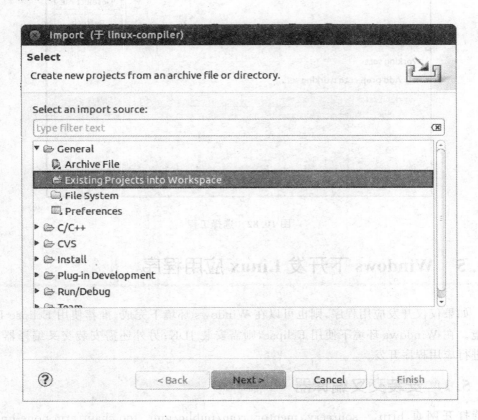

图 10.81 选择 General 的 Existing Projects into Workspace

单击 Next 按钮,在如图 10.82 所示的 Import Projects 界面,单击 Browse 按钮,浏览到工程所在目录,然后单击 Finish 按钮完成导入。

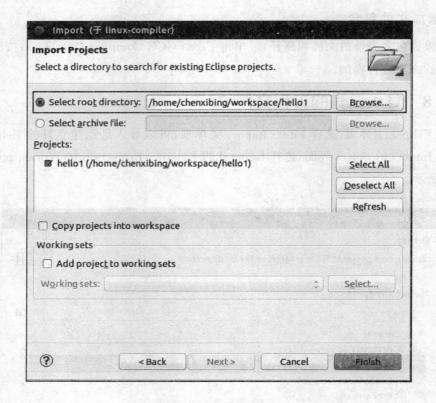

图 10.82 选择工程

10.5 Windows 下开发 Linux 应用程序

如果仅仅开发应用程序,则也可以在 Windows 环境下完成,推荐使用 Eclipse IDE 环境。在 Windows 环境下使用 Eclipse,则需安装 JDK;另外还需安装交叉编译器,才能进行应用程序开发。

10.5.1 安装交叉编译器

打开网页 http://sourcery.mentor.com/public/gnu_toolchain/arm-none-linux-gnueabi/,下载 arm-2011.03-41-arm-none-linux-gnueabi.exe。

双击下载得到的安装文件,启动安装程序,在如图 10.83 所示的 Sourcery G++ Lite 欢迎界面上单击 Next 按钮。

在如图 10.84 所示的 License Agreement 界面上需选择接受协议,方可继续安装。

单击 Next 按钮进入如图 10.85 所示的 Sourcery G++Lite 信息阅读界面,该界面列出了 Sourcery G++Lite 所包含的组件。

单击 Next 按钮,在如图 10.86 所示界面上选择安装类型为典型(Typical)。

第 10 章　Linux C 编程环境

单击 Next 按钮进入安装路径设置界面,可根据需要设置,默认安装在 C:\盘上,如图 10.87 所示。

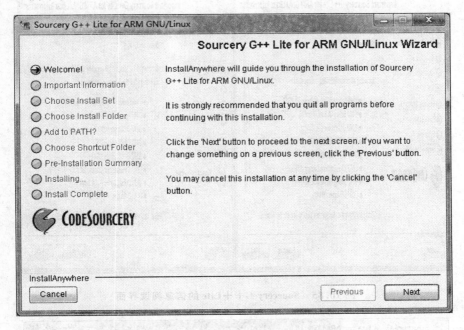

图 10.83　Sourcery G++ Lite 欢迎界面

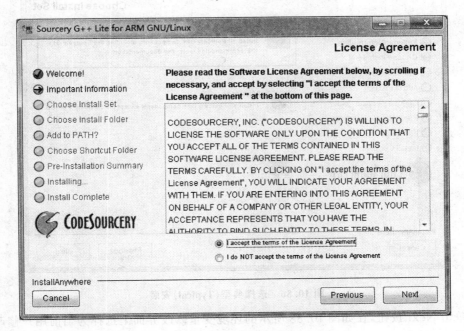

图 10.84　选择接受协议

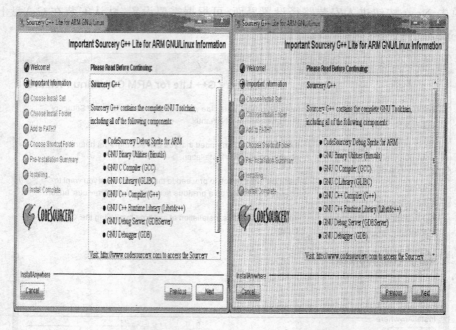

图 10.85 Sourcery G++Lite 的信息阅读界面

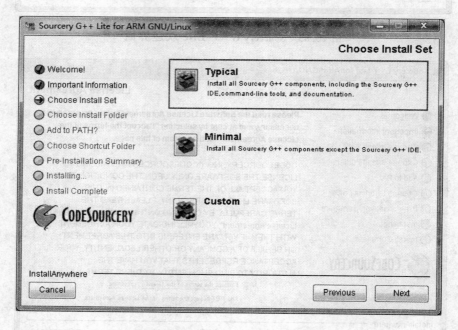

图 10.86 选择典型(Typical)安装

单击 Next 按钮,在如图 10.88 所示的环境变量修改界面上选择为当前用户修改环境变量。

第 10 章　Linux C 编程环境

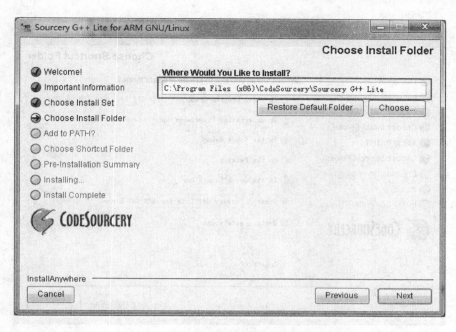

图 10.87　设置安装路径

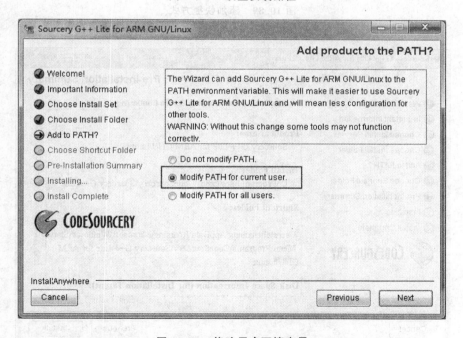

图 10.88　修改用户环境变量

单击 Next 按钮，选择添加快捷方式，使用默认即可，如图 10.89 所示。
单击 Next 按钮，出现如图 10.90 所示的安装前信息概览。
确认无误后，单击 Install 按钮开始安装，图 10.91 为安装过程图。

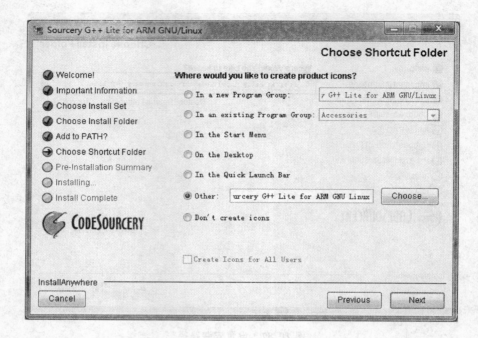

图 10.89 添加快捷方式

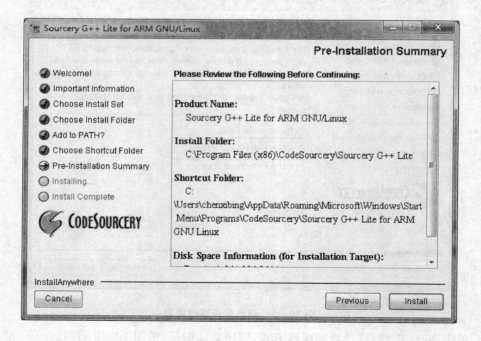

图 10.90 安装前信息概览

第 10 章 Linux C 编程环境

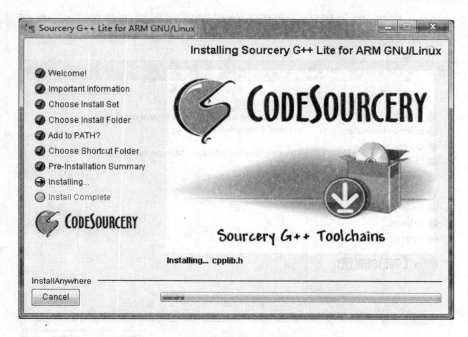

图 10.91 安装过程

大约几分钟后安装完成,出现如图 10.92 所示的界面,如果选中"View "Getting Started" guide?"将会打开用户指南文档。

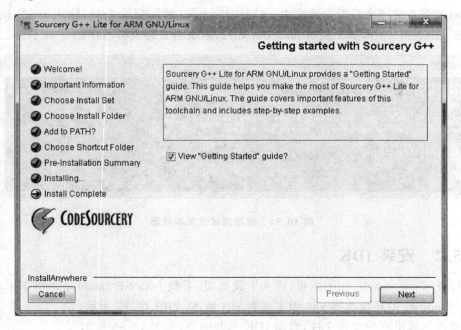

图 10.92 View "Getting Started" guide

单击 Next 按钮，在如图 10.93 所示的安装完成界面上单击 Done 按钮，完成安装。

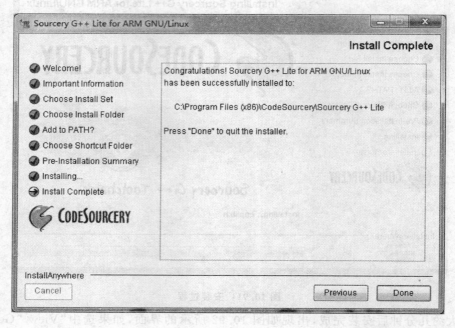

图 10.93　安装完成

测试交叉编译器是否安装成功。打开 Windows 的 cmd 命令行，输入 arm-none-linux-gnueabi-gcc，如果提示 no input files，则说明安装成功，如图 10.94 所示。

图 10.94　简单测试交叉编译器

10.5.2　安装 JDK

打开 www.oracle.com 主页，进入下载页面，下载 Java SE Development Kit，根据实际 Windows 的环境选择 x86 版本或者 x64 版本，如图 10.95 所示。

双击下载得到的安装文件，启动 JDK 安装向导，如图 10.96 所示。

单击"下一步"按钮，在如图 10.97 所示的定制安装界面上单击下拉按钮，选中安装

第 10 章　Linux C 编程环境

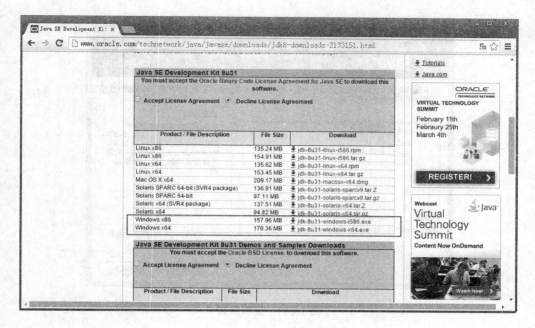

图 10.95　JDK 下载页面

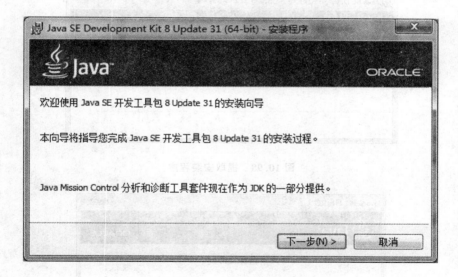

图 10.96　JDK 安装向导

全部软件。

　　设置完毕后单击"下一步"按钮，开始提取安装程序，如图 10.98 所示。

　　几分钟后，安装程序提取完成，在如图 10.99 所示界面上选中安装文件夹，默认为 C:\盘。

　　单击"下一步"按钮开始安装，JAVA 安装过程如图 10.100 所示。

图 10.97 定制安装

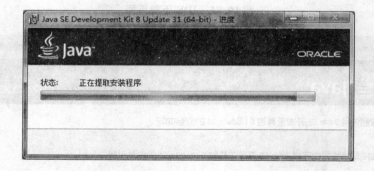

图 10.98 提取安装程序

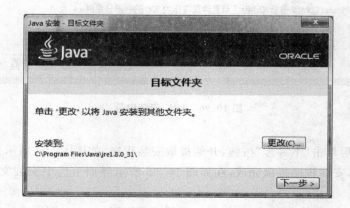

图 10.99 选择安装文件夹

第 10 章　Linux C 编程环境

图 10.100　安装 JAVA

几分钟后，JAVA 安装完成，单击如图 10.101 所示界面的"关闭"按钮即可。

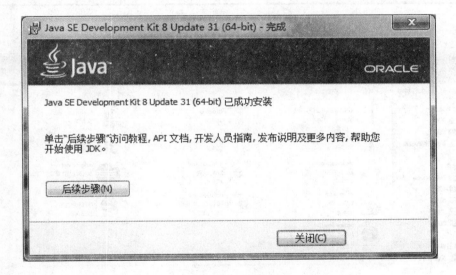

图 10.101　安装完成

10.5.3　安装用于 C/C++ Developers 的 Eclipse IDE

打开 www.eclipse.org/downloads，在下载页面选择 Windows 版本的 Eclipse，如图 10.102 所示，根据实际环境选择 32 Bit 或者 64 Bit 版本。

下载完毕得到压缩包，将压缩包解压即完成安装。由于 Eclipse 版本更新，实际得到的文件名可能会有所不同，本文以 eclipse-cpp-luna-SR1a-win32.zip（适用于 32 位系统）和 eclipse-cpp-luna-SR1a-win32-x86_64.zip（适用于 64 位系统）为例。

解压后得到 eclipse 文件夹，如图 10.103 所示，双击其中的 eclipse.exe 即可启动

Eclipse 集成环境。

图 10.102 Eclipse 下载页面

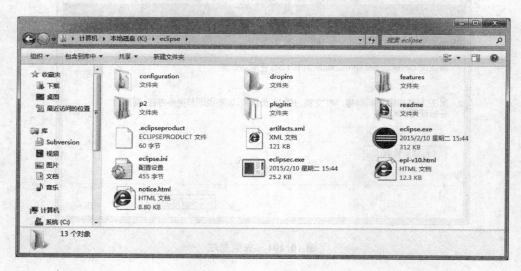

图 10.103 eclipse 文件夹

10.5.4 启动 Eclipse

双击 eclipse.exe 启动 Eclipse。第一次启动会要求设置 workspace，如图 10.104 所示，如果不希望每次都出现该提示框，则可选中界面中的复选框。

单击 OK 按钮，进入 Eclipse 的欢迎界面，如图 10.105 所示。

关闭欢迎界面，进入如图 10.106 所示的用于 C/C++ 的 Eclipse IDE 主界面。

第 10 章 Linux C 编程环境

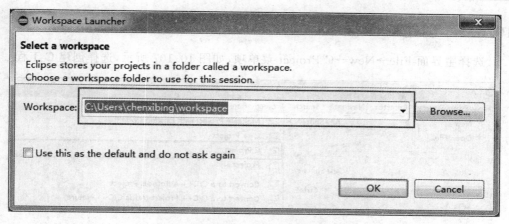

图 10.104 设置 workspace

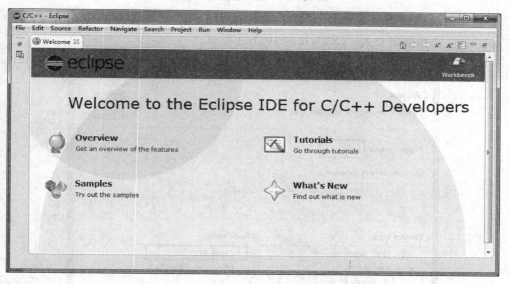

图 10.105 Eclipse 欢迎界面

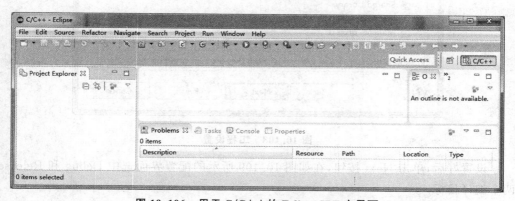

图 10.106 用于 C/C++ 的 Eclipse IDE 主界面

10.5.5 创建 C 工程

选择主界面 File→New→C Project 菜单项,如图 10.107 所示,选择创建 C 工程。

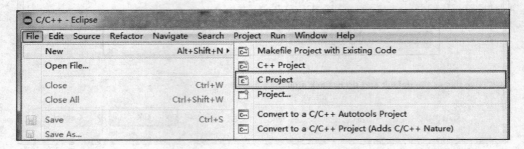

图 10.107 选择创建 C 工程

在弹出的工程创建界面上设置工程名称为 hello,工程类型为 Empty Project,Toolchains 选择使用 Cross GCC,如图 10.108 所示。

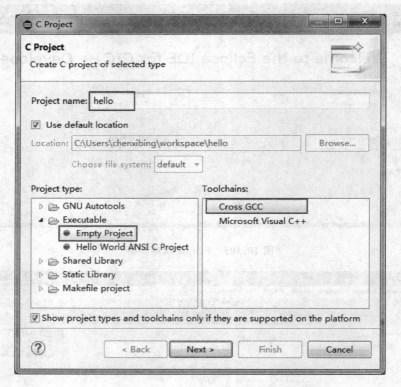

图 10.108 工程设置

设置好后,单击 Next 按钮,在如图 10.109 所示的配置界面选中 Debug 和 Release 两个编译目标。

继续单击 Next 按钮,设置交叉编译工具的前缀和路径。对于 arm–none–linux–

第10章　Linux C 编程环境

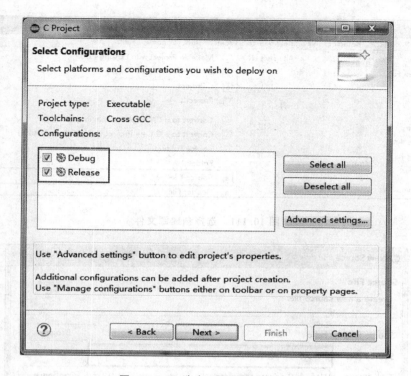

图 10.109　选中 Debug 和 Release

gnueabi-gcc，则填写的前缀为 arm-none-linux-gnueabi-，如图 10.110 所示，路径信息根据实际情况而定。

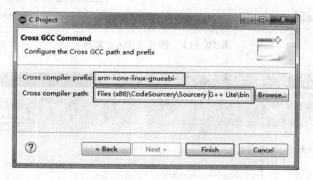

图 10.110　设置交叉编译工具

然后单击 Finish 按钮完成工程创建，得到一个空工程。接下来添加一个 C 程序文件到该工程中，并编写 C 代码。

选择 File→New→Source File 菜单项创建源文件，如图 10.111 所示。

在 New Source File 界面上，设置文件名为 hello.c，使用默认 C 模板，如图 10.112 所示。

单击 Finish 按钮得到添加了 hello.c 文件的工程，如图 10.113 所示。

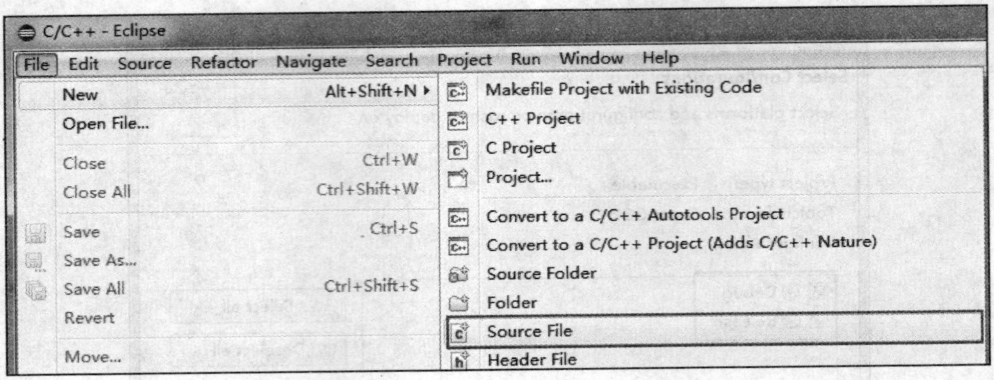

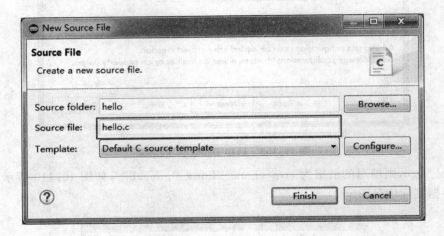

图 10.111 选择创建源文件

图 10.112 创建 hello.c 文件

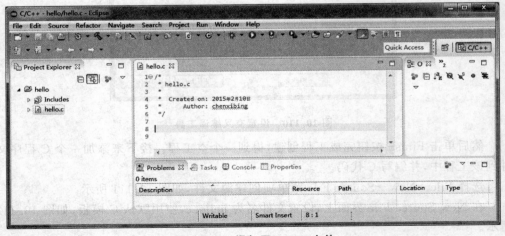

图 10.113 添加了 hello.c 文件

在 hello.c 中添加如下代码并保存：

```c
#include <stdio.h>
int main (int argc, char *argv[])
{
    printf("hello world\n");
    return 0;
}
```

添加了 C 代码的工程如图 10.114 所示。

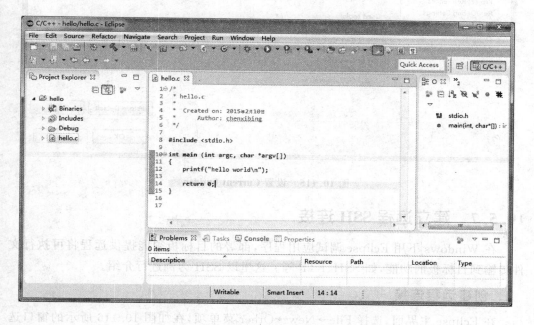

图 10.114　添加了 C 代码的工程

10.5.6　交叉编译工程

完成代码编写，如果直接编译会出错，则还需进行设置。选择 Project→Properties，打开工程属性设置窗口，单击 C/C++ Build 栏的 Tool Chain Editor，将 Current builder 设置为 CDT Internal Builder，如图 10.115 所示，单击 Apply 按钮保存，最后单击 OK 按钮。选择 Project→Builder Project 菜单项，编译工程。

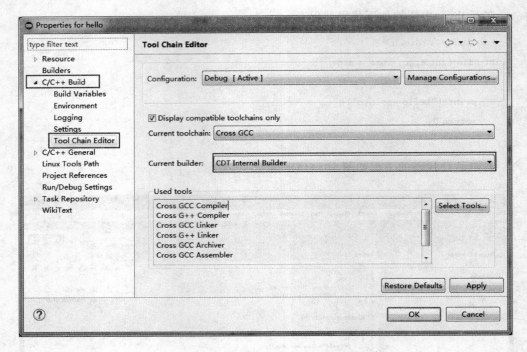

图 10.115 设置 Current builder

10.5.7 建立远程 SSH 连接

在 Windows 下用 Eclipse 调试应用程序,部署的目标板须能提供远程将可执行文件传输到目标板的功能,如 SSH、FTP 等。这里以 SSH 为例进行介绍。

1. 创建远程连接

在 Eclipse 主界面,选择 File→New→Other 菜单项,在如图 10.116 所示的窗口选择建立 Remote System Explorer,选择 Connection 后单击 Next 按钮。

在图 10.117 所示的界面中,选择 SSH Only,选择建立 SSH 连接。

出现如图 10.118 所示的 SSH 连接设置界面,在 Host name 栏填写目标板的 IP 地址,如 192.168.1.137,在 Connection name 栏会自动填写为目标板 IP 地址,也可以修改。单击 Finish 按钮完成设置。

完成建立后,依然是 C/C++ 程序界面视图。选择 Window→Open Perspective→Other 菜单项,在如图 10.119 所示的界面中选择 Remote System Explorer,然后单击 OK 按钮。

第 10 章 Linux C 编程环境

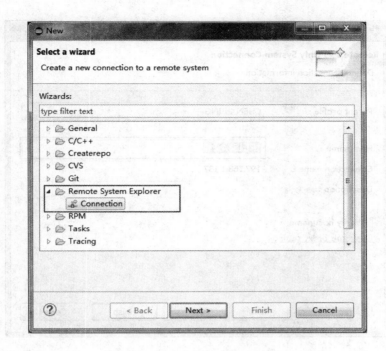

图 10.116 建立 Remote System Explorer

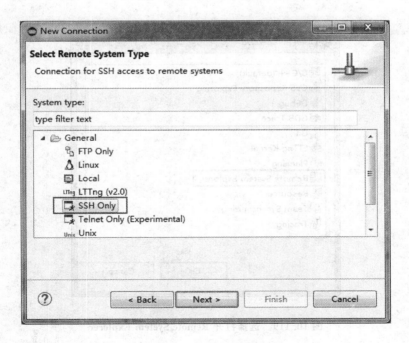

图 10.117 建立 SSH 连接

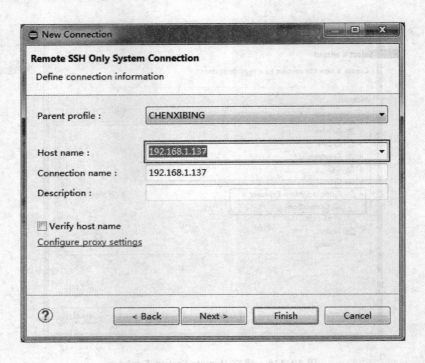

图 10.118　SSH 连接设置

图 10.119　选择打开 Remote Syetem Explorer

第10章 Linux C 编程环境

Eclipse 将会切换到远程系统视图,如图 10.120 所示,可以看到连接名称为 192.168.1.137 的远程系统。

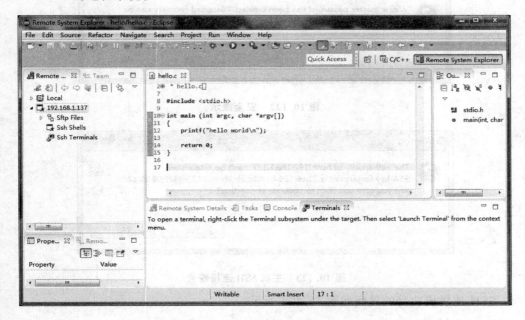

图 10.120 远程系统视图

右击连接名称,选择 Connect,出现 SSH 连接登录设置界面,在其中填写登录名和密码,如图 10.121 所示。为了方便以后连接,可选择保存密码。

图 10.121 SSH 登录名和密码

选择保存密码可能会出现如图 10.122 所示的安全提示,单击 No 按钮不填写额外信息。

如果 Eclipse 是第一次进行 SSH 连接,则可能会出现如图 10.123 所示的警告,单击 Yes 按钮并进行操作即可。

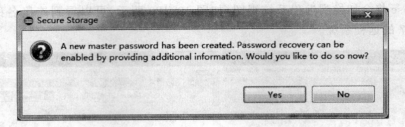

图 10.122 安全提示

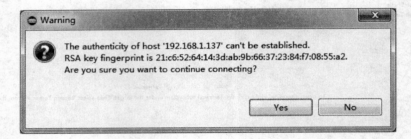

图 10.123 主机 SSH 连接警告

SSH 连接成功后的界面如图 10.124 所示。

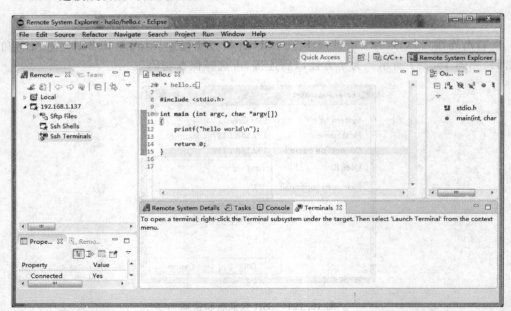

图 10.124 SSH 连接成功

右击连接的 Ssh Terminals，选择 Launch Terminal，如图 10.125 所示，选择打开一个远程终端。

在 Eclipse 界面右下方将出现一个远程终端，在其中可以输入 Linux 命令进行操

第10章 Linux C 编程环境

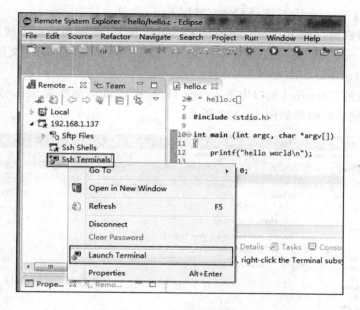

图 10.125 Launch Terminal

作,如图 10.126 所示。

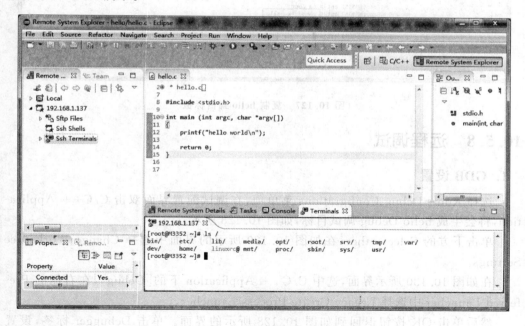

图 10.126 打开的 Terminal

2. 复制文件到目标板

单击右上角监视窗口的 C/C++ 标签,切换到 C/C++ 视图,右击 hello 工程 Binaries 下的 hello – [arm/le], 选择 Copy, 复制 hello 文件。

再单击监视窗口的 Remote System Explorer 标签, 切换到远程系统视图, 单击展开/root, 找到 opt 文件夹, 在右键菜单中选择 Paste, 将已复制的 hello 文件粘贴到目标系统的/opt 目录下。

在右下角的 Terminal 窗口中进入/opt 目录, 用 chmod 命令为 hello 文件增加可执行权限, 操作完成的结果如图 10.127 所示。

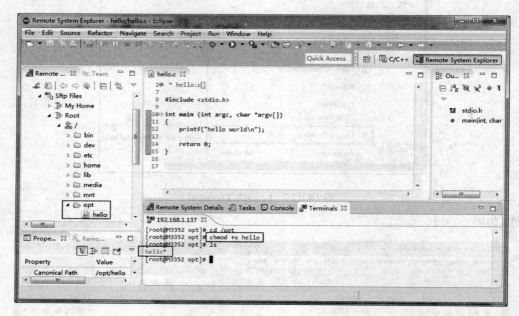

图 10.127　复制 hello 到目标板

10.5.8　远程调试

1. GDB 设置

选择 Run→Debug Configrations 菜单项, 在调试配置界面双击 C/C++ Application, 将会生成 hello Debug 调试目标, 如图 10.128 所示。

单击下方的 Select other, 在如图 10.129 所示的界面中选择 Change Workspace Settings。

在如图 10.130 所示界面, 选中 C/C++ Application 下的[Debug], 在右侧的 Preferred Launcher 中选择 Legacy Create Process Launcher。

然后单击 OK 按钮退回到如图 10.128 所示的界面。单击 Debugger 标签, 设置 Debugger 为 gdbserver, 并在 GDB Debugger 中浏览到交叉编译器目录下的 arm-none-linux-gnueabi-gdb.exe, 并设置 GDB command set 为 Standard, 如图 10.131 所示。

单击 Debugger Options 的 Connection 标签, 设置连接类型为 TCP, 在 Host name or IP address 栏中填写目标板的 IP 地址, 在 Port number 栏中设置 TCP 连接端口号,

第10章 Linux C 编程环境

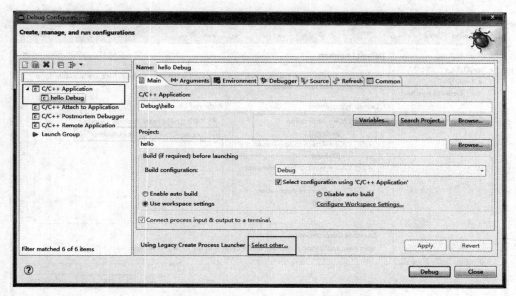

图 10.128 生成 hello Debug 调试目标

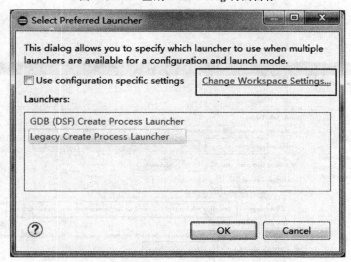

图 10.129 选择 Change Workspace Settings

如图 10.132 所示。

设置完毕后单击 Apply 按钮,设置即生效,然后单击 Close 按钮关闭窗口。

2. GDB 连接和调试

在 Eclipse 主界面上,单击监视窗口的 Remote System Explorer 切换到远程系统视图,在终端中输入下列命令启动 gdbser ver：

```
# cd /opt
# gdbserver :10000 hello
```

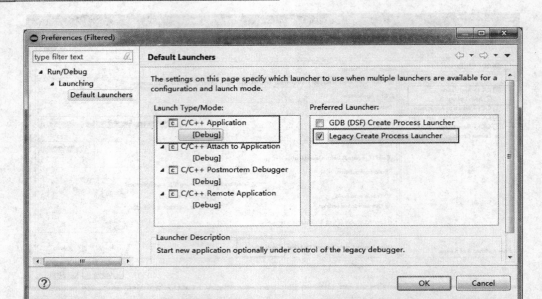

图 10.130　选择 Legacy Create Process Launcher

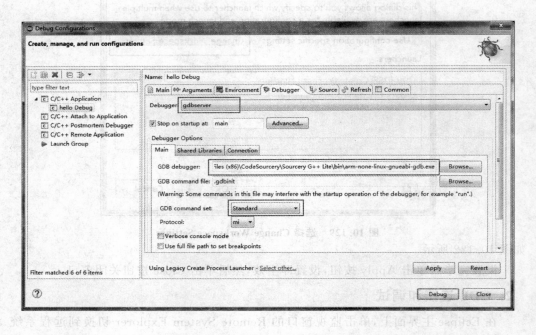

图 10.131　Debugger 设置

注意 TCP 连接端口必须与 Eclipse 所设定的一致。实际操作截图如图 10.133 所示。

图 10.132　Debugger 连接设置

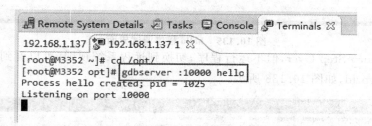

图 10.133　在 Terminal 中输入命令

选择 Run→Debug 菜单项开始 GDB 远程连接，出现如图 10.134 所示窗口，单击 Yes 按钮即可。

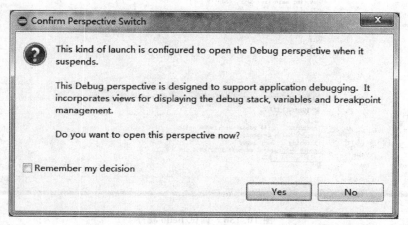

图 10.134　Debug 确认

最终进入如图 10.135 所示的调试界面。

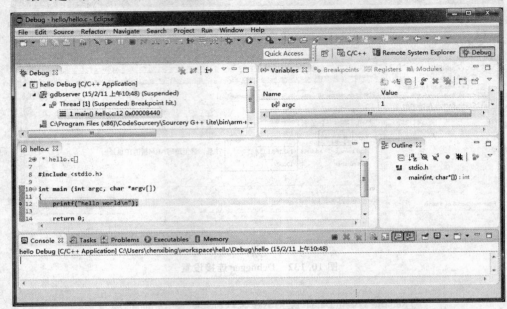

图 10.135　hello 程序调试界面

选择 Run→Step Over,但不运行程序,切换到远程系统视图,可以看到终端输出字符串 hello world,如图 10.136 所示。

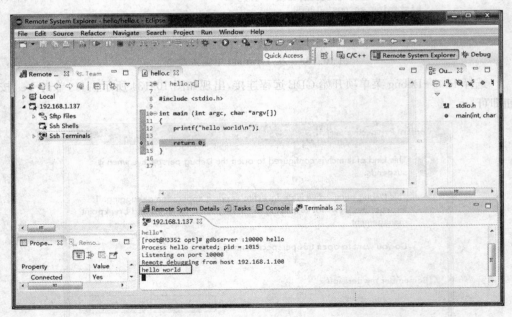

图 10.136　调试 hello 程序

调试完毕,选择 Run→Terminate 菜单项,停止调试。

第 11 章

Linux 文件 I/O

本章导读

Linux 下的输入/输出(I/O),设计成"一切皆文件",把各种各样的输入/输出(I/O)当成文件来操作,统一用文件 I/O 函数的形式提供给应用程序调用。

这一章讲述 Linux 下文件 I/O 的基本操作,从讲述文件打开、关闭开始,到文件基本的读写操作,最后讲了文件的 lseek 和 ioctl 操作,并都提供了操作范例。

本章内容是后续编程的基础,须熟练掌握。

11.1 Linux 文件 I/O 概述

Linux 把大部分系统资源当作文件呈现给用户,用户只需按照文件 I/O 的方式就能完成数据的输入/输出。Linux 文件按其代表的具体对象,可分类为:
- 普通文件,即一般意义上的文件、磁盘文件;
- 设备文件,代表的是系统中一个具体的设备;
- 管道文件、FIFO 文件,一种特殊文件,常用于进程间通信;
- 套接字(socket)文件,主要用在网络通信方面。

文件 I/O 的常用操作方法有"打开"、"关闭"、"读"和"写"等。只要是文件,都可以用这套方法操作。系统提供了文件 I/O 的应用程序接口(Application Interface,API),以函数的形式提供给应用程序调用。打开文件对应的函数是 open(),读文件对应的函数是 read(),写文件对应的函数是 write(),关闭文件对应的函数是 close(),这些文件 I/O 的常用函数将在 11.3 节详细介绍。

Linux 系统提供的文件 I/O 接口函数是以最基本的系统服务形式提供的,又称其为基本 I/O 函数。这些函数有个共同的特点,它们都通过文件描述符(file descriptor)来完成对指定文件的 I/O 操作。

11.2 文件描述符

文件描述符fd(file descriptor)是进程中代表某个文件的整数,有的文献资料中又称它为文件句柄(file handle)。

文件描述符的作用,类似于生活中排队取的号牌,业务员(进程)通过叫号(引用文件描述符)就能找到办事的人(打开的文件)。

有效的文件描述符取值范围从0开始,直到系统定义的某个界限值。这些指定范围的整数,实际上是进程文件描述符表的索引。文件描述符表是进程用来保存它所打开的文件信息的、由操作系统维护的一个登记表,用户程序不能直接访问该表。文件描述符的取值范围反映了文件描述符表的大小,表示这个进程最多可以同时打开多少个文件。在大多数Linux系统中,可通过命令ulimit -n查询到这个数值的大小,如图11.1。

图 11.1 ulimit-n 查询最大打开文件数

对于内核而言,进程所打开的文件都由文件描述符引用。当进程打开一个现存文件或创建一个新文件时,内核返回一个文件描述符给进程。当读、写一个文件时,先调用open()或creat()函数取得文件描述符fd,然后将fd作为参数传送给read()或write()等文件操作函数。

通常情况下,文件描述符0、1、2在进程启动时已被占用,代表进程在启动过程中打开的文件。通常文件描述符0、1、2在桌面系统与嵌入式系统上代表的文件如表11.1所示。

表 11.1 描述符 0、1、2 对应的文件

文件描述符	含 义	桌面/服务器 Linux	嵌入式 Linux
0	标准输入(stdin)	键盘	串口终端
1	标准输出(stdout)	终端屏幕	串口终端
2	标准错误(stderr)	终端屏幕	串口终端

11.3 常用文件 I/O 操作和函数

在C语言下进行文件I/O编程,一般要包含程序清单11.1所列的头文件,这些头文件定义了文件I/O用到的数据类型、函数原型及其他要用到的符号常量。假定后面

第 11 章　Linux 文件 I/O

与代码相关的内容已经包含了这些头文件,将不再在文中重复列举出来。

程序清单 11.1　文件 I/O 常用头文件

```
# include <sys/types.h>        /* 定义数据类型,如 ssize_t,off_t 等 */
# include <fcntl.h>
                               /* 定义 open,creat 等函数原型,创建文件权限的符号常量 S_IRUSR 等 */
# include <unistd.h>           /* 定义 read,write,close,lseek 等函数原型 */
# include <errno.h>            /* 与全局变量 errno 相关的定义 */
# include <sys/ioctl.h>        /* 定义 ioctl 函数原型 */
```

11.3.1　open

进行文件 I/O 操作时,要先打开对应的文件,可调用 open()函数,它返回的文件描述符 fd 代表打开的文件,后续操作通过引用该文件描述符 fd 来表示对这个文件的操作。open()函数原型在<fcntl.h>文件中定义:

```
int open(const char * pathname, int flags, ... /* mode_t mode */);
```

在程序代码中,一般像程序清单 11.2 那样调用 open()来打开文件。

程序清单 11.2　打开文件

```
1   # include <sys/types.h>      /* 定义数据类型,如 ssize_t,off_t 等 */
2   # include <fcntl.h>
                                 /* 定义 open,creat 等函数原型,创建文件权限的符号常量 S_IRUSR 等 */
3   # include <unistd.h>         /* 定义 read,write,close,lseek 等函数原型 */
4   # include <errno.h>          /* 与全局变量 errno 相关的定义 */
5   int main(int argc, char * argv[])
6   {
7     char sz_filename[] = "hello.txt";           /* 要打开的文件 */
8     int fd = -1;
9     fd = open(sz_filename, O_WRONLY | O_CREAT,  /* 以只写、创建标志打开文件 */
10     S_IRUSR | S_IWUSR | S_IRGRP | S_IWGRP | S_IROTH);   /* 权限模式 mode = 0x664 */
11    if(fd < 0){                                 /* 出错处理 */
12    …
```

操作成功,返回值为文件描述符 fd,否则返回-1,同时设置全局变量 errno 报告具体错误的原因。参数 flags 决定着打开的文件可以进行什么样的操作,多个标志可用运算符"|"合并在一起。如代码第 5 行的 O_WRONLY|O_CREAT 就是"只写"和"创建文件"两个标志合在一起;第 6 行是多个权限合在一起,这些权限合在一起后的数值等于 0x664,可直接用 0x664 代替。open()函数各参数的含义详见表 11.2。

表 11.2 open( )参数

参数	打开文件标志	含义
pathname	—	C 字符串形式的文件名
flags	O_RDONLY	以只读方式打开文件,与 O_WRONLY 和 O_RDWR 互斥
	O_WRONLY	以只写方式打开文件,与 O_RDONLY 和 O_RDWR 互斥
	O_RDWR	以可读写方式打开文件,与 O_WRONLY 和 O_RDONLY 互斥
	O_CREAT	如果要打开的文件不存在,则创建该文件
	O_EXCL	该标志与 O_CREAT 共同使用时,会去检查文件是否存在,若文件不存在则创建该文件,否则将导致打开文件失败。此外,打开文件链接时,使用该标志将导致失败
	O_NOCTTY	如果要打开的文件为终端设备则不把终端设备当成进行控制终端
	O_TRUNC	若文件存在且以可写方式打开,此标志会清除文件内容,并将其长度置为 0
	O_APPEND	读写文件都从文件的尾部开始,所写入的数据会以附加的方式加入到文件末尾
	O_NONBLOCK	以不可阻塞方式打开文件,也就是不管有无数据需要读写或者等待,都会立即返回
	O_NDELAY	以不可阻塞方式打开文件,也就是不管有无数据需要读写或者等待,都会立即返回(已过时,由 O_NONBLOCK 替代)
	O_SYNC	以同步方式打开文件
	O_NOFOLLOW	如果文件名所指向的文件本身为符号链接,则会导致打开文件失败
	O_DIRECTORY	如果文件名所指向的文件本身并非目录,则会导致打开文件失败
mode	—	创建文件的权限模式,可以使用八进制数来表示新文件的权限,也可采用<fcntl.h>中定义的符号常量,如表 11.3 所示。当打开已有文件时,将忽略这个参数

只有创建新文件时,open( )的最后一个参数 mode 才会起作用,否则将忽略它,mode 参数可用的符号常量见表 11.3。

表 11.3 创建文件的权限模式

符号常量	值	含义	符号常量	值	含义
S_IRWXU	0x700	所属用户读、写和执行权限	S_IRWXG	0x070	组用户读、写和执行权限
S_IRUSR	0x400	所属用户读权限	S_IRGRP	0x040	组用户读权限
S_IWUSR	0x200	所属用户写权限	S_IWGRP	0x020	组用户写权限
S_IXUSR	0x100	所属用户执行权限	S_IXGRP	0x010	组用户执行权限
S_IRWXO	0x007	其他用户读、写和执行权限	S_IWOTH	0x002	其他用户写权限
S_IROTH	0x004	其他用户读权限	S_IXOTH	0x001	其他用户执行权限

当open()的参数flags设置了O_CREAT标志时，可以创建一个新文件，也可用另外一个函数creat()创建新文件，creat()函数原型在<fcntl.h>文件中定义：

```
int creat(const char * pathname, mode_t mode);
```

creat()的参数pathname和mode的含义与open()的同名参数含义相同，某些条件下调用creat()的效果与open()是相同的，如程序清单11.3和程序清单11.4，其效果是一样的。open()或者creat()都能创建新文件，它们对待已有文件的细节不同，在编程时需要注意：

- creat()创建文件时，如果文件已存在，则会把已存在的文件内容清空、长度截为0，然后返回对应的文件描述符；如果文件不存在，则直接创建，然后返回创建文件的描述符；
- 当open()的参数flags设置了O_CREAT时，如果文件已存在，则直接打开并返回文件描述符；如果文件不存在，则创建新文件，然后返回对应的文件描述符。

程序清单11.3　creat()创建新文件

```
int main(int argc, char * argv[])
{
    char sz_filename[] = "hello.txt";
    int fd ;
    fd = creat(sz_filename, 0x664);      /* mode = 0x664 */
    ...
}
```

程序清单11.4　open()等效于creat()的用法

```
int main(int argc, char * argv[])
{
    char sz_filename[] = "hello.txt";
    int fd ;
    fd = open(sz_filename, O_CREAT | O_WRONLY | O_TRUNC, 0x664);
    ...
}
```

11.3.2　close

文件I/O操作完成后，应该调用close()来关闭已经打开的文件，释放打开文件时所占用的系统资源。close()函数原型在<unistd.h>文件中定义：

```
int close(int fd);
```

如果文件顺利关闭，则返回0，否则返回−1，同时设置全局变量errno报告具体错误的原因。参数 fd 是打开文件时由 open()或 creat()函数返回的文件描述符。如程序清单 11.5 所示,在程序退出之前,调用 close()关闭文件。

程序清单 11.5　open( )和 close( )代码片断

```
int main(int argc, char * argv[])
{
    char sz_filename[] = "hello.txt";
    int fd, mode = 0x664;
    fd = open(sz_filename, O_WRONLY , mode);
    ...
    close(fd);
    return 0;
}
```

当一个文件被打开多次时,比如被多个进程同时打开,或在同一个进程中被打开多次,则每打开一次,该文件内部的引用计数就增加 1;对该文件每调用一次 close(),则文件引用计数减 1,直到计数值减到 0 时,内核才关闭该文件。当进程终止时,内核会回收进程资源,也按上述规则关闭进程打开的全部文件。

11.3.3　read

从打开的文件中读取数据,可调用 read()函数实现。read()函数原型在＜unistd.h＞中定义:

　　ssize_t **read**(int fd, void * buf, size_t count);

操作成功,返回实际读取的字节数;如果已到达文件结尾,就返回 0,否则返回 −1 表示出错,同时设置全局变量 errno 报告具体错误的原因。

实际读取的字节数可以小于请求的字节数 count,比如下面两种情况:

- 文件长度小于请求的长度,即还没达到请求的字节数时,就已到达文件结尾。如果文件是 50 字节长,而 read 请求读 100 字节(count=100),则首次调用 read 时,它返回 50,紧接着的下次调用,它返回 0,表示已到达文件结尾。
- 读设备文件时,有些设备每次返回的数据长度小于请求的字节数,如终端设备一般按行返回,即每读到一行数据,就返回。

参数 fd 是调用 open()或者 creat()时返回的文件描述符,buf 是用来接收所读数据的缓冲区,count 是请求读取的字节数。

ssize_t 和 size_t 是系统头文件中定义的数据类型,ssize_t 表示 signed int,size_t 表示 unsigned int,两者均是与 CPU 位数有关的整型值,在 32 位系统中,表示 32 位整型值 int,在 64 位系统中,表示 64 位整型值 long int。它们的定义等效于:

```
/* 在 32 位系统中 */
typedef int ssize_t;                    /* 32 位有符号整型值 */
```

```
typedef unsigned int size_t;       /* 32位无符号整型值 */
/* 在64位系统中 */
typedef long int ssize_t;          /* 64位有符号整型值 */
typedef unsigned long int size_t;  /* 64位无符号整型值 */
```

调用 read() 读取文件数据的代码片断,先调用 open() 函数,以只读方式打开文件,取得文件描述符 fd,后面的 read() 函数通过 fd 参数引用 open() 打开的文件,如程序清单 11.6 所示。

程序清单 11.6   read() 读取文件数据

```
int main(int argc, char * argv[])
{
    char sz_str[] = "Hello, welcome to linux world!";
    char sz_filename[] = "hello.txt";
    int fd = -1;
    int res = 0;
    ...
    fd = open(sz_filename, O_RDONLY);    /* 以只读方式打开文件 */
    ...
    res = read(fd, buf, sizeof(buf));    /* 读文件 */
    ...
}
```

11.3.4　write

把数据写入文件,可调用 write() 函数来实现,write() 的函数原型在 <unistd.h> 中定义:

```
ssize_t write(int fd, const void * buf, size_t count);
```

若操作成功,则返回实际写入的字节数,出错则返回 -1,同时设置全局变量 errno 报告具体错误的原因,比如 errno=ENOSPC 表示磁盘空间已满。

参数 fd 是所打开文件的描述符,buf 是数据缓冲区,存放着准备写入文件的数据,count 是请求写入的字节数。实际写入的字节数可以小于请求写的字节数。写数据到文件的代码片段如程序清单 11.7 所示。

程序清单 11.7   write() 写数据到文件

```
int main(int argc, char * argv[])
{
    char sz_str[] = "Hello, welcome to linux world!";
    char sz_filename[] = "hello.txt";
    int fd = -1;
    int res = 0;
    char buf[128] = {0};
```

```
…
fd = open(sz_filename, O_WRONLY); /* 以只写方式打开文件 */
…
res = write(fd, sz_str, sizeof(sz_str)); /* 写文件 */
…
}
```

11.3.5 fsync

write()函数一旦返回,表明所写的数据已提交到系统内部缓存了,但此时数据并不一定已经被写入了磁盘等持久存储设备中。要确保已修改过的数据全部写入持久存储设备中,正确的做法是调用 fsync 函数进行文件数据同步,强制把已修改过的文件数据写入持久存储设备中。

嵌入式系统通常采用闪存(Flash Memory)作系统盘,write()返回后也应该用 fsync()及时把修改过的文件数据写入闪存中。如果不调用 fsync(),在 write()返回后马上就复位或重新上电,则所作的修改就可能没有被更新,从而造成文件数据丢失。

fsync()函数的功能是进行文件数据同步,强制把已修改过的文件数据存入持久存储设备中。其原型在<unistd.h>中定义如下:

int **fsync**(int fd);

fsync()针对打开的文件,参数 fd 是已打开文件的描述符,fsync()调用直到文件已修改过的数据全部写入磁盘后才返回。操作成功返回 0,否则返回-1,同时设置全局变量 errno 报告具体错误的原因。

另外一个函数 sync()的功能与 fsync()类似,也是进行数据同步,但它是针对整个系统的。sync()直到系统中修改过的缓存数据都写入磁盘才返回。操作成功返回 0,否则返回-1。当系统修改过的缓存数据量很大,或者有程序正在往磁盘写数据时,sync()要很久才能返回。

进行文件 I/O 操作时,建议使用 fsync(),尽量不用 sync()。

11.3.6 文件操作范例

这里把前面介绍的文件 I/O 操作综合起来,成为一个完整的文件操作范例。在这个范例中,先以可写方式打开当前目录下的 hello.txt 文件,如果该文件不存在,则创建文件,再往文件中写入一个字符串"Hello, welcome to linux world!",把操作结果输出到终端后关闭文件。接着再次以只读模式打开该文件,读取刚才写入的数据,并把结果输出到终端,最后关闭该文件。

创建 file_wr 目录,打开文本编辑器,输入如程序清单 11.8 所示的代码,命名为 file_wr.c,并保存到 file_wr 目录。

程序清单 11.8　文件读写操作范例

```
1    #include <stdio.h>
```

```c
2      #include <unistd.h>
3      #include <fcntl.h>
4      #include <errno.h>
5
6      int main(int argc, char * argv[])
7      {
8          char sz_str[] = "Hello, welcome to linux world!";
9          char sz_filename[] = "hello.txt";
10         int fd = -1;
11         int res = 0;
12         char buf[128] = {0};
13
14         fd = open(sz_filename, O_WRONLY | O_CREAT,           /* 以只写、创建打开文件 */
15                 S_IRUSR | S_IWUSR | S_IRGRP | S_IWGRP | S_IROTH);
                                                               /* 权限模式 mode = 0x664 */
16         if(fd < 0){
17             printf("open file \"%s\" failed, errno = %d.\n",
18                 sz_filename, errno);
19             return -1;
20         }
21
22         res = write(fd, sz_str, sizeof(sz_str));              /* 写文件 */
23         printf("write %d bytes to \"%s\".\n", res, sz_filename);
24         fsync(fd);                                            /* 同步文件 */
25         close(fd);                                            /* 关闭文件 */
26
27         fd = open(sz_filename, O_RDONLY);                     /* 从只读方式打开文件 */
28         if(fd < 0){
29             printf("open file \"%s\" failed, errno = %d.\n",
30                 sz_filename, errno);
31             return -1;
32         }
33
34         res = read(fd, buf, sizeof(buf));                     /* 读文件 */
35         buf[res] = '\0';
36         printf("read %d bytes from file \"%s\", data = \"%s\"\n",
37             res, sz_filename, buf);
38         close(fd);
39
40         return 0;
```

```
41        }
```

给file_wr.c制作一个Makefile,用make命令来编译。回顾一下10.2节关于Makefile的内容,把那里介绍的Makefile范例复制到file_wr目录,修改Makefile文件前3个变量并保存,改好后的Makefile如程序清单11.9所示。

程序清单11.9　Makefile for file_wr

```
# Makefile for file_wr

EXE = file_wr
OBJ = file_wr.o
SRC = file_wr.c

CC = gcc

CFLAGS = -g
LDFLAGS =

EXE:$(OBJ)
    $(CC) $(LDFLAGS) -o $(EXE) $^

OBJ:$(SRC)
    $(CC) $(CFLAGS) -o $(OBJ) -c $^

.PHONY:clean
clean:
    -$(RM) $(OBJ) $(EXE)
```

进入file_wr目录,输入make命令,完成编译,运行程序,结果如图11.2所示。

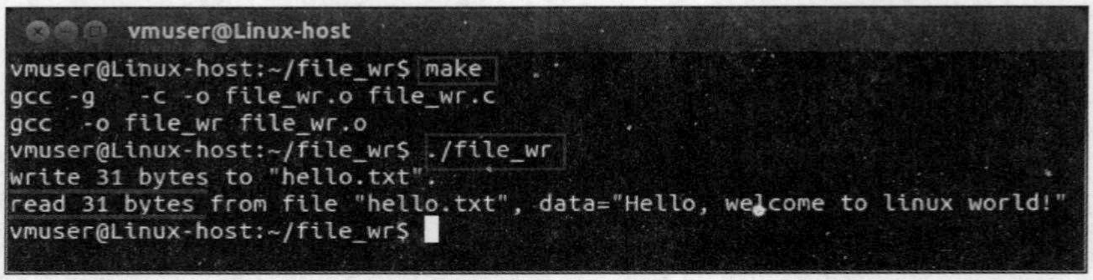

图11.2　编译、运行file_wr的结果

11.3.7　lseek

按数据读写的方式,Linux文件可分为顺序读写文件和随机读写文件。普通磁盘文件一般都能随机读写,这类文件可通过lseek()函数改变文件读写位置。而顺序读写文件只能从头到尾,按顺序进行读写,如管道(pipe)文件、套接字(socket)文件或

FIFO,都是按顺序读写的,不支持 lseek 操作,不像普通磁盘文件那样可以随机读写。设备文件是否支持 lseek 操作则不确定,与具体的设备有关。

1. lseek( )函数

lseek()函数不会读写任何文件数据,仅仅只是改变文件读写的起始位置,后续的读或写操作将从 lseek()设置的新位置开始。lseek()函数原型在＜unistd.h＞中定义如下:

```
off_t lseek(int fd, off_t offset, int whence);
```

操作成功,lseek()返回新的读写位置;否则返回－1 表示操作不成功,同时设置全局变量 errno 报告具体错误的原因。

返回值的数据类型 off_t 就是 long int,对于 32 位系统是 32 位有符号整数,对于 64 位系统是 64 位有符号整数。

lseek()返回的读写位置是从文件开头算起的偏移字节数,这个偏移量为非负数,可以是 0,如程序清单 11.10 所示,当返回－1 时还要检查 errno 报告的错误原因。

程序清单 11.10 判断 lseek 操作结果的方法

```
...
int new_offset;
new_offset = lseek(fd, offset, SEEK_CUR);
if(new_offset == -1){/* 应检查返回值是不是-1 */
...
```

lseek()的参数 fd 是打开文件的描述符,offset 是目标位置,其偏移的参照点由第三个参数 whence 决定,whence 的有效值是 SEEK_SET、SEEK_CUR、SEEK_END,含义如下:

- SEEK_SET 设置新的读写位置为从文件开头算起,偏移 offset 字节。
- SEEK_CUR 设置新的读写位置为从当前所在的位置算起,偏移 offset 字节,正值表示往文件尾部偏移,负值表示往文件头部偏移。
- SEEK_END 设置新的读写位置为从文件结尾算起,偏移 offset 字节,正值表示往文件尾部偏移,负值表示往文件头部偏移。

前面已讲过,按顺序读写的文件不支持 lseek 操作,对这类文件调用 lseek(),将返回－1,且 errno＝ESPIPE。设备文件是否支持 lseek 操作则不确定。

可用下面方法测试一个文件是否支持 lseek 操作,如果返回－1,则说明该文件不支持 lseek 操作:

```
new_offset = lseek(fd, 0, SEEK_CUR);
```

2. lseek( )范例

下面是一个 lseek()应用范例,所读写的文件是运行 file_wr 范例创建的 hello.txt 文件。在这个例子中,通过 lseek()设置读写位置,首先从文件开始的地方读 6 字节,接着用 lseek() 从当前位置(偏移 5)移动到偏移 18 的文件地方,读取从偏移 18 到文件结尾之间的数据,再用 lseek() 把读写位置移动到从结尾开始往文件开头方向第 7 字节处(反偏移-7),调用 read() 读取反偏移-7 到文件结尾之间的数据。文件数据偏移信息如图 11.3 所示。

字节数	1	2	3	4	5	6	7	8	9	10	11	12	13	14	15	16	17	18	19	20	21	22	23	24	25	26	27	28	29	30	31
文件数据	H	e	l	l	o	,		w	e	l	c	o	m	e		t	o		l	i	n	u	x		w	o	r	l	d	!	\0
正偏移	0	1	2			5	7											18						24						30	
反偏移	-31	-30																							-7				-3	-2	-1

图 11.3 hello.txt 数据偏移信息

创建 file_lseek 目录,并进入该目录,与 11.3.6 创建 file_wr 代码过程类似,打开文本编辑器,输入如程序清单 11.11 所示的代码,命名为 file_lseek.c,并保存到 file_lseek 目录。

程序清单 11.11 lseek 移动文件读写位置

```
1    #include <stdio.h>
2    #include <unistd.h>
3    #include <fcntl.h>
4    #include <errno.h>
5
6    int main(int argc, char * argv[])
7    {
8        int fd = -1;
9        int res, cur, new_cur, offset = 0;
10       char sz_filename[] = "hello.txt";
11       char buf[128] = {0};
12
13       fd = open(sz_filename, O_RDONLY);           /* 以只读方式打开文件 */
14       if(fd < 0)
15       {
16           printf("open file failed, errno = %d.\n", errno);
17           return -1;
18       }
19
20       res = read(fd, buf, 6);/* 文件刚打开时,读写位置在开头,从开头起读 6 字节 */
21       buf[res] = '\0';
22       printf("read %d bytes from file \"%s\","
23              " offset = %d, data = \"%s\"\n",
24              res, sz_filename, offset, buf);
25
26       cur = lseek(fd, 0, SEEK_CUR);               /* 获取当前读写位置 */
```

第 11 章 Linux 文件 I/O

```
27          offset = 18 - cur;                        /* 要移动到偏移18字节的位置读数据 */
28          new_cur = lseek(fd, offset, SEEK_CUR);    /* 从当前位置6,移到18 */
29          if(new_cur == -1)                         /* 检查操作是否成功 */
30              printf("lseek failed, errno = %d.\n", errno);
31          else
32              printf("SEEK_CUR: current = %d, offset = %d, new_cur = %d.\n",
33                     cur, offset, new_cur);
34          res = read(fd, buf, sizeof(buf));
                                                      /* 请求字节数大于文件长度,将读到文件结尾 */
35          buf[res] = '\0';
36          printf("read %d bytes from file \"%s\","
37                 " offset = %d, data = \"%s\"\n",
38                 res, sz_filename, new_cur, buf);
39
40          cur = lseek(fd, 0, SEEK_END);             /* 这个方法可以得到文件长度 */
41          offset = -7;                              /* 从结尾往开头,所以是负数 */
42          new_cur = lseek(fd, offset, SEEK_END);    /* 移动到反偏移7字节处 */
43          if(new_cur == -1)
44              printf("lseek failed, errno = %d.\n", errno);
45          else
46              printf("SEEK_END: current = %d, offset = %d, new_cur = %d.\n",
47                     cur, offset, new_cur);
48          res = read(fd, buf, sizeof(buf));
49          buf[res] = '\0';
50          printf("read %d bytes from file \"%s\","
51                 " offset = %d, data = \"%s\"\n",
52                 res, sz_filename, new_cur, buf);
53          close(fd);                                /* 关闭文件 */
54          return 0;
55      }
```

从 file_wr 目录下复制 Makefile 和 hello.txt 两个文件到 file_lseek 目录,把复制的 Makefile 前面几行的 file_wr 改成 file_lseek 并保存:

```
# Makefile for file_lseek

EXE = file_lseek
OBJ = file_lseek.o
SRC = file_lseek.c
```

然后在终端下输入 make 命令编译。运行生成的 file_lseek,结果如图 11.4 所示。

这个结果符合前面对代码的分析,但它正确吗? 不妨用系统中的 hexdump 工具验证一下。输入命令 hexdump-C hello.txt,结果如图 11.5 所示。

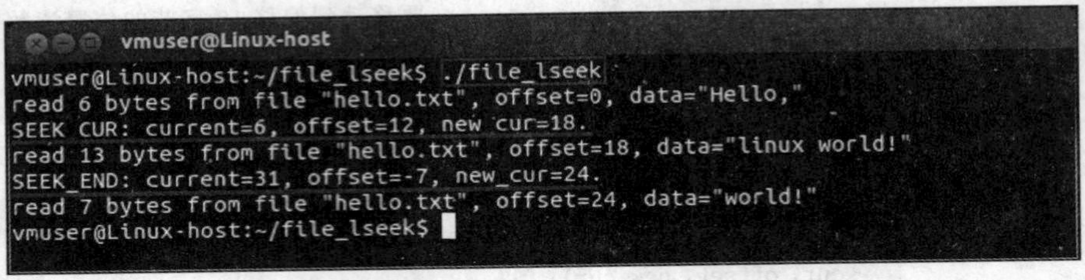

图 11.4 file_lseek 运行结果

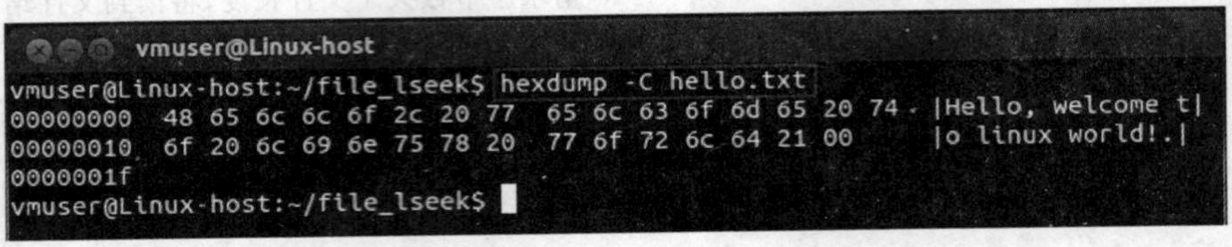

图 11.5 hexdump 运行结果

hexdump-C hello.txt 表示以"偏移地址 十六进制值 ASCII 字符"三列的形式显示 hello.txt 的内容,最左侧的偏移地址是十六进制值,十六进制的 10 等于十进制的 16。因为偏移地址是从 0 算起的,故地址等于 10 的字符,是文件第 17 字节数据 o,字符 o 的 ASCII 码十六进制值是 6f。

通过对比输出,可知图 11.4 所示的运行结果与 hexdump 的结果对应得上,说明是正确的,而且用 hexdump 还看到了文件最后 1 字节数据是十六进制值 00,正是 C 语言的字符串结束符\0。

11.3.8 ioctl

文件 I/O 操作还有很多不好归到 read()/write() 的,只好放到 ioctl 这个函数中。很多设备文件也通过 ioctl() 函数提供设备特有的操作,比如修改设备寄存器的值。ioctl() 是文件 I/O 的杂项函数,其函数原型在＜sys/ioctl.h＞中定义:

int **ioctl**(int fd, int cmd, …);

一般情况下,操作成功,返回 0,失败则返回－1,并由 errno 报告具体错误原因。但有的设备文件可能会返回一个正值表示输出参数,其含义取决于具体的设备文件。

参数 *fd* 是打开文件的描述符,参数 cmd 是文件的操作命令,这个参数的取值还决定后面参数的含义,"…"表示从参数是可选的、类型不确定的。

ioctl() 的 cmd 操作命令是文件专有的,不同的文件,cmd 往往是不同的,没有共用性。比如嵌入式系统中的设备文件,蜂鸣器(BUZZER)和模数转换(ADC)它们所支持的 ioctl() 操作命令就不同。

11.4 I/O 操作和蜂鸣器

这一节以操作 EasyARM-i.MX283 开发板的蜂鸣器为例来介绍 ioctl() 的用法。开发板的蜂鸣器是个设备文件,它实现了 ioctl() 函数的 cmd 命令,cmd=0 对应鸣叫,cmd=1 对应静音。在示例中,首先以可读写方式打开蜂鸣器,接着调用 ioctl() 给它发命令,经过一定的延时,再发另一个命令,使蜂鸣器有规律地在鸣叫和静音之间来回的切换,听起来就是"嘀……嘀嘀嘀"的鸣叫声。

创建 file_ioctl 目录及相对应的 file_ioctl.c 和 Makefile 文件。注意这里的 Makefile 文件里面"CC="对应的那一行,要改成开发板系统对应的交叉编译器,关于交叉编译器的设置,请参考前面 6.2"安装交叉编译器"一节的内容。这两个文件的内容如程序清单 11.12 和程序清单 11.13 所示。

程序清单 11.12 ioctl() 操作蜂鸣器

```
1    # include <stdio.h>
2    # include <unistd.h>
3    # include <fcntl.h>
4    # include <errno.h>
5    # include <sys/ioctl.h>
6
7    /*
8     通过交替发送不同的 cmd 到蜂鸣器设备,并控制适当
9     的延时时间,会听到有规律的鸣叫声,嘀……嘀嘀嘀
10    */
11   int main(int argc, char * argv[])
12   {
13       int fd = -1;                              /* 文件描述符 */
14       char sz_dev[] = "/dev/imx283_beep";       /* 蜂鸣器设备文件名 */
15       int cmd = 0;                              /* 蜂鸣器操作命令码,0—鸣叫,1—静音 */
16
17       fd = open(sz_dev, O_RDWR);  /* 以可读写方式打开,忽略最后一个参数 mode */
18       if(fd == -1)                              /* 打开文件失败时的错误处理 */
19       {
20           printf("open device file \"%s\" failed, err = %d\n", sz_dev, errno);
21           return errno;
22       }
23
24       cmd = 0;                                  /* 发鸣叫命令 */
```

```
25              ioctl(fd, cmd);
26              usleep(400 * 1000);                    /* 延时 400 ms  */
27
28              for( cmd = 1; cmd < 8; cmd ++ ){        /* 循环发送 7 次命令 */
29                  ioctl(fd, 0x01 & cmd);
30                  usleep(200 * 1000);                /* 延时 200 ms  */
31              }
32
33              close(fd);                              /* 关闭设备 */
34              return 0;
35          }
```

"嘀……嘀嘀嘀"对应的操作命令序列是"0—1—0—1—0—1—0—1",共有 8 个命令,代码的 25 行发了第 1 个命令,28 行使用了一个 for 循环,控制后面重复发送的 7 个命令。在程序中遇到重复的操作,通常都会使用循环语句控制重复次数。

程序清单 11.13　Makefile for file_ioctl

```
# Makefile file_ioctl
EXE = file_ioctl
OBJ = file_ioctl.o
SRC = file_ioctl.c

CC = arm - none - linux - gnueabi - gcc
CFLAGS = -g
LDFLAGS =

EXE: $(OBJ)
    $(CC) $(LDFLAGS) -o $(EXE) $^

OBJ: $(SRC)
    $(CC) $(CFLAGS) -o $(OBJ) -c $^

.PHONY:clean
clean:
    -$(RM) $(OBJ) $(EXE)
```

设置好交叉编译环境,然后输入 make 命令进行交叉编译,生成的 file_ioctl 文件要在开发板上运行,先把需要下载到板子上的文件放到 NFS 共享目录中。

运行这个示例代码之前,需要加载蜂鸣器驱动模块 beep.ko,在开发板对应的光盘中提供了这个文件,把它也复制到 NFS 共享目录。

然后启动目标板,挂载 NFS 目录。关于挂载 NFS 目录的操作,请参考前面 8.16.1 小节的内容。挂载成功后,进入 file_ioctl 目录,先用 insmod 命令加载 beep.ko 驱动,再运行 file_ioctl 程序，在开发板上操作的结果如图 11.6 所示。

```
root@EasyARM-iMX283 ~# mount -t nfs 192.168.223.26:/var/nfsroot nfs/ -o nolock
root@EasyARM-iMX283 ~# ls nfs/
backup      file_ioctl
root@EasyARM-iMX283 ~# cd nfs/file_ioctl/
root@EasyARM-iMX283 ~/nfs/file_ioctl# ls
Makefile     beep.ko         file_ioctl    file_ioctl.c   file_ioctl.o
root@EasyARM-iMX283 ~/nfs/file_ioctl# insmod beep.ko
[ 2000.690000] imx283 beep up.
root@EasyARM-iMX283 ~/nfs/file_ioctl# ./file_ioctl
root@EasyARM-iMX283 ~/nfs/file_ioctl#
```

图 11.6　file_ioctl 运行结果

第 12 章

进程与进程间通信

本章导读

进程在现代操作系统环境占据着重要的地位,本章先从进程环境入手介绍进程的基础知识,接着介绍进程的基本操作、信号和进程间通信的常用方法。

12.1 进程环境

12.1.1 程序与进程

程序(program)是一个普通文件,是为了完成特定任务而准备好的指令序列与数据的集合,这些指令和数据以"可执行映像"的格式保存在磁盘中。例如,hello.c 源程序文件经过编译后产生 a.out 程序,其中 a.out 文件为可执行映像格式,Linux 的/bin、/sbin、/usr/bin、/usr/sbin 目录下保存着诸多的程序文件。

进程(process)是一个已经开始执行但还没终止的程序实例。Linux 系统下使用 ps 命令可以查看到当前正在执行的进程。每个进程包含有进程运行环境、内存地址空间、进程 ID 和至少一个被称为线程的执行控制流等资源。同一个程序可以实例化为多个进程实体。操作系统中所有进程实体共享着计算机系统的 CPU、外设等资源。

1. 程序如何变成进程

程序是个静态的文件,进程是一个动态的实体,进程的状态会在运行过程中改变,那么程序是如何变为一个进程的呢?

通常在 Shell 中输入命令运行就包含了程序到进程转换的过程。整个转换过程主要包含以下 3 个步骤:

(1) 查找命令对应程序文件的位置;
(2) 使用 fork()函数创建一个新进程;
(3) 在新进程中调用 exec 族函数装载程序文件,并执行程序文件的 main()函数。

2. 进程状态

Linux是一个多用户多任务的操作系统，可以同时运行多个用户的多个程序，就必然会产生多进程，而每个进程会有不同的状态。Linux的进程有以下6种状态：

- D：不可中断深度睡眠状态，处于这种状态的进程不能响应异步信号。
- R：进程处于运行态或就绪态，只有在该状态的进程才可能在CPU上运行，而同一时刻可能有多个进程处于可执行状态；
- S：可中断睡眠状态，处于这个状态的进程因为等待某种事件的发生而被挂起。
- T：暂停状态或跟踪状态。
- X：退出状态，进程即将被销毁。
- Z：退出状态，进程成为僵尸进程。

进程在运行过程中，状态会发生变化，进程状态转换如图12.1所示。

可中断睡眠状态
运行态
终止
Z
退出状态，
僵尸进程
S
睡眠/条件等待
R
终止
唤醒
W
退出状态，
销毁
时间片到
调试
暂停
不可中断睡眠状态
I/O
D
唤醒
R
继续
T
暂停状态
就绪态

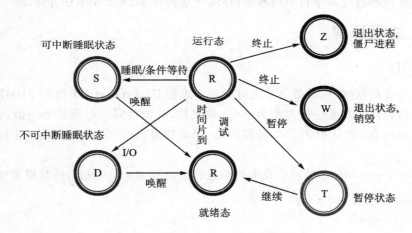

图12.1 进程状态转换图

Linux系统使用ps-aux命令时可观察到进程的当前状态，如图12.2所示，STAT列的第一个字符显示的是进程的状态，可以看到大部分进程处于S状态。

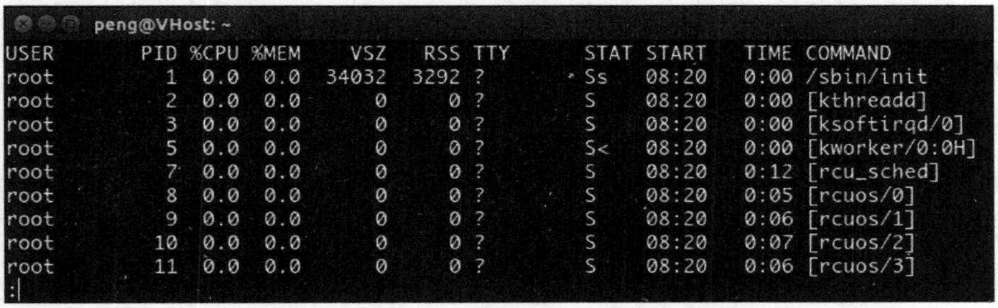

peng@VHost: ~
USER PID %CPU %MEM VSZ RSS TTY STAT START TIME COMMAND
root 1 0.0 0.0 34032 3292 ? Ss 08:20 0:00 /sbin/init
root 2 0.0 0.0 0 0 ? S 08:20 0:00 [kthreadd]
root 3 0.0 0.0 0 0 ? S 08:20 0:00 [ksoftirqd/0]
root 5 0.0 0.0 0 0 ? S< 08:20 0:00 [kworker/0:0H]
root 7 0.0 0.0 0 0 ? S 08:20 0:12 [rcu_sched]
root 8 0.0 0.0 0 0 ? S 08:20 0:05 [rcuos/0]
root 9 0.0 0.0 0 0 ? S 08:20 0:06 [rcuos/1]
root 10 0.0 0.0 0 0 ? S 08:20 0:07 [rcuos/2]
root 11 0.0 0.0 0 0 ? S 08:20 0:06 [rcuos/3]
:

图12.2 ps命令输出

3. main 函数

进程创建后通常需要调用 exec 族函数来装载程序可执行映像,并在完成装载后调用程序的 main() 函数。在 C 程序中,main() 函数通常是程序的执行起始点,有 3 种原型定义:

```
int main();                                          /* 原型 1 */
int main(int argc, char * argv[]);                   /* 原型 2 */
int main(int argc, char * argv[], char * env[]);     /* 原型 3 */
```

原型 1 和原型 2 是比较常见的定义,原型 3 提供了参数用来获取环境变量。

参数 argc 是命令行参数的数目,参数 argv 是指向参数的各个指针所构成的数组。argv[0]为程序的名称,后续的数组元素组成参数列表,argv[argc]值为 NULL;原型 3 的 env 参数指向环境变量字符串的数组,环境变量将在 12.1.2 小节中介绍。

12.1.2 进程环境

1. 进程 ID

每个进程在创建时,内核都会为之分配一个进程 ID(Process ID,简称 PID)用来标识当前的进程,进程 ID 是一个类型为 pid_t 的整数,并保持同一时刻是唯一值,它的最大值为 pid_max 值(默认为 32768,可修改)。当进程退出时,它的进程 ID 可回收循环使用。

Linux 系统 getpid() 函数可以获取当前进程的进程 ID。getpid() 函数原型如下:

```
# include <unistd.h>
pid_t getpid(void);
```

以下代码打印当前进程的 PID:

```
printf("current process pid = %d\n", getpid());
```

PID 是很多进程操作函数的调用参数,在进程管理中占据重要位置。Linux 下可以使用 ps 命令来查看系统各个进程的 PID,图 12.3 是 ps-ef 命令的输出结果。

从图中可看到进程/sbin/init 的 PID 为 1。

2. 父进程与子进程

进程创建时,创建进程为新进程的**父进程**,新进程是创建进程的**子进程**。在子进程中可以使用 getppid() 函数获取父进程的 PID,getppid() 函数原型如下:

```
# include <unistd.h>
pid_t getppid(void);
```

以下代码获取当前进程父进程的 PID:

```
printf("parent pid = %d\n", getppid());
```

```
peng@VHost: ~
UID        PID  PPID  C STIME TTY          TIME CMD
root         1     0  0 08:25 ?        00:00:00 /sbin/init
root         2     0  0 08:25 ?        00:00:00 [kthreadd]
root         3     2  0 08:25 ?        00:00:00 [ksoftirqd/0]
root         5     2  0 08:25 ?        00:00:00 [kworker/0:0H]
root         7     2  0 08:25 ?        00:00:03 [rcu_sched]
root         8     2  0 08:25 ?        00:00:01 [rcuos/0]
root         9     2  0 08:25 ?        00:00:01 [rcuos/1]
root        10     2  0 08:25 ?        00:00:02 [rcuos/2]
root        11     2  0 08:25 ?        00:00:01 [rcuos/3]
root        12     2  0 08:25 ?        00:00:00 [rcu_bh]
root        13     2  0 08:25 ?        00:00:00 [rcuob/0]
root        14     2  0 08:25 ?        00:00:00 [rcuob/1]
root        15     2  0 08:25 ?        00:00:00 [rcuob/2]
root        16     2  0 08:25 ?        00:00:00 [rcuob/3]
:
```

图 12.3　ps 命令查看进程 ID

Linux 使用父子关系将系统所有的进程组织为一棵树形结构，其中 init 进程为所有进程的根节点。图 12.4 所示是使用 pstree 命令以树形的方式展示进程关系的输出。

```
peng@VHost: ~
init-+-ModemManager---2*[{ModemManager}]
     |-NetworkManager-+-dnsmasq
     |                `-3*[{NetworkManager}]
     |-accounts-daemon---2*[{accounts-daemon}]
     |-acpid
     |-atop
     |-avahi-daemon---avahi-daemon
     |-bluetoothd
     |-colord---2*[{colord}]
     |-cron
     |-cups-browsed
     |-cupsd---dbus
     |-dbus-daemon
     |-6*[getty]
     |-gnome-keyring-d---5*[{gnome-keyring-d}]
     |-inetd
     |-irqbalance
     |-kerneloops
     |-lightdm-+-Xorg---4*[{Xorg}]
     |         |-lightdm-+-init-+-at-spi-bus-laun-+-dbus-daemon
     |         |         |      |                 `-3*[{at-spi-bus-laun}]
     |         |         |      |-at-spi2-registr---{at-spi2-registr}
     |         |         |      |-bamfdaemon---3*[{bamfdaemon}]
:
```

图 12.4　pstree 查看进程树

3. UID 和 GID

Linux 是一个多用户操作系统，每个用户至少有一个用户 ID(User ID，简称 UID)及用户组 ID(Group ID，简称 GID)。使用 id 命令可以列出用户的 id，图 12.5 列出了 root 的 UID 及 GID。

Linux 系统有严格的权限管理，每个用户有不同的权限，如 root 用户拥有访问所有

图 12.5 root 用户的 UID 及 GID

系统资源的权限。当执行一个程序时,该程序将获取当前用户的 UID 及 GID 作为进程的权限。

4. 环境变量

进程在运行过程中可以通过以下 3 种方式来获取运行环境的环境变量:
- 通过 main() 函数的第 3 个参数 env 获取;
- 通过 environ 全局变量获取;
- 通过 getenv() 函数获取。

(1) 通过 main() 函数的第 3 个参数 env 获取。

main() 的原型的第三个参数为环境变量字符串的指针数组,数组最后一个元素为 NULL。程序清单 12.1 通过 env 参数获取进程的所有环境变量。

程序清单 12.1 通过 env 参数获取环境变量

```c
#include <stdio.h>
int main(int argc, char * argv[], char * env[]) {
    int i = 0;
    while (env[i])
        puts(env[i++]);
    return 0;
}
```

(2) 通过 environ 全局变量获取。

在加载进程的时候,系统会为每一个进程复制一份系统环境变量副本,并保存在全局变量 environ 中。程序清单 12.2 所示代码是通过 environ 参数获取进程所有环境变量的范例。

程序清单 12.2 通过 environ 获取环境变量

```c
#include <stdio.h>
extern char ** environ;
int main(int argc, char *argv[]) {
    int i = 0;
    while (environ[i])
        puts(environ[i++]);
    return 0;
```

}
```

(3) 通过 getenv() 函数获取。

Linux 系统提供 getenv()、setenv() 等函数来操作环境变量，getenv() 函数的原型如下：

```
#include <stdlib.h>
char * getenv(const char * name);
```

参数 name 是要获取的环境变量名，返回值为该变量的值。以下代码可以获取环境变量 HOME 的值：

```
char * env;
env = getenv("HOME");
```

5. 标准 I/O

每个进程创建时系统都会打开 3 个文件：标准输入、标准输出和标准错误输出。这 3 个文件的描述符分别是 0、1、2。在 unistd.h 头文件中用如下宏来表示这 3 个文件描述符：

```
#include <unistd.h>
#define STDIN_FILENO 0
#define STDOUT_FILENO 1
#define STDERR_FILENO 2
```

在 glibc 中用 3 个 FILE 类型的指针来表示这 3 个文件，分别是 stdin、stdout、stderr，定义如下：

```
#include <stdio.h>
extern FILE * stdin;
extern FILE * stdout;
extern FILE * stderr;
```

12.2 进程基本操作

12.2.1 创建进程

Linux 系统使用 fork() 函数来创建一个新进程。fork() 函数的原型如下：

```
#include <unistd.h>
pid_t fork(void);
```

fork() 函数将运行着的进程分裂出另一个子进程，它通过拷贝父进程的方式创建子进程。子进程与父进程有相同的代码空间、文件描述符等资源，如图 12.6 所示。
```

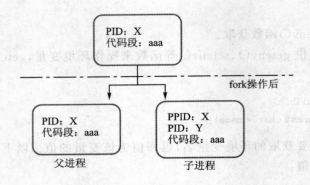

图 12.6 fork 创建进程

进程创建后，子进程与父进程开始并发执行，谁先执行由内核调度算法来决定。

如果 fork() 函数成功创建了进程，就会对父子进程各返回一次，其中对父进程返回子进程的 PID，对子进程返回 0；失败则返回小于 0 的错误码。

如程序清单 12.3 所示代码展示了 fork() 函数的用法，该程序在创建了一个进程后分别打印出父进程 ID 和子进程 ID。

程序清单 12.3　fork( )范例

```
#include <stdio.h>
#include <unistd.h>
#include <stdlib.h>

int main(int argc, char *argv[]) {
    pid_t pid;

    pid = fork();                                    /* 创建进程 */
    if (pid == 0) {                                  /* 对子进程返回 0 */
        printf("Here is child, my pid = %d, parent's pid = %d\n", getpid(), getppid());
                                                     /* 打印父子进程 PID */
        exit(0);
    } else if(pid > 0) {                             /* 对父进程返回子进程 PID */
        printf("Here is parent, my pid = %d, child's pid = %d\n", getpid(), pid);
    } else {                                         /* fork 出错 */
        perror("fork error\n");
    }
    return 0;
}
```

图 12.7 为程序清单 12.3 的运行结果。

第 12 章 进程与进程间通信

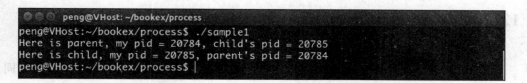

图 12.7 fork()函数执行结果

12.2.2 终止进程

进程终止可分为正常终止和异常终止两大类,其中常见的正常终止方式有:
- 从 main()函数 return 返回;
- 调用类 exit()函数。

常见的异常终止方式有:
- 调用 abort()函数;
- 接收到一个信号终止。

main()函数使用 return 指令返回时会自行调用类 exit()函数来终止进程。异常终止的 abort()函数是通过 SIGABRT 信号来实现的。

exit()函数的原型如下:

```
#include <stdlib.h>
void exit(int status);
```

参数 status 为进程的退出状态,与 main()函数中 return 的返回值有相同效果,即在程序中

```
exit(0);
```

等价于 main 函数中的

```
return 0;
```

通常在 Shell 中可以使用"$?"变量来获取上次运行程序的退出状态。图 12.8 所示为执行程序清单 12.3 的程序后,使用"echo $?"命令获取程序的退出状态,得到的值为 0,表示程序执行成功。

```
peng@VHost:~/bookex/process$ ./sample1
Here is parent, my pid = 11266, child's pid = 11267
Here is child, my pid = 11267, parent's pid = 11266
peng@VHost:~/bookex/process$ echo $?
0
peng@VHost:~/bookex/process$
```

图 12.8 打印程序退出状态

12.2.3 exec 族函数

exec 族函数用来替换调用进程的执行程序。

在 12.2.1 小节介绍 fork() 函数的时候提到,在创建进程后子进程与父进程有相同的代码空间;而实际应用中,子进程往往需要执行另一个程序。这种情况下,可以在子进程中调用 exec 族函数将此进程的执行程序完全替换为新程序,并从新进程的 main 函数开始执行。例如在子进程中执行/bin/ls 程序,流程示意如图 12.9 所示。

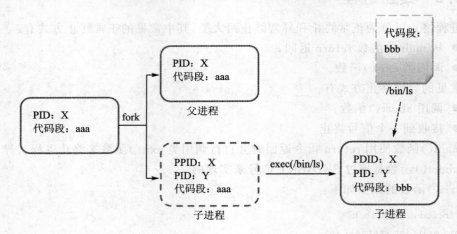

图 12.9 exec 执行示意图

调用 exec 族函数并不创建进程,因此前后进程的 ID 并不改变,exec 只是用一个全新的程序替换当前进程的执行程序。

exec 族函数有 6 个不同的 exec 函数,函数原型分别如下:

```
#include <unistd.h>
extern char **environ;
int execl(const char *path, const char *arg,…);
int execlp(const char *file, const char *arg,…);
int execle(const char *path, const char *arg,…, char *const envp[]);
int execv(const char *path, char *const argv[]);
int execvp(const char *file, char *const argv[]);
int execvpe(const char *file, char *const argv[],char *const envp[]);
```

以上函数是在 exec 后面加如 l、p、e、v 元素组合成的后缀形成的,这些函数只在参数列表上存在差别。

后缀 p:表示使用 file 作参数,如果 file 中包含"/",则视为路径名,否则在 PATH 环境变量所指定的各个目录中搜索可执行文件,如 execlp() 函数。无后缀 p 则使用路径名来指定可执行文件的位置,如 execl() 函数。

后缀 e:表示可以传递一个指向环境字符串指针数组的指针,环境数组需要以

NULL 结束,如 execvpe() 函数。而无此后缀的函数则调用进程中 environ 变量为新程序复制现有的环境,如 execv() 函数。

后缀 l: 表示使用 list 形式来传递新程序的参数,传给新程序的所有参数以可变参数的形式由 exec 给出,最后一个参数需要为 NULL 以表示结束,如 execl() 函数。

后缀 v: 表示使用 vector 形式来传递新程序的参数,传给新程序的所有参数放入一个字符串数组中,数组以 NULL 结束以表示结束,如 execv() 函数。

exec 族函数只有在出错的时候才会返回,如果成功,则该函数无返回,否则返回 -1。

下面通过一个范例讲述如何使用 exec 族函数为子进程装载新程序。

假如在 /home/peng/ 目录下有可执行程序 sample3,程序负责打印参数个数、参数列表和环境变量表,代码如程序清单 12.4 所示。

程序清单 12.4 子程序执行程序

```c
#include <unistd.h>
#include <stdlib.h>
#include <stdio.h>

extern char **environ;                      /* 全局环境变量 */
int main(int argc, char *argv[]) {
    int i;
    printf("argc = %d\n", argc);             /* 打印参数个数 */
    printf("args :");
    for (i = 0 ; i < argc; i++)
        printf(" %s ", argv[i]);             /* 打印参数表 */
    printf("\n");

    i = 0;
    while(environ[i])
        puts(environ[i++]);                  /* 打印环境变量表 */
    printf("\n");
    return 0;
}
```

程序清单 12.5 先创建新进程,并为子进程装载 sample3 程序。

程序清单 12.5 子进程加载新程序

```c
#include <unistd.h>
#include <stdlib.h>
#include <stdio.h>

char *env_init[] = {"USER=peng", "HOME=/home/peng/", NULL};
                                             /* 为子进程定义环境变量 */
```

```c
int main(int argc, char * argv[]) {
    pid_t pid;
    if ((pid = fork())< 0) {                /* 创建进程失败判断 */
        perror("fork error");
    } else if (pid == 0) {                   /* fork 对子进程返回 0 */
        execle("/home/peng/sample3", "sample3", "hello", "world", (char *)0, env_init);
                                             /* 子进程装载新程序 */
        perror("execle error");              /* execle 失败时才执行 */
        exit(-1);
    } else {
        exit(0);                             /* 父进程退出 */
    }
    return -1;
}
```

如图 12.10 所示为程序清单 12.5 的执行结果截图，向 execle 函数传递的参数及环境变量都在子程序中验证。

```
peng@VHost: ~/bookex/process
peng@VHost:~/bookex/process$ ./sample2
peng@VHost:~/bookex/process$ argc = 3
args : sample3  hello  world
USER=peng
HOME=/home/peng/

peng@VHost:~/bookex/process$
```

图 12.10　加载执行新程序结果

12.2.4　wait()函数

wait()函数用来帮助父进程获取其子进程的退出状态。当进程退出时，内核为每一个进程保存了一定量的退出状态信息，父进程可根据此退出信息来判断子进程的运行状况。如果父进程未调用 wait()函数，则子进程的退出信息将一直保存在内存中。

由于进程终止的异步性，可能会出现子进程先终止或者父进程先终止的情况，从而出现两种特殊的进程：

- **僵尸进程**：如果子进程先终止，但其父进程未为其调用 wait()函数，那么该子进程就变为僵尸进程。僵尸进程在其父进程为其调用 wait()函数之前将一直占有系统的内存资源。
- **孤儿进程**：如果父进程先终止，尚未终止的子进程将会变成孤儿进程。孤儿进程将直接被 init 进程收管，由 init 进程负责收集它们的退出状态。

调用 wait()函数的进程将挂起等待直到它的任一个子进程终止，wait()函数原型

第 12 章 进程与进程间通信

如下：

```
#include <sys/types.h>
#include <sys/wait.h>
pid_t wait(int * status);
```

参数 status 是一个用来保存子进程退出状态的指针，表 12.1 列出了常用的检查 status 参数的宏。函数成功返回获取到退出状态进程的 PID，否则返回 -1。

表 12.1 常用的检查 wait 所返回的终止状态的宏

宏	说 明
WIFEXITEX(status)	若为正常终止子进程返回状态，则为真。对于这种情况可以执行 WEXITSTATUS(status)，取自子进程传给 exit、return 参数的低 8 位
WIFSIGNALED(status)	若为异常终止子进程返回状态，则为真（接收到一个不捕捉的信号）。对于这种情况，可以执行 WTERMSIG(status) 获取使子进程退出的信号

除 wait() 函数外，还有更加灵活的 waitpid() 函数可以完成收集子进程退出状态，waitpid() 可以指定为专为特定子进程等待挂起。

程序清单 12.6 所示范例展示了 wait() 函数及子进程退出状态的用法。

程序清单 12.6 获取子进程退出状态

```
#include <stdio.h>
#include <stdlib.h>
#include <unistd.h>

void print_exit_status(int status){           /* 自定义打印子进程退出状态函数 */
    if (WIFEXITED(status))                    /* 正常退出,打印退出返回值 */
        printf("normal termination, exit status = %d\n", WEXITSTATUS(status));
    else if (WIFSIGNALED(status))             /* 因信号异常退出,打印引起退出的信号 */
        printf("abnormal termination, signal number = %d\n", WTERMSIG(status));
    else
        printf("other status\n");             /* 其他错误 */
}

int main(int argc, char * argv[]) {
    pid_t pid;
    int status;

    if ((pid = fork()) < 0) {                 /* 创建子进程 */
        perror("fork error");
        exit(-1);
    } else if (pid == 0) {
        exit(7);                              /* 子进程调用 exit 函数,参数为 7 */
```

```
    }

    if (wait(&status) != pid) {                 /* 父进程等待子进程退出,并获取退出状态 */
        perror("fork error");
        exit(-1);
    }
    print_exit_status(status);                   /* 打印退出状态信息 */

    if ((pid = fork()) < 0) {                    /* 创建第二个子进程 */
        perror("fork error");
        exit(-1);
    } else if (pid == 0) {
        abort();                                 /* 子进程调用 abort()函数异常退出 */
    }

    if (wait(&status) != pid) {                 /* 父进程等待子进程退出,并获取退出状态 */
        perror("fork error");
        exit(-1);
    }
    print_exit_status(status);                   /* 打印第二个退出状态信息 */
    return 0;
}
```

图 12.11 是程序清单 12.6 的执行结果截图,子进程使用 exit(7)退出时使用 wait 函数获取的 status 的退出码也是 7,而 abort 异常退出使用的是 SIGABRT 信号,其值也是 6。

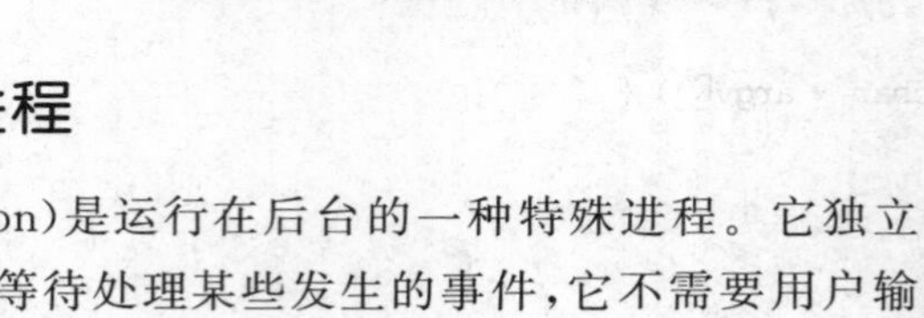
peng@VHost: ~/bookex/process
peng@VHost:~/bookex/process$ clear
peng@VHost:~/bookex/process$ ./sample4
normal termination, exit status = 7
abnormal termination, signal number = 6
peng@VHost:~/bookex/process$

图 12.11　获取子进程退出状态

12.2.5　守护进程

守护进程(Daemon)是运行在后台的一种特殊进程。它独立于控制终端并且周期性地执行某种任务或等待处理某些发生的事件,它不需要用户输入就能运行并提供某种服务。

守护进程的父进程是 init 进程,因为它真正的父进程在 fork 出该进程后就先于该进程退出了,所以它是一个由 init 领养的孤儿进程。守护进程是非交互式程序,没有控制终端,所以任何输出(无论是向标准输出设备还是标准错误输出设备的输出)都需要特殊处理。

Linux系统的大多数服务就是通过守护进程实现的,且通常以字母d结尾来命名进程名,比如sshd、xinetd、crond等。

Linux系统有多种创建守护进程的方法,其中最常用的是使用daemon()函数来创建守护进程。daemon()函数的原型如下:

```
#include <unistd.h>
int daemon(int nochdir, int noclose);
```

- **参数nochdir**:如果传入0,则daemon函数将调用进程的工作目录设置为根目录,否则保持原有的工作目录不变;
- **参数noclose**:如果传入0,则daemon函数将重定向标准输入、标准输出、标准错误输出到/dev/null文件中,否则不改变这些文件描述符。

函数成功返回0,否则返回-1,并设置errno。

程序清单12.7演示了使用daemon()函数创建守护进程的用法,变为守护进程后程序每60 s打印当前的时间信息到/tmp/daemon.log文件中。

程序清单12.7 使用daemon创建守护进程

```
#include <stdio.h>
#include <unistd.h>
#include <stdlib.h>
#include <string.h>
#include <fcntl.h>
#include <time.h>

int main(void)
{
    int fd;
    time_t curtime;

    if(daemon(0,0) == -1) {
        perror("daemon error");
        exit(-1);
    }

    fd = open("/tmp/daemon.log", O_WRONLY | O_CREAT | O_APPEND, 0644);
    if (fd < 0 ) {
        perror("open error");
        exit(-1);
    }
    while(1) {
        curtime = time(0);
```

```
        char * timestr = asctime(localtime(&curtime));
        write(fd, timestr, strlen(timestr));
        sleep(60);
    }
    close(fd);
    return 0;
}
```

　　守护进程执行后将脱离控制台,可用 ps -ef 来查看。图 12.12 为程序清单 12.7 的执行结果截图,执行程序将直接返回,并可以/tmp/daemon.log 文件查看到日期时间。

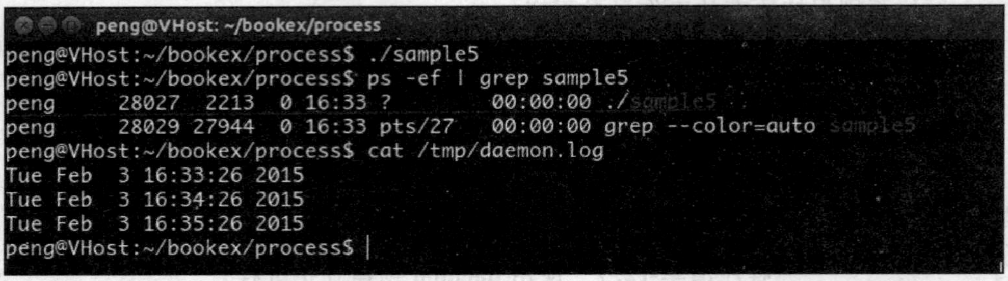

```
peng@VHost: ~/bookex/process
peng@VHost:~/bookex/process$ ./sample5
peng@VHost:~/bookex/process$ ps -ef | grep sample5
peng      28027  2213  0 16:33 ?        00:00:00 ./sample5
peng      28029 27944  0 16:33 pts/27   00:00:00 grep --color=auto sample5
peng@VHost:~/bookex/process$ cat /tmp/daemon.log
Tue Feb  3 16:33:26 2015
Tue Feb  3 16:34:26 2015
Tue Feb  3 16:35:26 2015
peng@VHost:~/bookex/process$
```

图 12.12　守护进程的执行结果

12.3　信　号

　　信号(signal)又称为软中断信号,用来通知进程发生了异步事件。进程之间可以互相发送软中断信号。内核也可以因为内部事件而给进程发送信号,通知进程发生了某个事件。注意,信号只是用来通知进程发生了什么事件,并不会向进程传递任何数据。

　　收到信号的进程对各种信号有不同的处理方法,处理方法可以分为三种:

　　(1) 第 1 种方法是类似中断的处理程序,对于需要处理的信号,进程可以指定处理函数,由该函数来处理。

　　(2) 第 2 种方法是忽略某个信号,对该信号不做任何处理,就像未发生过一样。

　　(3) 第 3 种方法是对该信号的处理保留系统的默认值,这种缺省操作,对大部分信号的缺省操作是使得进程终止。

12.3.1　常用的信号

　　Linux 系统共用 30 多种信号,每个信号的名称都以 SIG 三个字符开头,例如异常终止信号名为 SIGABRT。在头文件<signal.h>中,这些信号都被定义为正整数。表 12.2 列出了 Linux 系统中常用的信号及其描述。

表 12.2 常用信号表

信号名称	信号描述
SIGALRM	在用 alarm() 函数设置的计数器超时时,产生此信号
SIGINT	当用户按中断键(Ctrl+c)时,终端产生此信号并发送给前台进程组的进程
SIGKILL	这是两个不能捕捉、忽略的信号之一,它提供了一种可以杀死任一进程的方法
SIGSTOP	这是两个不能捕捉、忽略的信号之一,用于停止一个进程
SIGPIPE	如果在写管道时读进程已经终止,则产生该信号
SIGTERM	这是由 kill 命令发送的默认信号
SIGCHLD	在一个进程终止或者停止时,将 SIGCHLD 信号发送给父进程
SIGABRT	调用 abort() 函数时产生此信号,进程异常终止
SIGSEGV	该信号指示进程进行了一次无效的内存引用
SIGUSR1,SIGUSR2	这是用户定义的两个信号,可以用于应用程序间通信

Linux 可以使用 kill 命令向指定进程发送指定信号,kill 命令的用法如下:

kill [选项] PID

kill 命令可以支持-l 列出系统支持的所有信号,如图 12.13 所示。

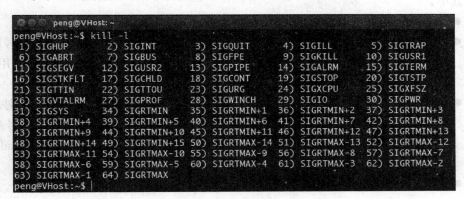

图 12.13 Linux 支持的信号

同时还支持-s 选项标示要给进程发送的是什么类型的信号,不使用该选项时默认发送的是 SIGTERM 信号,如下:

$ kill PID

12.3.2 信号函数

1. sigaction 函数

Linux 系统为大部分信号定义了缺省处理方法,当信号的缺省处理方法不满足需求时,可通过 sigaction() 函数进行改变。sigaction() 函数的原型如下:

```
#include <signal.h>
int sigaction(int signum, const struct sigaction * act, struct sigaction * oldact);
```

sigaction()函数成功返回 0,否则返回 −1。

参数 signum 指出需要改变处理方法的信号,如 SIGINT 信号,但 SIGKILL 和 SIGSTOP 这两个信号是不可捕捉的。

参数 act 和 oldact 都是 sigaction 结构体指针,act 为要设置的对信号的新的处理方式,而 oldact 为原来对信号的处理方式。sigaction 结构体定义在<signal.h>头文件中,它的定义如程序清单 12.8 所示。

程序清单 12.8 sigaction 结构体定义

```
struct sigaction {
    void  (* sa_handler)(int);
    void  (* sa_sigaction)(int, siginfo_t *, void *);
    sigset_t sa_mask;
    int   sa_flags;
    void  (* sa_restorer)(void);
};
```

其中,

- sa_handler 是一个函数指针,用来指定信号发生时调用的信号处理函数。
- sa_sigaction 则是另外一个信号处理函数,它有三个参数,可以获得关于信号的更详细的信息。当 sa_flags 成员的值包含了 SA_SIGINFO 标志时,系统将使用 sa_sigaction 函数作为信号处理函数,否则使用 sa_handler 作为信号处理函数。
- sa_mask 成员用来指定在信号处理函数执行期间需要被屏蔽的信号,特别是当某个信号正被处理时,它本身会被自动放入进程的信号掩码,因此在信号处理函数执行期间这个信号都不会再度发生。可以使用 sigemptyset()、sigaddset()、sigdelset()分别对这个信号集进行清空、增加和删除屏蔽信号等操作。
- sa_flags 成员用于指定信号处理的行为,它可以是以下值的"按位或"组合。
    ◆ SA_RESTART:使被信号打断的系统调用自动重新发起。
    ◆ SA_NOCLDSTOP:使父进程在其子进程暂停或继续运行时不会收到 SIGCHLD 信号。
    ◆ SA_NOCLDWAIT:使父进程在其子进程退出时不会收到 SIGCHLD 信号,这时子进程如果退出也不会成为僵尸进程。
    ◆ A_NODEFER:使对信号的屏蔽无效,即在信号处理函数执行期间仍能发出这个信号。
    ◆ SA_RESETHAND:信号被处理之后重新设置为默认的处理方式。
    ◆ A_SIGINFO:使用 sa_sigaction 成员而不是 sa_handler 作为信号处理函数。
- re_restorer 成员是一个已经废弃的数据域,不要再使用。

第 12 章 进程与进程间通信

程序清单 12.9 列举了 sigaction 函数的用法,实现了当进程首次收到 SIGINT (Ctrl+c)信号时在终端打印 Ouch 信息,后续又恢复到默认的处理方法。

程序清单 12.9   sigaction 函数的用法

```c
#include <unistd.h>
#include <stdio.h>
#include <signal.h>

void ouch(int sig) {                        /* 信号处理函数 */
    printf("\nOuch! - I got signal %d\n", sig);
}

int main(int argc, char * argv[]) {
    struct sigaction act;

    act.sa_handler = ouch;                  /* 设置信号处理函数 */
    sigemptyset(&act.sa_mask);              /* 清空屏蔽信号集 */
    act.sa_flags = SA_RESETHAND;            /* 设置信号处理之后恢复默认的处理方式 */

    sigaction(SIGINT, &act, NULL);          /* 设置 SIGINT 信号的处理方法 */

    while (1) {                             /* 进入循环等待信号发生 */
        printf("sleeping\n");
        sleep(1);
    }
    return 0;
}
```

图 12.14 为程序清单 12.9 的执行结果截图,程序运行后,第 1 次按 Ctrl+c 后程序打印 Ouch 信息,第 2 次按 Ctrl+c 时进程退出。

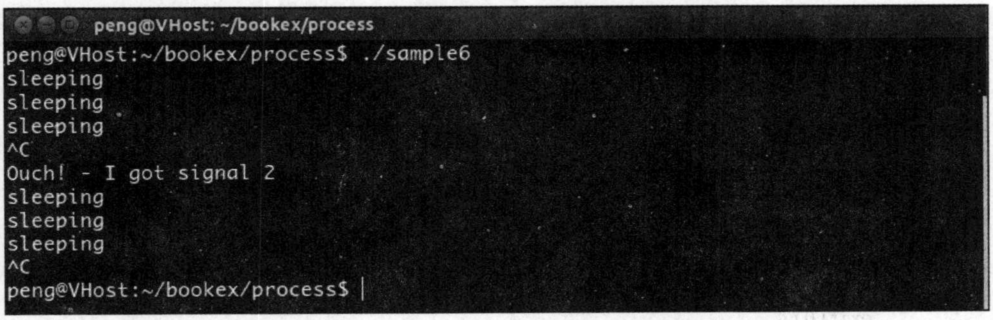

图 12.14   sigaction 示例运行结果

2. kill 函数

kill() 函数用来向指定的进程发送一个指定的信号，kill() 函数的原型如下：

```
#include <sys/types.h>
#include <signal.h>
int kill(pid_t pid, int sig);
```

kill() 函数成功返回 0，否则返回 −1。参数 pid 为发送 sig 信号的进程 PID，参数 sig 为发送的信号。

程序清单 12.10 演示了 kill 函数的用法，父进程向子进程发送 SIGINT 信号，并使用 wait 函数获取子进程的退出状态。

程序清单 12.10　使用 kill 向子进程发送信号

```
#include <unistd.h>
#include <stdio.h>
#include <stdlib.h>
#include <signal.h>

void print_exit_status(int status) {          /* 打印子进程退出状态信息 */
    if (WIFEXITED(status))
        printf("normal termination, exit status = %d\n", WEXITSTATUS(status));
    else if (WIFSIGNALED(status))              /* 是否为信号引起退出 */
        printf("abnormal termination, signal number = %d\n", WTERMSIG(status));
    else
        printf("other status\n");
}

int main(int argc, char * argv[]) {
    pid_t pid;
    int status;

    if ((pid = fork()) < 0) {
        perror("fork error");
        exit(-1);
    } else if (pid == 0) {                     /* 子进程 */
        while(1) {
            printf("chlid sleeping\n");
            sleep(1);
        }
        exit(0);
    } else {                                   /* 父进程 */
        sleep(2);
        printf("parent send SIGINT to child\n");
```

```
        kill(pid, SIGINT);                    /* 向子进程发送 SIGINIT 信号 */
        if(wait(&status) != pid ){             /* 获取子进程的退出状态 */
            perror("wait error");
            exit(-1);
        }
        print_exit_status(status);
    }
    return 0;
}
```

如图 12.15 所示为程序清单 12.10 的执行结果,可看到父进程使用 kill()函数向子进程发送 SIGINT 信号后,子进程停止打印"child sleeping",父进程使用 wait()函数获取子进程的退出状态时可以发现是由信号 2(SIGINT)引起退出的。

```
peng@VHost: ~/bookex/process
peng@VHost:~/bookex/process$ ./sample7
chlid sleeping
chlid sleeping
parent send SIGINT to child
abnormal termination, signal number = 2
peng@VHost:~/bookex/process$
```

图 12.15   kill 函数示例截图

12.4   进程间通信

Linux 进程间通信方式包括管道(匿名管道和命名管道)、信号、信号量、共享内存、消息队列和套接字等,本节主要介绍项目中常用的通信方式。

12.4.1   管   道

管道是一个进程连接数据流到另一个进程的通道,它通常被用作把一个进程的输出通过管道连接到另一个进程的输入。在 Linux 命令中通常通过符号"|"来使用管道,例如:

```
$ ps -ef | grep init
```

此命令中 ps 是一个独立的进程,grep 也是一个独立的进程,中间的管道把原本要输出到屏幕的数据输出到 grep 中,作为 grep 这个进程的输入。

管道分为**匿名管道**和**命名管道**两种,匿名管道主要用于两个有父子关系的进程间通信,命名管道主要用于没有父子关系的进程间通信。

1. 匿名管道

匿名管道是一种无法在文件系统中以任何方式看到的半双工管道。半双工管道意味着管道的一端只读或只写。父子进程间匿名管道通信示意图如图 12.16 所示。

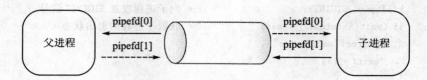

图 12.16 匿名管道

pipe()函数可以用来创建一条匿名管道,它的原型如下：

\#include <unistd.h>
int pipe(int pipefd[2]);

函数成功返回 0,否则返回 -1。

参数 pipefd 是一个文件描述符数组,对应着所打开管道的两端,其中 pipefd[0] 为读端,pipefd[1] 为写端,往写端写的数据会被内核缓存起来,直到读端将数据读完。

程序清单 12.11 使用匿名管道方式实现了向子进程传递字符串的功能。由于管道传输是半双工的,数据只能在单个方向上流动,因此父进程往子进程传数据时,父进程的管道读端和子进程的管道写端都可以先关闭。

程序清单 12.11　匿名管道使用示例

```
#include <sys/wait.h>
#include <stdio.h>
#include <stdlib.h>
#include <unistd.h>
#include <string.h>

int main(int argc, char *argv[])
{
    int pipefd[2];
    pid_t cpid;
    char buf;
    if (argc != 2) {
        fprintf(stderr, "Usage: %s <string>\n", argv[0]);
        exit(EXIT_FAILURE);
    }
    if (pipe(pipefd) == -1) {             /* 创建匿名管道 */
        perror("pipe");
        exit(EXIT_FAILURE);
    }
    cpid = fork();                         /* 创建子进程 */
    if (cpid == -1) {
        perror("fork");
        exit(EXIT_FAILURE);
```

第12章 进程与进程间通信

```
    }
    if (cpid == 0) {                        /* 子进程读管道读端 */
        close(pipefd[1]);                   /* 关闭不需要的写端 */
        while (read(pipefd[0], &buf, 1) > 0)
            write(STDOUT_FILENO, &buf, 1);
        write(STDOUT_FILENO, "\n", 1);
        close(pipefd[0]);
        _exit(EXIT_SUCCESS);
    } else {                                /* 父进程写 argv[1] 到管道 */
        close(pipefd[0]);                   /* 关闭不需要的读端 */
        write(pipefd[1], argv[1], strlen(argv[1]));
        close(pipefd[1]);                   /* 关闭文件发送 EOF,子进程停止读 */
        wait(NULL);                         /* 等待子进程退出 */
        exit(EXIT_SUCCESS);
    }
}
```

2. 命名管道

命名管道也被称为 FIFO 文件,它突破了匿名管道无法在无关进程之间通信的限制,使得同一主机内的所有进程都可以相互通信。

同时命名管道是一个特殊的文件类型,它在文件系统中以文件名的形式存在,在 stat 结构中,st_mode 指明一个文件结点是不是命名管道。

mkfifo()函数用来创建一个命名管道,它的原型如下:

```
# include <sys/types.h>
# include <sys/stat.h>
int mkfifo(const char * pathname, mode_t mode);
```

mkfifo()创建一个真实存在于文件系统中的命名管道文件,参数 pathname 指定了文件名,参数 mode 则指定了文件的读写权限。若函数成功则返回 0,否则返回 -1 并设置 errno,表 12.3 列出了常见的错误。

表 12.3 mkfifo 常见的错误码

errno	描述
EACCES	路径所在的目录不允许执行权限
EEXIST	路径已经存在
ENOENT	目录部分不存在
ENOTDIR	目录部分不在一个目录
EROFS	路径指向一个只读的文件系统

mkfifo()创建命名管道文件后,需要通过命名管道通信的进程需要先打开该管道文件,然后通过 read(、write)函数像操作普通文件一样进行通信。

程序清单 12.12 与程序清单 12.13 两个范例演示了两个无关进程间使用命名管道传输文件的功能。

程序清单 12.12 实现了通过命名管道发送文件的功能。程序先判断命名管道是否已存在,如果不存在则创建命名管道/tmp/fifo 文件,然后将参数所指出的文件的数据循环读出并写进命名管道中。

程序清单 12.12　通过命名管道发送文件

```c
#include <unistd.h>
#include <stdlib.h>
#include <fcntl.h>
#include <limits.h>
#include <sys/types.h>
#include <sys/stat.h>
#include <stdio.h>
#include <string.h>
#define BUFSIZE 1024                                    /* 一次最大写 1024 个字节 */

int main(int argc, char *argv[])
{
    const char *fifoname = "/tmp/fifo";                 /* 命名管道文件名 */
    int pipefd, datafd;
    int bytes, ret;
    char buffer[BUFSIZE];

    if (argc != 2) {                                     /* 带文件名参数 */
        fprintf(stderr, "Usage: %s < filename >\n", argv[0]);
        exit(EXIT_FAILURE);
    }

    if(access(fifoname, F_OK) < 0) {                    /* 判断文件是否已存在 */
        ret = mkfifo(fifoname, 0777);                    /* 创建管道文件 */
        if(ret < 0) {
            perror("mkfifo error");
            exit(EXIT_FAILURE);
        }
    }

    pipefd = open(fifoname, O_WRONLY);                   /* 打开管道文件 */
    datafd = open(argv[1], O_RDONLY);                    /* 打开数据文件 */

    if((pipefd > 0) && (datafd > 0)) {                   /* 将数据文件读出并写到管道文件 */
        bytes = read(datafd, buffer, BUFSIZE);
```

```c
        while(bytes > 0) {
            ret = write(pipefd, buffer, bytes);
            if(ret < 0) {
                perror("write error");
                exit(EXIT_FAILURE);
            }
            bytes = read(datafd, buffer, BUFSIZE);
        }
        close(pipefd);
        close(datafd);
    } else {
        exit(EXIT_FAILURE);
    }
    return 0;
}
```

程序清单 12.13 实现了通过命名管道获取数据并保存成文件的功能。程序打开命名管道文件/tmp/fifo，然后循环从命名管道中读取数据并将它们写入由参数给出的文件中。

程序清单 12.13　通过命名管道保存文件

```c
#include <unistd.h>
#include <stdlib.h>
#include <stdio.h>
#include <fcntl.h>
#include <sys/types.h>
#include <sys/stat.h>
#include <limits.h>
#include <string.h>
#define BUFSIZE 1024

int main(int argc, char *argv[])
{
    const char *fifoname = "/tmp/fifo";       /* 命名管道文件名,须对应写进程 */
    int pipefd, datafd;
    int bytes, ret;
    char buffer[BUFSIZE];

    if (argc != 2) {                          /* 带文件名参数 */
        fprintf(stderr, "Usage: %s <filename>\n", argv[0]);
        exit(EXIT_FAILURE);
    }
    pipefd = open(fifoname, O_RDONLY);        /* 打开管道文件 */
```

```c
        datafd = open(argv[1], O_WRONLY|O_CREAT, 0644);  /* 打开目标文件 */

        if((pipefd > 0) && (datafd > 0)){       /* 将管道文件的数据读出并写入目标文件 */
            bytes = read(pipefd, buffer, BUFSIZE);
            while(bytes > 0) {
                ret = write(datafd, buffer, bytes);
                if(ret < 0) {
                    perror("write error");
                    exit(EXIT_FAILURE);
                }
                bytes = read(pipefd, buffer, BUFSIZE);
            }
            close(pipefd);
            close(datafd);
        } else {
            exit(EXIT_FAILURE);
        }
        return 0;
    }
```

如图12.17所示为程序清单12.12和程序清单12.13程序运行结果截图,首先计算拷贝的源文件的md5值,然后通过命名管道进行进程间的文件拷贝,再对拷贝后的文件进行md5校验,可以看出数据已完整拷贝。

```
peng@VHost: ~/bookex/process
peng@VHost:~/bookex/process$ md5sum a.bin
f24368cb96832c4bbf3efac8a096b1a1  a.bin
peng@VHost:~/bookex/process$ ./sample9_write a.bin &
[1] 29232
peng@VHost:~/bookex/process$ ./sample9_read b.bin
[1]+  完成                  ./sample9_write a.bin
peng@VHost:~/bookex/process$ md5sum b.bin
f24368cb96832c4bbf3efac8a096b1a1  b.bin
peng@VHost:~/bookex/process$
```

图 12.17 命名管道程序截图

12.4.2 共享内存

1. 共享内存概述

共享内存允许两个不相关的进程访问同一个逻辑内存的进程,是在两个正在运行的进程之间共享和传递数据的一种非常有效的方式。

不同进程之间的共享内存通常安排为同一段物理内存。进程可以将同一段共享内存连接到它们自己的地址空间中,所有进程都可以访问共享内存中的地址,就好像它们是由用C语言malloc()分配的内存一样。两个进程使用共享内存的通信机制如

图 12.18 所示。

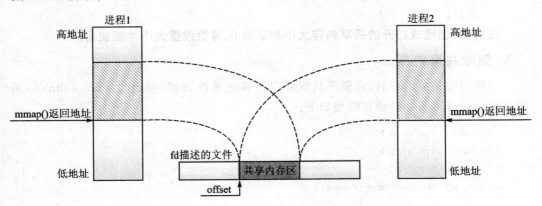

图 12.18　共享内存示意图

POSIX 共享内存区涉及四个主要步骤：
- 指定一个名字参数调用 shm_open,以创建一个新的共享内存区对象(或打开一个已存在的共享内存区对象)；
- 调用 mmap 把这个共享内存区映射到调用进程的地址空间；
- 调用 munmap() 取消共享内存映射；
- 调用 shm_unlink() 函数删除共享内存段。

在编译 POSIX 共享内存应用程序时需要加上-lrt 参数。

2. 打开或创建一个共享内存区

shm_open() 函数用来打开或者创建一个共享内存区,两个进程可以通过给 shm_open() 函数传递相同的名字以达到操作同一共享内存的目的。它的原型如下：

```
#include <sys/mman.h>
#include <sys/stat.h>
#include <fcntl.h>
int shm_open(const char * name, int oflag, mode_t mode);
```

函数成功返回创建或打开的共享内存描述符,与文件描述符相同作用,供后续操作使用,失败则返回－1。

- 参数 name 为指定创建的共享内存的名称,其他进程可以根据这个名称来打开共享内存。
- 参数 oflag 为以下值的或值：
    - ◆ O_RDONLY:共享内存以只读方式打开；
    - ◆ O_RDWR:共享内存以可读写方式打开；
    - ◆ O_CREAT:共享内存不存在才创建；
    - ◆ O_EXCL:如果指定了 O_CREAT,但共享内存已经存在时返回错误；
    - ◆ O_TRUNC:如果共享内存已存在,则将其大小设置为 0。

- 参数 mode 只有指定 O_CREAT 才有效,指出共享内存的权限,与 open()函数类似。

  注意:新创建或打开的共享内存大小默认为 0,需要设置大小才能使用。

3. 删除共享内存

当使用完共享内存后,需要将其删除以便释放系统资源,可通过 shm_unlink()函数完成。shm_unlink()函数原型如下:

```
# include <sys/mman.h>
# include <sys/stat.h>
# include <fcntl.h>
int shm_unlink(const char * name);
```

函数成功返回 0,否则返回 −1。参数 name 为共享内存的名字。

4. 设置共享内存大小

创建一个共享内存后,默认大小为 0,所以需要设置共享内存大小。ftruncate()函数可用来调整文件或者共享内存的大小,它的原型如下:

```
# include <unistd.h>
# include <sys/types.h>
int ftruncate(int fd, off_t length);
```

函数成功返回 0,失败则返回 −1。

参数 fd 为需要调整的共享内存或者文件,length 为需要调整的大小。

5. 映射共享内存

创建共享内存后,需要将这块内存区域映射到调用进程的地址空间中,可通过 mmap()函数来完成。mmap()函数原型如下:

```
# include <sys/mman.h>
void * mmap(void * addr, size_t length, int prot, int flags, int fd, off_t offset);
```

函数成功返回映射后指向共享内存的虚拟地址,失败则返回 MAP_FAILED 值。

参数如下:

- addr:指向映射存储区的起始地址,通常将其设置为 NULL,这表示由系统选择该映射区的起始地址。
- len:映射的字节数。
- port:对映射存储区的保护要求,对指定映射存储区的保护要求不能超过文件 open 模式的访问权限。它可以为以下标志的或值:
  - ◆ PROT_READ:映射区可读;
  - ◆ PROT_WRITE:映射区可写;
  - ◆ PROT_EXEC:映射区可执行;

第12章 进程与进程间通信

◆ PROT_NONE：映射区不可访问。
● flag：映射标志位,可为以下标志的或值：
  ◆ MAP_FIXED：返回值必须等于 addr。因为这不利于可移植性,所以不鼓励使用此标志。
  ◆ MAP_SHARED：多个进程对同一个文件的映射是共享的,一个进程对映射的内存做了修改,另一个进程也会看到这种变化。
  ◆ MAP_PRIVATE：多个进程对同一个文件的映射不是共享的,一个进程对映射的内存做了修改,另一个进程并不会看到这种变化。
● fd：要被映射的文件描述符或者共享内存描述符。
● offset：要映射字节在文件中的起始偏移量。

6. 取消共享内存映射

已经建立的共享内存映射,可通过 munmap() 函数来取消。munmap() 函数原型如下：

```
#include <sys/mman.h>
int munmap(void * addr, size_t length);
```

函数成功返回 0,否则返回 −1。

参数 addr 为 mmap() 函数的返回地址,length 是映射的字节数。取消映射后再对映射地址访问会导致调用进程收到 SIGSEGV 信号。

7. 共享内存范例

程序清单 12.14 与程序清单 12.15 两个范例实现了两个无关进程间使用共享内存进行通信的功能。一个进程往共享内存起始地址写入一个整型数据 18,另一个进程则检测该区域的数据,如果不是 18,则继续等待,直到数据变化为 18。

程序清单 12.14 所示代码完成了共享内存写操作,先创建共享内存,设置大小并完成映射,随后往共享内存起始地址写入一个值为 18 的整型数据,最后取消和删除共享内存。

程序清单 12.14　共享内存写数据

```
#include <stdio.h>
#include <stdlib.h>
#include <unistd.h>
#include <sys/mman.h>
#include <sys/types.h>
#include <fcntl.h>
#include <sys/stat.h>

#define SHMSIZE 10              /* 共享内存大小,10 字节 */
#define SHMNAME "shmtest"       /* 共享内存名称 */
```

```c
int main()
{
    int fd;
    char * ptr;

    /* 创建共享内存 */
    fd = shm_open(SHMNAME, O_CREAT | O_TRUNC | O_RDWR, S_IRUSR | S_IWUSR);
    if (fd<0) {
        perror("shm_open error");
        exit(-1);
    }
    ftruncate(fd, SHMSIZE);                       /* 设置大小为 SHMSIZE */

    /* 设置共享内存大小 */
    ptr = mmap(NULL, SHMSIZE, PROT_READ | PROT_WRITE, MAP_SHARED, fd, 0);
    if (ptr == MAP_FAILED) {
        perror("mmap error");
        exit(-1);
    }
    *ptr = 18;                                    /* 往起始地址写入 18 */
    munmap(ptr, SHMSIZE);                         /* 取消映射 */
    shm_unlink(SHMNAME);                          /* 删除共享内存 */
    return 0;
}
```

程序清单 12.15 所示范例为读共享内存,首先创建共享内存,然后设置大小并映射共享内存,最后检测共享内存首字节数据是否为 18。如果不是,则继续等待,否则打印显示,并取消和删除共享内存。

程序清单 12.15　共享内存读数据

```c
#include <stdio.h>
#include <stdlib.h>
#include <unistd.h>
#include <sys/mman.h>
#include <sys/types.h>
#include <fcntl.h>
#include <sys/stat.h>

#define SHMSIZE 10                                /* 共享内存大小,10 字节 */
#define SHMNAME "shmtest"                         /* 共享内存名称 */

int main()
```

```c
{
    int fd;
    char * ptr;
    fd = shm_open(SHMNAME, O_CREAT | O_RDWR, S_IRUSR | S_IWUSR);  /* 创建共享内存 */
    if (fd < 0) {
        perror("shm_open error");
        exit(-1);
    }
    ptr = mmap(NULL, SHMSIZE, PROT_READ | PROT_WRITE, MAP_SHARED, fd, 0);
                                                                /* 映射共享内存 */
    if (ptr == MAP_FAILED) {
        perror("mmap error");
        exit(-1);
    }
    ftruncate(fd, SHMSIZE);              /* 设置共享内存大小 */
    while (*ptr != 18) {                  /* 读起始地址,判断值是否为18 */
        sleep(1);                         /* 不是18,继续读取 */
    }
    printf("ptr : %d\n", *ptr);           /* 数据是18,打印显示 */
    munmap(ptr, SHMSIZE);                 /* 取消内存映射 */
    shm_unlink(SHMNAME);                  /* 删除共享内存 */
    return 0;
}
```

如图 12.19 所示为程序清单 12.14 和程序清单 12.15 的运行结果截图,共享内存的读进程在后台进程运行,它循环等待写进程对共享内存进行修改,当写进程完成修改后,读进程将检测到共享内存单元的值发生了变化,然后打印出来并退出。

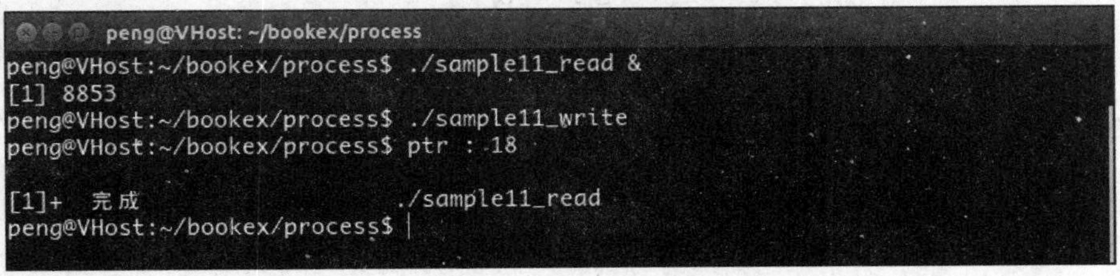

图 12.19 共享内存运行截图

12.4.3 信号量

1. 信号量概述

多进程编程中需要关注进程间同步及互斥。同步是指多个进程为了完成同一个任务相互协作运行,而互斥是指不同的进程为了争夺有限的系统资源(硬件或软件资源)

而相互竞争运行。

信号量是用来解决进程间同步与互斥问题的一种进程间通信机制,它是一个特殊的变量,变量的值代表着关联资源的可用数量。若等于 0 则意味着目前没有可用的资源。

根据信号量的值可以将信号量分为二值信号量和计数信号量:
- **二值信号量**:信号量只有 0 和 1 两种值,若资源被锁住,信号量值为 0,若资源可用则信号量值为 1。
- **计数信号量**:信号量可在 0 到一个大于 1 的数(最大 32 767)之间取值。该计数表示可用资源的个数。

信号量只能进行两个原子操作:P 操作、V 操作。

P 原子操作和 V 原子操作的具体定义如下。
- **P 操作**:如果有可用的资源(信号量值>0),则占用一个资源(给信号量值减 1);如果没有可用的资源(信号量值=0),则进程被阻塞直到系统将资源分配给该进程(进入信号量的等待队列,等到资源后再唤醒该进程)。
- **V 操作**:如果在该信号量的等待队列中有进程在等待资源,则唤醒一个阻塞进程;如果没有进程等待它,则释放一个资源(给信号量值加 1)。

POSIX 提供两类信号量:**有名信号量**和**基于内存的信号量**(也称无名信号量)。有名信号量可以让不同的进程通过信号量的名字获取到信号量,而基于内存的信号量只能放置在进程间的共享内存区域中。有名信号量与基于内存的信号量的初始化和销毁方式不同,操作流程区别如图 12.20 所示。

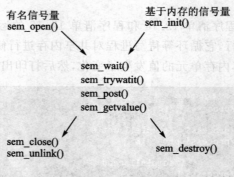

图 12.20 有名信号量及基于内存的信号量

编译 POSIX 信号量程序需要加上-pthread 参数。

2. 创建或打开有名信号量

使用有名信号量前需要先创建或打开信号量,可使用 sem_open()函数来完成。sem_open()函数的原型如下:

```
# include <fcntl.h>
# include <sys/stat.h>
```

第 12 章 进程与进程间通信

```
#include <semaphore.h>
sem_t * sem_open(const char * name, int oflag);
sem_t * sem_open(const char * name, int oflag,mode_t mode, unsigned int value);
```

信号量的类型为 sem_t，该结构里记录着当前共享资源的数目。sem_open()函数成功返回指向信号量的指针，失败则返回 SEM_FAILED。参数如下：

- 参数 name 为信号量的名字，两个不同的进程可以通过传递相同的名字打开同一个信号量。
- oflag 可以是以下标志的或值：
    - ◆ O_CREAT：如果 name 指定的信号量不存在则创建，此时必须给出 mode 和 value 值。
    - ◆ O_EXCL：如果 name 指定的信号量存在，而 oflag 指定为 O_CREAT | O_EXCL，则 sem_open()函数返回错误。
- mode 为信号量的权限位，类似 open()函数。
- value 为信号量的初始化值。

3. 关闭有名信号量

当不再需要使用有名信号量时可以用 sem_close()函数来关闭，它的原型如下：

```
#include <semaphore.h>
int sem_close(sem_t * sem);
```

函数成功返回 0，失败则返回 -1，参数 sem 为需要关闭的信号量的指针。

4. 初始化基于内存信号量

使用基于内存的信号量之前需要先用 sem_init()函数完成初始化，它的原型如下：

```
#include <semaphore.h>
int sem_init(sem_t * sem, int pshared, unsigned int value);
```

函数成功返回 0，失败则返回 -1。

参数 sem 为需要初始化信号量的指针；pshared 值如果为 0，表示该信号量只能在线程内部使用，否则为进程间使用，在进程间使用时，该信号量需要放在共享内存处；value 为信号量的初始化值，代表的资源数。

5. P 操作

信号量的 P 操作由 sem_wait()函数来完成，它的函数原型如下：

```
#include <semaphore.h>
int sem_wait(sem_t * sem);
```

如果信号量的值大于 0，则 sem_wait()函数将信号量值减 1 并立即返回，代表获取到资源；如果信号量值等于 0，则调用进程（线程）将进入睡眠状态，直到该值变为大于 0 时才将信号量减 1 返回。

函数成功则返回0,否则返回-1;参数 sem 为需要操作的信号量。

6. V 操作

信号量的 V 操作由 sem_post()函数来完成,它的函数原型如下:

```
#include <semaphore.h>
int sem_post(sem_t * sem);
```

当一个进程(线程)使用完某个信号量时,它应该调用 sem_post 来告诉系统申请的资源已经使用完毕。sem_post()函数与 sem_wait()函数的功能正好相反,它将所指定的信号量的值加1,然后唤醒正在等待该信号量值变为正数的任意进程(线程)。

函数成功返回0,否则返回-1;参数 sem 为需要操作的信号量。

7. 销毁基于内存的信号量

销毁基于内存的信号量可使用 sem_destroy()函数来完成,它的原型如下:

```
#include <semaphore.h>
int sem_destroy(sem_t * sem);
```

该函数只能销毁由 sem_init()初始化的信号量。销毁后该信号量将不能再被使用。

函数成功返回0,否则返回-1。参数 sem 指出需要销毁的信号量。

8. 删除有名信号量

当相关的进程都已完成对有名信号量的使用时,可以用 sem_unlink()函数来删除它以释放资源。sem_unlink()函数原型如下:

```
#include <semaphore.h>
int sem_unlink(const char * name);
```

函数成功返回0,失败则返回-1。

9. 信号量范例

12.4.2 小节介绍了通过共享内存进行进程间通信的示例,该示例通过循环等待的方式来检测共享内存单元值的变化,此方式存在浪费处理器资源等弊端,而信号量的同步功能可解决这个问题。下面给出一个范例,服务端和客户端通过共享内存通信,服务端接收客户端传递的数据,用信号量实现两进程同步。

服务端程序如程序清单12.16所示,程序从启动参数获取共享内存的名称,先创建共享内存,设置大小后完成映射;然后创建信号量并等待客户端的通知。

信号量的初始值为0。在共享内存映射后使用 sem_wait()函数等待客户端完成对共享内存的写入操作。

程序清单 12.16　使用有名信号量同步共享内存示例服务端程序

```
#include <stdio.h>
```

第 12 章 进程与进程间通信

```c
#include <sys/stat.h>
#include <fcntl.h>
#include <sys/mman.h>
#include <unistd.h>
#include <semaphore.h>
#include <string.h>
#include <errno.h>

#define MAPSIZE 100                              /* 共享内存大小,100 字节 */
int main(int argc, char **argv)
{
    int shmid;
    char *ptr;
    sem_t *semid;

    if (argc != 2) {                             /* 参数 argv[1]指定共享内存和信号量的名字 */
        printf("usage: %s <pathname>\n", argv[0]);
        return -1;
    }
    shmid = shm_open(argv[1], O_RDWR|O_CREAT, 0644);/* 创建共享内存对象 */
    if (shmid == -1) {
        printf("open shared memory error\n");
        return -1;
    }
    ftruncate(shmid, MAPSIZE);                   /* 设置共享内存大小 */

                                                 /* 将共享内存进行映射 */
    ptr = mmap(NULL, MAPSIZE, PROT_READ | PROT_WRITE, MAP_SHARED, shmid, 0);
    strcpy(ptr,"\0");

    semid = sem_open(argv[1], O_CREAT, 0644, 0); /* 创建信号量对象 */
    if (semid == SEM_FAILED) {
        printf("open semaphore error\n");
        return -1;
    }
    sem_wait(semid);                             /* 信号量等待操作,等待客户端修改共享内存 */
    printf("server recv:%s",ptr);                /* 从共享内存中读取值 */
    strcpy(ptr,"\0");

    munmap(ptr, MAPSIZE);                        /* 取消对共享内存的映射 */
    close(shmid);                                /* 关闭共享内存 */
    sem_close(semid);                            /* 关闭信号量 */
```

```c
    sem_unlink(argv[1]);                      /* 删除信号量对象 */
    shm_unlink(argv[1]);                      /* 删除共享内存对象 */
    return 0;
}
```

如程序清单 12.17 所示，客户端程序获取参数打开指定的共享内存，并设置大小和完成映射；然后打开服务端已经创建的信号量，从标准输入读入一串字符串后写入共享内存区，然后使用 sem_post()函数通知服务端。

程序清单 12.17 使用有名信号量同步共享内存示例客户端程序

```c
#include <stdio.h>
#include <sys/stat.h>
#include <fcntl.h>
#include <sys/mman.h>
#include <unistd.h>
#include <semaphore.h>
#include <string.h>
#include <errno.h>

#define MAPSIZE 100                           /* 共享内存大小，100 字节 */
int main(int argc, char **argv)
{
    int shmid;
    char *ptr;
    sem_t *semid;

    if (argc != 2) {
        printf("usage: %s <pathname>\n", argv[0]);
                                              /* 参数 argv[1]指定共享内存和信号量的名字 */
        return -1;
    }

    shmid = shm_open(argv[1], O_RDWR, 0);     /* 打开共享内存对象 */
    if (shmid == -1) {
        printf("open shared memory error.\n");
        return -1;
    }

    ftruncate(shmid, MAPSIZE);                /* 设置共享内存大小 */
                                              /* 将共享内存进行映射 */
    ptr = mmap(NULL, MAPSIZE, PROT_READ | PROT_WRITE, MAP_SHARED, shmid, 0);

    semid = sem_open(argv[1], 0);             /* 打开信号量对象 */
```

```c
    if (semid == SEM_FAILED) {
        printf("open semaphore error\n");
        return -1;
    }
    printf("client input:");
    fgets(ptr, MAPSIZE, stdin);              /* 从标准输入读取需要写入共享内存的值 */
    sem_post(semid);                         /* 通知服务端 */

    munmap(ptr, MAPSIZE);                    /* 取消对共享内存的映射 */
    close(shmid);
    sem_close(semid);
    return 0;
}
```

如图 12.21 所示为程序清单 12.16 和程序清单 12.17 的执行结果，服务端和客户端携带相同的参数运行，客户端输入数据并按回车后服务端将获取到数据，完成通信后两个进程退出。

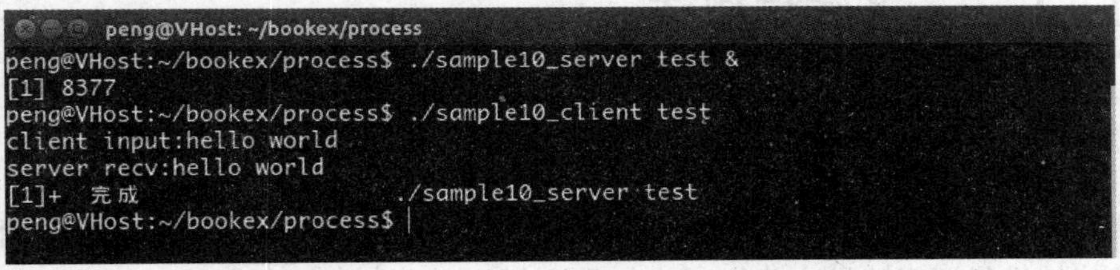

图 12.21　信号量同步示例运行结果

第 13 章

Linux 多线程编程

本章导读

多线程编程是项目中的常用技术。本章先介绍线程的基础知识，接着讲解 Pthread 的线程管理，以及互斥量、条件变量等函数。

13.1 Linux 多线程概述

13.1.1 什么是线程

线程（thread）是包含在进程内部的顺序执行流，是进程中的实际运作单位，也是操作系统能够进行调度的最小单位。一个进程中可以并发多条线程，每条线程并行执行不同的任务。

13.1.2 线程与进程的关系

线程与进程的关系可以归结为以下几点：
- 一个线程只能属于一个进程，而一个进程可以有多个线程，但至少有一个主线程；
- 资源分配给进程，同一进程的所有线程共享该进程的所有资源；
- 线程作为调度和分配的基本单位，进程作为拥有资源的基本单位；
- 进程是拥有资源的一个独立单位，线程不拥有系统资源，但可以访问隶属于进程的资源；
- 在创建或撤消进程时，由于系统都要为之分配和回收资源，因此导致系统的开销大于创建或撤消线程时的开销。

13.1.3 为什么要使用多线程

多进程程序结构和多线程程序结构有很大的不同，多线程程序结构相对于多进程程序结构有以下的优势：

1. 方便的通信和数据交换

线程间有方便的通信和数据交换机制。对于不同进程来说,它们具有独立的数据空间,要进行数据的传递只能通过通信的方式进行,这种方式不仅费时,而且很不方便。线程则不然,由于同一进程下的线程之间共享数据空间,所以一个线程的数据可以直接为其他线程所用,这不仅快捷,而且方便。

2. 更高效地利用 CPU

使用多线程可以加快应用程序的响应。这对图形界面的程序尤其有意义,当一个操作耗时很长时,整个系统都会等待这个操作,此时程序不会响应键盘、鼠标、菜单的操作,而使用多线程技术,将耗时长的操作置于一个新的线程,就可以避免这种尴尬的情况。

同时,多线程使多 CPU 系统更加有效。操作系统会保证当线程数不大于 CPU 数目时,不同的线程运行于不同的 CPU 上。

13.2 POSIX Threads 概述

从历史上看,众多软件供应商都为自己的产品实现了多线程库专有版本。这些线程库的实现彼此独立并有很大差别,导致程序员难以开发可移植的多线程应用程序,因此必须要确立一个规范的编程接口标准来充分利用多线程所提供的优势,POSIX Threads 就是这样一个规范的多线程标准接口。

POSIX Threads(通常简称为 Pthreads)定义了创建和操纵线程的一套 API 接口,一般用于 UNIX-like POSIX 系统中(如 FreeBSD、GNU/Linux、OpenBSD、Mac OS 等系统)。

Linux 最早的线程库并不是使用 Pthreads 的。当 Linux 最初开发时,在内核中并不能真正支持线程,它是通过 clone() 系统调用将进程作为可调度的实体。而 Linux Threads 项目使用这个调用来完全在用户空间模拟对线程的支持。不幸的是,这种方法有一些缺点,尤其是在信号处理、调度和进程间同步原语方面都存在问题。另外,这个线程模型也不符合 POSIX 的要求。

Pthreads 接口可以根据功能划分四个组:
- 线程管理;
- 互斥量;
- 条件变量;
- 同步。

编写 Pthreads 多线程程序时,源码只需包含 pthread.h 头文件就可以使用 Pthreads 库中的所有类型及函数:

```
#include <pthread.h>
```

在编译 Pthreads 程序时在编译和链接过程中需要加上-pthread 参数：

LDFLAGS += -pthread

13.3 线程管理

线程管理包含了线程的创建、终止、等待、分离、设置属性等操作。

13.3.1 线程 ID

线程 ID 可以看作为线程的句柄，用来引用一个线程。

Pthreads 线程有一个 pthread_t 类型的 ID，线程可以通过调用 pthread_self()函数来获取自己的 ID。pthread_self()函数原型如下：

pthread_t pthread_self(void);

该函数返回调用线程的线程 ID。

由于 pthread_t 类型可能是一个结构体，因此可以使用 pthread_equal()来比较两个线程 ID 是否相等。pthread_equal()函数原型如下：

int pthread_equal(pthread_t t1, pthread_t t2);

如果 t1 等于 t2，则该函数返回一个非 0 值，否则返回 0。

13.3.2 创建与终止

每个线程都有从创建到终止的生命周期。

1. 创建线程

在进程中创建一个新线程的函数是 pthread_create()，原型如下：

int pthread_create(pthread_t * thread, const pthread_attr_t * attr,
                   void * (* start_routine) (void *), void * arg);

说明：线程被创建后将立即运行。

返回值说明：

- 如果 pthread_create()调用成功，函数返回 0，否则返回一个非 0 的错误码。表 13.1 列出了 pthread_create()函数调用时必须检查的错误码。

表 13.1 pthread_create()错误码表

错误码	出错说明
EAGAIN	系统没有创建线程所需的资源
EINVAL	attr 参数无效
EPERM	调用程序没有适当的权限来设定调度策略或 attr 指定的参数

第 13 章　Linux 多线程编程

参数说明：
- thread 用来指向新创建的线程的 ID。
- attr 用来表示一个封装了线程各种属性的属性对象,如果 attr 为 NULL,那么新线程就使用默认的属性,13.3.4 小节将讨论线程属性的细节。
- start_routine 是线程开始执行时调用的函数的名字,start_routine 函数有一个指向 void 的指针参数,并由 pthread_create 的第四个参数 arg 指定值,同时 start_routine 函数返回一个指向 void 的指针,这个返回值被 pthread_join 当做退出状态处理,13.3.3 小节介绍了线程的退出状态。
- arg 为参数 start_routine 指定函数的参数。

2. 终止线程

　　进程的终止可以通过直接调用 exit()、执行 main() 中的 return 或者通过进程的某个其他线程调用 exit() 来实现。在以上任何一种情况下,所有的线程都会终止。如果主线程在创建了其他线程后没有任务需要处理,那么它应该阻塞,直到所有线程都结束为止,或者应该调用 pthread_exit(NULL)。

　　调用 exit() 函数会使整个进程终止,而调用 pthread_exit() 只会使得调用线程终止,同时在创建的线程的顶层执行 return 线程会隐式地调用 pthread_exit()。pthread_exit() 函数原型如下：

```
void pthread_exit(void * retval);
```

　　retval 是一个 void 类型的指针,可以将线程的返回值当作 pthread_exit() 的参数传入,这个值同样被 pthread_join() 当做退出状态处理。如果进程的最后一个线程调用了 pthread_exit(),则进程会带着状态返回值 0 退出。

3. 线程范例 1

　　程序清单 13.1 给出了线程创建和终止的示例程序,主线程创建了 5 个线程,这 5 个线程和主线程并发执行,主线程创建完线程后调用 pthread_exit() 函数退出线程,其他线程分别打印当前线程的序号。当主线程先于其他进程执行 pthread_exit() 时,进程并不会退出,只有在最后一个线程也完成了时才会退出。

程序清单 13.1　线程的创建与终止

```
#include <pthread.h>
#include <stdio.h>
#include <stdlib.h>
#define NUM_THREADS     5

void * PrintHello(void * threadid){            /* 线程函数 */
    long tid;
    tid = (long)threadid;
    printf("Hello World! It's me, thread # %ld! \n", tid);   /* 打印线程对应的参数 */
```

```c
        pthread_exit(NULL);
    }

    int main(int argc, char *argv[])
    {
        pthread_t threads[NUM_THREADS];
        int rc;
        long t;

        for(t = 0; t<NUM_THREADS; t ++){                    /* 循环创建 5 个线程 */
            printf("In main: creating thread %ld\n", t);
            rc = pthread_create(&threads[t], NULL, PrintHello, (void *)t);
                                                            /* 创建线程 */
            if (rc){
                printf("ERROR; return code from pthread_create() is %d\n", rc);
                exit(-1);
            }
        }
        printf("In main: exit!\n");
        pthread_exit(NULL);                                 /* 主线程退出 */
        return 0;
    }
```

程序清单 13.1 的程序运行结果如图 13.1 所示，程序中主线程调用了 pthread_exit()函数，并不会将整个进程终止，而是在最后一个线程调用 pthread_exit()时程序才完成运行。

```
peng@VHost:~/multithreading$ ./sample1
In main: creating thread 0
In main: creating thread 1
Hello World! It's me, thread #0!
In main: creating thread 2
Hello World! It's me, thread #1!
In main: creating thread 3
Hello World! It's me, thread #2!
In main: creating thread 4
Hello World! It's me, thread #3!
In main: exit!
Hello World! It's me, thread #4!
peng@VHost:~/multithreading$
```

图 13.1 线程范例 1 运行结果

注意：由于操作系统线程调度的随机性，多线程范例程序的实际执行结果可能与本文给出的结果不一致。

13.3.3 连接与分离

线程可以分为**分离线程(DETACHED)**和**非分离线程(JOINABLE)**两种：
- 分离线程是指线程退出时会释放其资源的线程；
- 非分离线程退出后不会立即释放资源，需要另一个线程为其调用 pthread_join 函数或者进程退出时才会释放资源。

只有非分离线程才是可连接的，分离线程退出时不会报告它的退出状态。

1. 线程分离

pthread_detach()函数可以将非分离线程设置为分离线程，函数原型如下：

int pthread_detach(pthread_t thread);

参数 thread 是要分离的线程的 ID。

线程可以自己来设置分离，也可以由其他线程来设置分离，以下代码线程可设置自身分离：

pthread_detach(pthread_self());

成功返回 0，失败则返回一个非 0 的错误码，表 13.2 列出了 pthread_detach 的实现必须检查的错误码。

表 13.2 pthread_detach 错误码表

错误码	出错描述
EINVAL	thread 参数所表示的线程不是可分离的线程
ESRCH	没有找到 ID 为 thread 的线程

2. 线程连接

如果一个线程是非分离线程，那么其他线程可调用 pthread_join()函数对其进行连接。pthread_join()函数原型如下：

int pthread_join(pthread_t thread, void * * retval);

pthread_join()函数将调用线程挂起，直到参数 thread 指定目标线程终止运行为止。

参数 retval 为指向线程返回值的指针提供一个位置，这个返回值是目标线程调用 pthread_exit()或者 return 所提供的值。当目标线程无需返回时可使用 NULL 值，调用线程如果不需对目标线程的返回状态进行检查可直接将 retval 赋值为 NULL。

如果 pthread_join()成功调用，它将返回 0，如果不成功，pthread_join()返回一个非 0 的错误码，表 13.3 列出了 pthread_join()的实现必须检查的错误码。

表 13.3 pthread_join 错误码表

错误码	出错描述
EINVAL	thread 参数所表示的线程不是可连接的线程
ESRCH	没找到线程 ID 为 thread 的线程

注意：为了防止内存泄露，长时间运行的程序最终应该为每个线程调用 pthread_detach( ) 或者被 pthread_join。

3. 线程范例 2

程序清单 13.2 给出了 pthread_join( ) 的使用范例，主线程创建了 4 个线程来进行数学运算，每个线程将运算的结果通过 pthread_exit( ) 函数返回给主线程，主线程使用 pthread_join( ) 来等待 4 个线程完成并获取它们的运行结果。

程序清单 13.2 pthread_join 函数示例

```
#include <pthread.h>
#include <stdio.h>
#include <stdlib.h>
#include <math.h>
#define NUM_THREADS 4

void *BusyWork(void *t)                          /* 线程函数 */
{
    int i;
    long tid;
    double result = 0.0;
    tid = (long)t;

    printf("Thread %ld starting...\n",tid);
    for (i=0; i<1000000; i++) {
        result = result + sin(i) * tan(i);       /* 进行数学运算 */
    }
    printf("Thread %ld done. Result = %e\n",tid, result);
    pthread_exit((void*) t);                     /* 带计算结果退出 */
}

int main (int argc, char *argv[]){
    pthread_t thread[NUM_THREADS];
    int rc;
    long t;
    void *status;
```

第 13 章　Linux 多线程编程

```
for(t = 0; t<NUM_THREADS; t ++ ) {
    printf("Main: creating thread % ld\n", t);
    rc = pthread_create(&thread[t], NULL, BusyWork, (void * )t);        /* 创建线程 */
    if (rc) {
        printf("ERROR; return code from pthread_create() is % d\n", rc);
        exit( - 1);
    }
}
for(t = 0; t<NUM_THREADS; t ++ ) {
    rc = pthread_join(thread[t], &status);        /* 等待线程终止,并获取返回值 */
    if (rc) {
        printf("ERROR; return code from pthread_join() is % d\n", rc);
        exit( - 1);
    }
    printf("Main: completed join with thread % ld having a status of % ld\n",t,(long)
    status);
}
printf("Main: program completed. Exiting.\n");
pthread_exit(NULL);
}
```

如图 13.2 所示是程序清单 13.2 可能的运行结果。可以看出 4 个线程的计算结果相同,主线程在 4 个线程完成后退出。

```
peng@VHost:~/multithreading$ ./sample2
Main: creating thread 0
Main: creating thread 1
Main: creating thread 2
Thread 0 starting...
Main: creating thread 3
Thread 1 starting...
Thread 2 starting...
Thread 3 starting...
Thread 3 done. Result = -3.153838e+06
Thread 0 done. Result = -3.153838e+06
Main: completed join with thread 0 having a status of 0
Thread 2 done. Result = -3.153838e+06
Thread 1 done. Result = -3.153838e+06
Main: completed join with thread 1 having a status of 1
Main: completed join with thread 2 having a status of 2
Main: completed join with thread 3 having a status of 3
Main: program completed. Exiting.
peng@VHost:~/multithreading$
```

图 13.2　线程范例 2 运行结果

13.3.4 线程属性

前面介绍的线程创建 pthread_create()函数,pthread_create()函数的第二个参数为 pthread_attr_t 类型,用于设置线程的属性。

线程基本属性包括:栈大小、调度策略和线程状态。

通常先创建一个属性对象,然后在属性对象上设置属性的值,再将属性对象传给 pthread_create 函数的第二个参数用来创建含有该属性的线程。

一个属性对象可以多次传给 pthread_create()函数,以创建多个含有相同属性的线程。

1. 属性对象

(1) 初始化属性对象

pthread_attr_init()函数用于将属性对象使用默认值进行初始化,函数原型如下:

int pthread_attr_init(pthread_attr_t *attr);

函数只有一个参数,是一个指向 pthread_attr_t 的属性对象的指针。成功则返回 0,否则返回一个非 0 的错误码。

(2) 销毁属性对象

销毁属性对象使用 pthread_attr_destroy()函数,函数原型如下:

int pthread_attr_destroy(pthread_attr_t *attr);

函数只有一个参数,是一个指向 pthread_attr_t 的属性对象的指针。成功返回 0,否则返回一个非 0 的错误码。

2. 线程状态

线程有两种状态,取值可能是:
- PTHREAD_CREATE_JOINABLE——非分离线程;
- PTHREAD_CREATE_DETACHED——分离线程。

(1) 获取线程状态

获取线程状态的函数是 pthread_attr_getdetachstate(),原型如下:

int pthread_attr_getdetachstate(pthread_attr_t *attr, int *detachstate);

参数 attr 是一个指向已初始化的属性对象的指针,detachstate 是所获状态值的指针。成功返回 0,否则返回一个非 0 的错误码。

(2) 设置线程状态

设置线程状态的函数是 pthread_attr_setdetachstate(),原型如下:

int pthread_attr_setdetachstate(pthread_attr_t *attr, int detachstate);

参数 attr 是一个指向已初始化的属性对象的指针,detachstate 是要设置的值。成

第 13 章 Linux 多线程编程

功返回 0,否则返回一个非 0 的错误码。

3. 线程栈

每个线程都有一个独立的调用栈,线程的栈大小在线程创建的时候就已经固定下来,Linux 系统线程默认栈的大小为 8 MB,只有主线程的栈大小会在运行过程中自动增长。用户可以通过属性对象来设置和获取栈大小。

(1) 获取线程栈

获取线程栈大小的函数是 pthread_attr_getstacksize(),原型如下:

int pthread_attr_getstacksize(pthread_attr_t *attr, size_t *stacksize);

参数 attr 是一个指向已初始化的属性对象的指针,stacksize 是所获栈大小的指针。成功返回 0,否则返回一个非 0 的错误码。

(2) 设置线程栈

设置线程栈大小的函数是 pthread_attr_setstacksize(),原型如下:

int pthread_attr_setstacksize(pthread_attr_t *attr, size_tstacksize);

参数 attr 是一个指向已初始化的属性对象的指针,stacksize 是需要设置的栈大小。成功返回 0,否则返回一个非 0 的错误码。

4. 线程范例 3

程序清单 13.3 举例说明了线程创建及线程属性的使用方法,主线程根据参数列表参数给出的线程栈大小来设置线程属性对象,然后为参数列表的剩余参数分别创建线程来实现小写转大写的功能并打印出栈地址。

程序清单 13.3   线程属性示例

```
#include <pthread.h>
#include <string.h>
#include <stdio.h>
#include <stdlib.h>
#include <unistd.h>
#include <errno.h>
#include <ctype.h>

#define handle_error_en(en, msg) \         /* 出错处理宏供返回错误码的函数使用 */
    do { errno = en; perror(msg); exit(EXIT_FAILURE); } while (0)

#define handle_error(msg) \                /* 出错处理宏 */
    do { perror(msg); exit(EXIT_FAILURE); } while (0)

struct thread_info {
    pthread_t thread_id;
```

```c
    int        thread_num;
    char       * argv_string;
};

static void * thread_start(void * arg){        /* 线程运行函数 */
    struct thread_info * tinfo = arg;
    char * uargv, * p;

    printf("Thread % d: top of stack near % p; argv_string = %s\n",
                                   /* 通过 p 的地址来计算栈的起始地址 */
        tinfo ->thread_num, &p, tinfo ->argv_string);
    uargv = strdup(tinfo ->argv_string);
    if (uargv == NULL)
        handle_error("strdup");

    for (p = uargv; * p != '\0'; p ++ )
        * p = toupper( * p);            /* 小写字符转换大写字符 */

    return uargv;                       /* 将转换结果返回 */
}
int main(int argc, char * argv[]){
    int s, tnum, opt, num_threads;
    struct thread_info * tinfo;
    pthread_attr_t attr;
    int stack_size;
    void * res;

    stack_size = -1;
    while ((opt = getopt(argc, argv, "s:")) != -1) {
                                    /* 处理参数 - s 所指定的栈大小 */
        switch (opt) {
            case 's':
                stack_size = strtoul(optarg, NULL, 0);
                break;
            default:
                fprintf(stderr, "Usage: %s [ - s stack - size] arg...\n",
                        argv[0]);
                exit(EXIT_FAILURE);
        }
    }
    num_threads = argc - optind;

    s = pthread_attr_init(&attr);       /* 初始化属性对象 */
```

```c
        if (s != 0)
            handle_error_en(s, "pthread_attr_init");
        if (stack_size > 0) {
            s = pthread_attr_setstacksize(&attr, stack_size);
                                        /* 设置属性对象的栈大小 */
            if (s != 0)
                handle_error_en(s, "pthread_attr_setstacksize");
        }

        tinfo = calloc(num_threads, sizeof(struct thread_info));
        if (tinfo == NULL)
            handle_error("calloc");
        for (tnum = 0; tnum < num_threads; tnum++) {
            tinfo[tnum].thread_num = tnum + 1;
            tinfo[tnum].argv_string = argv[optind + tnum];
            s = pthread_create(&tinfo[tnum].thread_id, &attr,   /* 根据属性创建线程 */
                               &thread_start, &tinfo[tnum]);
            if (s != 0)
                handle_error_en(s, "pthread_create");
        }
        s = pthread_attr_destroy(&attr);       /* 销毁属性对象 */
        if (s != 0)
            handle_error_en(s, "pthread_attr_destroy");

        for (tnum = 0; tnum < num_threads; tnum++) {
            s = pthread_join(tinfo[tnum].thread_id, &res);
                                        /* 等待线程终止,并获取返回值 */
            if (s != 0)
                handle_error_en(s, "pthread_join");
            printf("Joined with thread %d; returned value was %s\n",
                    tinfo[tnum].thread_num, (char *) res);
            free(res);
        }
        free(tinfo);
        exit(EXIT_SUCCESS);
}
```

如图 13.3 所示是程序清单 13.3 的一个运行结果,运行此程序是使用-s 参数指定每个新创建线程的栈大小,每个线程运行起来后都先取栈变量的地址。通过打印变量地址来大概估计栈的起始地址。然后每个线程将线程参数给出的字符串转换为大写并返回给主线程,主线程使用 pthread_join()等待并获取线程的结果。

图 13.3　线程范例 3 的运行结果

13.4　线程安全

多线程编程环境中，多个线程同时调用某些函数可能会产生错误结果，这些函数称为非线程安全函数。如果库函数能够在多个线程中同时执行并且不互相干扰，那么这个库函数就是线程安全（thread-safe）函数。

POSIX.1-2008，规定除了表 13.4 列出的特定函数外，所有标准库的函数都应该是线程安全函数。有些库函数虽然不是线程安全函数，但系统有后缀为_r 的线程安全版本，如 strtok_r。

表 13.4　非线程安全的 POSIX 函数

非线程安全的 POSIX 函数			
asctime()	ftw()	getservbyport()	putc_unlocked()
basename()	getc_unlocked()	getservent()	putchar_unlocked()
catgets()	getchar_unlocked()	getutxent()	putenv()
crypt()	getdate()	getutxid()	pututxline()
ctime()	getenv()	getutxline()	rand()
dbm_clearerr()	getgrent()	gmtime()	readdir()
dbm_close()	getgrgid()	hcreate()	setenv()
dbm_delete()	getgrnam()	hdestroy()	setgrent()
dbm_error()	gethostent()	hsearch()	setkey()
dbm_fetch()	getlogin()	inet_ntoa()	setpwent()
dbm_firstkey()	getnetbyaddr()	l64a()	setutxent()
dbm_nextkey()	getnetbyname()	lgamma()	strerror()
dbm_open()	getnetent()	lgammaf()	strsignal()
dbm_store()	getopt()	lgammal()	strtok()
dirname()	getprotobyname()	localeconv()	system()
dlerror()	getprotobynumber()	localtime()	ttyname()

续表 13.4

非线程安全的 POSIX 函数		
drand48()	getprotoent()	lrand48()	unsetenv()
encrypt()	getpwent()	mrand48()	wcstombs()
endgrent()	getpwnam()	nftw()	wctomb()
endpwent()	getpwuid()	nl_langinfo()	
endutxent()	getservbyname()	ptsname()	

13.5 互斥量

13.5.1 临界区

在计算机系统中有许多共享资源不允许用户并行使用。例如打印机设备，如果它同时进行两份文档打印，那么它的输出就会产生交错，从而都无法获得正确的文档。像打印机这样的共享设备被称为**排它性资源**，因为它一次只能由一个执行流访问。执行流必须以互斥的方式执行访问排它性资源的代码。

临界区是必须以互斥方式执行的代码段，也就是说，在临界区的范围内只能有一个活动的执行线程。

13.5.2 什么是互斥量

互斥量（Mutex）又称为互斥锁，是一种用来保护临界区的特殊变量，它可以处于锁定（locked）状态，也可以处于解锁（unlocked）状态：

- 如果互斥锁是锁定的，就是某个线程正持有这个互斥锁；
- 如果没有线程持有这个互斥锁，那么这个互斥锁就处于解锁状态。

每个互斥锁内部都有一个线程等待队列，用来保存等待该互斥锁的线程。当互斥锁处于解锁状态，一个线程试图获取这个互斥锁时，这个线程就可以得到这个互斥锁而不会阻塞；当互斥锁处于锁定状态，一个线程试图获取这个互斥锁时，这个线程将阻塞在互斥锁的等待队列内。

互斥量是最简单也是最有效的线程同步机制。程序可以用它来保护临界区，以获得对排它性资源的访问权。另外，互斥量只能被短时间地持有，使用完临界资源后应立即释放锁。

13.5.3 创建与销毁

1. 创建互斥量

pthreads 使用 pthread_mutex_t 类型的变量来表示互斥量，同时在使用互斥量进行同步前需要先对它进行初始化,可以用静态或动态的方式对互斥量进行初始化。

(1)静态初始化

对于静态分配的 pthread_mutex_t 变量来说,只需要将 PTHREAD_MUTEX_INITIALIZER 赋给变量就行了。

```
pthread_mutex_t mutex = PTHREAD_MUTEX_INITIALIZER;
```

(2)动态初始化

对于动态分配或者不使用默认属性的互斥变量来说,需要调用 pthread_mutex_int()函数来执行初始化工作。pthread_mutex_int()函数原型如下:

```
int pthread_mutex_init(pthread_mutex_t * restrict mutex,const pthread_mutexattr_t * restrict attr);
```

参数 mutex 是一个指向要初始化的量的指针;参数 attr 传递 NULL 来初始化一个带有默认属性的互斥量,否则就要用类似于线程属性对象所使用的方法,先创建互斥量属性对象,再用该属性对象来创建互斥量。

函数成功返回 0,否则返回一个非 0 的错误码,表 13.5 列出了 pthread_mutex_init 出错的错误码。

表 13.5　pthread_mutex_nit 错误码表

错误码	出错描述
EAGAIN	系统缺乏初始化互斥量所需的非内存资源
ENOMEM	系统缺乏初始化互斥量所需的内存资源
EPERM	调用程序没有适当的优先级

静态初始化程序通常比调用 pthread_mutex_init 更有效,而且在任何线程开始执行之前,要确保变量被初始化一次。

以下代码用来动态地初始化默认属性的互斥量 mylock:

```
int error;
pthread_mutex_t  mylock;
if (error = pthread_mutex_init(&mylock, NULL))
        fprintf(stderr, "Failed to initialize mylock : %s\n", strerror(error));
```

2. 销毁互斥量

销毁互斥量使用 pthread_mutex_destroy()函数,原型如下:

```
int pthread_mutex_destroy(pthread_mutex_t * mutex);
```

参数 mutex 是指向要销毁的互斥量的指针。以下代码销毁了 mylock 互斥量:

```
int error;
pthread_mutex_t  mylock;
if (error = pthread_mutex_destroy(&mylock))
```

```
fprintf(stderr, "Failed to destroy mylock : %s\n", strerror(error));
```

13.5.4 加锁与解锁

1. 加　锁

线程试图锁定互斥量的过程称之为加锁。

Pthreads 中有两个试图锁定互斥量的函数：pthread_mutex_lock() 和 pthread_mutex_trylock()。pthread_mutex_lock() 函数会一直阻塞直到互斥量可用为止，而 pthread_mutex_trylock() 则会尝试加锁，但通常会立即返回。函数原型如下：

```
int pthread_mutex_lock(pthread_mutex_t * mutex);
int pthread_mutex_trylock(pthread_mutex_t * mutex);
```

参数 mutex 是需要加锁的互斥量。函数成功返回 0，否则返回一个非 0 的错误码，其中在另一个线程已持有锁的情况下，调用 pthread_mutex_trylock() 函数时错误码为 EBUSY。

2. 解　锁

解锁是线程将互斥量由锁定状态变为解锁状态。

pthread_mutex_unlock() 函数用来释放指定的互斥量。函数原型如下：

```
int pthread_mutex_unlock(pthread_mutex_t * mutex);
```

参数 mutex 是需要解锁的互斥量。函数成功返回 0，否则返回一个非 0 的错误码。

只有当线程进入临界区之前正确地获取了适当的互斥量，才能在线程离开临界区时释放互斥量。以下伪代码展示了互斥量保护临界区的基本用法：

```
pthread_mutex_t mylock = PTHREAD_MUTEX_INITIALIZER;
pthread_mutex_lock(&mylock);
```

临界区代码

```
pthread_mutex_unlock(&mylock);
```

3. 线程范例 4

程序清单 13.4 是使用互斥量来保证多线程同时输出顺序的例子，互斥量能保证只有获取资源的线程打印完才让别的线程打印，从而避免了打印乱序的问题。

程序清单 13.4　使用互斥量保护多线程同时输出

```
1 #include<stdio.h>
2 #include<string.h>
3 #include<pthread.h>
4 #include<stdlib.h>
5 #include<unistd.h>
```

```c
 6
 7  pthread_t tid[2];
 8  pthread_mutex_t lock;
 9
10  void * doPrint(void * arg)
11  {
12      int id = (long)arg;
13      int i = 0;
14      pthread_mutex_lock(&lock);           /* 使用互斥量保护临界区 */
15      printf("Job %d started\n", id);
16      for (i = 0; i < 5; i++) {
17          printf("Job %d printing\n", id);
18          usleep(10);
19      }
20      printf("Job %d finished\n", id);
21      pthread_mutex_unlock(&lock);
22      return NULL;
23  }
24
25  int main(void)
26  {
27      long i = 0;
28      int err;
29
30      if (pthread_mutex_init(&lock, NULL) != 0)   /* 动态初始化互斥量 */
31      {
32          printf("\n Mutex init failed\n");
33          return 1;
34      }
35      while(i < 2)
36      {
37          err = pthread_create(&(tid[i]), NULL, &doPrint, (void *)i);
38          if (err != 0)
39              printf("Can't create thread :[%s]", strerror(err));
40          i++;
41      }
42      pthread_join(tid[0], NULL);
43      pthread_join(tid[1], NULL);
44      pthread_mutex_destroy(&lock);
45
46      return 0;
47  }
```

如图 13.4 所示是程序清单 13.4 的运行结果,可以看到 Job 0 先获取互斥锁并进行打印,需要所有 Job 0 打印的任务完成后才让 Job 1 打印。

如图 13.5 所示是将程序清单 13.4 中修改为不使用互斥量(注释第 14 和 21 行)的输出,可见输出为乱序。

图 13.4　使用互斥量保证输出顺序　　　图 13.5　无互斥量时的乱序输出

13.5.5　死锁和避免

1. 死　锁

死锁是指两个或两个以上的执行程序在执行过程中因争夺资源而造成的一种互相等待的现象。例如,一个线程 T1 已锁定了一个资源 R1,又想去锁定资源 R2,而此时另一个线程 T2 已锁定了资源 R2,却想去锁定资源 R1,两个线程都想得到对方的资源,而不愿释放自己的资源,造成两个线程都在等待而无法执行,如图 13.6 所示。

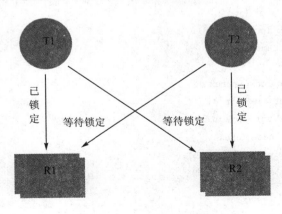

图 13.6　死锁发生示意图

程序清单 13.5 示例了死锁发生的情况，程序创建了两个线程，第一个线程先获取 mutexA 锁，再获取 mutexB 锁；第二个线程先获取 mutexB 后获取 mutexA，这时死锁就可能发生。

程序清单 13.5　死锁产生的范例

```c
#include<stdio.h>
#include<string.h>
#include<pthread.h>
#include<stdlib.h>
#include<unistd.h>

pthread_t tid[2];
pthread_mutex_t mutexA = PTHREAD_MUTEX_INITIALIZER;     /* 静态初始化互斥量 */
pthread_mutex_t mutexB = PTHREAD_MUTEX_INITIALIZER;

void * t1(void * arg) {
    pthread_mutex_lock(&mutexA);             /* 线程1 获取 mutexA */
    printf("t1 get mutexA\n");
    usleep(1000);
    pthread_mutex_lock(&mutexB);             /* 线程1 获取 mutexB */
    printf("t1 get mutexB\n");
    pthread_mutex_unlock(&mutexB);           /* 线程1 释放 mutexB */
    printf("t1 release mutexB\n");
    pthread_mutex_unlock(&mutexA);           /* 线程1 释放 mutexA */
    printf("t1 release mutexA\n");
    return NULL;
}

void * t2(void * arg) {
    pthread_mutex_lock(&mutexB);
    printf("t2 get mutexB\n");
    usleep(1000);
    pthread_mutex_lock(&mutexA);
    printf("t2 get mutexA\n");
    pthread_mutex_unlock(&mutexA);
    printf("t2 release mutexA\n");
    pthread_mutex_unlock(&mutexB);
    printf("t2 release mutexB\n");
    return NULL;
}

int main(void) {
```

```
        int err;

        err = pthread_create(&(tid[0]), NULL, &t1, NULL );    /* 创建线程 1 */
        if (err != 0)
                printf("Can't create thread :[%s]", strerror(err));

        err = pthread_create(&(tid[1]), NULL, &t2, NULL);     /* 创建线程 2 */
        if (err != 0)
                printf("Can't create thread :[%s]", strerror(err));
        pthread_join(tid[0], NULL);
        pthread_join(tid[1], NULL);
        return 0;
}
```

如图 13.7 所示为程序清单 13.5 的运行结果，t1 线程获取 mutexA 后等待 mutexB，t2 线程获取 mutexB 后等待 mutexA，两个线程互相等待，进入死锁。

图 13.7 死锁发生

2. 死锁的避免

当多个线程需要相同的锁，但是按照不同的顺序加锁，死锁就很容易发生，如果能确保所有的线程都是按照相同的顺序获得锁，那么死锁就不会发生。例如，规定程序内有三个互斥锁的加锁顺序为 mutexA→mutexB→mutexC，则线程 t1、t2、t3 线程操作伪代码如下所示：

t1	t2	t3
lock(mutexA)	lock(mutexA)	lock(mutexB)
lock(mutexB)	lock(mutexC)	lock(mutexC)
lock(mutexC)		

13.6 条件变量

13.6.1 为什么需要条件变量

在多线程编程中仅使用互斥锁来完成互斥是不够用的。

假设有两个线程 t1 和 t2，需要这个两个线程循环对一个共享变量 sum 进行自增操作，那么 t1 和 t2 只需要使用互斥量即可保证操作正确完成，线程执行代码如所示：

```
pthread_mutex_tsumlock = PTHREAD_MUTEX_INITIALIZER;

void * t1t2(void) {
    pthread_mutex_lock(&sumlock);
    sum ++ ;
    pthread_mutex_unlock(&sumlock);
}
```

如果这时需要增加另一个线程 t3，需要 t3 在 count 大于 100 时将 count 值重新置 0，那么 t3 可以实现如下：

```
void * t3 (void) {
    pthread_mutex_lock(&sumlock);
    if (sum >= 100) {
        sum = 0;
        pthread_mutex_unlock(&sumlock);
    } else {
        pthread_mutex_unlock(&sumlock);
        usleep(100);
    }
}
```

以上代码存在以下问题：

（1）sum 在大多数情况下不会到达 100，那么对 t3 的代码来说，大多数情况下，走的是 else 分支，只是 lock 和 unlock，然后才是 sleep()。这浪费了 CPU 处理时间。

（2）为了节省 CPU 处理时间，t3 会在探测到 sum 没到达 100 的时候休眠一段时间。这样却又带来另外一个问题，即 t3 响应速度下降。可能在 sum 到达 200 的时候，t3 才会醒过来。

这样时间与效率就出现了矛盾，而条件变量就是解决这个问题的好方法。

13.6.2 创建与销毁

1. 创建条件变量

Pthreads 用 pthread_cond_t 类型的变量来表示条件变量。程序必须在使用 pthread_cond_t 变量之前对其进行初始化。

(1) 静态初始化

对于静态分配的变量，可以简单地将 PTHREAD_COND_INITIALIZER 赋值给变量来初始化默认行为的条件变量：

```
pthread_cond_t cond = PTHREAD_COND_INITIALIZER;
```

(2) 动态初始化

对动态分配或者不使用默认属性的条件变量来说，可以使用 pthread_cond_init()

来初始化。函数原型如下：

```
int pthread_cond_init(pthread_cond_t * restrict cond,
          const pthread_condattr_t * restrict attr);
```

参数 cond 是一个指向需要初始化 pthread_cond_t 变量的指针,参数 attr 传递 NULL 值时,pthread_cond_init()将 cond 初始化为默认属性的条件变量。

函数成功返回 0,否则返回一个非 0 的错误码。

静态初始化程序通常比调用 pthread_cond_init()更有效,而且在任何线程开始执行之前,确保变量被执行一次。

以下代码示例了条件变量的初始化：

```
pthread_cond_t cond;
int error;
if (error = pthread_cond_init(&cond, NULL))
    fprintf(stderr, "Failed to initialize cond : %s\n", strerror(error));
```

2. 销毁条件变量

函数 pthread_cond_destroy()用来销毁其参数所指出的条件变量,函数原型如下：

```
int pthread_cond_destroy(pthread_cond_t * cond);
```

函数成功调用则返回 0,否则返回一个非 0 的错误码。以下代码演示了如何销毁一个条件变量：

```
pthread_cond_t  cond;
int error;
if (error = pthread_cond_destroy(&cond))
    fprintf(stderr, "Failed to destroy cond : %s\n", strerror(error));
```

13.6.3 等待与通知

1. 等 待

条件变量是与条件测试一起使用的,通常线程会对一个条件进行测试,如果条件不满足就会调用条件等待函数来等待条件满足。

条件等待函数有 pthread_cond_wait()和 pthread_cond_timedwait()和两个,函数原型如下：

```
int pthread_cond_wait(pthread_cond_t * restrict cond, pthread_mutex_t * restrict mutex);
int pthread_cond_timedwait(pthread_cond_t * restrict cond,
              pthread_mutex_t * restrict mutex, const struct timespec * re-
              strict abstime);
```

pthread_cond_wait()函数在条件不满足时将一直等待,而 pthread_cond_timedwait()将只等待一段时间。

参数 cond 是一个指向条件变量的指针,参数 mutex 是一个指向互斥量的指针,线程在调用前应该拥有这个互斥量,当线程要加入条件变量的等待队列时,等待操作会使线程释放这个互斥量。pthread_timedwait()的第三个参数 abstime 是一个指向返回时间的指针,如果条件变量通知信号没有在此等待时间之前出现,则等待将超时退出,abstime 是绝对时间,而不是时间间隔。

以上函数调用成功返回 0,否则返回非 0 的错误码,如果 abstime 指定的时间到期,其中 pthread_cond_timedwait()函数错误码为 ETIMEOUT。

以下代码使得线程进入等待,直到收到通知并且满足 a≥b 的条件:

```
pthread_mutex_lock(&mutex);
while(a < b)
    pthread_cond_wait(&cond, &mutex);
pthread_mutex_unlock(&mutex);
```

2. 通　知

当另一个线程修改了某参数可能使得条件变量所关联的条件变成真时,它应该通知一个或者多个等待在条件变量等待队列中的线程。

条件通知函数有 pthread_cond_signal() 和 pthread_cond_broadcast(),其中 pthread_cond_signal()函数可以唤醒一个在条件变量等待队列等待的线程,而 pthread_cond_broadcast 函数可以唤醒所有在条件变量等待队列等待的线程。函数原型如下:

```
int pthread_cond_broadcast(pthread_cond_t * cond);
int pthread_cond_signal(pthread_cond_t * cond);
```

参数 cond 是一个指向条件变量的指针。函数成功返回 0,否则返回一个非 0 的错误码。

3. 线程范例 5

13.6.1 小节提出问题的条件变量实现版本如程序清单 13.6 所示。

程序清单 13.6　条件变量范例

```c
#include<stdio.h>
#include<string.h>
#include<pthread.h>
#include<stdlib.h>
#include<unistd.h>

pthread_t tid[3];
int sum = 0;
pthread_mutex_t sumlock = PTHREAD_MUTEX_INITIALIZER;          /* 静态初始化互斥量 */
pthread_cond_t cond_sum_ready = PTHREAD_COND_INITIALIZER;  /* 静态初始化条件变量 */
```

```c
void * t1t2(void * arg) {
    int i;
    long id = (long)arg;

    for (i = 0; i < 60; i++) {
        pthread_mutex_lock(&sumlock);              /* 使用互斥量保护临界变量 */
        sum++;
        printf("t%ld: read sum value = %d\n", id + 1, sum);
        pthread_mutex_unlock(&sumlock);
        if (sum >= 100)
            pthread_cond_signal(&cond_sum_ready);  /* 发送条件通知,唤醒等待线程 */
    }
    return NULL;
}
void * t3(void * arg) {
    pthread_mutex_lock(&sumlock);
    while(sum < 100)                               /* 不满足条件将一直等待 */
        pthread_cond_wait(&cond_sum_ready, &sumlock);   /* 等待条件满足 */
    sum = 0;
    printf("t3: clear sum value\n");
    pthread_mutex_unlock(&sumlock);
    return NULL;
}

int main(void) {
    int err;
    long i;

    for (i = 0; i < 2; i++) {
        err = pthread_create(&(tid[i]), NULL, &t1t2, (void *)i);
                                                   /* 创建线程1 线程2 */
        if (err != 0) {
            printf("Can't create thread:[%s]", strerror(err));
        }
    }
    err = pthread_create(&(tid[2]), NULL, &t3, NULL);   /* 创建线程3 */
    if (err != 0)
        printf("Can't create thread:[%s]", strerror(err));
    for (i = 0; i < 3; i++)
        pthread_join(tid[i], NULL);
    return 0;
}
```

程序清单 13.6 的可能运行结果如下所示，sum 累加到 100 时发送条件通知，但程序结果中当 sum 计算到 103 时，t3 才被调用，这是因为 signal 与 wait 调用之间有间隙存在。

```
t1: read sum value = 1
t1: read sum value = 2
...
t2: read sum value = 100
t1: read sum value = 101
t1: read sum value = 102
t1: read sum value = 103
t3: clear sum value
t2: read sum value = 1
...
t2: read sum value = 17
```

第 14 章

嵌入式 GUI 编程

本章导读

常见的嵌入式 Linux 图形界面有 Qt/Embedded、DirectFB、MicroWindows/NanoX、MiniGUI 和 OpenGUI 等，每个 GUI 都有各自不同的特点和应用场合，在应用编程上也各不相同。

本章介绍嵌入式 Qt 的基础编程，从环境搭建入手，然后介绍了 qmake 工具以及 Qt Creator，紧接着给出了 Qt 常见部件编程和范例，最终以一个经典的贪食蛇游戏在 Qt 上的实现为例，对前面介绍的编程进行综合。

14.1 Qt 和 Qt/Embedded

14.1.1 Qt 介绍

Qt 是一个跨平台应用程序和 UI 开发框架。使用 Qt 只需一次性开发应用程序，无需重新编写源代码，便可跨不同桌面和嵌入式操作系统部署这些应用程序。Qt 原为奇趣科技公司（Trolltech，www.trolltech.com）开发维护，现在被 Nokia 公司收购。目前在 Nokia 的推动下，Qt 的发展非常快速，版本不断更新。截至此书出版目前最新的 Qt 主版本为 5.4，所支持的平台如图 14.1 所示。

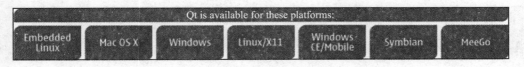

图 14.1 Qt 支持的平台

注意：本书使用的版本为 4.7.3，由于 Qt 5 和 Qt 4 在编程方面有些差别，且市面上大多数都是 Qt 4 编程的资料，Qt 5 的相对较少，所以建议使用 Qt 4 进行编程开发。

14.1.2　Qt/Embedded 介绍

嵌入式 Linux 发行版上的 Qt 属于 Qt 的 Embedded Linux 分支平台(本文简称为 Qt/E)。Qt/E 在原始 Qt 的基础上,进行了许多出色的调整以适合嵌入式环境。与桌面版的 Qt/X 11 相比,嵌入式的 Qt/E 很节省内存,因为它不需要 X server 或是 Xlib 库,在底层摒弃了 Xlib,采用 Framebuffer(帧缓冲)作为底层图形接口。Qt/E 的应用程序可以直接写内核帧缓冲,这避免了开发者使用繁琐的 Xlib/Server 系统。

Qt/E 所面对的硬件平台较多,当开发人员需要在某硬件平台上移植 Qt/E 时,需要下载 Qt 源代码,利用交叉编译器编译出 Qt 库,接着需要将 Qt 库复制两份,一份放置在开发主机上供编译使用,一份放在目标板上供运行时动态加载使用。具体流程如图 14.2 所示。

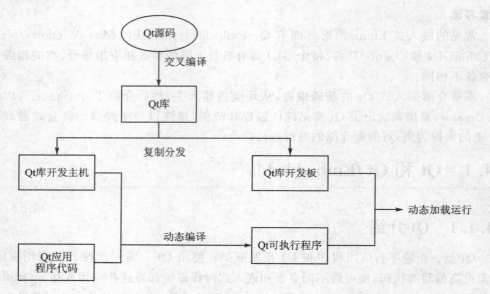

图 14.2　编译 Qt 库流程图

14.2　Qt/Embedded 交叉编译环境的搭建

14.2.1　环境介绍

- 主机系统:Ubuntu 12.04 32 – bit;
- 交叉编译环境:arm – none – linux – gnueabi;
- 开发板:EasyARM – i.MX283A;
- 安装文件目录结构:/home/vmuser/nfs_shared 用于开发板的挂载 PC 机的路径。

14.2.2 安装 tslib1.4

在采用触摸屏的移动终端中,触摸屏性能的调试是一个重要问题,因为电磁噪声的缘故,触摸屏容易存在单击不准确、抖动等问题。

tslib 是一个开源程序,能够为触摸屏驱动获得的采样提供诸如滤波、去抖动、校准等功能,通常作为触摸屏驱动的适配层,为上层的应用提供了一个统一的接口。

如果不采用触摸屏,可以不安装该库,跳过这一小节。

1. 准备工作

确保已安装了 autoconf、automake 和 libtool。如果没有安装或者不确定,可输入下列命令进行安装:

```
$ sudo apt-get install autoconf
$ sudo apt-get install automake
$ sudo apt-get install libtool
```

注意:确保内核源码目录下 include/linux/input.h 的 EV_VERSION 值与交叉编译工具定义的 EV_VERSION 值一致(本例为 arm-none-linux-gnueabi/libc/usr/include/linux/input.h),不然在开发板上 tslib 会报告"selected device is not a touchscreen I understand"错误。

2. 下载源码

从网上下载 tslib 源代码,本文以 tslib-1.4.tar.gz 为例。下载后,得到 tslib-1.4.tar.gz,解压,如下命令:

```
$ tar -zxvf tslib-1.4.tar.gz
```

3. 配 置

进入解压的目录,执行如下命令:

```
$ cd tslib
$ ./autogen.sh
$ ./configure --prefix=/home/vmuser/nfs_shared/tslib --host=arm-none-linux-gnueabi ac_cv_func_malloc_0_nonnull=yes
```

--prefix 指定安装路径,用户可以自行指定 tslib 的安装目录。

--host 指定交叉编译器,如果交叉编译器是 arm-none-linux-guneabi-gcc,则指定 arm-none-linux-guneabi。

4. 编 译

执行 make 指令:

```
$ make
```

5. 安 装

```
$ make install
```

编译生成的库、头文件等都拷贝到 prefix 指定的路径中。

如果可以看到该指定的路径下有 4 个文件夹：/bin、/etc、/lib、/include，则表示安装完成。

6. 修改 ts.conf 内容

为了在移植开发板的时候可以制定输入模块，需要修改 ts.conf 文件的内容。

进入安装目录下的/etc/文件夹，修改 ts.conf 文件的内容。

```
$ vi ts.conf
```

找到 #module_raw input 那一行，去掉注释#，如图 14.3 所示。

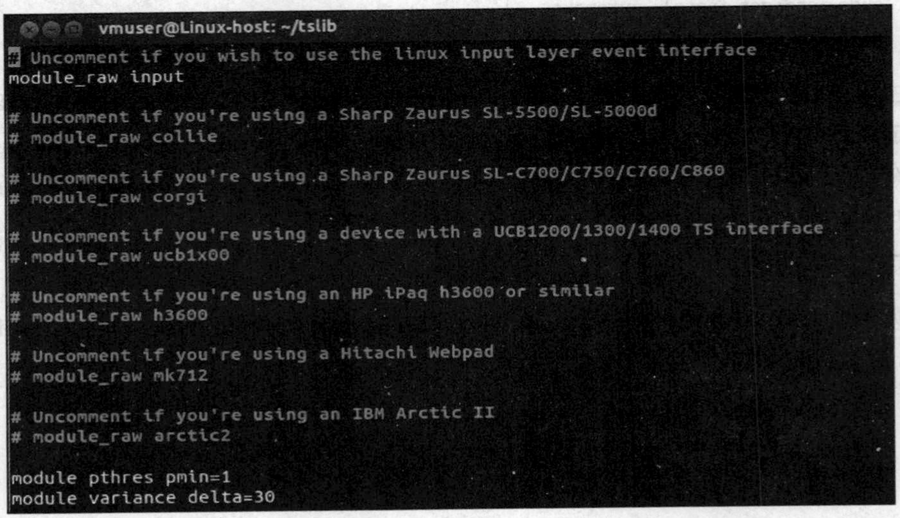

图 14.3　ts.conf 文件内容

注意：行首不要留空格，要顶格。

7. 移植到开发板

将安装路径下的 tslib 整个文件夹下载到开发板上，本例放置在开发板的/usr/local/下，如图 14.4 所示。

8. 设置开发板环境

通过串口软件（如本文使用的 Tera Term）打开开发板的环境变量文件/etc/profile。

```
# sudo vi /etc/profile
```

在末尾添加如下内容：

第 14 章 嵌入式 GUI 编程

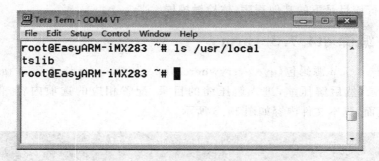

图 14.4　开发板 tslib 路径

```
export TSLIB_ROOT = /usr/local/tslib                        /* 指定 tslib 目录路径 */
export TSLIB_TSDEVICE = /dev/input/event0                   /* 指定触摸屏设备 */
export TSLIB_CALIBFILE = /etc/pointercal                    /* 指定校准文件的存放位置 */
export TSLIB_CONFFILE = $TSLIB_ROOT/etc/ts.conf             /* 指定 tslib 配置文件的路径 */
export TSLIB_PLUGINDIR = $TSLIB_ROOT/lib/ts                 /* 指定 tslib 插件文件的路径 */
export TSLIB_FBDEVICE = /dev/fb0                            /* 指定帧缓冲设备 */
export QWS_MOUSE_PROTO = /dev/input/event0                  /* 指定鼠标设备 */
export LD_LIBRARY_PATH = $LD_LIBRARY_PATH:$TSLIB_ROOT/lib   /* 添加 tslib 库 */
```

其中 TSLIB_ROOT 更改为自己实际存放 tslib 的绝对路径。

TSLIB_TSDEVICE 和 QWS_MOUSE_PROTO 这两项需要查看自己的开发板触摸屏设备对应 /dev/input/ 下的文件。

9. 执行测试命令

重新启动开发板，使系统重新读取 /etc/profile 的环境变量，进入 tslib/bin 目录，执行如下命令：

```
# cd /usr/local/tslib/bin
# ./ts_calibrate
```

如果开发板出现如图 14.5 所示界面，则说明 tslib 的安装和移植已经成功。

图 14.5　点触摸屏校准画面

可以执行该目录下的其他程序,体检触摸屏。

14.2.3 编译 qt4.7.3 - arm

下载 qt - 4.7.3 源码包(qt - everywhere - opensource - src - 4.7.3.tar.gz),进入源码包的目录,然后解压缩,进入解压缩的目录,配置相应的选项内容,保存到脚本 build - qt 里面,脚本文件内容如图 14.6 所示。

```
vmuser@Linux-host: ~/qt-everywhere-opensource-src-4.7.3
#!/bin/sh

./configure \
        -prefix /home/vmuser/nfs_shared/qt-4.7.3-arm               \
        -opensource -confirm-license -release -embedded arm        \
        -xplatform qws/linux-arm-gnueabi-g++ -no-qt3support        \
        -depths 16,18,24,32 -no-qvfb -no-svg -no-cups -no-mmx      \
        -no-3dnow -no-sse -no-sse2 -no-glib -no-openssl -shared    \
        -no-largefile -no-accessibility -no-xrender -no-webkit     \
        -no-gtkstyle -nomake examples -nomake docs -nomake demos   \
        -plugin-mouse-pc -plugin-mouse-tslib -little-endian        \
        -plugin-mouse-linuxtp -fast -lrt -qt-mouse-tslib           \
        -D QT_NO_QWS_CURSOR                                        \
        -D QT_QWS_CLIENTBLIT                                       \
        -I /home/vmuser/nfs_shared/tslib/include                   \
        -L /home/vmuser/nfs_shared/tslib/lib
```

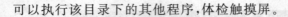

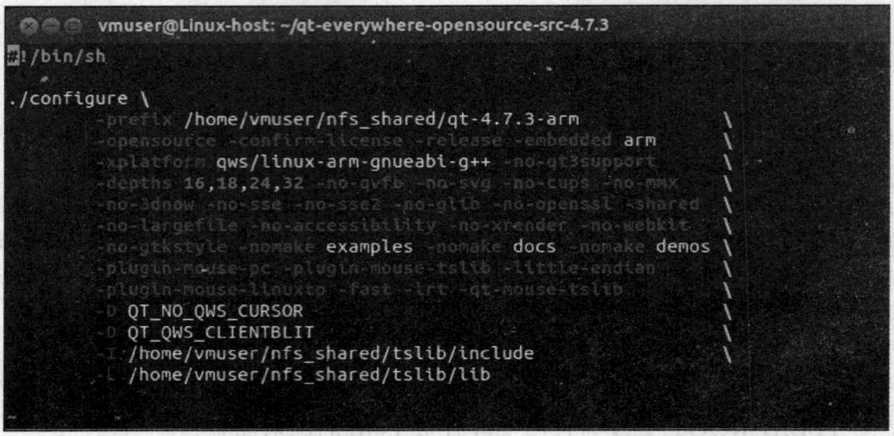

图 14.6 build - qt 文件

然后在该目录下的 mkspec/qws/linux - arm - gnueabi - g++/qmake.conf 文件添加 - lts 参数,在文件末尾添加如下两行:

```
QMAKE_INCDIR = /home/vmuser/nfs_shared/tslib/include
QMAKE_LIBDIR = /home/vmuser/nfs_shared/tslib/lib
```

实际操作后的效果如图 14.7 所示。

然后开始安装,具体命令如下:

```
$ cd qt - everywhere - opensource - src - 4.7.3
$ ./build - qt
```

注意:需要指定 tslib 相关文件的路径,如:- I /home/zlg/nfs_shared/tslib/include - L /hone/zlg/nfs_shared/tslib/lib 和 - qt - mouse - tslib,另外,配置之前确保 G++已安装。

至于“./configure”选项可以通过“./configure - help”查看,并参照实际开发板选择合适的选项。例如选项“-prefix <安装路径>”指定安装目录。

如果没有指定安装路径则默认安装在/usr/local/Trolltech/QtEmbedded - 4.7.3 - arm。

配置完成后,开始执行如下命令:

```
$ make
```

第 14 章 嵌入式 GUI 编程

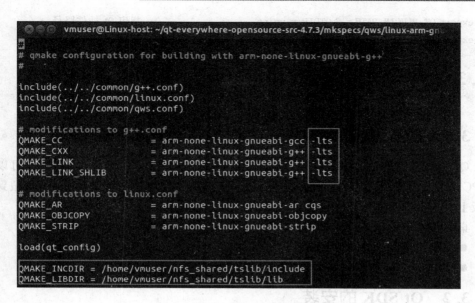

图 14.7 qmake.conf 文件内容

此处根据配置的选项,可能花费的时间比较久,需要耐心等待。

接下来执行如下命令进行安装:

```
$ make install
```

安装成功后,可以在安装目录下查看到相关文件夹,如本例安装路径为/home/vmuser/nfs_shared/qt-4.7.3-arm,可查看到有 bin、imports、include、lib、mkspec、plugins、translations。

接下来就要移植到开发板上了。

需要将安装目录下的 lib 和 plugins 移植到 ARM 开发板上,本例安装在/usr/local/qt-4.7.3-arm,所以在开发板上执行如下命令:

```
# mkdir /usr/local/qt-4.7.3-arm
```

通过 NFS 将 lib 和 plugins 下载到开发板上。在开发板上执行的命令如下:

```
# mount -t nfs 192.168.1.203:/home/vmuser/nfs_shared/ /tmp -o nolock
# cp -r /tmp/qt-4.7.3-arm/lib /usr/local/qt-4.7.3-arm/
# cp -r /tmp/qt-4.7.3-arm/plugins /usr/local/qt-4.7.3-arm
```

设置相应的环境变量,在开发板上执行如下命令:

```
# vi /etc/profile
```

然后在文件末尾追加如下内容:

```
export QTDIR=/usr/local/qt-4.7.3-arm
export LD_LIBRARY_PATH=$QTDIR/lib:$QTDIR/plugins/imageformats:$LD_LIBRARY_PATH
```

```
export QT_PLUGIN_PATH = $QTDIR/plugins          /* 指定 Qt 插件路径 */
export QT_QWS_FONTDIR = $QTDIR/lib/fonts        /* 指定 Qt 字体路径 */
```

14.3 Qt SDK 的搭建

14.3.1 Qt SDK 简介

Qt 是一个跨平台的图形框架,在安装了桌面版本 Qt SDK 的情况下,用户可以先在 PC 主机上进行 Qt 应用程序的开发调试,待应用程序基本成型后,再将其移植到目标板上。

桌面版本的 Qt SDK 主要包括以下部分:
● 用于桌面版本的 Qt 库;
● 集成开发环境 IDE(Qt Creator)。

14.3.2 Qt SDK 的安装

桌面版本的 Qt SDK 支持三个平台:Windows、Linux、Mac,这里只讲述 Linux 桌面版本 Qt SDK 的安装,其他平台下的安装可查阅官方资料。用户可以在 Qt 官方网站找到三个平台对应的安装包。推荐通过 Ubuntu 下的 apt-get 获取 Linux 版的 Qt SDK。在 Linux 主机可以正常上网的条件下,先进行安装源的更新,否则可能会导致 Qt-SDK 安装失败。安装源更新命令如下:

```
$ sudo apt-get update
```

其执行过程如所图 14.8 示。

图 14.8 更新 Linux 安装源

安装源更新成功后,可以使用如下命令获取并安装 Qt SDK。

```
$ sudo apt-get install qt-sdk
```

在 Qt SDK 的安装过程中可能会出现如图 14.9 所示的警告窗口,这时只需要选中该窗口并按回车键即可。

当 Qt SDK 安装完成后,终端显示如图 14.10 所示。

安装成功后,会在/usr/bin/目录下产生两个可执行文件:qmake 和 qmake-qt4,如图 14.11 所示。

第 14 章 嵌入式 GUI 编程

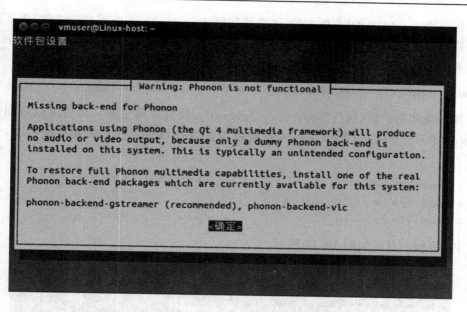

图 14.9 Qt SDK 安装过程中可能出现的警告窗口

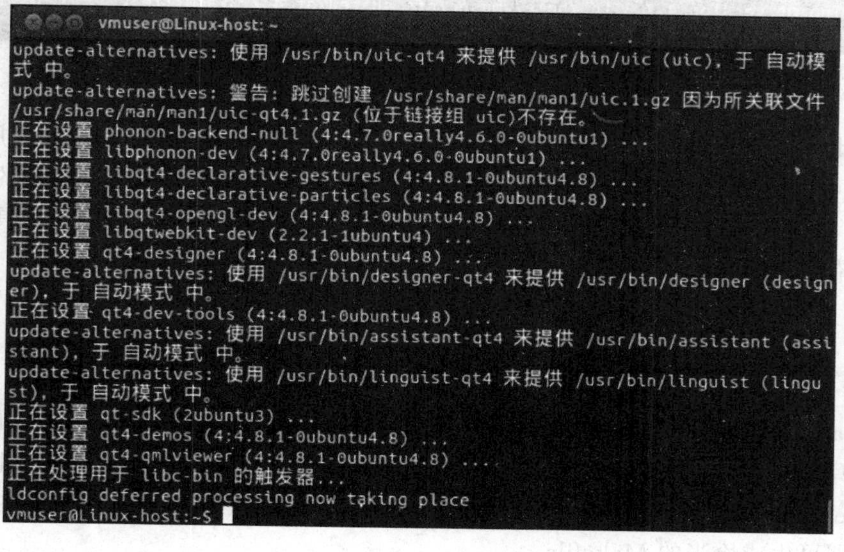

图 14.10 完成 Qt SDK 的安装

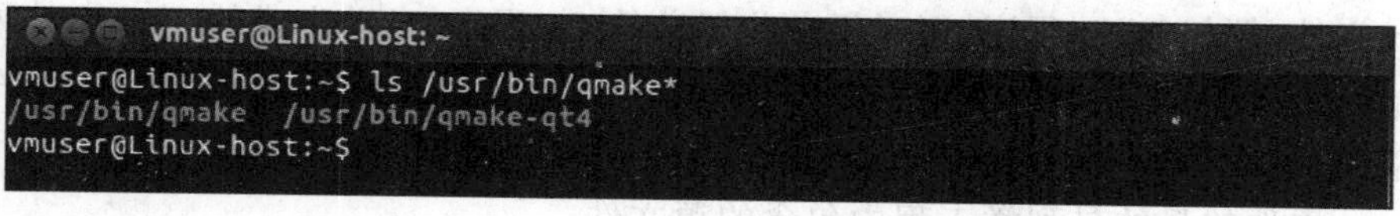

图 14.11 qmake 可执行文件路径

第 1 个 qmake 是 Qt 5 版本的,本文使用第 2 个 qmake-qt4 可执行文件,为了区别用于嵌入式的 qmake 指令和桌面版本的 qmake 指令,可以设置别名,如本书用 qmake-arm 来指定嵌入式版本的 qmake,在"~/.bashrc"文件的末尾添加如下命令:

alias qmake-arm = /home/vmuser/nfs_shared/qt-4.7.3-arm/bin/qmake

添加成功后,可以执行"source ~/.bashr"c 使其立刻生效。然后可以分别执行 qmake-qt4 - v 和 qmake-arm-v,查看版本是否分别对应嵌入式和桌面版本,命令如下:

$ source ~/.bashrc
$ qmake-qt4 -v
$ qmake-arm -v

PC 终端上显示如图 14.12 所示。

```
vmuser@Linux-host: ~
vmuser@Linux-host:~$ qmake-qt4 -v
QMake version 2.01a
Using Qt version 4.8.1 in /usr/lib/i386-linux-gnu
vmuser@Linux-host:~$ qmake-arm -v
QMake version 2.01a
Using Qt version 4.7.3 in /home/vmuser/nfs_shared/qt-4.7.3-arm/lib
vmuser@Linux-host:~$
```

图 14.12 qmake 的不同版本

至此,Qt SDK 的环境搭建就已经全部完成,接下来将介绍如何编译 Qt 应用程序。

Qt 可以使用三种方法来编译 Qt 应用程序:第一种方法是使用 Qt 提供的 qmake 工具,第二种方法是使用集成开发环境(IDE),第三种是使用第三方的编译工具。这里主要介绍前两种方法。

14.4 qmake

qmake 是与 Qt 一起提供的,是一个用来为不同平台和编译器生成 Makefile 的工具。手写 Makefile 比较困难并容易出错,尤其在需要给不同的平台和编译器组合写几个 Makefile 的情况下。使用 qmake,编程人员只需创建一个简单的.pro 文件并且运行 qmake 即可生成恰当的 Makefile。

对于某些简单的项目,可以在其项目顶层目录下直接通过 qmake-project 自动生成.pro 文件,例如 hello 程序;但对于一些复杂的 Qt 程序,自动生成的.pro 文件可能并不符合要求,这时就需要程序员手动改写.pro 文件。接下来将简单介绍.pro 文件的相关内容。

.pro 文件的目的是列举工程中包含的源文件。

.pro 文件主要有三种模板:

● app(应用程序模板);

第 14 章 嵌入式 GUI 编程

- lib(库模板);
- subdirs(递归编译模板)。

在 .pro 文件中可以通过以下代码指定所使用的模板:

```
TEMPLATE = app
```

如果不指定 TEMPLATE,.pro 文件默认为 app 模式。项目中使用最多的也是 app 模式。app 模式的 .pro 文件主要用于构造适用于应用程序的 Makefile。

14.4.1 .pro 文件例程

下面通过一个例子简单地介绍 app 模式下的 .pro 文件(关于 lib 与 subdirs 模式的 .pro 文件,用户可以参看 qmake 的相关文档)。这个 .pro 文件内容将完全手动编写。在实际的项目中,程序员可以使用 qmake-project 生成 .pro 文件,再在这个 .pro 文件上进行相应修改。

假设一个项目中包含 3 个代码文件:hello.cpp、hello.h 和 main.cpp。
首先,在 .pro 文件中指定 cpp 文件,可以通过 SOURCES 变量指定,代码如下:

```
SOURCES += hello.cpp
```

对于每一个 .cpp 文件都需要如此指定。代码如下:

```
SOURCES += hello.cpp
SOURCES += main.cpp
```

也可以通过反斜线形式指定:

```
SOURCES = hello.cpp\
main.cpp
```

接下来需要指定所需的 .h 头文件,通过 HEADERS 指定。.pro 文件中的代码如下:

```
HEADERS += hello.h
SOURCES += hello.cpp
SOURCES += main.cpp
```

项目生成的可执行程序文件名会自动设置,程序文件名与 .pro 文件名一致,但在不同的平台下,其扩展名是不同的。比如 .pro 文件名为 hello.pro,在 Linux 平台下,会生成 hello。可以使用 TARGET 指定可执行程序的文件名:

```
TARGET = helloworld
```

最后设置 CONFIG 变量。由于此项目为一个 Qt 项目,因此要将 Qt 添加到 CONFIG 变量中,以告知 qmake 将 Qt 相关的库与头文件信息添加到 Makefile 文件中。完整的 .pro 文件内容如下所示:

```
CONFIG += qt
```

```
HEADERS += hello.h
SOURCES += hello.cpp
SOURCES += main.cpp
TARGET = helloworld
```

现在就可以利用此.pro 文件生成 Makefile,命令如下:

```
$ qmake-o Makefile hello.pro
```

如果当前目录只有一个.pro 文件,可以直接使用命令:

```
$ qmake
```

在生成 Makefile 文件后,即可使用 make 命令进行编译。

14.4.2 .pro 文件常见配置

对于 app 模式的.pro 文件,常用的变量有:
- HEADERS： 指定项目的头文件(.h);
- SOURCES： 指定项目的 C++文件(.cpp);
- FORMS： 指定需要 uic 处理的由 Qt designer 生成的.ui 文件;
- RESOURCES： 指定需要 rcc 处理的.qrc 文件;
- DEFINES： 指定预定义的 C++预处理器符号;
- INCLUDEPATH： 指定 C++编译器搜索全局头文件的路径;
- LIBS： 指定工程要链接的库;
- CONFIG： 指定各种用于工程配置和编译的参数;
- QT： 指定工程所要使用的 Qt 模板(默认是 core, gui 对应于 QtCore 和 QtGui);
- TARGET： 指定可执行文件的基本文件名;
- DESTDIR： 指定可执行文件放置的目录。

CONFIG 变量用于控制编译过程中的各个方面。常见的参数如下:
- debug： 编译出具有调试信息的可执行程序;
- release： 编译不带调试信息的可执行程序,与 debug 同时存在时, release 失效;
- qt： 指应用程序使用 Qt。此选项是默认包括的;
- dll： 动态编译库文件;
- staticlib： 静态编译库文件;
- console： 指应用程序需要的写控制台(使用 cout、cerro、qWarning ()等)。

14.4.3 Helloworld 程序

下面介绍如何用 qmake 编译一个简单的 hello world 程序,其流程如图 14.13 所示。

第 14 章 嵌入式 GUI 编程

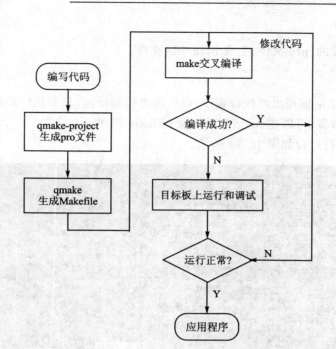

图 14.13 hello 开发流程

hello.cpp 程序代码如程序清单 14.1 所示。

程序清单 14.1 hello 程序代码

```
1    #include <QtGui>            /*包含 Qt Gui 类的定义,省去分别包含不同类的麻烦*/
2    int main(int argc, char *argv[])
3    {
4        QApplication app(argc, argv);
5        QLabel label("hello, world");
                                     /*创建一个显示"hello, world"的 QLabel 窗口部件*/
6        label.show();              /* 显示标签 */
7        return app.exec();
8    }
```

第 4 行,创建了一个 QApplication 对象,用来管理整个应用程序所用到的资源。

第 7 行,将应用程序的控制权传递给 Qt。

一个基本的 main 文件至少需要包含 QApplication app(argc,argv)和 return app.exec()这两行代码。

将 hello.cpp 拷贝至 hello 目录下,并在 hello 目录下运行如下 qmake 命令:

$ qmake-qt4 -project

生成 hello.pro 文件:

```
$ qmake-qt4
```

根据上一步的.pro文件,生成Makefile文件。

```
$ make
```

根据Makefile编译出可执行程序,以后再进行编译时,只需执行最后一步make。

经过上述步骤,可以在hello目录下见到hello程序。

PC上的执行过程如图14.14所示。

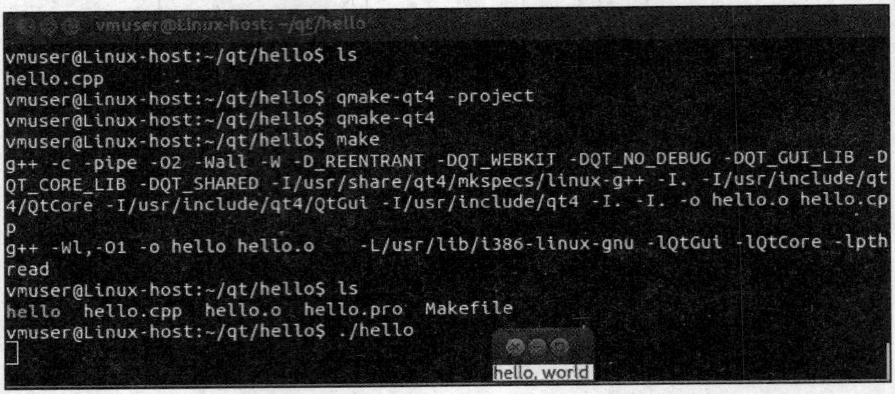

图14.14 helloworld执行过程

14.5 Qt Creator

14.5.1 Qt Creator 的配置

Qt Creator是一个强大的跨平台IDE,集编辑、编译、运行、调试功能与一体。其代码编辑器支持关键字高亮、上下文信息提示、自动完成、智能重命名等高级功能。IDE中集成的可视化界面编辑器,可以让用户以所见即所得的方式进行图形程序的设计。其编译、运行无需敲入命令,直接单击按钮或使用快捷键即可完成。同时还支持图形化的调试方式,可以以插入断点、单步运行、追踪变量、查看函数堆栈等方式进行应用程序的调试开发。

通过如下命令启动QtCreator:

```
$ qtcreator
```

Qt Creator主界面如图14.15所示。

如果已安装了桌面版的Qt和嵌入式版的Qt,则需要设置Qt Creator所使用的Qt版本。选择菜单栏的Tools→Options菜单项,将得到如图14.16所示的界面。

单击左边的Build & Run,在右边弹出的Build & Run中选择Qt Version,手动加入Qt的版本,下面以加入桌面版的Qt为例。

第 14 章 嵌入式 GUI 编程

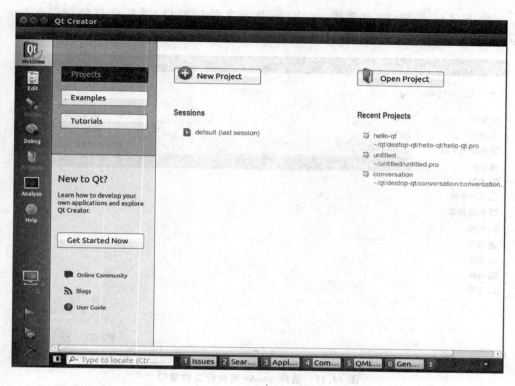

图 14.15 Qt Creator 主界面

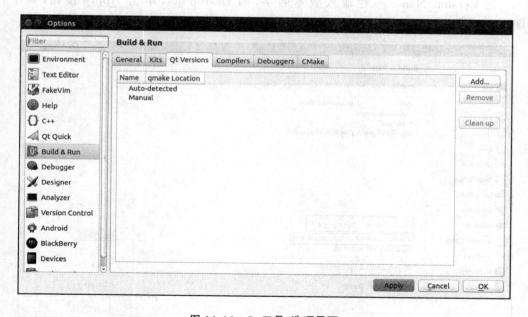

图 14.16 Qt 工具-选项界面

单击 Add 按钮，弹出选择 qmake 可执行文件的窗口，然后选择路径/usr/bin/qmake-qt4 的执行文件，如图 14.17 所示，单击"打开"按钮。

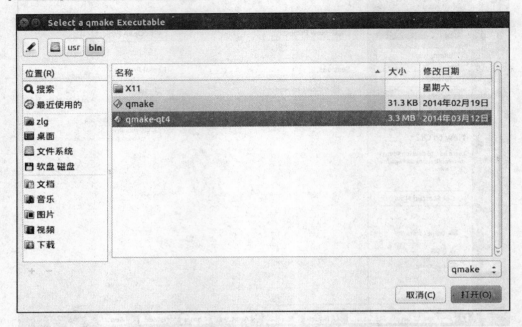

图 14.17　选择 qmake 可执行文件窗口

在 Version Name 一栏输入版本名字，如 Destop-qt4，单击 Apply 按钮，如下图 14.18 所示。

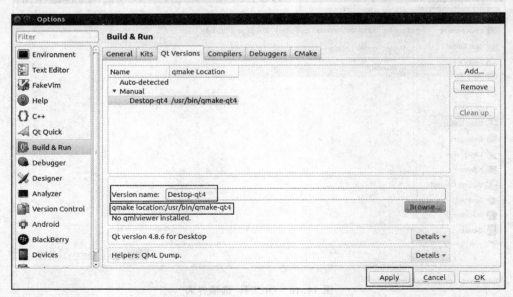

图 14.18　添加 Qt 版本的窗口

第 14 章 嵌入式 GUI 编程

然后选择 Qt Version 旁边的 Kits,单击 Add 按钮,输入 Name,选择编译器、Qt-version 等,配置选项如图 14.19 所示,单击 Apply 按钮,然后单击 OK 按钮即可。

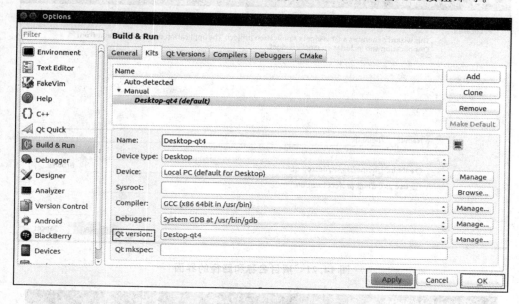

图 14.19 配置编译工具(Kits)窗口

14.5.2 Qt Creator 使用范例

下面将通过一个简单的例程说明一下如何使用 Qt Creator 进行程序的开发。
单击图 14.15 Qt Creator 主界面的 New Project,得到如图 14.20 所示的界面。

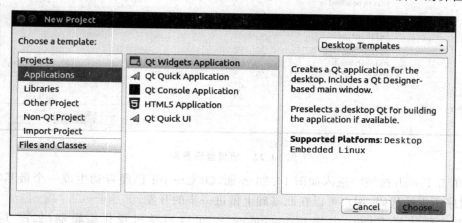

图 14.20 创建新项目界面

选择 Qt Widgets Application,单击 Choose 按钮,进入如图 14.21 的界面,设置项目名称和路径。接下来可以一路单击"下一步"按钮,选择默认的方式,直到出现如图

•353•

14.22 的界面。

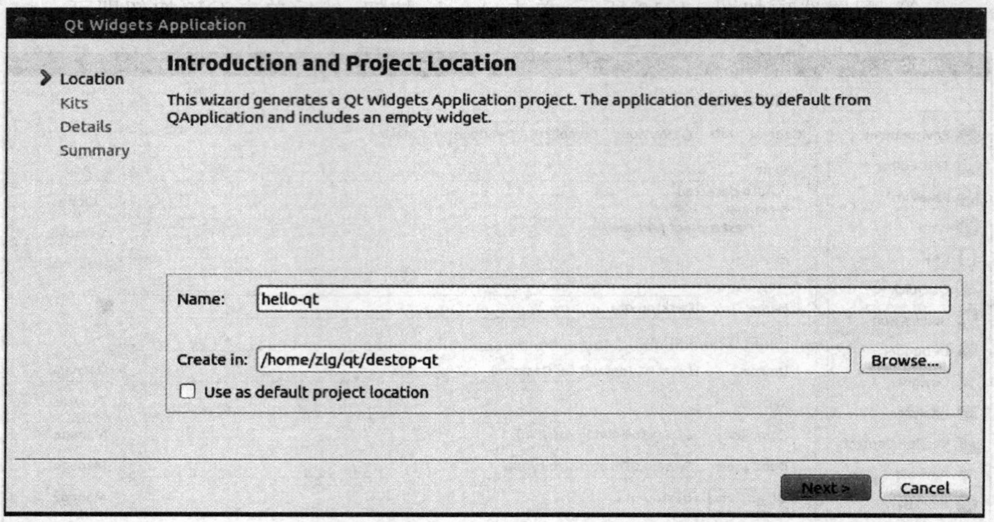

图 14.21　项目名称和路径的界面

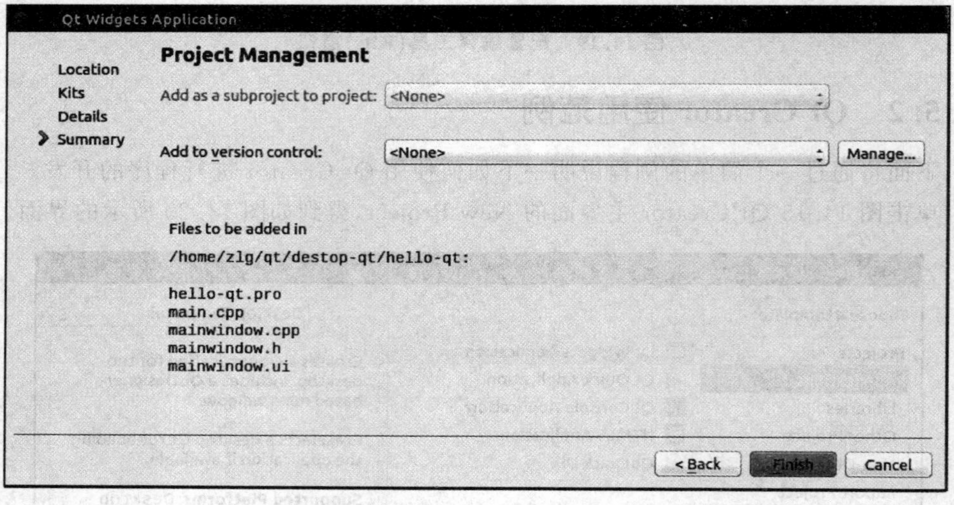

图 14.22　项目管理界面

单击 Finish 按钮将进入如图 14.23 界面,Qt Creator 已经自动生成一个最基本的 Qt 程序所需的代码,用户可以在此基础上做进一步的开发。

单击侧边栏 Forms 中的 mainwindow.ui 可以启动可视化编辑器,如图 14.24 所示。

在图 14.25 所示的界面中,通过拖动左边控件侧边栏中的控件到程序主界面中,以"所见即所得"的方式设计程序界面。下面示例拖动一个 QLabel 控件到程序主页面上,单击 QLabel 控件,在右下角栏目中设置 QLabel 上文字为 Hello Qt!,如图 14.25 所示。

第14章 嵌入式 GUI 编程

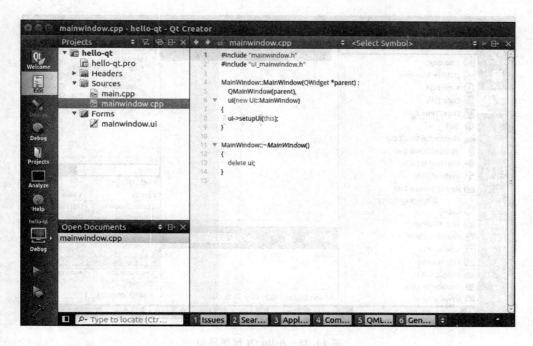

图 14.23 mainwindow.cpp 界面

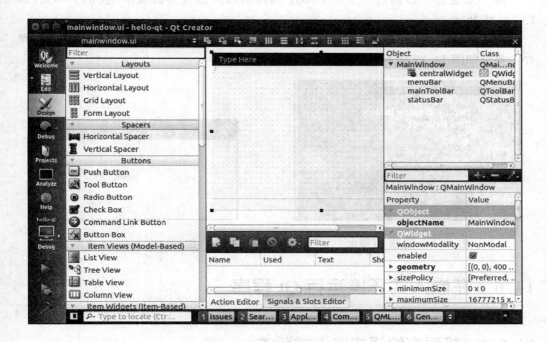

图 14.24 可视化界面编辑器

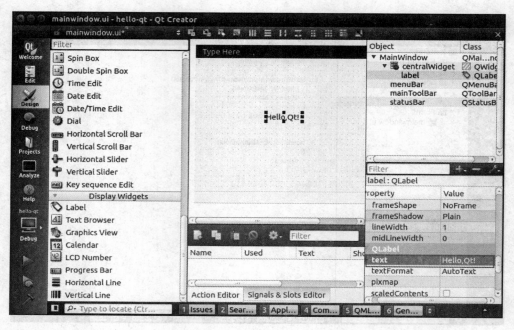

图 14.25　hello Qt 程序界面

接下来通过左边侧边栏上的 Debug 选择前面所设置桌面版本 Qt 的 Debug,如图 14.26 所示。

最后,单击"▶"按钮对程序进行编译链接运行。如编译无误,将自动启动应用程序。界面如图 14.27 所示。

图 14.26　选择 Qt 版本

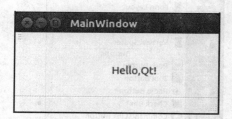

图 14.27　hello Qt 界面

14.6　在嵌入式环境运行 Qt 程序

14.6.1　将程序编译成嵌入式版本

由于 Qt 具有良好的可移植性,在桌面版本中编译并运行成功的应用程序,一般只需要用交叉编译工具的 qmake 重新编译即可在目标板上运行。执行嵌入式的 qmake（别名 qmake-arm）重新交叉编译，便可获得嵌入式版本的 Qt 程序，如图 14.28 所示。

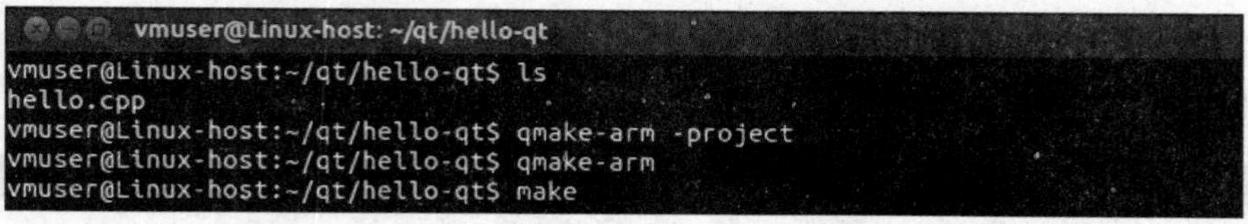

图 14.28 移植 hello Qt

14.6.2 在目标板上运行程序

建议通过 NFS 挂载 PC 主机上的目录至目标板上，便于调试开发。具体的 NFS 挂载方法请查阅 6.4 章节的内容。下面假设已经将 PC 上的 hello 目录挂载到了目标板上，接下来的操作都在目标板上进行。

在启动 hello 程序前，需要先设定 Qt 的鼠标设备，进行如下命令：

export QWS_MOUSE_PROTO = tslib:/dev/input/event0

上述命令中 tslib 指定了触摸屏对应的设备文件，这里指定为/dev/input/event0。但是其值并不固定，需要根据实际情况确定。正常情况下，所需的设备文件位于/dev/input 目录下。

在命令行下输入如下命令：

cat /dev/input/event0 | hexdump

单击触摸屏，如果有数据输出，那么对应的设备文件就是所需要的设备文件。

成功设定鼠标设备后，可以执行如下命令启动 Qt 程序。

./hello -qws

图 14.29 hello 程序运行界面

-qws 指明这个 Qt 程序同时作为一个窗口服务器运行，在目标板上启动的第一个 Qt 程序应使用此参数启动。

在本例中，程序启动成功后，界面如图 14.29 所示。

14.7 Qt 帮助文档

由于 Qt 中包含了许多类和函数，开发人员不可能每一个类都熟记，所以可以使用参考文档查阅每个类和函数的使用方法。

可以使用 Qt 的帮助浏览器 Qt Assistant，它具有强大的查询和索引功能，自身也是由 Qt 程序构成的。

在 Linux 命令行终端下，输入如下命令：

```
$ assistant-qt4
```

即会弹出如图 14.30 所示的界面。

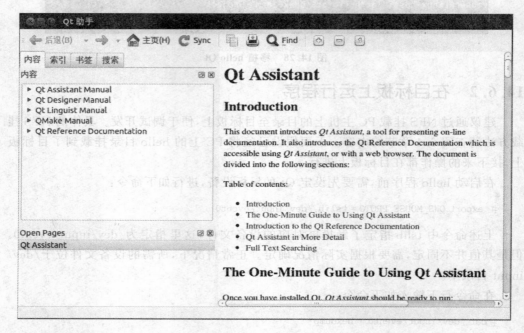

图 14.30　assistant 界面

14.8　Qt 编程实战

接下来将要介绍一些功能部件的简单使用方法，然后通过一个经典的小游戏——贪食蛇示例来说明功能部件之间的组合使用。

这些例子都是手动敲代码，然后用桌面版的 qmake（即设置别名的 qmake-qt4 指令）进行编译，而不是借助 IDE 来进行编程，这样可以让读者更加明白代码的运作原理。

14.8.1　按　钮

本例子由一个按钮构成，这个应用程序的源代码与 Hello 程序的源代码非常相似，quitButton 源代码如程序清单 14.2 所示。

程序清单 14.2　quitButon.cpp 源码

```
1    /* quitButton.cpp */
```

```
2    # include <QApplication>              /* 包含类 QApplication 的定义 */
3    # include <QPushButton>               /* 包含类 QPushButton 的定义 */
4    int main(int argc, char * argv[])
5    {
6        QApplication app(argc, argv);
7        QPushButton * button = new QPushButton("Quit");
                                              /* 创建一个显示为 Quit 的按钮窗口部件 */
8        button->show();                    /* 使按钮可见 */
9        return app.exec();
10   }
```

第 6 行,创建了一个 QApplication 对象,用来管理整个应用程序所用到的资源。Qt 支持一些命令行参数,所以这个 QApplication 构造函数需要两个参数,分别是 argc 和 argv。

第 8 行,将应用程序的控制权转移给 Qt。此时,程序将进入事件循环状态,程序会等候用户的动作,例如鼠标单击和按键等操作。

新建一个 quitButton 目录,然后在该目录下添加 quitButton.cpp,内容如上述程序清单 14.2 所示,然后在该目录下执行如下命令进行编译和执行。

```
$ qmake-qt4-project
$ qmake-qt4
$ make
```

PC 上的执行过程如图 14.31 所示。

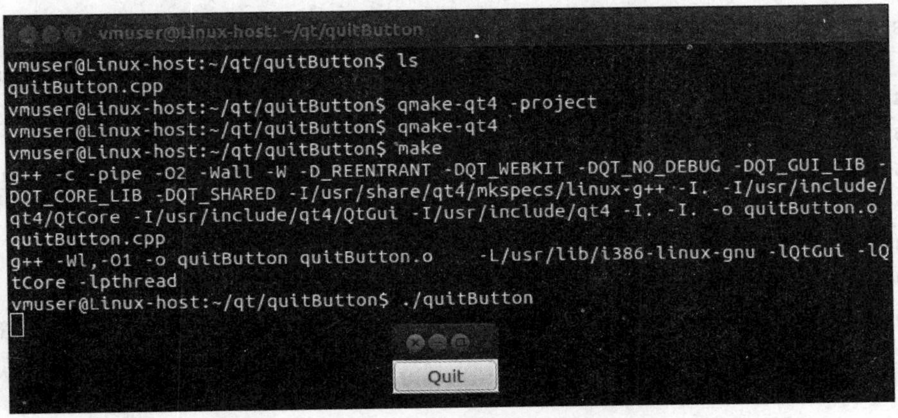

图 14.31 quitButton 编译和执行过程

由于没有为按钮按下的事件提供任何处理,所以无法按下按钮之后退出窗口。这个功能可以通过后面将要介绍的信号与槽来实现。

14.8.2 标签和文本框

这一小节将简单说明一下窗口加入标签和文本框的使用方法。与按钮源代码差不多，只是调用的类不同而已。

本例由三个窗口部件组成：QLabel、QLineEdit 和 QWidget，QWidget 是该应用程序的主窗口。QLabel 和 QLineEdit 会显示在 QWidget 中，它们都是 QWidget 窗口部件的子对象。另外，为了将窗口部件摆放整齐，调用了 Qt 的布局管理器，如程序清单 14.3 所示。下一小节将具体介绍布局管理器的使用方法。

程序清单 14.3　account.cpp 源代码

```
1    /* account.cpp */
2    #include <QApplication>
3    #include <QLabel>
4    #include <QLineEdit>
5    #include <QHBoxLayout>
6
7    int main(int argc, char *argv[])
8    {
9        QApplication app(argc, argv);
10       QWidget *window = new QWidget;         /* 创建 Qwidget 对象，作为主窗口 */
11       window->setWindowTitle("Enter Your account");
                                                 /* 设置显示在窗口标题栏上的文字 */
12
13       QLabel *accountLabel = new QLabel("Account: ", window);
                                                 /* 创建标签对象，并显示为 Accoutn */
14       QLineEdit *accountEdit = new QLineEdit(window);    /* 创建文本框对象 */
15
16       QHBoxLayout *layout = new QHBoxLayout;   /* 创建水平布局管理器 */
17       layout->addWidget(accountLabel);
18       layout->addWidget(accountEdit);
19
20       window->setLayout(layout);               /* window 窗口上安装该布局管理 */
21       window->show();
22       return app.exec();
23   }
```

第 13 和 14 行，把 window 对象传递给 QLabel 和 QLineEdit 的构造函数，说明这两个窗口部件为 window 的子对象。

第 16～18 行，使用了一个水平布局管理器对标签和文本框进行布局处理。下一小节将具体介绍布局管理器。

第 14 章 嵌入式 GUI 编程

建立一个新目录为 account，在该目录下添加 account.cpp 源代码文件，然后调用如下命令进行编译，然后执行。

```
$ qmake-qt4 -project
$ qmake-qt4
$ make
```

PC 上的执行过程如图 14.32 所示。

图 14.32　account 编译和运行界面

14.8.3　布局管理器

布局管理器是一个能够对窗口部件的尺寸大小和位置进行设置的对象。Qt 有 3 个主要的布局管理器类：

- QHBoxLayout：在水平方向上排列窗口部件，从左到右；
- QVBoxLayout：在垂直方向上排列窗口部件，从上到下；
- QGridLayout：把各个窗口部件排列在一个网格中。

下面编写一个范例来展示布局管理器的灵活用途，如程序清单 14.4 所示。本例将把前两小节的功能部件结合起来使用。

程序清单 14.4　layout.cpp

```
1    /* layout.cpp */
2    #include <QtGui>
3    #include <QApplication>
4
5    int main(int argc, char *argv[])
6    {
7        QApplication app(argc, argv);
8        QWidget *window = new QWidget;
```

```
 9        window->setWindowTitle("Layout");
10
11        QLabel * accountLabel    = new QLabel("Account: ");
12        QLabel * pwLabel         = new QLabel("Password: ");
13        QLineEdit * accountEdit  = new QLineEdit;
14        QLineEdit * pwEdit       = new QLineEdit;
15        QPushButton * quitButton = new QPushButton("Quit");
16        QPushButton * nextButton = new QPushButton("Next");
17
18        QHBoxLayout * topLayout  = new QHBoxLayout;  /* 创建一个水平布局管理器 */
19        topLayout->addWidget(accountLabel);           /* 从左到右放置窗口部件 */
20        topLayout->addWidget(accountEdit);
21
22        QHBoxLayout * downLayout = new QHBoxLayout;
23        downLayout->addWidget(pwLabel);
24        downLayout->addWidget(pwEdit);
25
26        QVBoxLayout * leftLayout = new QVBoxLayout;  /* 创建一个垂直布局管理器 */
27        leftLayout->addLayout(topLayout);             /* 内嵌布局管理器 */
28        leftLayout->addLayout(downLayout);
29        leftLayout->addStretch();                     /* 添加分隔符 */
30
31        QVBoxLayout * rightLayout = new QVBoxLayout; /* 创建一个垂直布局管理器 */
32        rightLayout->addWidget(quitButton);           /* 从上到下放置窗口部件 */
33        rightLayout->addWidget(nextButton);
34        rightLayout->addStretch();
35
36        QHBoxLayout * mainLayout = new QHBoxLayout;
37        mainLayout->addLayout(leftLayout);
38        mainLayout->addLayout(rightLayout);
39
40        QObject::connect(quitButton, SIGNAL(clicked()), &app, SLOT(quit()));
41        window->setLayout(mainLayout);
42        window->show();
43        return app.exec();
44    }
```

第29行和34行，添加了分隔符(或者称为伸展器)，用它来占据余下的空白区域，这样如果用户将窗口高度变高，可以确保这些按钮和标签部件可以完全占用它们所在布局的上部空间，不会跟随窗口高度变高而变高。

使用布局管理器摆放这些子窗口部件，布局中既可以包含多个窗口部件，也可以包含其他子布局。通过QHBoxLayout、QVBoxLayout和QGridLayout这三个布局的不同嵌套组合,就可以构建出相当复杂的布局层次,如图14.33所示。

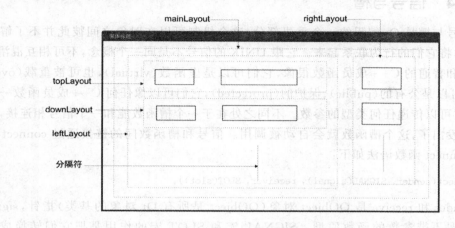

图14.33 Layout层次图

当将子布局对象添加到父布局对象中时(第27、28、37和38行),子布局对象里面的窗口部件就会自动重定义自己的父对象。换言之,当将主布局装到window对象中时(第42行)时,它就会成为window指向的对象的子对象了。于是它所有子窗口的部件都会重定义自己的父对象,从而变成window的子对象。

建立一个新目录为layout,在该目录下添加layout.cpp源代码文件,然后调用如下命令进行编译和执行:

```
$ qmake - qt4 - project
$ qmake - qt4
$ make
```

PC上的执行过程如图14.34所示。

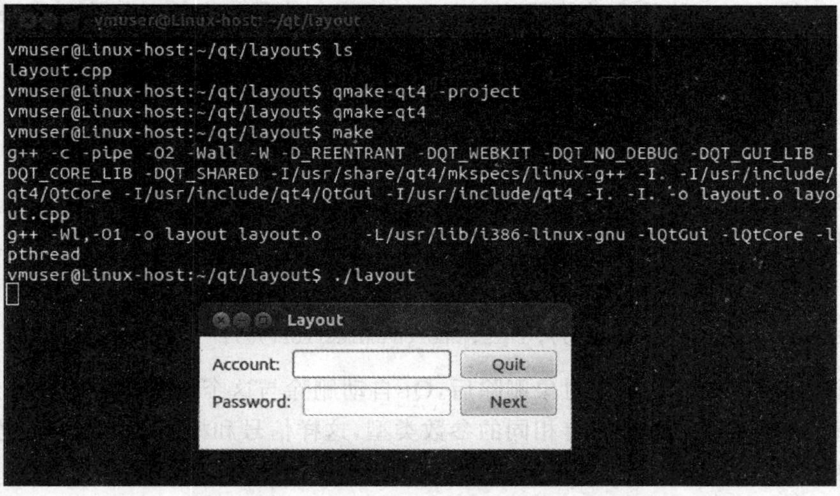

图14.34 layout 编译和执行过程

14.8.4 信号与槽

信号与槽是 Qt 编程的一个重要部分,这个机制可以在对象之间彼此并不了解的情况下,将它们的行为联系起来。它跟 UNIX 的信号不是同一个概念,不可相互混淆。

槽和普通的 C++ 成员函数很像,它们可以是虚函数(virtual),也可被重载(overload),可以是公有的(public)、保护的(protected),它们可以像任何 C++ 成员函数一样被调用,可以传递任何类型的参数。不同之处在于一个槽函数能和一个信号相连接,只要信号发出了,这个槽函数就会自动被调用。信号和槽函数间的链接通过 connect 实现。Connect 函数语法如下:

connect(sender, SIGNAL(signal), receiver, SLOT(slot));

sender 和 receive 是 QObject 对象(QObject 是所有 Qt 对象的基类)指针,signal 和 slot 是不带参数的函数原型。SIGNAL 宏和 SLOT 宏的作用是把它们转换成字符串。

虽然在之前已经使用了信号和槽,但是在实际应用中还需要考虑一些规则:
(1) 一个信号可以连接到多个槽。

connect(slider, SIGNAL(valueChanged(int)), spinBox, SLOT(setValue(int)));
connect(slider, SIGNAL(valueChanged(int)), this, SLOT(updateStatusBar(int)));

将滑块的值改变信号,连接微调框的设置值大小的槽和当前对象的更新状态栏的槽。当信号发出后,槽函数都会被调用,但是调用的顺序不确定,是随机的。
(2) 多个信号可以连接到一个槽。

connect(lcd, SIGNAL(over()), this, SLOT(handleError()));
connect(calculator, SIGNAL(divisionError()), this, SLOT(handleError()));

将 lcd 的 over() 信号和计算器的 divisionError() 信号与当前对象的 handleError() 的槽连接。任何一个信号发出,槽函数都会被执行。
(3) 一个信号可以和另一个信号相连。

connect(lineEdit, SIGNAL(textChanged(Qstring &)), this, SIGNAL(update(Qstring &)));

将文本框的文本改变信号与当前对象的更新信号相连。第一个信号发出后,第二个信号也同时发送,除此之外,信号与信号连接上,跟信号和槽的连接相同。
(4) 连接可以被删除。

disconnect(lcd, SIGNAL(over()), this, SLOT(handleError()));

这个函数很少使用,一个对象删除后,Qt 自动删除与这个对象相关的所有连接。
注意:信号和槽函数必须有相同的参数类型,这样信号和槽函数才能成功连接。
如果信号里的参数个数多于槽函数的参数,则多余的参数被忽略:

connect(ftp, SIGNAL(rawReply(int, const Qstring &)), this, SLOT(checkError(int)));

第 14 章 嵌入式 GUI 编程

如果参数类型不匹配,或者信号和槽不存在,则当应用程序使用 debug 模式构建后,Qt 会在运行期间发出警告。如果信号和槽连接时包含了参数的名字,Qt 将会给出警告。

接下来,可以利用信号与槽为前面介绍的按钮部件提供退出功能,更新的 quitButton.cpp 源码如程序清单 14.5 所示。

程序清单 14.5 更新的 quitButton.cpp 源码

```
1   /* quitButton.cpp */
2   #include <QApplication>
3   #include <QPushButton>
4   int main(int argc, char *argv[])
5   {
6       QApplication app(argc, argv);
7       QPushButton *button = new QPushButton("Quit");
8       QObject::connect(button, SIGNAL(clicked()),&app, SLOT(quit()));
9       button->show();
10      return app.exec();
11  }
```

其实就只是增加了第 7 行代码,将这个按钮的 clicked()信号与 QApplication 对象的 quit()槽连接起来了。

再介绍一个简单的示例,说明如何利用信号与槽的机制来同步窗口部件,可以通过操作微调框(spin box)或者滑块(slider)来完成数字输入,源码如程序清单 14.6 所示。

程序清单 14.6 number.cpp 源码

```
1   /* number.cpp */
2   #include <QApplication>
3   #include <QHBoxLayout>
4   #include <QSlider>
5   #include <QSpinBox>
6
7   int main(int argc, char *argv[])
8   {
9       QApplication app(argc, argv);
10      QWidget *window = new QWidget;
11      window->setWindowTitle("Enter Number");
12
13      QSpinBox *spinBox = new QSpinBox;              /* 创建微调框 */
14      QSlider *slider = new QSlider(Qt::Horizontal); /* 创建滑块 */
15      spinBox->setRange(0, 100);                     /* 设置微调框有效范围 */
16      slider->setRange(0, 100);                      /* 设置滑块有效范围 */
17
```

•365•

```
18      QObject::connect(spinBox, SIGNAL(valueChanged(int)),slider, SLOT(setValue
                (int)));
19      QObject::connect(slider, SIGNAL(valueChanged(int)),spinBox, SLOT(setValue
                (int)));
20      spinBox->setValue(25);                        /* 设置微调框的值为 25 */
21
22      QHBoxLayout * layout = new QHBoxLayout;       /* 创建水平布局管理器 */
23      layout->addWidget(spinBox);                   /* 从左到右放置部件 */
24      layout->addWidget(slider);
25      window->setLayout(layout);
26
27      window->show();
28
29      return app.exec();
30   }
```

第 18 至 19 行，调用了两次 QObject::connect 函数，这是为了确保能够让微调框和滑块同步，以便它们两个总是可以显示相同的数值。只要有一个窗口部件的值改变了，就会发射它的 valueChanged(int)信号，而另一个窗口部件就会用这个新值调用它的 setValue(int)槽。

建立一个新目录为 number，在该目录下添加 number.cpp 源代码文件，然后调用 qmake 命令进行编译，然后执行查看效果，命令如下：

```
$ qmake-qt4 -project
$ qmake-qt4
$ make
```

本机执行过程如图 14.35 所示。

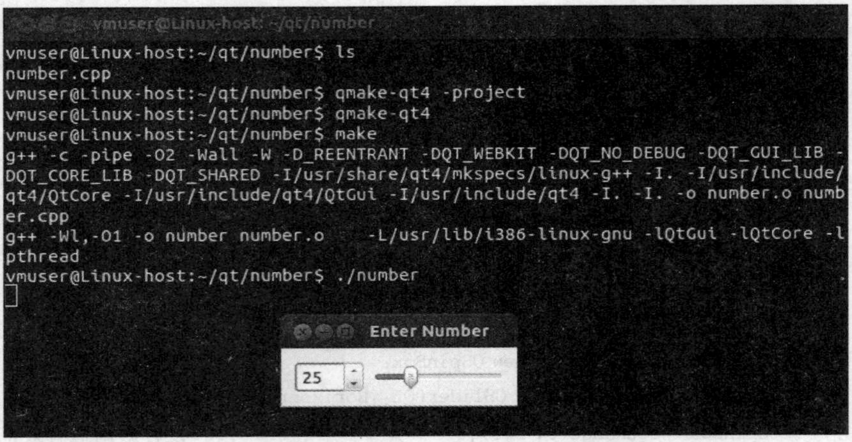

图 14.35   number 编译和执行过程

14.8.5 主窗口(MainWindow)

应用程序的主窗口提供了用于构建应用程序用户界面的框架,可以通过子类化 QMainWindow 创建。

一个主窗口主要由菜单栏、工具栏、状态栏、停靠窗口和中央窗口部件组成,如图 14.36 所示。

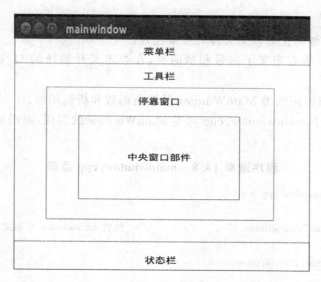

图 14.36 主窗口示意图

最上面是窗口标题栏,用于显示标题和一些按钮,如最小化、最大化、关闭按钮等。接下来是菜单栏,显示菜单,然后是工具栏,用于显示工具条。由于 Qt 的窗口支持多个工具条的显示,所以可以在四周显示或者并排显示工具条。工具条的下面是停靠窗口,所谓停靠窗口就像画图的工具箱一样,可以在中央窗口的四周显示。再下来是状态栏,显示一些状态,比如鼠标当前位置等。中间最大的中央窗口部件是主要的工作区。

一个最基本的主窗口可以由以下三个文件组成:main.cpp、mainwindow.h 和 mainwindow.cpp。

mainwindow.h 的源码如程序清单 14.7 所示。

程序清单 14.7 mainwindow.h 源代码

```
1    /* mainwindow.h */
2    #ifndef MAINWINDOW_H
3    #define MAINWINDOW_H
4
5    #include <QMainWindow>         /* 包含对 QMainWindow 的定义 */
6
7    class MainWindow : public QMainWindow   /* 声明 MainWindow 为 QMainWindow 的子类 */
```

```
8    {
9        Q_OBJECT;
10   public:
11       MainWindow(void);
12       ~MainWindow(void);
13   };
14
15   #endif
```

2 和 3 行,能够防止对该头文件的多重包含。

第 9 行,对于所有定义了信号和槽的类,在类定义开始处的 Q_OBJECT 宏是必需的。

第 11 和 12 行,声明类 MainWindow 的构造函数和析构函数。

接下来看一下 mainwindow.cpp 对类 MainWindow 的实现,源码如程序清单 14.8 所示。

程序清单 14.8 mainwindow.cpp 源码

```
1    /* mainwindow.cpp */
2
3    #include "mainwindow.h"              /* 包含 mainwindow.h 头文件 */
4
5    MainWindow::MainWindow(void)
6    {
7    }
8
9    MainWindow::~MainWindow(void)
10   {
11   }
```

由于只是创建一个基本的主窗口,不包含其他窗口部件,所以,构造函数和析构函数都没有内容。14.8.6 小节将会在里面添加构造菜单栏和工具栏的实现。

最后,看一下 main.cpp 文件,源码如程序清单 14.9 所示。

程序清单 14.9 main.cpp 源码

```
1    /* main.cpp */
2
3    #include <QApplication>
4    #include "mainwindow.h"
5
6    int main(int argc, char *argv[])
7    {
8        QApplication app(argc, argv);
9        MainWindow main;                 /* 创建自定义的 MainWindow 对象 */
```

```
10        main.show();                          /* 使对象显示 */
11        return app.exec();
12    }
```

这就是一个最基本的主窗口所需要的文件。

建立一个新目录为 mainwindow，在该目录下添加 mainwindow.h、mainwindow.cpp 和 main.cpp 文件，然后调用 qmake-qt4 命令进行编译，然后执行查看效果，命令如下：

```
$ qmake-qt4 -project
$ qmake-qt4
$ make
```

PC 上的运行效果如图 14.37 所示。

图 14.37 mainwindow 运行界面

14.8.6 菜单栏、工具栏和状态栏

大多数图形用户界面都会提供菜单栏和工具栏，以便用户对那些常用的功能进行快速访问。

Qt 通过"动作(Action)"的概念简化了有关菜单和工具栏的编程。一个动作(action)是一个可以添加到任意数量的菜单和工具栏上的项。创建菜单和工具栏主要包括以下步骤：

- 创建并且设置动作；
- 创建菜单并且把动作添加到菜单上；
- 创建工具栏并且把动作添加到工具栏上。

这里将为上一节创建的主窗口添加菜单栏、工具栏和状态栏。

更新的 mainwindow.h 源码如程序清单 14.10 所示。

程序清单 14.10 更新的 mainwindow.h 源码

```
1    /* mainwindow.h */
2    #ifndef MAINWINDOW_H
```

```
3      #define MAINWINDOW_H
4
5      #include <QMainWindow>              /* 包含对 QMainWindow 的定义 */
6
7      class QAction;
8      class QMenu;
9      class QToolBar;
10     class QLabel;
11
12     class MainWindow : public QMainWindow  /* 声明 MainWindow 为 QMainWindow 的子类 */
13     {
14         Q_OBJECT;
15     public:
16         MainWindow(void);
17         ~MainWindow(void);
18
19     private:
20         QMenu    *fileMenu;              /* 文件菜单 */
21         QMenu    *helpMenu;              /* 帮助菜单 */
22
23         QToolBar *fileToolBar;           /* 工具栏 */
24
25         QAction  *openAction;            /* 打开动作 */
26         QAction  *closeAction;           /* 关闭动作 */
27         QAction  *aboutAction;           /* 关于动作 */
28
29         QLabel   *statusLabel;
30     };
31
32     #endif
```

该头文件主要添加一些私有成员的声明,如第 20～29 行的私有成员变量。

对于这些私有变量,使用了它们的类前置声明(第 7～10 行)。这样就不用包含与这些类相关的头文件(如<QMenu>、<QLabel>等),可以使编译过程更快一些。

接下来看一下更新的 mainwindow.cpp 源码,具体实现如程序清单 14.11 所示。

程序清单 14.11 更新的 mainwindow.cpp 源代码

```
1      /* mainwindow.cpp */
2
3      #include <QtGui>
4      #include "mainwindow.h"
5
6      MainWindow::MainWindow(void)
```

```
 7    {
 8        openAction = new QAction(tr("&Open"), this);          /* 创建打开动作 */
 9        openAction->setStatusTip(tr("Open the file"));         /* 设置状态提示 */
10
11        closeAction = new QAction(tr("&Close"), this);         /* 创建关闭动作 */
12        closeAction->setStatusTip(tr("Close the file"));       /* 设置状态提示 */
13
14        aboutAction = new QAction(tr("&About"), this);         /* 创建关于动作 */
15        aboutAction->setStatusTip(tr("About"));                /* 设置状态提示 */
16
17        fileMenu = menuBar()->addMenu(tr("&File"));            /* 创建 file 菜单 */
18        fileMenu->addAction(openAction);
19        fileMenu->addAction(closeAction);
20
21        helpMenu = menuBar()->addMenu(tr("&Help"));            /* 创建 help 菜单 */
22        helpMenu->addAction(aboutAction);
23
24        fileToolBar = addToolBar(tr("&File"));                 /* 创建 File 工具栏 */
25        fileToolBar->addAction(openAction);
                                                                 /* 添加打开动作到 File 工具栏 */
26        fileToolBar->addAction(closeAction);
                                                                 /* 添加关闭动作到工具栏 */
27        fileToolBar->addAction(aboutAction);
                                                                 /* 添加关于动作到工具栏 */
28
29        statusLabel = new QLabel;
30        statusLabel->setMinimumSize(statusLabel->sizeHint());
31        statusLabel->setAlignment(Qt::AlignHCenter);           /* 设置居中 */
32
33        statusBar()->addWidget(statusLabel);                   /* 添加状态标签到状态栏 */
34    }
35
36    MainWindow::~MainWindow(void)
37    {
38    }
```

第 8~15 行，分别创建不同的项，在字符串周围的 tr 函数调用是把它们翻译成其他语言的标记。每个 QObject 对象以及包含有 Q_OBJECT 宏的子类中都有这个函数的声明。尽管应用程序并没有要翻译成其他语言的打算，但是在用户可见的字符串周围使用 tr() 是一个很不错的习惯。

在这些字符串中，使用了"&"来表示快捷键，用户可在支持快捷键的平台下通过按快捷键激活，如本例的按下 Alt + O 激活 Open 动作。

在 Qt 中，菜单都是 QMenu 的实例。QmainWindow::menuBar 函数返回一个指向 QMenuBar 的指针，菜单栏会在第一次调用 menuBar 函数的时候就被创建出来。第 17～19 行，创建了 file 菜单后，把 Open 和 Close 动作添加进去。通过类似的方法创建 help 菜单。

创建工具栏与创建菜单的过程很相似，第 24～27 行创建了 file 工具栏，添加了 Open、Close 和 About 的动作。

状态栏位于主窗口的最下方，用于显示状态提示消息。QMainWindow::statusBar 函数返回一个指向状态栏的指针，第一次调用 statusBar 函数的时候会创建状态栏。状态栏指示器是一些简单的 QLabel。

main.cpp 文件不用改变，重新调用 qmake-qt4 命令进行编译，然后执行查看效果，命令如下：

```
$ qmake-qt4 -project
$ qmake-qt4
$ make
```

PC 上的运行效果如图 14.38 所示。

图 14.38　更新的 mainwindow 界面

14.8.7　事　件

事件（event）是由窗口系统或者 Qt 自身产生的，用于响应所发生的各类事情。当用户按下或松开键盘或者鼠标上的按键时，就会产生一个键盘或者鼠标事件。当用户改变窗口大小的时候也会产生一个绘制窗口的事件。刚才谈到的事件都是对用户的操作做出响应而产生的，还有一些事件是系统独立产生的，如定时器事件。

由于有信号与槽的机制，一般不需要考虑事件，在发生某些重要的事情时，Qt 窗口部件都会发射信号。但是当需要编写自定义的窗口部件，或者希望改变已经存在的 Qt 窗口部件的行为，事件就变得十分有用。

不应该把"事件"和"信号"这两个概念混淆。事件关注的是窗口部件本身的实现，而信号关注的是窗口部件的使用。例如，当使用 QPushButton 时，用户更多地关注该窗口部件是否有被人单击使用，即对它的 clicked 信号更为关注，而很少关心发射该信号的底层鼠标或者键盘事件。除非是要自定义一个类似 QPushButton 的类（窗口部件

第 14 章 嵌入式 GUI 编程

本身),这就需要编写一定的处理鼠标和键盘事件的代码。

所有组件的父类 QWidget 定义了很多事件处理函数,如 keyPressEvent 函数、keyReleaseEvent 函数、muuseDoubleClickEvent 函数、mouseMoveEvent 函数、mousePressEvent 函数和 mouseRelease 函数等。

下面自定义一个标签的子类,当用户单击鼠标、移动鼠标和释放鼠标后,在该窗口部件中显示鼠标当前的坐标。该实例由三个文件组成:main.cpp、coordinate_label.h 和 coordinate_label.cpp。

coordinate_label.h 源码如程序清单 14.12 所示。

程序清单 14.12　coordinate_label.h 源码

```
1    /* coordinate_label.h */
2
3    #ifndef COORDINATE_LABEL_H
4    #define COORDINATE_LABEL_H
5
6    #include <QLabel>
7
8    class QMouseEvent;
9
10   class CoordinateLabel : public QLabel      /* 自定义 QLabel 的子类 */
11   {
12   protected:
13       void mousePressEvent(QMouseEvent * event);    /* 定义鼠标按下事件 */
14       void mouseMoveEvent(QMouseEvent * event);     /* 定义鼠标移动事件 */
15       void mouseReleaseEvent(QMouseEvent * event);  /* 定义鼠标释放事件 */
16   };
17
18   #endif
```

第 13~15 行,声明需要重定义的事件处理函数。具体代码实现在 coordinate_label.cpp 文件中,源码如程序清单 14.13 所示。

程序清单 14.13　coordinate_label.cpp 源码

```
1    /* coordinate_label.cpp */
2
3    #include <QMouseEvent>
4    #include "coordinate_label.h"
5
6    void CoordinateLabel::mousePressEvent(QMouseEvent * event)
7    {
8        this->setText(QString("Mouse Press at:[%1, %2]")
9                       .arg(event->x())
```

```
10                              .arg(event->y()));
11      }
12
13      void CoordinateLabel::mouseMoveEvent(QMouseEvent * event)
14      {
15          this->setText(QString("Mouse Move at:[%1, %2]")
16                              .arg(event->x())
17                              .arg(event->y()));
18      }
19
20      void CoordinateLabel::mouseReleaseEvent(QMouseEvent * event)
21      {
22          this->setText(QString("Mouse Release at:[%1, %2]")
23                              .arg (event->x())
24                              .arg(event->y()));
25      }
```

类 QString 的具体用法可以查阅帮助文档,在本例中,将自定义的 QLabel 的子类 CoordinateLabel,设置其文本显示为当前鼠标事件的 x 轴与 y 轴。

main.cpp 的源码如程序清单 14.14 所示。

程序清单 14.14 main.cpp 源码

```
1       /* main.cpp */
2
3       #include <QApplication>
4       #include "coordinate_label.h"
5
6       int main(int argc, char * argv[])
7       {
8           QApplication app(argc, argv);
9           CoordinateLabel * myLabel = new CoordinateLabel;
10          myLabel->setWindowTitle("Mouse Event Demo");    /* 设置窗口标题 */
11          myLabel->resize(300,200);                       /* 设置自定义的窗口部件尺寸 */
12          myLabel->show();
13          return app.exec();
14      }
```

建立一个新目录为 coordinate_label,在该目录下添加 coordinate_label.h、coordinate_label.cpp 和 main.cpp 文件,然后调用 qmake-qt4 命令进行编译,执行查看效果,命令如下:

```
$ qmake-qt4 -project
$ qmake-qt4
```

```
$ make
```

PC 上的运行效果如图 14.39 所示。

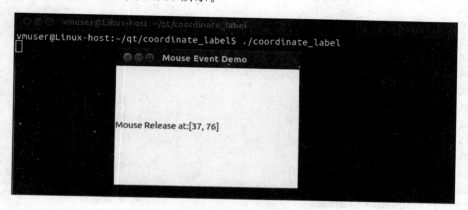

图 14.39　coordinateLabel 界面

14.8.8　经典游戏贪食蛇实例

现在介绍如何利用 Qt 编写一个经典的贪食蛇游戏示例。

具体玩法：在一定的区域，一开始只有蛇头的贪食蛇，通过不断吞食果实来增长蛇身。如果在去吞食果实的过程中，碰触到自身的蛇身或者碰触到四周的边界就会死亡，用户可以通过工具栏的开始、暂停、继续来进行游戏，另外附加加速和减速的功能来提高游戏的趣味性。

该示例由 7 个文件组成：main.cpp、mainwindow.cpp、mainwindow.h、screen.h、screen.cpp、snake.h 和 snake.cpp。

mainwindow.cpp 和 mainwindow.h 用于构建主窗口，创建菜单栏和工具栏。在工具栏里面添加开始、暂停、继续、加速和减速动作功能。mainwindow.h 的源码如程序清单 14.15 所示。

程序清单 14.15　mainwindow.h 源代码

```
1    /*mainwindow.h*/
2    #ifndef MAINWINDOW_H
3    #define MAINWINDOW_H
4
5    #include <QMainWindow>
6    #include "screen.h"
7
8    class Screen;
9    class QPushButton;
10   class QLabel;
11
12   class MainWindow : public QMainWindow        /* QMainWindow 的子类 MainWindow */
```

```
13    {
14        Q_OBJECT;
15
16    public:
17        MainWindow(QWidget * parent = 0);
18        ~MainWindow(void);
19
20    private slots:
21        void showHelp(void);                    /* 显示帮助信息 */
22        void showAbout(void);                   /* 显示关于信息 */
23
24    private:
25        void createMenu(void);                  /* 创建菜单栏 */
26
27        QMenu * gameMenu;                       /* 游戏菜单 */
28        QMenu * helpMenu;                       /* 帮助菜单 */
29        QToolBar * toolBar;                     /* 工具栏 */
30
31        QAction * startAction;                  /* 开始动作 */
32        QAction * pauseAction;                  /* 暂停动作 */
33        QAction * continueAction;               /* 继续动作 */
34        QAction * speedupAction;                /* 加速动作 */
35        QAction * speeddownAction;              /* 减速动作 */
36        QAction * helpGameAction;               /* 游戏帮助动作 */
37        QAction * aboutGameAction;              /* 游戏关于动作 */
38
39        QLabel * scoreLabel;                    /* 显示分数的标签 */
40        QPushButton * upButton;
41        QPushButton * downButton;
42        QPushButton * leftButton;
43        QPushButton * rightButton;
44
45        Screen * screen;                        /* 游戏界面 */
46    };
47
48    #endif
```

mainwindow.h 头文件主要声明主窗口类的一些私有成员变量和槽。它的具体代码实现在 mainwindow.cpp 文件中,源码如程序清单 14.16 所示。类 Screen 定义在 screen.cpp 文件中。

程序清单 14.16 mainwindow.cpp 源代码

```
1    /* mainwindow.cpp */
2    #include <QtGui>
3
```

第14章 嵌入式 GUI 编程

```
4   #include "mainwindow.h"
5
6   MainWindow::MainWindow(QWidget *parent)
7       : QMainWindow(parent)
8   {
9       QTextCodec::setCodecForTr(QTextCodec::codecForName("UTF-8"));
                                                    /* 设置字体,以显示中文 */
10      setWindowTitle(tr("贪食蛇游戏"));              /* 设置标题 */
11
12      screen = new Screen(this);
13      setCentralWidget(screen);
                                                    /* 设置中央窗口为 screen */
14      createMenu();
15  }
16
17  MainWindow::~MainWindow()
18  {
19  }
20
21  void MainWindow::createMenu(void)
22  {
23      startAction = new QAction(tr("开始"), this);     /* 创建开始动作 */
24      startAction->setShortcut(tr("Ctrl+S"));         /* 设置开始快捷键 */
25      connect(startAction, SIGNAL(triggered()), screen, SLOT(startGame()));
26
27      pauseAction = new QAction(tr("暂停"), this);     /* 创建暂停动作 */
28      pauseAction->setShortcut(tr("Alt+P"));          /* 设置暂停快捷键 */
29      connect(pauseAction, SIGNAL(triggered()), screen, SLOT(pauseGame()));
30
31      continueAction = new QAction(tr("继续"), this);  /* 创建继续动作 */
32      continueAction->setShortcut(tr("Alt+C"));       /* 设置继续快捷键 */
33      connect(continueAction, SIGNAL(triggered()), screen, SLOT(continueGame()));
34
35      speedupAction = new QAction(tr("加速"), this);   /* 创建加速动作 */
36      speedupAction->setShortcut(tr("Ctrl+U"));       /* 加速快捷键 */
37      connect(speedupAction, SIGNAL(triggered()), screen, SLOT(speedUp()));
38
39      speeddownAction = new QAction(tr("减速"), this); /* 创建减速动作 */
40      speeddownAction->setShortcut(tr("Ctrl+D"));     /* 减速快捷键 */
41      connect(speeddownAction, SIGNAL(triggered()), screen, SLOT(speedDown()));
42
43      helpGameAction = new QAction(tr("帮助"), this);  /* 创建帮助动作 */
44      connect(helpGameAction, SIGNAL(triggered()), this, SLOT(showHelp()));
```

```
45
46        aboutGameAction = new QAction(tr("关于"), this);    /* 创建关于动作 */
47        connect(aboutGameAction, SIGNAL(triggered()), this, SLOT(showAbout()));
48
49        gameMenu = menuBar()->addMenu(tr("游戏"));            /* 创建游戏菜单 */
50        gameMenu->addAction(startAction);                    /* 添加开始动作 */
51        gameMenu->addAction(continueAction);                 /* 添加继续动作 */
52        gameMenu->addAction(pauseAction);                    /* 添加暂停动作 */
53        gameMenu->addAction(speedupAction);                  /* 添加加速动作 */
54        gameMenu->addAction(speeddownAction);                /* 添加减速动作 */
55
56        helpMenu = menuBar()->addMenu(tr("&Help"));          /* 创建帮助菜单 */
57        helpMenu->addAction(helpGameAction);
                                                               /* 添加游戏帮助动作 */
58        helpMenu->addAction(aboutGameAction);
                                                               /* 添加游戏关于动作 */
59
60        toolBar = addToolBar(tr("tool"));                    /* 创建工具栏 */
61        toolBar->addAction(startAction);
62        toolBar->addAction(continueAction);
63        toolBar->addAction(pauseAction);
64        toolBar->addAction(speedupAction);
65        toolBar->addAction(speeddownAction);
66    }
67
68    void MainWindow::showAbout(void)
69    {
70        QMessageBox::information(this, tr("关于贪食蛇游戏"), tr("Qt Demo for
                  snake!"));
71    }
72
73    void MainWindow::showHelp(void)
74    {
75        QMessageBox::information(this, tr("游戏帮助"), tr("贪食蛇帮助!"));
76    }
```

第 21 行，createMenu 函数用于创建相关的菜单栏和工具栏，以及添加相关的动作到菜单栏和工具栏中。

第 68 行和第 73 行两个函数调用了 Qt 的标准对话框 QMessageBox。初次看到 information 函数的调用时，可能会觉得它有点复杂，但这种语法实际上相当简单：

第 14 章 嵌入式 GUI 编程

```
QMessageBox::information(parent, title, message, buttons);
```

QMessageBox 还提供了 warning 函数、question 函数和 critical 函数,它们每一个都有自己特定的图标。它们的用法都十分相似。如第 70 行,设置了 QMessageBox 对话框的标题为"关于贪食蛇游戏",内容为"Qt Demo for snake",使用默认的 OK 按钮。第 75 行与第 70 行类似,这里不多做解释。

接下来介绍关于贪食蛇结构的 snake.h 和 snake.cpp 这两个文件。snake.h 的源码如程序清单 14.17 所示。

程序清单 14.17 snake.h 源代码

```
1    /* snake.h */
2    #ifndef SNAKE_H
3    #define SNAKE_H
4
5    #include <vector>
6
7    using namespace std;
8
9    class Node
10   {
11   public:
12       int x;
13       int y;
14   };
15
16   class Snake
17   {
18   public:
19       Snake(int w = 40, int h = 34);
20       ~Snake(void);
21
22       void ChangeDirection(const int &NewDirection);   /* 改变移动方向 */
23       void Move(void);                                  /* 移动函数 */
24       void init_var();                                  /* 初始化函数 */
25       bool IsDie(void);                                 /* 返回是否死了 */
26       bool IsWin(void);                                 /* 返回是否赢了 */
27       void getCoordinate(vector<Node> &node, Node &food);
                                                          /* 输出 Snake 的坐标和果实的坐标 */
28       int getScore(void);                               /* 返回得分 */
29       void Clear();                                     /* 清理函数 */
30
31   private:
32       void Judge(void);                                 /* 判断是否死了 */
```

```
33      void AddNode(const int &w, const int &n);
                                            /* 增加 Snake 的节点即身体变长 */
34      void PutFood(void);                 /* 随机放置果实的坐标 */
35
36      vector<Node> SnakeNode;             /* 保存 Snake 身体的每个节点坐标 */
37      Node Food;                          /* 果实的坐标 */
38      int direction;                      /* 1: up 2: right 3: down 4: left */
39      int length;                         /* Snake 身体的长度 */
40      int maxlength;                      /* Snake 的最大长度,等于这个长度就胜利 */
41      bool die;
42      bool win;
43      /* Snake 移动的范围 */
44      int height;
45      int width;
46    };
47
48   #endif
```

snake.h 声明 Snake 的结构和私有成员、函数等。具体代码实现在 snake.cpp 中,如程序清单 14.18 所示。

第 24 行,init_var 函数用于初始化变量和设置 Snake 一开始出现在游戏界面的正中间,向上移动。

第 35 行,AddNode 函数用于增加和保存 Snake 的结点,然后判断是否达到胜利的条件。

第 46 行,Judge 函数用于判断 Snake 是否死了,并设置 IsDie 相应的值。

第 75 行,Move 函数用一个 for 循环更新 Snake 的结点,然后根据 direction 改变 Snake 头的坐标值。如果 Snake 吃到果实就调用 AddNode 函数增加 Snake 的结点。

程序清单 14.18 snake.cpp 源代码

```
1    /* snake.cpp */
2    #include <cstdlib>
3    #include <ctime>
4    #include "snake.h"
5
6    Snake::Snake(int w, int h)
7    {
8        if(w > 0 && h > 0) {
9            width  = w;
10           height = h;
11       }
12       else {
13           width  = 50;
```

```
14              height = 50;
15          }
16          init_var();
17     }
18
19     Snake::~Snake(void)
20     {
21         SnakeNode.clear();
22     }
23
24     void Snake::init_var(void)
25     {
26         length = 0;
27         AddNode(width / 2, height / 2);   /* 一开始 Snake 的位置在界面中间 */
28         PutFood();
29         maxlength = (width - 1) * (height - 1);
                                           /* 计算胜利的时候,Snake 的最大长度 */
30         die = false;
31         win = false;
32         direction = 1;              /* 方向初始化为向上移动 */
33     }
34
35     void Snake::AddNode(const int &x, const int &y)
36     {
37         Node newNode;
38         newNode.x = x;
39         newNode.y = y;
40         SnakeNode.push_back(newNode);    /* 保存 Snake 的结点 */
41         length ++ ;
42         if(length == maxlength)
43             win = true;
44     }
45
46     void Snake::Judge(void)
47     {
48         /* 判断是否碰到边界 */
49         if(SnakeNode[0].x == 0 || SnakeNode[0].x == width ||
50            SnakeNode[0].y == 0 || SnakeNode[0].y == height) {
51             die = true;
52             return;
53         }
54
55         /* 判断是否撞到自己 */
```

```cpp
56      for(int i = 1; i < length; i++) {
57          if(SnakeNode[0].x == SnakeNode[i].x &&SnakeNode[0].y == SnakeNode[i].y) {
58              die = true;
59              return;
60          }
61      }
62      die = false;
63  }
64
65  bool Snake::IsDie(void)
66  {
67      return die;
68  }
69
70  bool Snake::IsWin(void)
71  {
72      return win;
73  }
74
75  void Snake::Move(void)
76  {
77      int lastx = SnakeNode[length - 1].x; /* 保留最后一个结点的坐标 */
78      int lasty = SnakeNode[length - 1].y;
79
80      for(int i = length - 1; i > 0; i--)
81          SnakeNode[i] = SnakeNode[i - 1];       /* 更新 Snake 结点的坐标 */
82
83      switch(direction)
84      {
85      case 1:
86          SnakeNode[0].y--;    //up
87          break;
88      case 2:
89          SnakeNode[0].x++;    //right
90          break;
91      case 3:
92          SnakeNode[0].y++;    //down
93          break;
94      case 4:
95          SnakeNode[0].x--;    //left
96          break;
97      default:
98          break;
```

```
99          }
100
101         /* 判断是否吃到果实,如果吃到就增长身体 */
102         if((SnakeNode[0].x == Food.x) &&(SnakeNode[0].y == Food.y))
103         {
104             AddNode(lastx, lasty);
105             PutFood();
106         }
107         Judge();
108     }
109
110     void Snake::ChangeDirection(const int &NewDirection)
111     {
112         if((direction - NewDirection == 2) ||(direction - NewDirection == -2))
113             return;
114         direction = NewDirection;
115     }
116
117     void Snake::PutFood(void)
118     {
119         if(win == true)
120             return;
121         int x, y;
122         bool empty = false;
123         srand(time(NULL));
124         do
125         {
126             empty = true;
127             x = rand() % (width - 2) + 1;  /* 随机获得坐标 */
128             y = rand() % (height - 2) + 1;
129             for(int i = 0; i < length; i++) {
130                 if(SnakeNode[i].x == x &&SnakeNode[i].y == y) {
                                                    /* 如果坐标在蛇身上,则重新获取 */
131                     empty = false;
132                     break;
133                 }
134             }
135         } while(empty == false);
136
137         Food.x = x;
138         Food.y = y;
139     }
140
```

```
141    void Snake::getCoordinate(vector<Node> &node, Node &food)
142    {
143        node.resize(SnakeNode.size());
144        node = SnakeNode;
145        food = Food;
146    }
147
148     int Snake::getScore(void)
149    {
150        return length;
151    }
152    void Snake::Clear()
153    {
154        SnakeNode.clear();
155        length = 0;
156        direction = 1;
157    }
```

第 117 行，PutFood 函数用于随机放置果实，这里使用 C++的 srand 和 rand 函数，srand 用于设置随机种子。如果随机种子相同，则每次随机数的顺序是一致的，即假设随机种子为 1 时，包含 5 在内的随机数为 3、1、5、2、4，则随机种子为 1 的随机数的出现顺序都是 3、1、5、2、4 这样的排序。所以这里使用了 time(NULL) 返回当前系统时间，由于时间每一次都不同，这样就确保了随机种子不同，从而达到真正的随机数值产生的目的。

下面重点介绍游戏界面的处理，即 screen.h 和 screen.cpp 两个文件。screen.h 头文件的源码如程序清单 14.19 所示。比较重要的是处理更新游戏界面事件的 paintEvent() 和处理键盘按键事件的 keyPressEvent() 这两个函数。

程序清单 14.19　screen.h 源代码

```
1     /* screen.h */
2     # ifndef SCREEN_H
3     # define SCREEN_H
4
5     # include <QWidget>
6     # include "snake.h"
7
8     class Snake;
9     class QTimer;
10    class QLabel;
11    class QPushButton;
12
13    class Screen :public QWidget
```

```cpp
14  {
15      Q_OBJECT;
16  
17  public:
18      Screen(QWidget * parent = 0);
19      ~Screen(void);
20  
21  private slots:
22      void my_timeout(void);
23      void startGame(void);
24      void pauseGame(void);
25      void continueGame(void);
26      void speedUp(void);
27      void speedDown(void);
28      void upClicked(void);                           /* 处理按钮 Up 单击的槽 */
29      void downClicked(void);                         /* 处理按钮 Down 单击的槽 */
30      void rightClicked(void);                        /* 处理按钮 Right 单击的槽 */
31      void leftClicked(void);                         /* 处理按钮 Left 单击的槽 */
32  
33  private:
34      void paintEvent(QPaintEvent * event);           /* 更新游戏界面 */
35      void init_var(void);                            /* 初始化变量 */
36      void keyPressEvent(QKeyEvent * event);          /* 处理键盘事件的函数 */
37  
38      QLabel * scoreLabel;                            /* 显示得分的标签 */
39      QPushButton * upButton;                         /* 向上按钮 */
40      QPushButton * downButton;                       /* 向下按钮 */
41      QPushButton * leftButton;                       /* 向左按钮 */
42      QPushButton * rightButton;                      /* 向右按钮 */
43  
44      Snake snake;
45      bool IsDie;
46      bool IsWin;
47      bool IsRun;
48      bool IsPause;
49      QTimer * timer;                                 /* 定时器,用于设置更新时间 */
50      int times;
51      int score;
52  };
53  
54  #endif
```

my_timeout()函数同步 QTimer 定时器的频率,然后更新 Snake 的坐标,发出更新画面的事件来更新游戏界面,从而达到 Snake 移动的效果。现在,来看 screen.cpp 文件的代码,如程序清单 14.20 所示。

程序清单 14.20　　screen.cpp 源代码

```
1       /* screen.cpp */
2       #include <QtGui>
3       #include "screen.h"
4
5       Screen::Screen(QWidget *parent)
6           : QWidget(parent)
7       {
8           QTextCodec::setCodecForTr(QTextCodec::codecForName("UTF-8"));
                                                /* 设置 tr()编码字体 */
9           setFocus();
                                                /* 获取焦点,用于接收键盘事件 */
10          setFixedSize(370, 175);             /* 设置固定游戏界面大小 */
11          init_var();                         /* 初始化变量 */
12          timer = new QTimer(this);           /* 创建定时器 */
13
14          scoreLabel = new QLabel(tr("Your Score: 0"), this);
15          upButton = new QPushButton(tr("Up"), this);
16          downButton = new QPushButton(tr("Down"), this);
17          rightButton = new QPushButton(tr("Right"), this);
18          leftButton = new QPushButton(tr("Left"), this);
19
20          scoreLabel->setGeometry(210, 20, 100, 50);
                                                /* 用绝对坐标设置标签的位置 */
21          leftButton->setGeometry(210, 130, 50, 40);
                                                /* 用绝对坐标设置按钮的位置 */
22          downButton->setGeometry(260, 130, 50, 40);
23          rightButton->setGeometry(310, 130, 50, 40);
24          upButton->setGeometry(260, 90, 50, 40);
25
26                                              /* 设置标签的字体和颜色 */
27          QFont font;
28          font.setPointSize(10);
29          scoreLabel->setFont(font);
30
31          QPalette palette;
32          palette.setColor(QPalette::WindowText, Qt::red);
33          scoreLabel->setPalette(palette);
```

```cpp
34
35          connect(upButton, SIGNAL(clicked()), this, SLOT(upClicked()));
36          connect(downButton, SIGNAL(clicked()), this, SLOT(downClicked()));
37          connect(rightButton, SIGNAL(clicked()), this, SLOT(rightClicked()));
38          connect(leftButton, SIGNAL(clicked()), this, SLOT(leftClicked()));
39
40          connect(timer, SIGNAL(timeout()), this, SLOT(my_timeout()));
41          times = 200;
42          timer->start(times);                    /* 每 200 ms 发出一个信号 */
43      }
44
45      Screen::~Screen()
46      {
47      }
48
49      void Screen::init_var(void)
50      {
51          IsRun = false;
52          IsPause = false;
53          IsDie = false;
54          IsWin = false;
55          score = 0;
56      }
57
58      void Screen::keyPressEvent(QKeyEvent * event)  /* 捕捉键盘事件 */
59      {
60          switch(event->key())
61          {
62          case Qt::Key_Up:
63              snake.ChangeDirection(1);           /* 改变 Snake 的移动方向 */
64              break;
65          case Qt::Key_Right:
66              snake.ChangeDirection(2);
67              break;
68          case Qt::Key_Down:
69              snake.ChangeDirection(3);
70              break;
71          case Qt::Key_Left:
72              snake.ChangeDirection(4);
73              break;
74          default:
75              break;
76          }
```

```
77          QWidget::keyPressEvent(event);         /* 传递父窗口其他键盘事件 */
78      }
79
80      void Screen::my_timeout(void)
81      {
82          if(IsRun == false) {
83              timer->stop();
84              return;
85          }
86
87          snake.Move();
88          IsDie = snake.IsDie();
89          IsWin = snake.IsWin();
90          if(IsDie) {
91              timer->stop();
92              IsRun = false;
93              QMessageBox::information(this,tr("游戏结束"),tr("游戏结束,你输了!"));
94              IsDie = false;
95              snake.Clear();
96              return;
97          }
98
99          if(IsWin) {
100             timer->stop();
101             IsRun = false;
102             QMessageBox::information(this, tr(" You win"), tr(" Congratulation, You Win!"));
103             IsDie = false;
104             snake.Clear();
105             return;
106         }
107
108         score = snake.getScore();
109         QString str = QString("Your Score:\n    %1").arg(score);
110         scoreLabel->setText(str);
111
112         update();
113     }
114
115     void Screen::paintEvent(QPaintEvent * event)
116     {
117         QPainter  painter(this);
118         painter.setBrush(Qt::black);
```

```
119         painter.drawRect(0, 0, 205, 175);
120         if(IsDie || ! IsRun)
121             return;
122         vector<Node> node;
123         Node food;
124         snake.getCoordinate(node, food);        /* 获取 Snake 和果实的坐标 */
125                                                 /* 画果实 */
126         painter.setBrush(Qt::red);
127         painter.drawEllipse(5 * food.x, 5 * food.y, 5, 5);
128                                                 /* 画墙 */
129         painter.setBrush(Qt::white);
130         painter.drawRect(0, 0, 205, 5);
131         painter.drawRect(0, 170, 205, 5);
132         painter.drawRect(0, 0, 5, 175);
133         painter.drawRect(200, 0, 5, 175);
134
135         /* 画蛇,蛇头与蛇身用不同的颜色区分 */
136         painter.setBrush(Qt::yellow);
137         painter.drawRect(5 * node[0].x, 5 * node[0].y, 5, 5);
138         /* 画蛇身 */
139         painter.setBrush(Qt::blue);
140         int n = node.size();
141         for(int i = 1; i < n; i++)
142             painter.drawRect(5 * node[i].x, 5 * node[i].y, 5, 5);
143         node.clear();
144         QWidget::paintEvent(event);
145     }
146
147     void Screen::upClicked(void)
148     {
149         snake.ChangeDirection(1);
150         setFocus();
151     }
152
153     void Screen::rightClicked(void)
154     {
155         snake.ChangeDirection(2);
156         setFocus();
157     }
158
159     void Screen::downClicked(void)
160     {
161         snake.ChangeDirection(3);
```

```
162         setFocus();
163     }
164
165 void Screen::leftClicked(void)
166 {
167     snake.ChangeDirection(4);
168     setFocus();
169 }
170
171 void Screen::startGame(void)
172 {
173     snake.Clear();                      /* 清空 snake 的坐标 */
174     snake.init_var();                   /* 初始化 snake 变量 */
175     IsRun = true;
176     times = 200;
177     timer->start(times);
178 }
179
180 void Screen::continueGame(void)
181 {
182     if(! IsPause)
183         return;
184     timer->start(times);                /* 继续定时,即继续更新画面 */
185     setFocus();
186 }
187
188 void Screen::pauseGame(void)
189 {
190     IsPause = true;
191     timer->stop();                      /* 暂停定时,即暂停画面 */
192     setFocus();
193 }
194
195 void Screen::speedUp(void)
196 {
197     times -= 20;
198     if(times <= 20)
199         times = 20;
200     timer->stop();
201     timer->start(times);                /* 加快定时器的频率 */
202     setFocus();
203 }
204
```

第 14 章　嵌入式 GUI 编程

```
205    void Screen::speedDown(void)
206    {
207        times += 20;
208        if(times >= 500)
209            times = 500;
210        timer->stop();
211        timer->start(times);
212        setFocus();
213    }
```

第 6 行，Screen 的构造函数初始化相关变量，获取焦点用于接收键盘的事件，并且用绝对坐标的方式摆放各个窗口部件。左上角为原点(0,0)，Y 轴向下为正，X 轴向右为正。另外创建定时器，通过查阅帮助文档可知，定时器开始计时以 ms 为单位，默认设置为 200 ms，即每 200 ms 发出一个信号。

第 58～71 行，捕捉键盘事件，由于获取键盘事件必须是具有焦点的窗口，所以在第 9 行、185 行、192 行、202 行和 212 行都调用 setFocus 函数用于设置当前 Screen 窗口部件具有焦点。由于只捕捉键盘的上下左右事件，所以，第 77 行将其他的键盘事件向上传递给父窗口部件。

第 80 行，为连接定时器的自定义函数槽，用于处理定时器发出的信号。my_timeout 函数主要移动蛇的坐标，并判断是输了还是胜利了，最后调用第 112 行的 update 函数发出更新游戏界面的事件。该事件会调用第 115 行的 painEvent 函数。

第 115 行，painEvent 函数用于更新游戏界面，重新绘制果实、围墙、蛇头和蛇尾。果实的坐标和蛇的坐标通过调用第 124 行的 Snake.Output 函数获取。第 117 行，创建 QPainter 对象用来执行绘制操作。第 118 行，设置画刷的颜色。

第 171 行，StartGame 函数用于通过清空和初始化蛇的坐标重新开始游戏，然后重新开始定时。同理，第 188 行 pauseGame 函数只要暂停定时器就可达到暂停的效果，而第 195 行和第 205 行的加速和减速分别通过增加和减少定时器发出信号的频率就可实现改变蛇移动速度快慢的效果。

最后来看一下 main.cpp 文件，源码如程序清单 14.21 所示。

程序清单 14.21　main.cpp 源码

```
1    /* main.cpp */
2    #include <QApplication>
3    #include "mainwindow.h"
4
5    int main(int argc, char * argv[])
6    {
7        QApplication app(argc, argv);
8        MainWindow main;
8        main.show();
```

```
9            return app.exec();
10    }
```

建立一个新目录为 snake-demo，在该目录下添加 mainwindow.h、mainwindow.cpp、screen.h、screen.cpp、snake.h、snake.cpp 和 main.cpp 文件，然后调用 qmake-qt4 命令进行编译，然后执行查看效果，命令如下：

```
$ qmake-qt4 -project
$ qmake-qt4
$ make
```

PC 上的执行效果如图 14.40 所示。

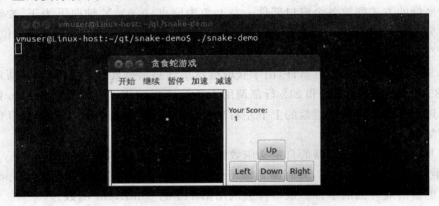

图 14.40　贪食蛇游戏界面

在嵌入式环境下执行的时候，为了显示中文，需要指定字体(本例为 UTF)。用嵌入式版本的 qmake-arm 重新编译代码，然后通过 NFS 将可执行文件放置到开发板上，执行如下命令：

```
# ./snake-demo -qws -font unifont
```

开发板上的执行效果如图 14.41 所示。

图 14.41　开发板贪食蛇界面

第 15 章

特殊硬件接口编程

本章导读

本章主要讲述非标准（相对于 PC 而言）硬件接口编程。像通常的串口和网口，都是标准接口，有通用的编程规范，而这章讲述的（如 LED、GPIO、SPI 和 I^2C）接口，在嵌入式系统中非常普及，由于这些接口的特殊性，没有统一的编程规范。而在实际应用中，往往又不可或缺，所以这章的内容很重要。

本章的内容与具体的开发平台结合比较紧密，如果在非对应的平台上使用这些范例，可能需要根据实际情况进行修改和调整。

15.1 点亮一个 LED 灯

本节介绍如何使用命令行或 C 程序来控制 LED 灯点亮或熄灭。开发板上的可控 LED 灯通常都是一端接高电平或 GND，另一端接 GPIO。通过操作 GPIO 来控制其点亮和熄灭。

如图 15.1 所示，两个 LED 是由发光二极管组成，一端接高电平。若另一端接入高电平，则二极管不导通，LED 不会发光；若另一端接入低电平，则二极管导通，LED 发光。高低电平一般由 GPIO 输出。

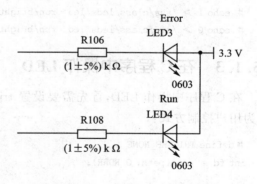

图 15.1 LED 硬件连接示意图

15.1.1 LED 的操作接口

LED 操作接口位于 /sys/class/leds 目录下。此目录下包含了关于 LED 操作的目录，如下所示：

```
# ls /sys/class/leds/
```

```
beep        led-err      led-run
```

其中 led-err 目录是 ERR LED 的操作接口，led-run 目录是 RUN LED 的操作接口。以 RUN LED 为例，进入 led-run 目录，该目录的内容为：

```
# ls /sys/class/leds/led-run/
brightness         max_brightness       subsystem          uevent
device             power                trigger
```

各个文件作用介绍如表 15.1 所列。

表 15.1 LED 属性文件用途

文件名	作用
brightness	用于控制 LED 亮灭（需要将 LED 灯设置为用户控制）
Subsystem	符号链接，指向父目录。
trigger	写入 none 可以将指示灯设置为用户控制
	写入 heartbeat 可以将指示灯设置为心跳灯
	写入 nand-disk 可以将指示灯设置为 Nand Flash 读写灯
power	设备供电方面的相关信息

15.1.2 LED 的控制

以 led_run 灯为例，点亮命令如下：

```
# echo none > /sys/class/leds/led-run/trigger        #将 LED RUN 设置为用户控制
# echo 1 > /sys/class/leds/led-run/brightness        #控制 LED 点亮
# echo 0 > /sys/class/leds/led-run/brightness        #控制 LED 熄灭
```

15.1.3 在 C 程序中操作 LED

在 C 程序中操作 LED，首先需要设置 trigger 属性。如下代码片段，将 LED 灯设置为用户控制方式：

```
#define TRIGGER_NONE                                 "none"
int fd = open(path, O_RDWR);                         //path 为 trigger 路径
...
ret = write(fd, TRIGGER_NONE, strlen(TRIGGER_NONE));
...
```

然后操作 brightness 属性，设置 LED 点亮或熄灭：

```
char data[2];
int fd;
...
fd = open(path, O_WRONLY);                           //path 为 brightness 路径
```

第 15 章 特殊硬件接口编程

```c
data[0] = '0';
ret = write(fd, data, 1);                       //熄灭 LED
...
```

下面给出的程序清单 15.1，首先设置 LED trigger 属性为 none，然后设置 brightness 属性交替为 0 和 1。实现了 LED 每隔 1 s 点亮一次。

程序清单 15.1　LED 操作

```c
#include <stdio.h>
#include <sys/types.h>
#include <sys/stat.h>
#include <fcntl.h>
#include <string.h>
#define TRIGGER            "trigger"
#define LED_PATH           "/sys/class/leds/"
#define LED_STATUS         "brightness"
#define TRIGGER_NONE       "none"
int main(int argc,char **argv)
{
    char path[20],data[2];
    int fd, ret, flag;
    if(argv[1] == NULL) {
        printf("usage : ./led led_run");
        return 0;
    }

    strcpy(path, LED_PATH);
    strcat(path, argv[1]);
    strcat(path, "/" TRIGGER);
    fd = open(path, O_RDWR);
    if(fd < 0) {
        perror("open");
        return -1;
    }
    ret = write(fd, TRIGGER_NONE, strlen(TRIGGER_NONE));
    if(ret < 0) {
        perror("write");
        return -1;
    }
    close(fd);
```

· 395 ·

```c
        strcpy(path, LED_PATH);
        strcat(path, argv[1]);
        strcat(path, "/" LED_STATUS);
        fd = open(path, O_WRONLY);
        if(fd < 0) {
                perror("open");
                return -1;
        }
        for(;;)
        {
            data[0] = flag ? '0' : '1';
            ret = write(fd, data, 1);
            if(ret < 0) {
                perror("write");
                return -1;
            }
            flag =! flag;
            sleep(1);
        }
        return 0;
}
```

15.2 GPIO 硬件编程

相比于 Linux 2.4,2.6 及以上的内核可以使用系统中的 GPIOLIB 模块在用户空间提供的 sysfs 接口,实现应用层对 GPIO 的独立控制。

15.2.1 GPIO 和 sysfs 操作接口

Linux 开发平台实现了通用 GPIO 的驱动,用户通过 Shell 命令或系统调用即能控制 GPIO 的输出和读取其输入值。其属性文件均在/sys/class/gpio 目录下,如下:

```
# ls /sys/class/gpio/
export      gpiochip0    gpiochip32    gpiochip64    gpiochip96    unexport
```

属性文件有 export 和 unexport。其余四个文件为符号链接(gpiochip0、gpiochip32、gpiochip64、gpiochip96),指向管理对应设备的目录,以 gpiochip0 为例,此目录下的文件有:

```
# ls /sys/class/gpio/gpiochip0
base       label        ngpio        power       subsystem    uevent
```

第 15 章 特殊硬件接口编程

以上文件用途如表 15.2 所列。

表 15.2 gpio 目录下默认属性文件用途

文件名	路径	作用
export	/sys/class/gpio/export	导出 GPIO
unexport	/sys/class/gpio/unexport	将导出的 GPIO 从 sysfs 中清除
gpiochipN	/sys/class/gpio/gpiochipN/base	设备所管理的 GPIO 初始编号
	/sys/class/gpio/gpiochipN/label	设备信息
	/sys/class/gpio/gpiochipN/ngpio	设备所管理的 GPIO 总数
	/sys/class/gpio/gpiochipN/power	设备供电方面的相关信息
	/sys/class/gpio/gpiochipN/subsystem	符号链接,指向父目录
	/sys/class/gpio/gpiochipN/uevent	内核与 udev(自动设备发现程序)之间的通信接口

向 export 文件写入需要操作的 GPIO 序号 N,就可以导出对应的 GPIO 设备目录。操作命令如下:

echo N > /sys/class/gpio/export

例如,导出序号为 68 的 GPIO 的操作接口,在 Shell 下,可以用如下命令:

echo 68 > /sys/class/gpio/export

通过以上操作后在 /sys/class/gpio 目录下生成 gpio68 目录,通过读写该设备目录下的属性文件就可以操作这个 GPIO 的输入和输出。以此类推可以导出其他 GPIO 设备目录。如果 GPIO 已经被系统占用,则导出时会提示资源被占用。

以序号为 68 的 GPIO 为例,设备目录下有如下属性文件:

ls /sys/class/gpio/gpio68/
active_low   edge   subsystem   value   direction   power   uevent

各个文件用途如表 15.3 所列。

表 15.3 GPIO 属性文件用途

文件名	路径	作用
active_low	/sys/class/gpio/gpioN/active_low	具有读写属性。用于决定 value 中的值是否翻转。0 不翻转,1 翻转
edge	/sys/class/gpio/gpioN/edge	具有读写属性。设置 GPIO 中断,或检测中断是否发生
subsystem	/sys/class/gpio/gpioN/subsystem	符号链接,指向父目录
value	/sys/class/gpio/gpioN/value	具有读写属性。GPIO 的电平状态设置或读取
direction	/sys/class/gpio/gpioN/direction	具有读写属性。用于查看或设置 GPIO 输入/输出
power	/sys/class/gpio/gpioN/power	设备供电方面的相关信息
uevent	/sys/class/gpio/gpioN/uevent	内核与 udev(自动设备发现程序)之间的通信接口

15.2.2 GPIO 的基本操作

在应用层可以通过 Shell 命令操作 GPIO。通过以下步骤,就可以控制 GPIO 输入/输出。以下步骤是以 GPIO 的输入/输出功能进行介绍的。

1. 输入/输出设置

GPIO 导出后默认为输入功能。向 direction 文件写入 in 字符串,表示设置为输入功能;向 direction 文件写入 out 字符串,表示设置为输出功能。读 direction 文件会返回 in/out 字符串,in 表示当前 GPIO 作为输入,out 表示当前 GPIO 作为输出。方向查看和设置命令如下:

```
# cat /sys/class/gpio/gpioN/direction          # 查看方向
# echo out > /sys/class/gpio/gpioN/direction   # 设置为输出
# echo in  > /sys/class/gpio/gpioN/direction   # 设置为输入
```

例如,查看排列序号为 68 的 GPIO 的方向,在 Shell 下,可以用如下命令:

```
# cat /sys/class/gpio/gpio68/direction
```

2. 输入读取

当 GPIO 被设为输入时,value 文件记录 GPIO 引脚的输入电平状态:1 表示输入的是高电平;0 表示输入的是低电平。通过查看 value 文件可以读取 GPIO 的电平,查看命令如下:

```
# echo in > /sys/class/gpio/gpioN/direction   # 设置 GPIO 排列序号为 N 的 GPIO 方向为输入
# cat /sys/class/gpio/gpioN/value             # 查看 GPIO 排列序号为 N 的 GPIO 电平
```

例如,查看序号为 68 的 GPIO 的电平状态,在 Shell 下,可以用如下命令:

```
# echo in > /sys/class/gpio/gpio68/direction
# cat /sys/class/gpio/gpio68/value
```

3. 输出控制

当 GPIO 被设为输出时,通过向 value 文件写入 0 或 1(0 表示输出低电平,1 表示输出高电平)可以设置输出电平的状态,输出命名如下:

```
# echo out > /sys/class/gpio/gpioN/direction   # 设置 GPIO 序号为 N 的 GPIO 方向为输出
# echo 0   > /sys/class/gpio/gpioN/value       # 输出低电平
# echo 1   > /sys/class/gpio/gpioN/value       # 输出高电平
```

例如,设置排列序号为 68 的 GPIO 的电平为高电平,在 Shell 下,可以用如下命令:

```
# echo out > /sys/class/gpio/gpio68/direction
```

第 15 章 特殊硬件接口编程

```
# echo 0 > /sys/class/gpio/gpio68/value
```

15.2.3 在 C 程序中操作 GPIO

使用系统调用实现 GPIO 输入/输出操作时,首先需要使用 export 属性文件导出 GPIO:

```
#define EXPORT_PATH  "/sys/class/gpio/export"   //GPIO 设备导出设备
#define GPIO         "68"                        //GPIO2_4
int fd_export = open(EXPORT_PATH, O_RDWR);       //打开 GPIO 设备导出设备
...
write(fd_export, GPIO, strlen(GPIO));            //向 export 文件写入 GPIO 序号字符串
```

可以调用 write 函数向 direction 设备写入方向 in/out 字符串,将 GPIO 设置为输入(输出),如:

```
#define DIRECT_PATH  "/sys/class/gpio/gpio68/direction"  //GPIO 输入/输出控制设备
int fd_dir, ret ;
fd_dir = open(DIRECT_PATH, O_RDWR);              //打开 GPIO 输入/输出控制设备
...
ret = write(fd_dir, direction, sizeof(direction));  //写入 GPIO 输入(in)/输出(out)方向
```

GPIO 设置为输入时,使用 read 系统调用读取 value 属性文件,就可以读取 GPIO 电平值;GPIO 设置为输出时,使用 write 系统调用向 value 属性文件写入 0 或 1 字符串,就可以设置 GPIO 电平值。如:

```
#define DEV_PATH "/sys/class/gpio/gpio68/value"  //输入/输出电平值设备
int fd_dev, ret ;
fd_dev = open(DEV_PATH, O_RDWR);                 //打开输入/输出电平值设备
...
ret = read(fd_dev, buf, sizeof(buf));            //读取 GPIO 输入电平值
```

15.2.4 EasyARM-i.MX283A GPIO 应用编程

1. GPIO 资源汇总

下面介绍在 EasyARM-i.MX283A 开发板上操作 GPIO 的示例。EasyARM-i.MX283A 底板 GPIO 通过扩展接口 1/2 引出,如图 15.2 所示。

EasyARM-i.MX283A 没有直接给出 GPIO 序号,需要通过计算得出。其序号计算公式如下:

$$\text{GPIO 排列序号} = \text{BANK} \times 32 + N$$

BANK 为 GPIO 引脚所在的 BANK,N 为引脚所在 BANK 的序号。以图 15.2 中 P2.4 为例,BANK 值为 2,N 为 4,则其序号为 $2 \times 32 + 4 = 68$。

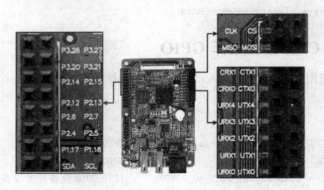

图 15.2 扩展口 GPIO 引脚

表 15.4 给出了 EasyARM-i.MX283A Linux 开发平台下可以用作 GPIO 引脚的列表。可以使用下表查找 GPIO 和序号之间的对应关系。

表 15.4 gpio 引脚对应关系

标 号	引脚排列序号	标 号	引脚序号
P3.26	122	SDA(GPIO3_17)	113
P3.27	123	SCL(GPIO3_16)	112
P3.20	116	CLK(GPIO2_24)	88
P3.21	117	CS(GPIO2_27)	91
P2.14	78	MISO(GPIO2_26)	90
P2.15	79	MOSI(GPIO2_25)	89
P2.12	76	CRX1(GPIO0_19)	19
P2.13	77	CTX1(GPIO0_18)	18
P2.6	70	CRX0(GPIO0_23)	23
P2.7	71	CTX0(GPIO0_22)	22
P2.4	68	URX4(GPIO3_22)	118
P2.5	69	UTX4(GPIO3_23)	119
P1.17	49	URX3(GPIO2_18)	82
P1.18	50	UTX3(GPIO2_19)	83
UTX1(GPIO3_5)	101	URX2(GPIO2_16)	80
URX0(GPIO3_0)	96	UTX2(GPIO2_17)	81
UTX0(GPIO3_1)	97	URX1(GPIO3_4)	100

2. Shell 命令操作范例

按照通用 GPIO 的操作方法,以 EasyARM-i.MX283A 序号为 68 的 GPIO 为例进行 GPIO 输出操作,步骤如下:

第15章 特殊硬件接口编程

导出对应的 GPIO 设备目录：

```
root@EasyARM-iMX283x # cd /sys/class/gpio
root@EasyARM-iMX283x /sys/class/gpio# echo 68 > export
```

输出方向设置：

```
root@EasyARM-iMX283x /sys/devices/virtual/gpio/gpio68# echo out > direction
```

通过向 value 文件写入 0 或 1(0 表示输出低电平，1 表示输出高电平)可以设置输出电平的状态：

```
root@EasyARM-iMX283x /sys/devices/virtual/gpio/gpio68# echo 0 > value
root@EasyARM-iMX283x /sys/devices/virtual/gpio/gpio68# echo 1 > value
```

3. C 代码操作范例

范例代码以 GPIO2_4 为例实现 GPIO 的输入读取。首先通过 open() 和 write() 系统调用导出 GPIO，然后设置 GPIO 为输入，读取 GPIO 的输入值。操作范例如程序清单 15.2 所示。

程序清单 15.2　C 语言操作 GPIO 输入示例

```c
#include <stdio.h>
#include <stdlib.h>
#include <unistd.h>
#include <sys/types.h>
#include <sys/stat.h>
#include <fcntl.h>
#include <termios.h>
#include <errno.h>
#include <string.h>
#define DEV_PATH        "/sys/class/gpio/gpio68/value"      //输入/输出电平值设备
#define EXPORT_PATH     "/sys/class/gpio/export"            //GPIO 设备导出设备
#define DIRECT_PATH     "/sys/class/gpio/gpio68/direction"  //GPIO 输入/输出控制设备
#define OUT             "out"
#define IN              "in"
#define GPIO            "68"                                //GPIO2_4
#define HIGH_LEVEL      "1"
#define LOW_LEVEL       "0"
int main(int argc,char **argv)
{
    static int fd_dev,fd_export,fd_dir,ret;
    char buf[10],direction[4];
    fd_export = open(EXPORT_PATH, O_WRONLY);                //打开 GPIO 设备导出设备
    if(fd_export < 0) {
        perror("open export:");
```

```
        return -1;
    }
    write(fd_export,GPIO,strlen(GPIO));
    fd_dev = open(DEV_PATH, O_RDWR);              //打开输入/输出电平值设备
    if(fd_dev < 0) {
        perror("export write:");
        return -1;
    }
    fd_dir = open(DIRECT_PATH,O_RDWR);            //打开 GPIO 输入/输出控制设备
    if(fd_dir < 0) {
        perror("export write:");
        return -1;
    }
    ret = read(fd_dir, direction, sizeof(direction));  //读取 GPIO2_4 输入输出方向
    if(ret < 0) {
        perror("dir read:");
        close(fd_export);
        close(fd_dir);
        close(fd_dev);
        return -1;
    }
    printf("default directions:%s",direction);
    strcpy(buf,IN);
    ret = write(fd_dir,buf,strlen(IN));
    if(ret < 0) {
        perror("dir read:");
        close(fd_export);
        close(fd_dir);
        close(fd_dev);
        return -1;
    }
    ret = read(fd_dir,direction,sizeof(direction));
    if(ret < 0) {
        perror("dir read:");
        close(fd_export);
        close(fd_dir);
        close(fd_dev);
        return -1;
    }
    ret = read(fd_dev, buf, sizeof(buf));         //读取 GPIO2_4 输入电平值
    if(ret < 0) {
        perror("dir read:");
        close(fd_export);
```

```
            close(fd_dir);
            close(fd_dev);
            return -1;
        }
        printf("now directions:%sinput level:%s",direction,buf);
        close(fd_export);
        close(fd_dir);
        close(fd_dev);
        return 0;
    }
```

编译目标代码:

```
root@ubuntu:~# arm-fsl-linux-gnueabi-gcc test.c -o gpio_test
```

将编译好的代码下载到开发板,运行代码前,先使用杜邦线将开发板 GND 或 Vcc 接入 GPIO2_4,然后运行代码,代码会在串口打印当前输入电平值。如图 15.3 所示。

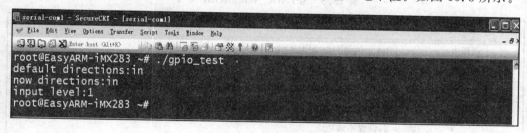

图 15.3　串口打印输出

15.3　用户态 SPI 编程

Linux 的 SPI 总线设备文件名通常为/dev/spidevN.P($N=0,1,2,\cdots$, $P=0,1,2$ $\cdots$),其中 N 表示第几路 SPI 总线,而 P 表示在该路 SPI 总线中使用哪个 CS 信号线。

EasyARM-i.MX283A 提供了 1 路 SPI 总线,在该总线中只有 1 个 CS 信号线,其设备文件名为/dev/spidev1.0。

15.3.1　SPI 编程接口

1. 打开设备

在使用 SPI 设备时,需要调用 open()函数打开设备文件,获得文件描述符,如程序清单 15.3 所示。

程序清单 15.3　打开 SPI 设备文件

```
fd = open("/dev/spidev1.0", O_RDWR);
if (fd < 0) {
```

```
    perror("can not open SPI device\n");
}
```

2. 关闭设备

设备使用完成后,调用 close()函数关闭设备,如下所示:

```
close(fd);
```

3. 总线控制

通过调用 ioctl()函数使用不同的命令,应用程序可以配置 SPI 总线的极性和相位,设置总线速率、数据字长度以及实现数据收/发。

(1) 设置总线极性和相位

SPI 总线极性及相位设置是通过 SPI_IOC_WR_MODE 命令实现的,该命令的用法参考表 15.5。

表 15.5　SPI_IOC_WR_MODE 命令

命　令	SPI_IOC_WR_MODE
调用方式	ret = ioctl(fd, SPI_IOC_WR_MODE, &mode)
功能描述	设置 SPI 总线的极性和相位
输入参数说明	mode 的可选值为:SPI_MODE_0、SPI_MODE_1、SPI_MODE_2、SPI_MODE_3
返回值说明	0:设置成功 1:设置不成功

SPI_MODE_0 定义的模式为 POLARITY(极性)=0,PHASE(相位)=0,时序如图 15.4 所示。

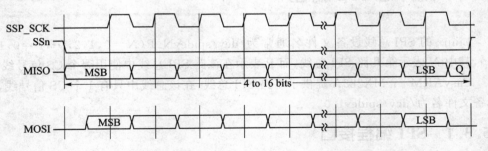

图 15.4　POLARITY=0,PHASE=0 的时序

SPI_MODE_1 定义的模式为 POLARITY=0、PHASE=1,时序如图 15.5 所示。
SPI_MODE_2 定义的模式为 POLARITY=1,PHASE=0,时序如图 15.6 所示。
SPI_MODE_3 定义的模式为 POLARITY=1,PHASE=1,时序如图 15.7 所示。
设置 SPI 总线极性和相位为 SPI_MODE_0 模式的方法可以参考如程序清单 15.4 所示的代码。

第 15 章 特殊硬件接口编程

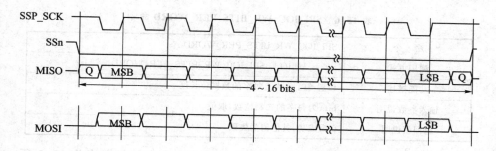

图 15.5　POLARITY＝0，PHASE＝1 的时序

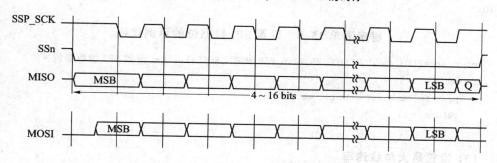

图 15.6　POLARITY＝1、PHASE＝0 的时序

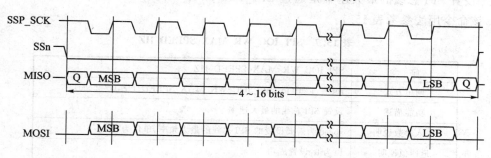

图 15.7　POLARITY＝1，PHASE＝1 的时序

程序清单 15.4　设置 SPI 总线极性和相位示例

```
int mode = SPI_MODE_0;
ret = ioctl(fd_spi, SPI_IOC_WR_MODE, &mode);
if (ret == -1) {
    printf("can't set wr spi mode\n");
    return -1;
}
```

（2）设置每字的数据位长度

设置 SPI 总线上每字的数据位长度是通过 SPI_IOC_WR_BITS_PER_WORD 命令来实现的，该命令的用法参考表 15.6。

表 15.6 SPI_IOC_WR_BITS_PER_WORD 命令

命 令	SPI_IOC_WR_BITS_PER_WORD
调用方式	ret = ioctl(fd, SPI_IOC_WR_BITS_PER_WORD, &bits)
功能描述	设置 SPI 总线上每字的数据位长度
输入参数说明	bits 为每字的二制位数,取值
返回值说明	0 为成功,其他值为失败

设置 SPI 总线的每字数据位长为 8 位的方法可以参考如程序清单 15.5 所示的代码。

程序清单 15.5 设置 SPI 数据位的示例代码

```
ret = ioctl(fd_spi, SPI_IOC_WR_BITS_PER_WORD, &bits);  /* 设置 SPI 的数据位 */
if (ret == -1) {
    printf("can't set bits per word\n");
    return -1;
}
```

(3) 设置最大总线速率

设置 SPI 总线的最大速率是通过 SPI_IOC_WR_MAX_SPEED_HZ 命令来实现的,该命令用法参考表 15.7。

表 15.7 SPI_IOC_WR_MAX_SPEED_HZ

命 令	SPI_IOC_WR_MAX_SPEED_HZ
调用方式	ret = ioctl(fd, SPI_IOC_WR_MAX_SPEED_HZ, &speed)
功能描述	设置 SPI 总线的最大速率
输入参数说明	speed 为需要设置的 SPI 总线的最大频率,单位为 Hz
返回值说明	恒为 0;设置成功

注意:SPI 总线的最大速率设置后,在使用过程中并不是只能使用该频率收/发数据,而是仅仅约束收/发数据时的最大频率。

(4) 数据接收/发送命令

在 SPI 总线实现数据收/发是通过 SPI_IOC_MESSAGE(n)命令来实现的,该命令用法参考表 15.8。

表 15.8 SPI_IOC_MESSAGE(n)命令

命 令	SPI_IOC_MESSAGE(n)
调用方式	ret = ioctl(fd, SPI_IOC_MESSAGE(n), &tr)
功能描述	实现在 SPI 总线接收/发送数据操作,其中 n 的值可变

续表 15.8

命令	SPI_IOC_MESSAGE(n)
输入/输出参数说明	struct spi_ioc_transfer 结构体用于封装要收/发的数据。tr 参数指向 struct spi_ioc_transfer 结构体的数组,数组长度为 n
返回值说明	0:操作成功 1:操作失败

使用 SPI_IOC_MESSAGE(n)命令收/发的数据都需要使用 struct spi_ioc_transfer 结构体封装,该结构体的定义如程序清单 15.6 所示。

程序清单 15.6   struct spi_ioc_transfer 结构体的定义

```
struct spi_ioc_transfer {
    __u64           tx_buf;              /* 指向发送数据的缓冲区 */
    __u64           rx_buf;              /* 指向接收数据的缓冲区 */

    __u32           len;                 /* 收/发缓冲区中数据的长度 */
    __u32           speed_hz;            /* 总线速率 */

    __u16           delay_usecs;
    __u8            bits_per_word;       /* 收/发数据的二进制位数 */
    __u8            cs_change;
    __u32           pad;
}
```

注意:speed_hz 不能大于在 SPI_IOC_WR_MAX_SPEED_HZ 命令中设置的总线速率。

由于 iMX28xx 处理器的 SPI 控制器只支持半双工,因此 struct spi_ioc_transfer 结构体中的 tx_buf 和 rx_buf 只能设置一个有效,另一个必须设置为 0,否则调用 ioctl 时会返回非零值提示操作错误。

15.3.2 编程范例

1. 电路原理

在 AP-283Demo 板上,通过 74HC595 作为 SPI 从机器件驱动数码管,电路如图 15.8 所示。

在 74HC595 芯片中,如果要将 8 位串行输入数据并行输出到 QA、QB、QC、QD、QE、QF、QG、QH,则需要满足以下条件:

(1) 首先,必须保证在 SCK 引脚输入连续的时钟信号。

(2) 在 SCK 引脚输入信号的上升沿,在 SI 引脚输入的数据被送入 QA 的第 1 级移位寄存器,QA 移位寄存器原有的值移入 QB 移位寄存器,QB 移位寄存器原有的值移

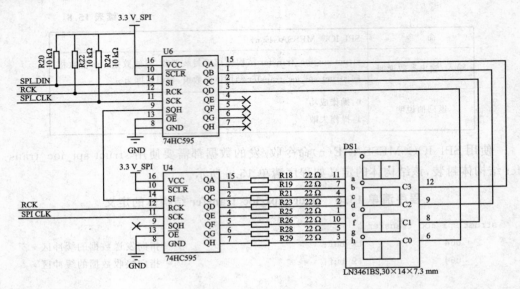

图 15.8 数码管功能电路图

入 QC 移位寄存器,以此类推。

(3) 在 RCK 引脚输入信号的上升沿,移位寄存器中的数据被送入锁存器。

(4) 若 OE 引脚输入低电平,则锁存器的值将在 QA~QH 引脚输出。

在 AP-283Demo 板上,MCU 的 SPI 接口控制 2 片 74HC595 带锁存的移位寄存器驱动 2 个共阴式的 LN3461BS 数码管,其中 U4 控制 8 位数据管的位选位,U6 控制 4 位数码管的段选位。也就是说,只要给数码管的位选位输送低电平,给数码管的段选位输送高电平,即可点亮数码管。

MCU 作为主机通过 SPI 总线发送数据,74HC595 作为从机接收数据,采用级联的方式对 2 片 74HC595 进行操作,其数据的传递方式如下:

(1) 发送 8 位"位选"数据,且被保存在 U6 的移位寄存器中。

(2) 紧接着在发送"段选"数据时,刚才发送的"位选"数据将通过级联方式移位到 U4 的移位寄存器中,后发送的"段选"数据则被保存在 U6 的移位寄存器中。

(3) 当数据移位完成后,在 RCK 产生一个上升沿将移位寄存器中的数据移位到锁存器。

(4) 由于 OE 为低电平,锁存器的数据送到 U4、U6 的 QA~QH 数据引脚上。

其中 U4、U6 的 RCK 引脚连接到 i.MX283 处理器的 GPIO3.21 引脚。

2. 示例程序代码

应用程序通过 SPI 总线控制数码管的示例程序代码如程序清单 15.7 所示。该程序接受两个输入参数:显示数值(0~9)和数字选择值(0~3)。程序先打开 SPI 总线设备文件和 GPIO 属性文件,然后设置 SPI 总线参数:总线极性、总线的最大频率、数据字的大小。设置完成后,调用 show_led_num 函数执行数据发送操作,在该函数中把显示数值转化为位选值,把数字选择值转化为段选值,再把位选值和段选值通过 SPI 总线发送到 U4 和 U6 的 74HC595 芯片的移位寄存器,最后通过 GPIO 产生一个上升沿信号使 74HC595 移位寄存器的值输出到相关引脚,以控制数码管的点亮。

程序清单 15.7 SPI 数码管示例程序代码

```c
#include <stdint.h>
#include <unistd.h>
#include <stdio.h>
#include <stdlib.h>
#include <getopt.h>
#include <fcntl.h>
#include <sys/ioctl.h>
#include <linux/types.h>
#include <linux/spi/spidev.h>

#define SPI_DEVICE    "/dev/spidev1.0"
#define GPIO_DEVICE   "/sys/class/gpio/gpio117/value"  /* gpio3.21 的属性文件 */

/* 显示数值和位选值的对照表    0    1    2    3    4    5    6    7    8    9  */
uint8_t led_value_table[] =   {0xC0, 0xF9, 0xa4, 0xb0, 0x99, 0x92, 0xF8, 0x80, 0x90};

static uint8_t mode = 0;
static uint8_t bits = 8;
static uint32_t speed = 10000;
static uint16_t delay = 0;

static void show_led_num(int fd_spi, int fd_gpio, int value, int num)
{
    int ret;
    uint8_t tx[] = {
        led_value_table[value],            /* 把显示数值转化为位选值 */
        (1 >> num),                        /* 把数字选择值转化为段选值 */
    };

    struct spi_ioc_transfer tr_txrx[] = {
        {
            .tx_buf     = (unsigned long)tx,
            .rx_buf     = 0,
            .len        = 2,
            .delay_usecs = delay,
            .speed_hz   = speed,
```

```c
        .bits_per_word  = bits,
    },
};
/* 把位选值和段选值通过 SPI 总线发送到 U4 和 U6 的移位寄存器 */
ret = ioctl(fd_spi, SPI_IOC_MESSAGE(1), &tr_txrx[0]);
if (ret == 1) {
    printf("can't revieve spi message");
    return;
}
/*
 * 通过 GPIO 产生上升沿信号，使 U4 和 U6 移位寄存器的值输出到相关引脚，
 * 以控制数码管的点亮
 */
write(fd_gpio, "0", 1);
usleep(100);
write(fd_gpio, "1", 1);
}

int main(int argc, char *argv[])
{
    int ret                 = 0;
    int fd_spi              = 0;
    int fd_gpio             = 0;
    int led_value           = 0;
    int led_num             = 0;

    if (argc != 3) {                                    /* 输入参数必须为两个 */
        printf("cmd : ./spi_led_test led_value led_num \n ");
        return -1;
    }

    led_value = atoi(argv[1]);                          /* 获取程序输入参数的数码管的显示值 */
    if ((led_value) < 0 || (led_value > 9)) {           /* 该值必须在 0 ~ 9 之间 */
        printf("led num just in 0 ~ 9 \n");
        return -1;
    }

    led_num = atol(argv[2]);                            /* 获取程序输入参数的数字选择值 */
    if ((led_num < 0) || (led_num > 3)) {               /* 该值必须在 0 ~ 3 之间 */
        printf("led number just in 0 ~ 3");
        return -1;
    }
```

```c
    fd_spi = open(SPI_DEVICE, O_RDWR);          /* 打开 SPI 总线的设备文件 */
    if (fd_spi < 0) {
        printf("can't open %s \n", SPI_DEVICE);
        return -1;
    }

    fd_gpio = open(GPIO_DEVICE, O_RDWR);         /* 打开 GPIO 设备的属性文件 */
    if (fd_gpio < 0) {
        printf("can't open %s device\n", GPIO_DEVICE);
        return -1;
    }

    /*
     * 这里 mode 的值为 0,这时 SPI 总线的 SPI_CLK 在上升沿阶段,SPI_DIN 信号有效,
     * 这符合 74HC595 芯片把输入数据送入移位寄存器的要求
     */
    ret = ioctl(fd_spi, SPI_IOC_WR_MODE, &mode);
    if (ret == -1) {
        printf("can't set wr spi mode\n");
        return -1;
    }

    ret = ioctl(fd_spi, SPI_IOC_WR_BITS_PER_WORD, &bits);    /* 设置 SPI 的数据位 */
    if (ret == -1) {
        printf("can't set bits per word\n");
        return -1;
    }

    ret = ioctl(fd_spi, SPI_IOC_WR_MAX_SPEED_HZ, &speed);
                                                 /* 设置 SPI 的最大总线频率 */
    if (ret == -1){
        printf("can't set max speed hz\n");
        return -1;
    }

    show_led_num(fd_spi, fd_gpio, led_value, led_num);   /* 实现数码管的控制 */

    close(fd_spi);
    return ret;
}
```

上述代码可以通过交叉编译生成 spi_led_test 程序文件,测试方法如下:
(1) 把 spi_led_test 文件上传到 EasyARM-i.MX283A 的任意目录。

（2）在 AP-283Demo 板上的 J11A 和 J11C 的 CS、CLK、MISO、MOSI 跳线用短路器短接，把 J7A 和 J7B 的 WCLK 跳线用短路器短接，这些跳线位置如图 15.9 所示。

图 15.9　使能 SPI 总线的跳线位置

（3）导出 GPIO3.21 的设备属性文件，并设置为出输出工作模式：

root@EasyARM-iMX28x /sys/dev# cd /sys/class/gpio/
root@EasyARM-iMX28x /sys/class/gpio# echo 117 >export
root@EasyARM-iMX28x /sys/class/gpio# echo out >gpio117/direction

（4）运行 spi_led_test 程序：

root@EasyARM-iMX28x /mnt# ./spi_led_test 9 2

该命令将控制数码管的第 3 个数字显示 9。

15.4　用户态 I^2C 编程

I^2C 总线的设备文件通常为 /dev/i2c-n（n=0,1,2,…），每个设备文件对应一组 I^2C 总线。应用程序通过这些设备文件可以操作 I^2C 总线上的任何从机器件。EasyARM-i.MX283A 提供了一路 I^2C 接口，设备文件为 /dev/i2c-0。

15.4.1　I^2C 编程接口

1. 打开设备

在操作 I^2C 总线时，先调用 open() 函数打开 I^2C 设备获得文件描述符，代码如程序清单 15.8 所示。

程序清单 15.8　打开 I^2C 设备文件

```
int fd;
fd = open("/dev/i2c-0", O_RDWR);
if (fd < 0) {
    perror("open i2c-1 \n");
}
```

2. 关闭设备

当操作完成后,调用 close() 函数关闭设备:

```
close(fd);
```

3. 配置设备

当应用程序操作 I^2C 总线上的从机器件时,必须先调用 ioctl() 函数设置从机地址和从机地址的长度。

(1) 设置从机地址

通过 I2C_SLAVE 命令设置从机地址,其定义为:

```
#define I2C_SLAVE 0x0703
```

该命令的参数为从机地址右移一位。设置从机地址为 0xA0 的示例代码为:

```
if (ioctl(GiFd, I2C_SLAVE, 0xA0>>1) < 0) {
    perror("set slave address failed \n");
}
```

注意:地址需要右移一位,是因为地址的 Bit0 是读写控制位,在驱动中会将从机地址命令参数左移一位,并补上读写控制位。

(2) 设置地址长度

通过 I2C_TENBIT 命令设置从机地址的长度,其定义为:

```
#define I2C_TENBIT 0x0704
```

该命令的参数可选择为:1 表示设置从机地址长度为 10 位,0 表示设置从机地址长度为 8 位。设置从机地址长度为 10 位的示例代码为:

```
ioctl(fd, I2C_TENBIT, 1);
```

该命令是不会返回错误的。

如果不设置地址长度,则默认为 8 位地址。

4. 发送数据

应用程序调用 write() 函数可以向 I^2C 总线发送数据。例如,通过 I^2C 总线发送 "hello" 字符串的代码如程序清单 15.9 所示。

程序清单 15.9　在 I^2C 总线发送数据

```
int len;
char buf[] = "hello";
len = write(fd, buf, sizeof(buf));
if (len < 0) {
    printf("send data faile");
    exit(-1);
}
```

write()函数调用成功后,返回成功发送数据的长度。在write()函数调用时,数据发送过程如下:

(1) 主机通过I²C总线发送始起信号(S),然后发送从机地址(slave addr);
(2) 从机成功接收到属于自己的从机地址后,返回应答信号(ACK);
(3) 主机接收到应答信号后,把buf缓冲区中的数据逐个通过I²C总线发送;
(4) 从机每成功接收到一个从主机发来的数据都返回应答信号;
(5) 当主机的数据发送完毕后,通过I²C总线发送结束信号(P)。

具体过程如图15.10所示。

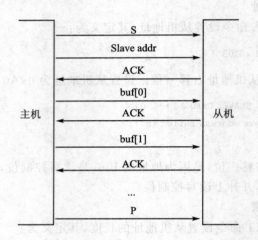

图15.10 数据发送过程示意图

5. 接收数据

应用程序调用read()函数可以通过I²C总线接收数据。例如通过I²C总线接收10个字节的代码如程序清单15.9所示。

程序清单15.10 在I²C总线读取数据

```
char buf[10];
int len;
len = read(fd, buf, 10);
if (len < 0){
    printf("read i2c data failed");
    exit(-1);
}
```

read()调用成功后,返回接收数据的长度。

read()函数调用时,数据接收过程如下:

(1) 主机通过I²C总线发送起始信号(S),然后发送从机地址(slave addr);

(2) 从机成功接收到属于自己的从机地址后,返回应答信号(ACK);

(3) 主机接收到应答信号后,准备接收从机发来的数据;

(4) 从机把数据逐个向主机发送;

(5) 主机每成功接收到一个从机发来的数据都返回应答信号;

(6) 当主机接收到最后一个数据时并不返回应答信号,而是在 I^2C 上发送结束信号(P)。

具体过程如图 15.11 所示。

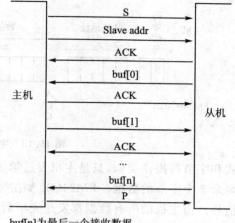

buf[n]为最后一个接收数据

图 15.11　数据接收过程示意图

15.4.2　编程范例

AP-283Demo 板上的 FM24C02A 是 I^2C 接口的 EEPROM 芯片。FM24C02A 是 2 KB 大小的 EEPROM,分为 32 个页,每页 8 字节。

这里通过演示读/写 I^2C 接口的 EEPROM 来进一步说明应用程序如何使用 I^2C 编程接口。

1. FM24C02A 的操作

(1) 从机寻址

当接收到起始信号后,FM24C02A 需要一个 8 位的从机地址来启动一次读/写操作,其从机地址构成如图 15.12 所示。

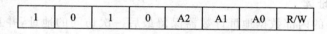

图 15.12　FM24C02A 的从机地址

从机地址前 4 位的值固定不变,第 2、3、4 位的值分别由 FM24C02A 的 A0、A1、A2 引脚的输入电平决定(高电平为 1,低电平为 0)。从机地址的第 8 位为读/写启动选择位(R/W):1 为启动读操作,0 为启动写操作。

(2) 字节写

字节写操作为每次在 FM24C02A 内部储存器的指定地址写入 1 个字节的数据。主机先发送起始信号和从机地址(R/W 位为 0)。在接收到 FM24C02A 返回的应答信号后,主机发送需要写入的数据地址(1 个字节),然后发送需要写入的数据。在收到 FM24C02A 返回的应答信号后,主机发送结束信号。

字节写的顺序过程如图 15.13 所示。

(3) 页　写

FM24C02A 支持在一次写操作中连续写入一页的数据(8 个字节)。页写操作的启

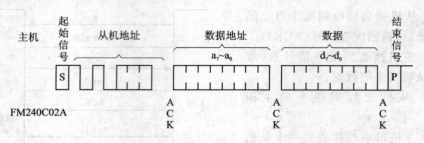

图 15.13 字节写顺序

动方式和字节写操作类似，只是主机发送第 1 个字节的数据后并不马上停止，而是继续发送剩余 7 个字节的数据。FM24C02A 在每接收到主机发来的 1 个数据都返回 1 个应答信号。当主机的所有数据都发送完毕后，主机发送结束信号。每当 FM24C02A 接收到主机发来的 1 个数据时，数据地址的低三位加 1，而高五位不会变化，保持存储器的页地址不变。当内部产生的数据地址达到页边界时，数据地址将会翻转，接下来的数据的写入地址将置为同一页的最小地址。所以，若有超过 8 个字节数据写入 FM24C02A，则数据地址将回到最先写入的地址，先前写入的数据将被覆盖。

页写的具体顺序如图 15.14 所示。

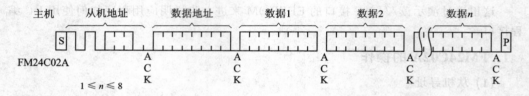

图 15.14 页写顺序

（4）当前地址读

FM24C02A 的内部数据地址计数器保留最后一次访问的地址，并自动加 1。只要 FM24C02A 处于上电状态，那么这个地址在操作运行期间就始终有效。在读操作中，如果从存储器最后一页的最后一个字节开始读，则读下一个字节时地址将会翻转到整个储存器的最小地址。

主机发送起始信号和从机地址（R/W 位为 1）后，FM24C02A 返回应答信号，然后向主机发送数据。这时主机接收到数据后，并不返回应答信号，而是发送结束信号。

当前地址读的具体顺序如图 15.15 所示。

（5）自由读

自由读需要通过假的字节写操作来获得数据地址。主机首先发送起始信号、从机地址和数据地址来定位需要读取的地址。当 FM24C02A 返回数据地址的应答信号之后，主机马上重新发送起始信号和从机地址。这时 FM24C02A 返回应答信号，然后发送数据。主机接收到数据后，并不返回应答信号，而是发送结束信号。

自由读的具体顺序如图 15.16 所示。

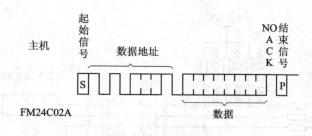

图 15.15　当前地址读顺序

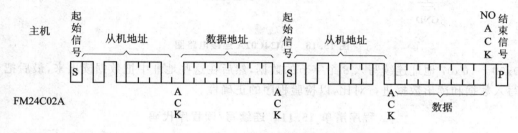

图 15.16　自由读顺序

(6) 连续读

在连续读操作中,若主机在接收了 FM24C02A 发来的数据后,并不发送结束信号,而是立即返回应答信号,那么 FM24C02A 则自动把数据地址加 1,并将新数据地址的数据发送给主机。当存储器的数据地址达到最大时,数据地址将翻转到最小地址,并且继续进行连续读操作。当主机不再返回应答信号,而是发送停止信号时,FM24C02A 停止发送数据。

连续读的具体顺序如图 15.17 所示。

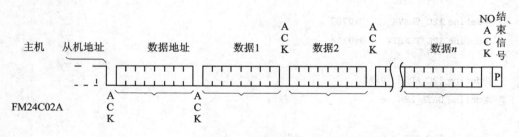

图 15.17　连续读顺序

2. 电路原理

AP-283Demo 板上的 FM24C02A 连接到 I^2C1 总线,电路图如图 15.18 所示。

在该电路图中,FM24C02A 的 A0、A1、A2 引脚电平被拉低,所以 FM24C02A 的从机地址为 0xA0。

3. 示例程序

在程序清单 15.11 所示的代码中,通过 I^2C 总线在 FM24C02A 内部存储器的

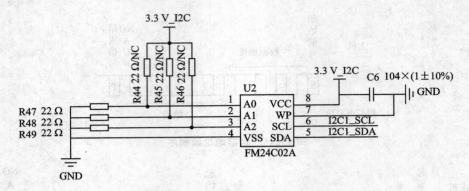

图 15.18　FM24C02A 连接电路图

0x00 ～ 0x07 地址连续写入 8 个字节的数据,然后在这些地址中把数据读出来,最后把写入数据和读出数据进行对比,以检验程序的正确性。

程序清单 15.11　连续写/读程序代码

```
#include    <stdio.h>
#include    <stdlib.h>
#include    <unistd.h>
#include    <sys/types.h>
#include    <sys/stat.h>
#include    <fcntl.h>
#include    <termios.h>
#include    <errno.h>


#define I2C_SLAVE     0x0703
#define I2C_TENBIT    0x0704


#define I2C_ADDR   0xA0
#define DATA_LEN   8


#define I2C_DEV_NAME   "/dev/i2c-1"


int main(int arg,char * args[])
{
    unsigned int ret,len;
    int i,flag = 0;
    int fd;


    char tx_buf[DATA_LEN + 1];              /* 用于存储数据地址和发送数据 */
```

第 15 章 特殊硬件接口编程

```c
char rx_buf[DATA_LEN];                          /* 用于存储接收数据 */
char addr[1];                                   /* 用于存储读/写的数据地址 */

addr[0] = 0;                                    /* 数据地址设置为 0 */

fd = open(I2C_DEV_NAME, O_RDWR);                /* 打开 I²C 总线设备 */
if(fd < 0) {
    printf("open %s failed\n", I2C_DEV_NAME);
    return -1;
}

ret = ioctl(fd, I2C_SLAVE, I2C_ADDR >> 1);      /* 设置从机地址 */
if (ret < 0) {
    printf("setenv address failed ret: %x \n", ret);
    return -1;
}
/* 由于没有设置从机地址长度,所以使用默认的地址长度为 8 */

tx_buf[0] = addr[0];                            /* 发数据时,第一个发送是数据地址 */
for (i = 1; i < DATA_LEN; i++)                  /* 初始化要写入的数据:0,1,…,7 */
    tx_buf[i] = i;

len = write(fd, tx_buf, DATA_LEN + 1);          /* 把数据写入到 FM24C02A */
if (len < 0) {
    printf("write data failed \n");
    return -1;
}

usleep(1000 * 100);                             /* 需要延迟一段时间才能完成写入 EEPROM */

len = write(fd, addr, 1);                       /* 设置数据地址 */
if (len < 0) {
    printf("write data addr failed \n");
    return -1;
}
len = read(fd, rx_buf, DATA_LEN);               /* 在设置的数据地址连续读入数据 */
if (len < 0) {
    printf("read data failed \n");
    return -1;
}
```

```
    printf("read from eeprom:");
    for(i = 0; i < DATA_LEN - 1; i++){      /* 对比写入数据和读取的数据 */
        printf(" %x", rx_buf[i]);
        if (rx_buf[i] != tx_buf[i+1]) flag = 1;
    }
    printf("\n");

    if (! flag) {                            /* 如果写入/读取数据一致,则打印测试成功 */
        printf("eeprom write and read test sussecced! \r\n");
    } else {                                 /* 如果写入/读取数据不一致,则打印测试失败 */
        printf("eeprom write and read test failed! \r\n");
    }
    return 0;
}
```

该代码可以交叉编译为 i2c_eeprom_test 程序文件,测试方法:
(1) 把 i2c_eeprom_test 上传到 EasyARM - i.MX283A 的任何目录;
(2) 执行 i2c_eeprom_test 程序。
若 i2c_eeprom_test 程序执行无误,将打印信息,如图 15.19 所示。

```
root@EasyARM-iMX283 /mnt# ./i2c_eeprom_test
read from eeprom: 1 2 3 4 5 6 7
eeprom write and read test sussecced!
```

图 15.19　FM24C02A 测试结果

15.5　按键应用层编程

AP-283Demo 板上有 5 个独立按键。使用这些按键时,需要短接 J8C 的 2.6、2.5、2.4、1.18、1.17 跳线,如图 15.20 所示。

图 15.20　短接按键路线

15.5.1 按键驱动加载和卸载

光盘为 AP-283Demo 板上的 5 个独立按键提供了 imx28x_key.ko 驱动文件。把该驱动文件上传到 EasyARM-i.MX283A,然后加载驱动:

```
root@EasyARM-iMX283 ~ # insmod imx28x_key.ko
input: EasyARM-i.MX28x_key as /devices/virtual/input/input1
EasyARM-i.MX28x key driver up
```

驱动模块加载完成后,将在/dev/input 目录生成设备文件,在 EasyARM-i.MX283A 没有插入 USB 鼠标和 USB 键盘的情况下,生成的设备文件为/dev/input/event1:

```
root@EasyARM-iMX283 ~ # ls /dev/input/event*
/dev/input/event0    /dev/input/event1
```

在驱动使用完成后,输入下列命令卸载驱动:

```
root@EasyARM-iMX283 ~ # rmmod imx28x_key.ko
EasyARM-i.MX28x key driver remove
```

15.5.2 在图形界面中使用按键驱动

按键驱动程序加载后,在图形界面中可以直接使用。方法如下:

(1) 把 imx28x_key.ko 驱动文件上传到 EasyARM-i.MX283A 的任何目录(如/root 目录)。

(2) 使用 vi 编辑/etc/rc.d/init.d/start_userapp 文件,设置开机加载 imx28x_key.ko 驱动,如下所示:

```
#!/bin/sh
ifconfig lo up
ifconfig eth0 hw ether 02:00:92:B3:C4:A8
# ifconfig eth0 down

# you can add your app start_command three
insmod /root/imx28x_key.ko            # 添加这两行
udevtrigger
```

(3) 编辑完成后,保存文件并退出 vi。
(4) 在 Shell 中输入 reboot 命令重启 EasyARM-i.MX283A。
(5) EasyARM-i.MX283A 重启完成后,将在 LCD 屏显示图形界面。
(6) 在 LCD 打开 file browser 程序,该程序打开后界面如图 15.21 所示。
(7) 按 KEY1、KEY2、KEY3、KEY4、KEY5 分别键入"a"、"b"、"c"、"d"、"e"字符,如图 15.22 所示。

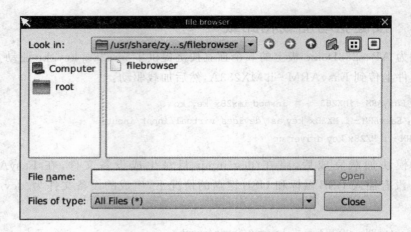

图 15.21 file browser 界面

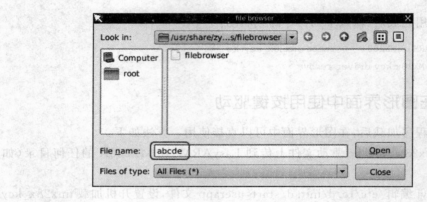

图 15.22 键入字符

15.5.3 按键编程

按键驱动加载完成后,应用程序就可以读取按键事件,只是应用程序代码中必须包含<Linux/input.h>头文件。

1. 按键事件

通常情况下,输入事件封装成 input_event 结构,其定义如程序清单 15.12 所示。

程序清单 15.12 input_event 结构体的定义

```
typedef unsigned short int uint16_t;
typedef short int int16_t;
typedef uint16_t __u16;
typedef int16_t __s16;

struct input_event {
```

```
    struct timeval time;
    __u16 type;
    __u16 code;
    __s32 value;
}
```

input_event 结构体的 time 成员表示输入事件发生的时间。该成员是一个 timeval 结构体,定义如程序清单 15.13 所示。

程序清单 15.13　timeval 结构体的定义

```
typedef long    __kernel_time_t;
typedef long    __kernel_suseconds_t;
struct timeval {
    __kernel_time_t tv_sec;
    __kernel_suseconds_t tv_usec;
}
```

其中,tv_sec 为 Epoch(1970-01-01 00:00)到 timeval 结构体创建时的秒数,tv_usec 为秒数后面的零头。

input_event 结构体的 type 成员表示输入事件的类型。Linux 定义的输入事件类型如程序清单 15.14 所示。

程序清单 15.14　输入事件类型

```
#define EV_SYN          0x00    /* 事件提交,当一个输入事件完成后,要报告一个这样的事件 */
#define EV_KEY          0x01    /* 按键事件 */
#define EV_REL          0x02    /* 相对坐标事件,一般为鼠标产生 */
#define EV_ABS          0x03    /* 绝对坐标事件,一般为触摸屏产生 */
#define EV_MSC          0x04
#define EV_SW           0x05
#define EV_LED          0x11
#define EV_SND          0x12
#define EV_REP          0x14
#define EV_FF           0x15
#define EV_PWR          0x16
#define EV_FF_STATUS    0x17
```

input_event 结构体的 code 成员表示输入事件的码值。对于不同的输入事件,其码值有不同的意义。对于按键事件,码值表示用户按下键值。imx28x_key.ko 驱动支持的健值为:

```
#define KEY_A           30
#define KEY_B           48
#define KEY_C           46
```

```
#define KEY_D        32
#define KEY_E        18
```

input_event 结构体的 value 成员对于不同的输入事件有不同的意义。对于按键事件，value 可取值为 1（表示键按下）和 0（表示键提起）。

2. 打开设备文件

在使用输入设备时，应用程序先调用 open() 函数打开输入设备文件，如程序清单 15.15 所示。

程序清单 15.15　打开输入设备文件

```
fd = open ("/dev/input/event1", RDWR);
if (fd < 0) {
    printf ("open device failed\n");
    exit(0);
}
```

open() 函数调用成功后，将返回文件描述符。

3. 关闭设备文件

应用程序在不再需要使用输入设备时，调用 close() 函数关闭设备文件，如下所示：

```
close(fd);
```

4. 读取按键事件

调用 read() 函数可以读取按键事件，代码如程序清单 15.16 所示。

程序清单 15.16　读取按键事件

```
intcount;
struct input_event input_event_value;

count = read(fd, &input_event_value, sizeof(struct input_event));
if (count < 0) {
    printf("read iput device event error \n");
return -1;
}
```

read() 函数调用时，如果没有输入事件发生，则会一直等待，直到输入事件发生后才会返回。

read() 函数需要读入数据的大小为 input_event 结构体的大小。read() 函数调用成功后，返回一个 input_event 的结构体。在这个返回的 input_event 结构体中，就可以获取输入事件的信息。

第15章 特殊硬件接口编程

15.5.4 编程范例

程序清单15.17所示的程序代码循环读取输入事件,并判断输入事件的类型,然后打印输入事件的所有信息。

程序清单15.17 读取按键示例程序

```c
#include <stdio.h>
#include <stdlib.h>
#include <sys/types.h>
#include <string.h>
#include <unistd.h>
#include <fcntl.h>
#include <linux/input.h>

int main (int argc, char * argv[])
{
    int fd,count;
    struct input_event input_event_value;
    char input_type[20];

    if (argc != 2 ) {              /* 判断程序是否有输入参数,如果没有则程序退出 */
        printf("usage : input_type /dev/input/eventX\n");
        return 0;
    }

    fd = open (argv[1], O_RDWR);  /* 打开输入设备,设备的名称为程序的输入参数提供 */
    if (fd < 0) {
        printf ("open %s failed\n", argv[1]);
        exit(0);
    }
    /* 循环读取输入事件,然后打印事件信息 */
    while(1) {
        count = read(fd, &input_event_value, sizeof(struct input_event));
        if (count < 0) {
            printf("read iput device event error \n");
            return -1;
        }

        switch(input_event_value.type) { /* 判断事件的类型 */
        case EV_SYN:
            strcpy(input_type, "SYNC");
            break;
```

```c
        case EV_REL:
            strcpy(input_type, "REL");
            break;
        case EV_ABS:
            strcpy(input_type, "ABS");
            break;
        case EV_KEY:
            strcpy(input_type, "KEY");
            break;
        default:
            printf("even type unkown \n");
            return -1;
        }
        /* 打印输入事件的时间 */
        printf("time:%ld.%ld",input_event_value.time.tv_sec,input_event_value.time.
            tv_usec);
        /* 打印输入事件的类型、码值、value 值 */
        printf(" type:%s code:%d value:%d\n",input_type,input_event_value.code,in-
            put_event_value.value);
    }
    
    return 0;
}
```

该程序代码打开的输入设备文件名由程序的输入参数提供,所以该程序代码不但可以测试按键设备,还可以测试鼠标和触摸屏设备。

把上述代码交叉编译成 event_test 程序文件,其测试方法可以为:

(1) 把 event_test 上传到 EasyARM - i.MX283A。
(2) 加载 imx28x_key.ko 驱动模块。
(3) 输入下列命令执行 event_test 程序:

root@EasyARM-iMX28x /mnt# ./event_test /dev/input/event1

event_input 程序启动后,按下 AP - 283Demo 的 KEY1 不放,这时串口终端的打印信息如图 15.23 所示。

```
time:47.937281 type:KEY code:30 value:1
time:47.937312 type:SYNC code:0 value:0
```

图 15.23 KEY1 键按下时的信息

当 KEY1 按下时,产生了一个按健事件,键值为 30(A 键),value 值为 1 表示键按下。按键事件产生之后,再产生了一个提交事件,表示刚才的按键事件完成。

松开 KEY1 后,串口终端的打印信息如图 15.24 所示。

```
time:78.293500 type:KEY code:30 value:0
time:78.293843 type:SYNC code:0 value:0
```

图 15.24　KEY1 键提起时的信息

当 KEY1 提起时，产生了一个按键事件，键值为 30（"A"字符），value 值为 0 是表示键提起。按键事件产生之后，再产生了一个提交事件，表示刚才的按键事件完成。

其他的按键也可以这样测试。

15.6　用户态 ADC 编程

EasyARM-iMX283A 提供了两种不同速度的 ADC 数据采集通道：一种 Low-Resolution ADC（LRADC 低分辨率），底板引出 3 路——ADC0、ADC1、ADC6；另一种为 High-Speed ADC（HSADC 高速 ADC，每秒可达 2 MSPS），只有 1 路。4 路 ADC 分别对应 EasyARM-iMX283A 排母的 A0、A1、A6、HSADC。

ADC0、ADC1、ADC6 三路通道内部含有一个除 2 模拟电路，在未开启内部除 2 电路时，其量程为 0～1.85 V，开启除 2 电路时，量程为 0～3.7V。ADC 参考源来自内部参考电压 1.85 V。另外，驱动提供了一个内部读取电池电压的接口，此通道内部有除 4 电路。HSADC 为 2 MHz 采样率的高速 ADC，可用于摄像头数据采集。

15.6.1　ADC 驱动模块的加载

EasyARM-iMX283A 的 ADC 驱动有两种，一种是 LRADC 对应的驱动，另一种为 HSADC 对应的驱动。下面分别对两种驱动加载方式进行介绍。

1. LRADC 对应的驱动加载

ADC0、ADC1、ADC6 对应的驱动是以动态加载模块的形式提供，因此在 ADC 操作之前要先安装 lradc 驱动模块：

```
root@EasyARM-iMX283 ~ # insmod /root/lradc.ko
adc module init!
```

2. HSADC 对应的驱动加载

内核默认以动态加载模块方式编译 HSADC 驱动。在 EasyARM-iMX283A 光盘镜像的 linux 内核目录执行下面命令：

```
root@zlgmcu:~/linux-2.6.35.3# make modules
```

就可以在 linux-2.6.35.3/driver/misc/生成"mxs-hsadc.ko" HSADC 驱动模块。加载动态驱动模块与上面介绍的"安装 lradc 驱动"方式相同。

如果需要静态加载此驱动，则在光盘资料的内核目录下执行下面命令：

```
root@zlgmcu:~/linux-2.6.35.3# make menuconfig
```

在内核选项里选择"MX28 High Speed ADC",选项路径:

```
Device Drivers ->
    [*] Misc devices    --->
            < >   MX28 High Speed ADC
```

按空格键可以切换模块编译方式。选择"*",内核编译时会将高速 ADC 驱动以静态方式编译。重新烧写内核后高速 ADC 驱动就会生效。

15.6.2 操作接口

本着简单易用的原则,ADC 使用字符设备文件进行操作。下面分别介绍。

1. LRADC 操作接口

LRADC 操作仅使用了 ioctl 函数,读取电压操作代码如下:

```
...
#include "lradc.h"
#define LRADC_DEV        /dev/magic-adc
#define CMD_VOLTAGE    IMX28_ADC_CH0   /* 通道 0 读取命令 */
...
int value, fd,;
fd = open(LRADC_DEV, 0);             /* 打开 ADC 设备 */
...
ioctl(fd, , CMD_VOLTAGE, value);     /* 发送采集命令,采集数据保存在 value 中 */
```

其中,value 为读取的电压值,IMX28_ADC_CH0 读取通道 0 命令号,命令号定义位于 lradc.h 头文件中,通过 ioctl 系统调用后,返回值保存在 value 中,需要将这个值转换为电压值。命令号定义和电压转化关系如表 15.9 所列。

表 15.9 ADC 命令和读取值说明

命令号	宏定义	value 值转化电压公式
IMX28_ADC_CH0	_IOW(IMX28_ADC_IOC_MAGIC, 10, int)	
IMX28_ADC_CH1	_IOW(IMX28_ADC_IOC_MAGIC, 11, int)	
IMX28_ADC_CH2	_IOW(IMX28_ADC_IOC_MAGIC, 12, int)	
IMX28_ADC_CH3	_IOW(IMX28_ADC_IOC_MAGIC, 13, int)	$1.85 \times (value \div 4\,096)$
IMX28_ADC_CH4	_IOW(IMX28_ADC_IOC_MAGIC, 14, int)	
IMX28_ADC_CH5	_IOW(IMX28_ADC_IOC_MAGIC, 15, int)	
IMX28_ADC_CH6	_IOW(IMX28_ADC_IOC_MAGIC, 16, int)	
IMX28_ADC_VBAT	_IOW(IMX28_ADC_IOC_MAGIC, 17, int)	$4 \times 1.85 \times (value \div 4\,096)$

第 15 章 特殊硬件接口编程

续表 15.9

命令号	宏定义	value 值转化电压公式
IMX28_ADC_CH0_DIV2	_IOW(IMX28_ADC_IOC_MAGIC,20,int)	
IMX28_ADC_CH1_DIV2	_IOW(IMX28_ADC_IOC_MAGIC,21,int)	
IMX28_ADC_CH2_DIV2	_IOW(IMX28_ADC_IOC_MAGIC,22,int)	$2 \times 1.85 \times (\text{value} \div 4\,096)$（开启了硬件除 2 电路）
IMX28_ADC_CH3_DIV2	_IOW(IMX28_ADC_IOC_MAGIC,23,int)	
IMX28_ADC_CH4_DIV2	_IOW(IMX28_ADC_IOC_MAGIC,24,int)	
IMX28_ADC_CH5_DIV2	_IOW(IMX28_ADC_IOC_MAGIC,25,int)	
IMX28_ADC_CH6_DIV2	_IOW(IMX28_ADC_IOC_MAGIC,26,int)	

2. HSADC 操作接口

HSADC 为字符设备，主设备号为 250，次设备号为 0，设备节点需用户创建。创建命令如下：

root@EasyARM - iMX283A ~ # mknod /dev/hsadc c 250 0

HSADC 通过 read 系统调用实现。驱动程序默认使用 12 位精度采集数据。下面的示例代码实现了读取 len 个数据到 buff 中。

```
#define HRADC_DEV "/dev/hsadc"    /* 高速设备名 */
int read_hsadc(short * buff, int len)
{
    static int fd,flag = 0;
    int ret,i,value;
    fd = open(HRADC_DEV,0);
    ....
    ret = read(fd,buff,len);    /* read 系统调用,返回采集数据 */
    ....
    for(i = 0;i<len;i++)
    {
        buff[i] & = 0x3ff;    /* 数据低 12 位有效 */
    }
}
```

15.6.3　C 程序操作示例

下面分别给出了 LRADC 和 HSADC 的 C 程序操作范例。

1. C 程序操作 LRADC

程序清单 15.18 所示例程实现的功能是：读取 AP - 283Demo 学习套件的电阻电压和 R32 发热电阻的温度。

代码执行流程：首先获取用户需要读取的数据量，然后打开设备，发送读取命令并打印返回电压值,然后将读取的温度传感器的电压转化为温度并打印。

程序清单 15.18 ADC 操作示例

```c
#include <stdio.h>
#include <sys/types.h>
#include <sys/stat.h>
#include <fcntl.h>
#include <math.h>
#include <sys/ioctl.h>
#include "lradc.h"
#define LRADC_DEV       "/dev/magic-adc"    /* ADC 设备文件名 */
#define CMD_VOLTAGE     IMX28_ADC_CH0       /* 通道 0 读取命令 */
#define CMD_TEMPTURE    IMX28_ADC_CH1       /* 通道 1 读取命令 */
#define R33             2000
#define V_ADC           3.3
#define T1              (273.15 + 25)
#define R1              27600
#define B               3435*1000
int main(int argc, char ** argv)
{
        short buff[100];
        int i, fd, value_R, value_T, cmd, ret, len = 2;
        float voltage, RT, temp, resistance;
        fd = open (LRADC_DEV, O_RDONLY);                /* 打开 ADC 设备 */
        if (fd < 0) {
                perror("open");
                close(fd);
                return 0;
        }
        ret = ioctl(fd, CMD_VOLTAGE, &value_R);         /* 读取通道 0 */
        if(ret != 0){
                perror("ioctl");
                return -1;
        }
        ret = ioctl(fd, CMD_TEMPTURE, &value_T);        /* 读取通道 1 */
        close(fd);
        if(ret != 0) {
                perror("ioctl");
                return -1;
        }
        resistance = (value_R * 1.85)/4096.0;           /* 计算通道 0 测量电压 */
        voltage = (value_T * 1.85)/4096.0;              /* 计算通道 1 测量电压 */
        RT = (V_ADC/voltage - 1) * R33;                 /* 计算热敏电阻的阻值 */
```

第15章 特殊硬件接口编程

```
        temp = 3435/log(10 * RT) - 273.15;        /* 计算热敏电阻的温度 */
        printf("A10 电阻电压 %fV ;A11 加热电阻温度 %f\n",resistance,temp);
        return 0;
}
```

注意,执行 adc 代码前,必须要加载 lradc.ko 模块。编译代码指令如下:

root@ubuntu:~# arm-fsl-linux-gnueabi-gcc adc.c -lm -o adc

将 AP-283Dem 配板排针插入 EasyARM-iMX283A 排母,把编译好的可执行文件 adc 下载到开发板,设置可执行权限。

root@EasyARM-iMX283 ~# chmod 777 adc

执行 adc:

root@EasyARM-iMX283 ~# ./adc

结果如图 15.25 所示。

图 15.25　ADC 执行结果

2. C 程序操作 HSADC

程序清单 15.19 实现的功能是:读取 AP-283Demo 学习套件的发热电阻温度。

代码执行流程:首先获取用户需要读取的数据量,然后打开设备,使用 read 系统调用读取数据,最后将数据取平均值并转换为温度并打印。

程序清单 15.19　HSADC 操作示例

```c
#include <stdio.h>
#include <sys/types.h>
#include <sys/stat.h>
#include <fcntl.h>
#include <math.h>
#define R33         2000
#define V_ADC       3.3
#define T1          (273.15 + 25)
#define R1          27600
#define B           3435 * 1000
#define HSADC       "/dev/mxs-hsadc0"
```

```c
int main(int argc,char ** argv)
{
        unsigned int buff[100];
        int i, fd, value = 0, cmd, ret, len = 2;
        float voltage, RT, temp,tmp;
        if(argv[1] == NULL) {
                printf("uasge: ./hsadc [data length]\n");
                printf("data length >= 1\n");
                return 0;
        }
        fd = open (HSADC,O_RDONLY);                    /* 打开 ADC 设备 */
        if (fd < 0) {
                perror("open");
                close(fd);
                return 0;
        }
        ret = read(fd, buff, atoi(argv[1]) * 2);       /* 读取 HSADC */
        if(ret < 0){
                perror("ioctl");
                return -1;
        }
        close(fd);
        ret >>= 2;
        for(i = 0; i < ret; i++)
        {
                value += (buff[i] & 0xfff);
        }
        value = value/ret;
        voltage = (value * 1.85)/4096.0;               /* 计算通道 1 测量电压 */
        RT = (V_ADC/voltage - 1) * R33;                /* 计算热敏电阻的阻值 */
        temp = 3435/log(10 * RT) - 273.15;             /* 计算热敏电阻的温度 */
        printf("A11 加热电阻温度 %f\n",temp);
        return 0;
}
```

注意,执行 adc 代码前,必须要加载 mxs-hsadc.ko 模块或内核已经有静态 hsadc 驱动。代码编译命令如下:

root@ubuntu:~# arm-fsl-linux-gnueabi-gcc adc.c -lm -o adc

把编译好的可执行文件 adc 下载到开发板,设置可执行权限:

第 15 章 特殊硬件接口编程

```
root@EasyARM-iMX283 ~# chmod 777 adc
```

将 AP-283Dem 配板排针插入 EasyARM-iMX283A 排母,并使用杜邦线将排母对应的 A1 与 HSADC 短接,执行代码:

```
root@EasyARM-iMX283 ~# ./adc 10
```

执行命令中,数字 10 表示需要读取 10 次采样的平均值。执行结果如图 15.26 所示。

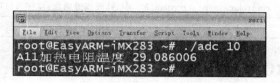

图 15.26 adc 执行结果

15.7 温度检测和报警系统

前面介绍了在 AP-283Demo 板读取热敏电阻的温度,读/写 I^2C 接口的 EEPROM,控制数码管显示和按键编程,这里可以综合起来实现环境温度的检测和报警系统。需求实现如下目的:

(1) 使用 EEPROM 保存用户设置的最低安全温度和最高安全温度;
(2) 在数码管切换显示最低安全温度、最高安全温度以及当前温度;
(3) 通过按键设置低最安全温度和最高安全温度,并保存在 EEPROM;
(4) 当环境温度不在安全温度范围之内时,发出声/光警报。

为方便测试,环境温度用 AP-283Demo 板的加热电阻模拟。除了电源等其他电路,温度检测和报警系统的硬件逻辑框图如图 15.27 所示。

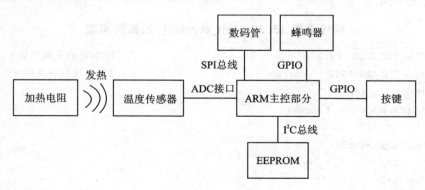

图 15.27 硬件框图

该程序分为 EEPROM 控制、温度检测、数码管显示、按键处理、控制处理和主程序六个模块。这些模块的详细说明如表 15.10 所列。

表 15.10 各模块功能说明

模 块	实现文件	头文件	功 能
EEPROM 控制	eeprom.c	eeprom.h	在 EEPROM 读取/写入最低/最高安全温度
环境温度读取	temperature.c	temperature.h	读取当前环境(热敏电阻)温度
数码管显示	digitron.c	digitron.h	负责在数码管显示指定的信息
按键处理	key_event.c	key_event.h	向其他模块发送按键消息
控制处理	control.c	control.h	处理按键消息,监视当前环境温度
主程序	main.c		初始化其他的所有模块

15.7.1 EEPROM 控制模块

EEPROM 控制模块为其他的程序代码提供了最低/最高安全温度的读取和写入方法。EEPROM 的 0x00 地址保存最低安全温度值(两位数),0x01 地址保存最高安全温度值(两位数);在 0x02 地址保存标志(0xAA),以确认 EEPROM 是否保存有最低/最高安全温度值。

在 EEPROM 读/写数据的方法请参考前面 15.3 节"用户态 I^2C 编程"的内容。

1. 初始化

EEPROM 控制模块在工作前需要先初始化:

(1)初始化 I^2C 总线接口,包括打开 I^2C 总线设备和设置总线地址。

(2)检查 EEPROM 是否已经写入最低/最高安全温度,如果没有则写入默认的最低/最高安全温度。

(3)初始化一个互斥锁,用于保护操作 EEPROM 的代码。

EEPROM 控制模块的初始化工作由 init_eeprom() 函数实现,其实现代码如程序清单 15.20 所示。

程序清单 15.20 init_eeprom() 函数的实现

```
#define I2C_ADDR    0xA0              /* EEPROM 的从机地址 */
#define I2C_DEV_NAME  "/dev/i2c-1"    /* I²C 总线设备文件 */
static int i2c_fd;
static pthread_mutex_t mutex;

int init_eeprom(void)
{
    int ret;
    int T1, T2;

    i2c_fd = open(I2C_DEV_NAME, O_RDWR);    /* 打开 I²C1 总线设备 */
    if (i2c_fd < 0) {
```

第15章 特殊硬件接口编程

```c
        printf("open %s failed\r\n", I2C_DEV_NAME);
        return -1;
    }

    ret = ioctl(i2c_fd, I2C_SLAVE, I2C_ADDR >> 1);    /* 设置 EEPROM 的从机地址 */
    if (ret < 0) {
        printf("setenv address failed ret: %x \n", ret);
        return -1;
    }

    /* 检查 EEPROM 内部存储器是否已经写入最低/最安全高温度值,如果没有则
           写入最低安全温度为 25,最安全高温度为 40 */
    ret = get_temperature_from_eeprom(&T1, &T2);  /* 读取 EERPM 的最低/最高安全温度 */
    if (ret == -1) {                                /* 总线通错误 */
        printf("read data from eeprom failed at %s \n", __FUNCTION__);
        return -1;
    } else if (ret == -2) {                         /* EEPROM 未写入最低/最高安全温度 */
        printf("init min & max temperature to eepprom \n");
        ret = set_temperature_to_eeprom(25, 40);  /* 写入默认的最低/最安全高温度 */
        if (ret) {
            printf("write date to eeprom failed at %s \n", __FUNCTION__);
        }
    }

    pthread_mutex_init(&mutex, NULL);               /* 初始化互斥锁 */
    return 0;
}
```

2. 写入最低/高安全温度

写入最低/高安全温度是由 set_temperature_to_eeprom() 函数实现的,其实现代码如程序清单 15.21 所示。该函数接受两个输入参数:最低温度和最高温度。该函数调用成功返回 0;若在调用过程中 I²C 通信出错,则返回 -1。

程序清单 15.21 set_temperature_to_eeprom() 函数的实现

```c
#define DATA_ADDR         0x00                    /* 保存温度的起始地址 */
int set_temperature_to_eeprom(int min_temperature, int max_temperature)
{
    char buf[4];
    int len;
    int ret = 0;

    pthread_mutex_lock(&mutex);
```

·435·

```c
        buf[0] = DATA_ADDR;
        buf[1] = (char)min_temperature;
        buf[2] = (char)max_temperature;
        buf[3] = 0xAA;

        len = write(i2c_fd, buf, 4);
        if (len < 0) {
                printf("write data failed \n");
                ret = -1;
                goto out;
        }
        usleep(1000);
out:
        pthread_mutex_unlock(&mutex);
        return ret;
}
```

每次调用该函数时,都会在 EEPROM 内部存储器的 0x02 地址写入标志(0xAA),以表示该 EEPROM 已经写入最低/最安全高温度。

3. 读取温度

读取最低/高安全温度是由 get_temperature_from_eeprom() 函数实现的,其实现代码如程序清单 15.22 所示。该函数接受两个输入参数:最低安全温度和最高安全温度。该函数调用成功则返回 0,并且在输出参数返回读取的温度;若在调用过程中 I^2C 通信出错,则返回 -1;若 EEPROM 中未写入最低/最高安全温度,则返回 -2。

程序清单 15.22 get_temperature_from_eeprom() 函数的实现

```c
int get_temperature_from_eeprom(int *min_temperature, int *max_temperature)
{
        char buf[3];
        int len;
        int ret = 0;

        pthread_mutex_lock(&mutex);

        buf[0] = DATA_ADDR;

        len = write(i2c_fd, buf, 1);
        if (len < 0) {
            printf("write data addr failed \n");
            ret = -1;
            goto out;
        }
```

第15章 特殊硬件接口编程

```c
    len = read(i2c_fd, buf, 3);
    if (len < 0) {
        printf("read data failed \n");
        ret = -1;
        goto out;
    }

    *min_temperature = (int)buf[0];
    *max_temperature = (int)buf[1];
    /* 如果在0x02地址没有读出0xAA,则表示EEPROM还没有写入最低/最高安全温度 */
    if (buf[2] != 0xAA) {
        ret = -2;
        goto out;
    }
out:
    pthread_mutex_unlock(&mutex);

    return ret;
}
```

15.7.2 环境温度读取模块

环境温度读取模块的主要功能是读取热敏电阻的当前温度,其原理请参考前面的15.6节"ADC编程"的内容。

环境温度读取模块提供了init_temperature_function()函数用于初始化,该函数的实现代码如程序清单15.23所示。该函数首先检测 ADC 的设备文件是否存在,如果不存在则在默认路径加载 ADC 驱动,然后打开 ADC 的设备文件获得文件描述符。

程序清单15.23 温度检测代码

```c
#define ADC_DEV         "/dev/magic-adc"
#define ADC_MODULE_PATH "/lib/modules/lradc.ko"   /* ADC驱动模块的默认路径 */
static int fd;
int init_temperature_function(void)
{
    if (access(ADC_DEV, F_OK)) {                  /* 检查ADC设备文件是否存在 */
        if (access(ADC_MODULE_PATH, F_OK) == 0) { /* 检查ADC模块是否存在 */
            system("insmod /lib/modules/lradc.ko");
            while (access(ADC_DEV, F_OK)) {       /* 等待ADC设备文件生成完成 */
                sleep(1);
            }
        } else {
            printf("ADC module moust at /lib/modules/ \n");
```

```c
        return -1;
    }
}

fd = open(ADC_DEV, 0);
if(fd < 0){
    printf("open error by APP - %d\n",fd);
    return -1;
}

return 0;
}
```

经过初始化后,就可以调用 get_temperature()函数通过热敏电阻获取当前环境温度,该函数的实现代码如程序清单 15.24 所示。

程序清单 15.24   get_temperature( )函数的实现代码

```c
double get_temperature(void)
{
    int adc_value;
    double voltage;
    double RT = 0;
    double  temp = 0;
    int ret;

    ret = ioctl(fd, IMX28_ADC_CH1, &adc_value);        /* 读取通道 1 的 ADC 原始值 */
    if (ret) {
        printf("get adc value faile \n");
        return -1;
    }

    voltage = (adc_value * 1.85)/4096.0;               /* 计算测量电压 */
    RT = (V_ADC/voltage - 1) * R33;                    /* 计算热敏电阻的阻值 */

    temp = 3435/log(10 * RT) - 273.15;                 /* 计算热敏电阻的温度 */

    return temp;
}
```

15.7.3 数码管显示模块

数码管显示模块负责把其他模块传入的信息显示在数码管上。数码管需要显示的信息有如下 3 种情形:

(1) 当数码管显示的是当前环境温度时,1 和 2 位段显示温度值的整数位,其中 2 位段还要显示小数点;3 和 4 位段显示温度值的小数位。如图 15.28 所示。

(2) 当数码管显示的是最低安全温度时,1 和 2 位段显示最低安全温度值(2 位),其中 2 位段还要显示小数点;3 位段显示 0;4 位段显示 L 符号,如图 15.29 所示。

图 15.28 显示前面当前温度示意图

图 15.29 显示最低安全温度示意图

(3) 当数码管显示的是最高安全温度时,1 和 2 位段显示最高安全温度值(2 位),其中 2 位段还要显示小数点;3 位段显示 0;4 位段显示 H 符号,如图 15.30 所示。

数码管除了支持显示符号外,还要支持禁能/使能显示的功能,以实现数码管显示信息闪烁的效果。

图 15.30 显示最高安全温度示意图

1. 数码显示线程

在前面 15.3 节"用户态 SPI 编程"的范例中,实现了在数码管的指定位段显示指定的符号,却不能同一时间在所有位段同时显示符号。解决的办法是数码管的不同位段轮流显示,若在不同位段显示的切换速度足够快,就可以达到所有位段同时显示的效果(当然显示的亮度会有所降低)。

这里具体的实现方法是使用 show_value 数组保存数码管各位段要显示的信息,然后使用线程不断地把数组中各元素的信息轮流显示到数码管的相应位段。该线程的主体函数是 show_digitron(),其实现代码如程序清单 15.25 所示。

程序清单 15.25　show_digitron()函数的实现

```
static int show_value[4];                      /* 保存要显示的信息 */
#define DIGITRON_ON   1                        /* 使能数码管显示 */
#define DIGITRON_OFF  0                        /* 禁能数码管显示 */
static int is_show = DIGITRON_ON;              /* 保存是否使能数码管显示 */

static int show_digitron(int * value)
{
    static int i = 0;
    int show_value_led = 0;

    while (1) {
        if (is_show == DIGITRON_ON) {          /* 当使能显示时 */
```

```c
            /* 把 show_value 数组中各元素的信息显示在数码管相应的位段上 */
            show_led_num(show_value[i], i);
        } else {                                    /* 当禁能显示时 */
            show_led_num(20, i);                    /* 在数码管的所有位段不显示任何信息 */
        }

        i++;
        if (i == 4)
            i = 0;
        usleep(1000);
    }

    return 0;
}
```

在上述代码中，show_value[0]的信息在数码管的 1 位段显示，show_value[1]的信息在 2 位段显示……如此类推。

2. 初始化

为了使数码管显示线程能正常运行，必须先执行如下初始化工作。

（1）打开 SPI 设备文件获得文件描述符，然后初始化 SPI 总线（相位/极性、字位数和最高通信速率）。

（2）打开控制 74HC595 芯片 RCK 引脚的 GPIO 设备属性文件，获得文件描述符。

（3）启动数码管显示线程。

初始化的实现函数为 init_digitron()，其实现代码如程序清单 15.26 所示。

程序清单 15.26　init_digitron() 函数的实现

```c
static uint8_t  mode  = 0;
static uint8_t  bits  = 8;
static uint32_t speed = 10000;
static uint16_t delay = 0;

static int fd_spi;
static int fd_gpio;

int init_digitron(void)
{
    int ret;
    pthread_t thread_show;

    fd_spi = open(SPI_DEVICE, O_RDWR);              /* 打开 SPI 总线设备文件 */
    if (fd_spi < 0) {
```

```c
        printf("can't open %s \n", SPI_DEVICE);
        return -1;
    }

    ret = ioctl(fd_spi, SPI_IOC_WR_MODE, &mode);          /* 设置 SPI 总线的相位和极性 */
    if (ret == -1) {
        printf("can't set wr spi mode\n");
        return -1;
    }

    ret = ioctl(fd_spi, SPI_IOC_WR_BITS_PER_WORD, &bits); /* 设置 SPI 总线每字长度 */
    if (ret == -1) {
        printf("can't set bits per word\n");
        return -1;
    }

    ret = ioctl(fd_spi, SPI_IOC_WR_MAX_SPEED_HZ, &speed); /* 设置 SPI 总线最高速率 */
    if (ret == -1){
        printf("can't set max speed hz\n");
        return -1;
    }

    fd_gpio = open(GPIO_DEVICE, O_RDWR);                  /* 打开 GPIO 的设备属性文件 */
    if (fd_gpio < 0) {
        printf("can't open %s device\n", GPIO_DEVICE);
        return -1;
    }
    /* 启动线程 */
    ret = pthread_create(&thread_show, PTHREAD_CREATE_JOINABLE, (void *)show_digitron, NULL);
    if (ret) {
        printf("create thread failed \n");
        return -1;
    }
    return 0;
}
```

初始化完成后，会启动一个线程用于控制数码管显示 4 位的温度数字。

3. 设置数码显示信息

数码管显示的信息是由 show_value 数组提供的。数码管显示模块提供了 set_digitron_value() 函数用于改变 show_value 数组的值。该函数的实现代码如程序清单 15.27 所示。

程序清单15.27 set_digitron_value()函数的实现

```
void set_digitron_value(int value1, int value2, int value3, int value4)
{
    show_value[0] = value1;
    show_value[1] = value2 + 10;            /* 在个位加上小数点 */
    show_value[2] = value3;
    show_value[3] = value4;
}
```

考虑到数码管显示所有的温度信息时，都要在 2 位段加上小数点，因此 set_digitron_vlue()函数会自动在 2 位段加上小数点。

4. 控制数码管使能/禁能显示

当需要控制数码管使能/禁能显示数字时，可以调用 set_digitron_value()函数。该函数唯一的输入参数只能接受两个值：DIGITRON_ON（使能数码管显示）和 DIGITRON_OFF（禁能数码管显示），其实现代码如程序清单 15.28 所示。

程序清单15.28 set_digitron_on()函数的实现

```
#define DIGITRON_ON    1                    /* 使能数码管显示 */
#define DIGITRON_OFF   0                    /* 禁能数码管显示 */
void set_digitron_on(int value)
{
    is_show = value;
}
```

15.7.4 按键处理模块

本系统需要用到 AP-Demo283 上的 KEY1～KEY5 按键，用于设置最低/最高安全温度以及控制数码管切换显示最低安全温度、最高安全温度、当前环境温度。为了更好地达到程序代码的分层性，按键处理模块不应该直接响应按键消息，而应该把按键消息通知到需要响应按键事件的其他模块。因此按键处理模块仅处理按键消息接收和分发的工作，如图 15.31 所示。

具体的实现方法为：
(1) 按键处理模块为其他模块的按键响应函数提供安装函数。
(2) 其他模块通过安装函数把按键响应函数和指定按键绑定。
(3) 当按键处理模块接收到指定的按键消息时，触发与该按键绑定的按键响应函数的执行。

1. 按键响应函数的安装

按键响应函数的定义如下：

```
typedef int (*key_callback)(int value);
```

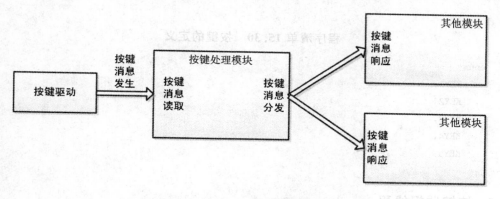

图 15.31 按键消息处理流程

在按键处理模块使用 key_callback_fun 数组为每个按键都维护了与其所绑定的按键响应函数的指针：

```
static key_callback key_callback_fun[5] = {NULL, NULL, NULL, NULL, NULL};
```

其中 key_callback_fun[0]应与 KEY1 按键相对应、key_callback_fun[1]应与 KEY2 按键相对应……

实现安装按键响应函数方法就是把指定按键响应函数的指针赋值给 key_callback_fun 数组的指定成员，如程序清单 15.29 所示。

程序清单 15.29　安装按键响应函数的实现

```c
int install_key_function(key_callback p, int key)        /* 注册回调函数 */
{
    if (p == NULL) {
        return -1;
    }

    if (key_callback_fun[key]) {                          /* 防止多次设置 */
        return -1;
    } else {
        key_callback_fun[key] = p;
    }

    return 0;
}
```

在上述函数中，参数 key 的取值如程序清单 15.30 所列。

程序清单 15.30　按键的定义

```c
enum{
    KEY1,
    KEY2,
    KEY3,
    KEY4,
    KEY5
};
```

2. 按键监视线程

在按键处理模块中,需要有一个线程监视按键消息的产生。当按键消息产生后,该线程需要触发指定按键的响应函数的执行。该线程的实现函数为 key_pthread(),其实现代码如程序清单 15.31 所示。至于如何读取按键消息,请参考前面 15.5 节"按键应用层编程"的内容。

程序清单 15.31　key_pthread( )函数的实现代码

```c
static int key_pthread(void)
{
    int count;
    struct input_event input_event_value;

    while(1) {
        count = read(fd, &input_event_value, sizeof(struct input_event));
                                                    /* 监视按键输入事件 */
        if (count < 0) {
            printf("read iput device event error \n");
            return -1;
        }
        /* 判断是哪个键被按下/提起 */
        switch (input_event_value.code) {
            case KEY_A:                             /* KEY1 按键 */
                if (key_callback_fun[KEY1]) {
                    key_callback_fun[KEY1](input_event_value.value);
                }
                break;
            case KEY_B:                             /* KEY2 按键 */
                if (key_callback_fun[KEY2]) {
                    key_callback_fun[KEY2](input_event_value.value);
                }
```

第15章 特殊硬件接口编程

```
            break;

        case KEY_C:                                    /* KEY3 按键 */
            if (key_callback_fun[KEY3]) {
                key_callback_fun[KEY3](input_event_value.value);
            }
            break;

        case KEY_D:                                    /* KEY4 按键 */
            if (key_callback_fun[KEY4]) {
                key_callback_fun[KEY4](input_event_value.value);
            }
            break;

        case KEY_E:                                    /* KEY5 按键 */
            if (key_callback_fun[KEY5]) {
                key_callback_fun[KEY5](input_event_value.value);
            }
            break;

        default:
            break;
        }
    }
    return 0;
}
```

3. 初始化

按键处理模块在正常工作之前，需要执行如下的初始化工作：
（1）检查按键设备文件是否存在，如果不存在则在默认路径加载按键驱动模块。
（2）打开按键设备文件获得文件描述符。
（3）生成按键监视线程。
这都是由 init_event_key() 函数完成的，该函数的实现如程序清单 15.32 所示。

程序清单 15.32　init_event_key() 函数的实现代码

```
#define DEV_NAME              "/dev/input/event1"
#define KEY_MODULE_PATH       "/lib/modules/imx28x_key.ko"
static int fd;
int init_event_key(void)
{
    int ret;
    pthread_t thread_key;
```

```c
    if (access(DEV_NAME, F_OK)) {
                                            /* 检查按键设备文件是否存在 */
        if (access(KEY_MODULE_PATH, F_OK) == 0) {    /* 检查按键模块是否存在 */
            system("insmod /lib/modules/imx28x_key.ko");
            while (access(DEV_NAME, F_OK)) {         /* 等待按键设备文件生成 */
                sleep(1);
            }
        } else {
            printf("key module moust at /lib/modules/ \n");
            return -1;
        }
    }

    fd = open (DEV_NAME, O_RDWR);
    if (fd < 0) {
        perror(DEV_NAME);
        exit(0);
    }

    /* start key conctol pthread */
    ret = pthread_create (&thread_key, PTHREAD_CREATE_JOINABLE, (void *)key_
            pthread, NULL);
    if (ret) {
            printf("create thread faile at %s \n", __FUNCTION__);
            return -1;
    }

    return 0;
}
```

15.7.5　控制处理模块

控制处理模块主要负责按键消息响应和当前环境温度的监视。

1. 按键消息处理

当 AP-283Demo 板上的 KEY1～KEY5 键被按下时，需要执行的工作如图 15.32 所示。

根据上图，可以归纳出数码管的工作有三个状态：显示最低安全温度状态、显示最高安全温度状态和显示当前环境温度状态。这些状态是由 sys_status 的共同体定义的，如程序清单 15.33 所示。

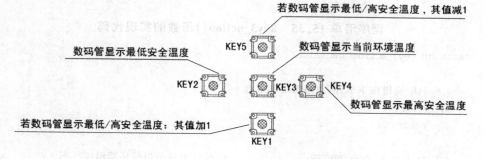

图 15.32 各按键的响应

程序清单 15.33 sys_status 的定义

```
static enum {
    SHOW_L,                    /* 显示最低安全温度状态 */
    SHOW_H,                    /* 显示最高安全温度状态 */
    SHOW_TEMPER,               /* 显示当前环境温度状态 */
} sys_status;
```

KEY1～KEY5 按键都需要有自己的按键响应函数。

(1) 响应 KEY2 键

当 KEY2 键被按下时,数码管显示最低安全温度值。KEY2 键的响应函数为 key2_action()。该函数的实现代码如程序清单 15.34 所示。该函数的主要工作是把显示状态设置为显示最低安全温度状态。

程序清单 15.34 key2_action()函数的实现代码

```
static int key2_action(int value)
{
    /* 只响应键按下事件,忽略键提起事件 */
    if (value == 0) {
        return 0;
    }
    sys_status = SHOW_L;       /* 设置为显示最低安全温度状态 */
    return 0;
}
```

(2) 响应 KEY3 键

当 KEY3 键被按下时,数码管显示当前环境温度。KEY3 键的响应函数为 key3_action()。该函数的实现代码如程序清单 15.35 所示。该函数的主要工作是把显示状态设置为显示当前环境温度状态。

程序清单 15.35　key3_action()函数的实现代码

```
static int key3_action(int value)
{
    /* 只响应键按下事件,忽略键提起事件 */
    if (value == 0) {
        return 0;
    }
    sys_status = SHOW_TEMPER;         /* 设置为显示当前环境温度状态 */
    return 0;
}
```

(3) 响应 KEY4 键

当 KEY4 键被按下时,数码管显示最高安全温度。KEY4 键的响应函数为 key4_action()。该函数的实现代码如程序清单 15.36 所示。

程序清单 15.36　key4_action()函数的实现代码

```
static int key4_action(int value)
{
    /* 只响应键按下事件,忽略键提起事件 */
    if (value == 0) {
        return 0;
    }
    sys_status = SHOW_H;              /* 设置为显示最高安全温度状态 */
    return 0;
}
```

(4) 响应 KEY1 键

若数码管当前显示的是最低安全温度,则 KEY1 键按下时最低安全温度值减 1,并保存到 EEPROM;若数码管当前显示的是最高安全温度,则 KEY1 键按下时最高安全温度值减 1,并保存到 EEPROM。KEY1 键的响应函数为 key1_action(),其实现代码如程序清单 15.37 所示。

程序清单 15.37　key1_action()函数的实现

```
static int key1_action(int value)
{
    int min_temperature = 0, max_temperature = 0, temperature;
    int ret;
    /* 只响应键按下事件,忽略键提起事件 */
    if (value == 0) {
        return 0;
    }
```

```c
    /* 在EEPROM读出最高/最低安全温度值 */
    ret = get_temperature_from_eeprom(&min_temperature, &max_temperature);
    if (ret) {
        printf("get temperature from eeprom failed at %s \n", __FUNCTION__);
        return -1;
    }

    switch (sys_status) {
    case SHOW_L:                                      /* 处于显示最低安全温度状态 */
        if (min_temperature > 0) {                    /* 最低安全温度不能小于0 */
            min_temperature--;
        }
        break;
    case SHOW_H:                                      /* 处于显示最高安全温度状态 */
        /* 最高安全温度不能低于最低安全温度 */
        if (max_temperature > min_temperature) {
            max_temperature--;
        }
        break;
    case SHOW_TEMPER:
        break;
    }
    /* 在EEPROM写入最低/最安全高温度值 */
    ret = set_temperature_to_eeprom(min_temperature, max_temperature);
    if (ret) {
        printf("set temperature to eeprom failed at %s \n", __FUNCTION__);
        return -1;
    }

    return 0;
}
```

由于热敏电阻能检测的最低温度为 0 ℃，所以最低安全温度值不应小于 0，同时最低安全温度不应大于最高安全温度。

(5) 响应 KEY5 键

若数码管当前显示的是最低安全温度，则 KEY5 键按下时最低安全温度值加 1，并保存到 EEPROM；若数码管当前显示的是最高安全温度，则 KEY5 键按下时最高安全温度值加 1，并保存到 EEPROM。KEY5 键的响应函数为 key5_action()，其实现代码如程序清单 15.38 所示。

程序清单 15.38 key5_action( )函数的实现代码

```c
static int key5_action(int value)
{
    int min_temperature = 0, max_temperature = 0, temperature;
    int ret;
    /* 只响应键按下事件,忽略键提起事件 */
    if (value == 0) {
        return 0;
    }
    /* 在 EEPROM 读出最高/最低安全温度值 */
    ret = get_temperature_from_eeprom(&min_temperature, &max_temperature);
    if (ret) {
        printf("get temperature from eeprom failed at %s \n", __FUNCTION__);
        return -1;
    }

    switch (sys_status) {
        case SHOW_L:                                 /* 处于显示最低安全温度状态 */
        /* 最低安全温度不能高于最高安全温度 */
        if (min_temperature < max_temperature){
              min_temperature++;
        }
        break;
        case SHOW_H:                                 /* 处于显示最高安全温度状态 */
            if (max_temperature < 85) {              /* 最高安全温度不能高于 85 ℃ */
                max_temperature++;
            }
            break;

    case SHOW_TEMPER:
        break;
    }
    /* 在 EEPROM 写入最低/最高安全温度值 */
    ret = set_temperature_to_eeprom(min_temperature, max_temperature);
    if (ret) {
        printf("set temperature to eeprom failed at %s \n", __FUNCTION__);
        return -1;
    }

    return 0;
}
```

由于热敏电阻能检测的最高温度为 85 ℃，所以最高温安全度值不应大于 85 度，同时最高安全温度不应小于最低安全温度。

2. 温度监控线程

控制处理模块需要有一个线程循环刷新数码管的显示信息和监视当前环境的温度。该线程的执行流程如图 15.33 所示。

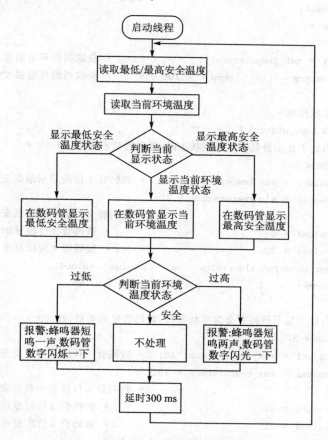

图 15.33　温度监控线程执行流程

温度监控线程的实现函数是 thread_control()，其实现代码如程序清单 15.39 所示。

程序清单 15.39　thread_control()函数的实现代码

```
static int thread_control(int * value)
{
    int min_temperature = 0, max_temperature = 0, temperature;
    float temp_t;
    int ret = -1;
    int value1, value2, value3, value4;
```

```c
while (1) {
    /* 在 EEPROM 读取最低/最高安全温度值 */
    ret = get_temperature_from_eeprom(&min_temperature,&max_temperature);
    if (ret) {
        printf("read temperature failed \n");
        break;
    }

    temp_t = get_temperature();                  /* 获取当前环境温度 */
    temperature = (int )(temp_t * 100.0);        /* 获取当前环境温度并转换为整数 */

    /* 显示控制 */
    switch (sys_status) {
    /* 当处于显示最低安全温度状态时,数码管显示类似:26.0L */
    case SHOW_L:
        value1 = min_temperature / 10; /* 数码管 1 位段显示最低安全温度的十位 */
        value2 = min_temperature % 10;
                                       /* 数码管 2 位段显示最低安全温度的个位 */
        value3 = 0;                    /* 数码管 3 位段显示 0 */
        value4 = 22;                   /* 数码管 4 位段显示 L */
        set_digitron_vlue(value1, value2, value3, value4);
        break;

    /* 当处于显示最高安全温度状态时,数码管显示类似:40.0H */
    case SHOW_H:
        value1 = max_temperature / 10; /* 数码管 1 位段显示最高安全温度的十位 */
        value2 = max_temperature % 10;
                                       /* 数码管 2 位段显示最高安全温度的个位 */
        value3 = 0;                    /* 数码管 3 位段显示显示 0 */
        value4 = 21;                   /* 数码管 4 位段显示 H */
        set_digitron_vlue(value1, value2, value3, value4);
        break;

    /* 显示当前环境温度:两位整数,两位小数 */
    case SHOW_TEMPER:
        /* 注意 temperature 已经把当前环境温度值乘以 100,转换成整数值 */
        value1 = temperature/1000;   /* 数码管的 1 位段显示当前环境温度的十位 */
        value1 = value1 % 10;

        value2 = temperature/100;    /* 数码管的 2 位段显示当前环境温度的个位 */
        value2 = value2 % 10;

        value3 = temperature/10;     /* 数码管的 3 位段显示当前环境温度的十分位 */
```

```c
            value3 = value3 % 10;

            value4 = temperature % 10;    /* 数码管的 4 位段显示当前环境温度的百分位 */

            set_digitron_vlue(value1, value2, value3, value4);
            break;
        default:
            break;
    }

    /* 监控当前环境温度 */
    if (temp_t < min_temperature) {              /* 温度过低 */
        /* 蜂鸣器短鸣一声,数码管显示的数字闪烁 */
        beep_on();
        set_digitron_on(DIGITRON_OFF);
        usleep(50 * 1000);
        set_digitron_on(DIGITRON_ON);
        beep_off();
    } else if (temp_t > max_temperature) {       /* 温度过高 */
        /* 蜂鸣器短鸣两声,数码管显示的数字闪烁 */
        beep_on();
        set_digitron_on(DIGITRON_OFF);
        usleep(50 * 1000);
        set_digitron_on(DIGITRON_ON);
        beep_off();

        usleep(20 * 1000);

        beep_on();
        usleep(50 * 1000);
        beep_off();
    }

    usleep(300 * 1000);
}
}
```

3. 初始化

控制处理模块在进入正常工作之前,需要执行一系列的初始化工作:
(1) 初始化数码管的显示状态;
(2) 打开蜂鸣器设备属性文件;
(3) 为所有按键注册按键响应函数;

(4) 生成温度监控线程。

控制处理模块的初始化函数是 init_control() 函数,其实现代码如程序清单 15.40 所示。

程序清单 15.40　init_control() 函数的实现代码

```
#define BEEP_DEV        "/sys/class/leds/beep/brightness"
                                            /* 蜂鸣器设备属性文件路径 */
static int beep_fd;

int init_control(void)
{
    int ret;
    pthread_t thread_control_t;

    sys_status = SHOW_TEMPER;              /* 初始化为显示当前环境温度状态 */

    beep_fd = open(BEEP_DEV, O_RDWR);      /* 打开蜂鸣器设备属性文件 */
    if (beep_fd < 0) {
        perror("open beep device");
    }

    ret = install_key_function(key1_action, KEY1); /* 在 KEY1 按键安装响应函数 */
    if (ret) {
        printf("install call fun failed in %s \n", __FUNCTION__);
        return -1;
    }

    ret = install_key_function(key2_action, KEY2); /* 在 KEY2 按键安装响应函数 */
    if (ret) {
        printf("install call fun failed in %s \n", __FUNCTION__);
        return -1;
    }

    ret = install_key_function(key3_action, KEY3); /* 在 KEY3 按键安装响应函数 */
    if (ret) {
        printf("install call fun failed in %s \n", __FUNCTION__);
        return -1;
    }

    ret = install_key_function(key4_action, KEY4); /* 在 KEY4 按键安装响应函数 */
    if (ret) {
        printf("install call fun failed in %s \n", __FUNCTION__);
        return -1;
    }
```

第 15 章 特殊硬件接口编程

```
    ret = install_key_function(key5_action, KEY5);   /* 在 KEY5 按键安装响应函数 */
    if (ret) {
        printf("install call fun failed in %s \n", __FUNCTION__);
        return -1;
    }
    /* 生成温度监控线程 */
    ret = pthread_create(&thread_control_t, PTHREAD_CREATE_JOINABLE, (void *)thread_control, NULL);
    if (ret) {
        printf("create thread failed in %s \n", __FUNCTION__);
        return -1;
    }

    return 0;
}
```

15.7.6 主程序的实现

主程序的实现代码在 main.c 文件中,主要实现所有模块的初始化工作。该程序代码主要由 main()函数实现,其实现代码如程序清单 15.41 所示。

程序清单 15.41 主程序实现代码

```
int main(int argc, char * argv[])
{
    int ret;
    int fd;
    double value;

    ret = init_digitron();                      /* 初始化数码管模块 */
    if (ret)
        return -1;

    ret = init_eeprom();                        /* 初始化 eeprom 模块 */
    if (ret)
        return -1;

    ret = init_temperature_function();          /* 初始化温度读取模块 */
    if (ret)
        return -1;

    ret = init_event_key();                     /* 初始化按键模块 */
    if (ret)
```

·455·

```
        return -1;

    ret = init_control();                    /* 初始化监控模块 */
    if (ret)
        return -1;

    while (1) {
        sleep(1);
    }
    return ret;
}
```

在函数的最后,进入无限循环休眠中,原因是一旦 main() 函数退出,其他模块的线程将被终结。

15.7.7 测试方法

把温度监视和报警程序代码交叉编译后生成 zlg_temp_control 程序文件,其测试方法可以参考如下:

(1) 把 lradc.ko 和 imx28x_key.ko 文件上传到 EasyARM-i.MX283A 的 /lib/modules/ 目录。

(2) 把 zlg_temp_control 文件上传到 EasyARM-i.MX283A 的任意目录。

(3) 在 AP-283Demo 板上 J11A 和 J11C 的 CS、CLK、MISO、MOSI 跳线用短路器短接,把 J7A 和 J7B 的 3.21 跳线用短路器短接,这些跳线位置如图 15.34 所示。

图 15.34 SPI 接口跳线

(4) 运行 zlg_temp_control 程序:

root@EasyARM-iMX283 ~ # ./zlg_temp_control

该命令的执行结果如图 15.35 所示。

该程序会自动加载所需的驱动模块。

(5) 按 KEY2 键数码管显示最低温度,这时按 KEY5 和 KEY1 改变最低温度。

(6) 按 KEY4 键数码管显示最高温度,这时按 KEY5 和 KEY1 改变最高温度。

```
root@EasyARM-iMX283 ~ # ./zlg_temp_control
zlg EasyARM-imx283 adc driver up.
input: EasyARM-i.MX28x_key as /devices/virtual/input/input1
EasyARM-i.MX28x key driver up
```

图 15.35 zlg_temp_control 程序的执行结果

（7）按 KEY3 键数码管显示热敏电阻当前温度。

（8）若热敏电阻的温度低于最低温度,则蜂鸣器会持续 0.3 s 短鸣 1 声,同时数码管的数字持续闪烁。

（9）这时按住 AP-283Demo 板上的加热按键,数码管显示的温度将不断升高,当温度大于最低温度时,蜂鸣器停止鸣叫,数码管数字不再闪烁。

（10）当数码管显示的温度大于最高温度时,蜂鸣器会持续 0.3 s 短鸣两声,同时数码管的数字持续闪烁。

（11）这时松开 AP-283Demo 板上的加热按键,数码管显示的温度将不断降低,当温度小于最高温度时,蜂鸣器停止鸣叫,数码管的数字不再闪烁。

第 16 章

Linux 串口编程

本章导读

串口可以说是嵌入式 Linux 系统必备的外设,系统终端通常都是串口。除了终端功能之外,实际应用中,Linux 系统也经常通过串口与其他设备进行通信和数据传递。串口不复杂,但在 Linux 下的串口编程却并不是那么简单,要在 Linux 下用好串口,是需要花一些精力的。

本章主要讲述 Linux 下的串口编程入门,从串口基本操作开始,描述如何进行串口数据读/写操作,然后介绍串口属性设置,都给出了操作示例代码和完整的实验范例。

16.1 串口的基本操作

Linux 的串口表现为设备文件。Linux 的串口设备文件命名一般为 /dev/ttySn($n=0,1,2,\cdots$),若串口是 USB 扩展的,则串口设备文件命名多为 /dev/ttyUSBn($n=0,1,2,\cdots$)。当然这种命名规则不是绝对的,不同的硬件平台对串口设备文件的命名可能有所区别。

在编写 Linux 串口的 C 程序代码时,需要包含 termios.h 头文件:

```
#include <termios.h>
```

16.1.1 打开串口

在使用某个串口前,必须用 open() 函数打开它所对应的设备文件。打开 /dev/ttyS1 的代码如程序清单 16.1 所示。

程序清单 16.1 打开串口设备

```
int fd;
fd = open("/dev/ttyS1", O_RDWR | O_NOCTTY);
if (fd < 0) {
    perror("open uart device error\n");
}
```

当 open 调用成功后,将返回文件描述符,并作为其他操作函数的参数;如果失败则返回负数。

在打开串口时,除了需要用到 O_RDWR 选项标志外,通常还需要使用 O_NOCTTY,目的是告诉 Linux 本程序不作为串口的控制终端。如果不使用该选项,一些输入字符可能会影响进程的运行(如一些产生中断信号的键盘输入字符等)。

16.1.2 关闭串口

当不再使用某个串口时,可用 close()函数关闭串口:

close(fd);

参数 fd 为打开串口时得到的文件描述符。

16.1.3 发送数据

往串口发送数据可通过 write()函数完成。往串口发送字符串"hello ZLG!"的代码如程序清单 16.2 所示。

程序清单 16.2 往串口写入字符串

```
int len;
char buf[] = "hello ZLG!";
len = write(fd, buf, sizeof(buf));
if (len < 0) {
    printf("write data to serial failed! \n");
}
```

字符串的长度为 sizeof(buf),作为 write()函数的发送数据长度参数。写操作完成后,返回值为成功发送的数据的长度;如果发送失败,则返回负数。

16.1.4 读取数据

使用 read()函数可以读取串口接收到的数据。从串口读取 11 字节数据到数组 buf[11]的代码如程序清单 16.3 所示。

程序清单 16.3 读入串口数据

```
int len;
unsigned char buf[11];
len = read(fd, buf, 11);
if (len < 0){
    printf("reading data faile \n");
}
```

若读取成功,函数返回所读数据的长度;失败则返回负数。

16.1.5 串口范例1

程序清单 16.4 所示的代码为简单的串口数据收发示例代码。该代码打开串口 ttyS1 后,在串口发送字符串"hello ZLG!",然后准备接收字符串。在接收了字符串之后,把接收的字符打印出来。

程序清单 16.4　串口示例 1 代码

```c
#include <stdio.h>
#include <stdlib.h>
#include <unistd.h>
#include <fcntl.h>
#include <asm/termios.h>

#define DEV_NAME   "/dev/ttyS1"

int main (int argc, char * argv[])
{
    int fd;
    int len, i,ret;
    char buf[] = "hello ZLG!";

    fd = open(DEV_NAME, O_RDWR | O_NOCTTY);
    if(fd < 0) {
            perror(DEV_NAME);
            return -1;
    }

    len = write(fd, buf, sizeof(buf));          /* 向串口写入字符串 */
    if (len < 0) {
        printf("write data error \n");
    }

    len = read(fd, buf, sizeof(buf));           /* 在串口读入字符串 */
    f (len < 0) {
            printf("read error \n");
            return -1;
        }

    printf("%s", buf);                          /* 打印从串口读出的字符串 */

    return(0);
}
```

该示例代码可用如下方法测试：

（1）把示例代码在 Linux 主机上进行本地编译，生成 test_uart_1 程序文件。

（2）使用另外一台 Windows 电脑和 Linux 主机建立串口连接。

（3）在 Windows 电脑打开串口助手软件（SSCOM，网上可以搜索下载），设置串口属性为"9600,8n1,无流控"，如图 16.1 所示。

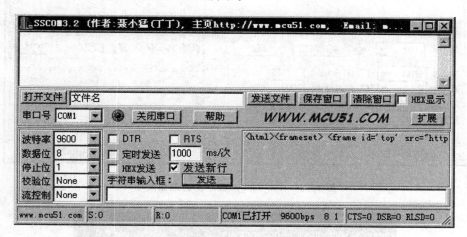

图 16.1 设置串口属性为"9600,8n1,无流控"

（4）在 Linux 主机运行 test_uart_1 程序（Linux 主机的串口设备文件可能需要有 root 用户权限才可以访问，所以若 test_uart_1 在 Linux 主机上执行时需要有 root 权限）：

vmuser@Linux-host:~/uart_test$ sudo ./test_uart_1

这时串口助手软件接收到"hello ZLG!"字符串，如图 16.2 所示。

（5）在串口助手中发送"hello ZLG!"字符。

这时 Linux 主机的 test_uart_1 程序打印从串口接收的字符串，如图 16.3 所示。

16.2 串口属性的设置

16.1 节的串口基本操作虽然可以进行基本的串口数据收发，但只能使用串口驱动默认的属性（9600,8n1,无流控），而在实际应用中，却往往需要设置串口属性，如波特率、数据位、奇偶校验、停止位等。

16.2.1 终端属性描述

前面提到过，进行串口编程时需要包含 termios.h 头文件。该文件包含了 POSIX 终端属性描述结构 struct termios，该结构如程序清单 16.5 所示。

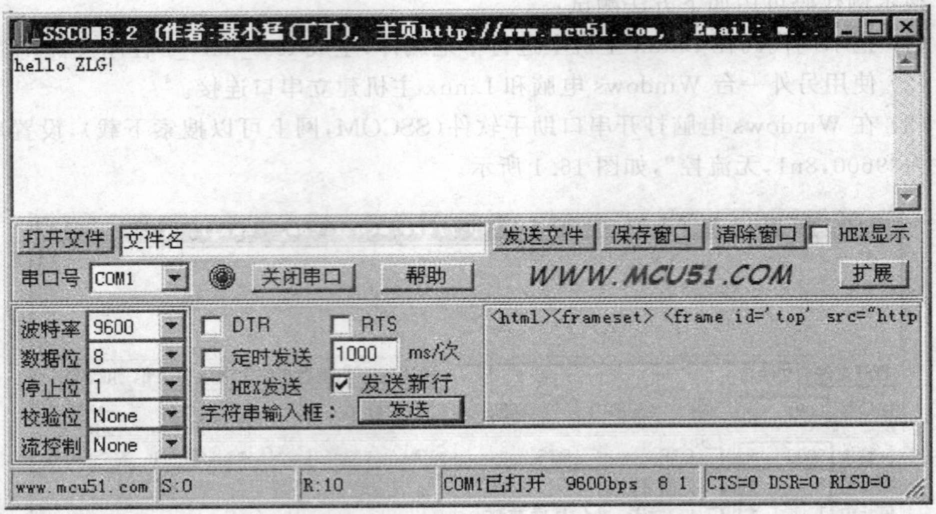

嵌入式 Linux 开发教程(上册)

图 16.2　test_uart_1 程序发送数据成功

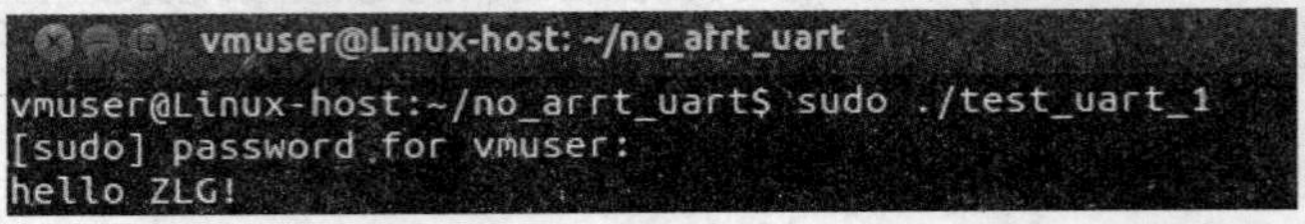

图 16.3　test_uart_1 接收数据成功

程序清单 16.5　termios 结构

```
struct termios {
    tcflag_t  c_cflag;                /* 控制标志 */
    tcflag_t  c_iflag;                /* 输入标志 */
    tcflag_t  c_oflag;                /* 输出标志 */
    tcflag_t  c_lflag;                /* 本地标志 */
    tcflag_t  c_cc[NCCS];             /* 控制字符 */
};
```

tcflag_t 的定义为:

```
typedef unsigned int tcflag_t;
```

下面对 termios 结构各成员进行简单介绍。

1. 控制标志

通过 termios 结构的 c_cflag 成员可设置串口的波特率、数据位、奇偶校验、停止位以及流控制,详见后续对应部分的描述。

2. 输入标志

c_iflag 成员负责控制串口对输入数据的处理,它的部分可用标志如表 16.1 所列。

表 16.1　c_iflag 标志

标志	说明	标志	说明
INPCK	打开输入奇偶校验	IXOFF	启用/停止输入控制流起作用
IGNPAR	忽略奇偶错字符	IGNBRK	忽略 BREAK 条件
PARMRK	标记奇偶错	INLCR	将输入的 NL 转换为 CR
ISTRIP	剥除字符第 8 位	IGNCR	忽略 CR
IXON	启用/停止输出控制流起作用	ICRNL	将输入的 CR 转换为 NL

使用软件流控制时启用 IXON、IXOFF 和 IXANY 选项：

```
options.c_iflag |= (IXON | IXOFF | IXANY);
```

相反，要禁用软件流控制时禁止上面的选项：

```
options.c_iflag &= ~(IXON | IXOFF | IXANY);
```

3. 输出标志

termios 结构的 c_oflag 成员管理输出过滤，它的部分选项标志如表 16.2 所列。

表 16.2　c_oflag 标志

标志	说明	标志	说明
BSDLY	退格延迟屏蔽	OLCUC	将输出的小写字符转换为大写字符
CMSPAR	标志或空奇偶性	ONLCR	将 NL 转换为 CR-NL
CRDLY	CR 延迟屏蔽	ONLRET	NL 执行 CR 功能
FFDLY	换页延迟屏蔽	ONOCR	在 0 列不输出 CR
OCRNL	将输出的 CR 转换为 NL	OPOST	执行输出处理
OFDEL	填充符为 DEL，否则为 NULL	OXTABS	将制表符扩充为空格
OFILL	对于延迟使用填充符		

（1）启用输出处理

启用输出处理需要在 c_oflag 成员中启用 OPOST 选项，其操作方法如下：

```
options.c_oflag |= OPOST;
```

（2）使用原始输出

使用原始输出，就是禁用输出处理，使数据能不经过处理、过滤，完整地输出到串口。当 OPOST 被禁止时，c_oflag 其他选项也被忽略，其操作方法如下：

```
options.c_oflag &= ~OPOST;
```

4. 本地标志

termios 结构的 c_lflag 成员影响驱动程序和用户之间的接口，它的部分可用标志如表 16.3 所列。

表 16.3 c_lflag 标志

标志	说明	标志	说明
ISIG	启用终端产生的信号	NOFLSH	在中断或退出键后禁用刷清
ICANON	启用规范输入	IEXTEN	启用扩充的输入字符处理
XCASE	规范大/小写表示	ECHOCTL	回送控制字符为(char)
ECHO	进行回送	ECHOPRT	硬拷贝的可见擦除方式
ECHOE	可见擦除字符	ECHOKE	kill 的可见擦除
ECHOK	回送 kill 符	PENDIN	重新打印未决输入
ECHONL	回送 NL	TOSTOP	对于后台输出发送 SIGTTOU

(1) 选择规范模式

规范模式是行处理的。调用 read 读取串口数据时,每次返回一行数据。当选择规范模式时,需要启用 ICANON、ECHO 和 ECHOE 选项:

```
options.c_lflag |= (ICANON | ECHO | ECHOE);
```

当串口设备作为用户终端时,通常要把串口设备配置成规范模式。

(2) 选择原始模式

在原始模式下,串口输入数据是不经过处理的,在串口接口接收的数据被完整保留。要使串口设备工作在原始模式,则需要关闭 ICANON、ECHO、ECHOE 和 ISIG 选项,其操作方法如下:

```
options.c_lflag &= ~(ICANON | ECHO | ECHOE | ISIG);
```

5. 控制字符组

termios 结构中的 c_cc 成员是一个数组,其长度是 NCCS,一般介于 15~20 之间。c_cc 数组每个元素的下标都用一个宏表示,它的部分下标标志名及说明如表 16.4 所列。

表 16.4 c_cc 标志

标志	说明	标志	说明
VINTR	中断	VEOL	行结束
VQUIT	退出	VMIN	需读取的最小字节数
VERASE	擦除	VTIME	与 VMIN 配合使用,是指限定的传输或等待的最长时间
VEOF	行结束	—	—

16.2.2 获取和设置终端属性

使用函数 tcgetattr() 可以获取串口设备的 termios 结构。该函数原型如下:

```
int tcgetattr(int fd, struct termios * termptr);
```

函数执行成功则返回0,串口设备的termios结构由temptr参数返回,若出错则返回-1。

获得termios结构后,可以把串口的属性设置到termios结构中。串口属性设置完成后,可通过tcsetattr()函数把新的属性设置应用到串口中。tcsetattr()函数原型如下:

```
int tcsetattr(int fd, int opt, const struct termios * termptr);
```

在串口驱动程序里有输入缓冲区和输出缓冲区。在改变串口属性时,缓冲区可能有数据存在,如何处理缓冲区中的数据,则可通过opt参数实现:

- TCSANOW:更改立即发生;
- TCSADRAIN:发送了所有输出后更改才发生,若更改输出参数则应用此选项;
- TCSAFLUSH:发送了所有输出后更改才发生,在更改发生时未读的所有输入数据被删除(Flush)。

上述两函数执行时,若成功则返回0,若出错则返回-1。

16.2.3 设置波特率

串口的波特率分输入波特率和输出波特率,可分别通过cfsetispeed()和cfsetospeed()函数设置。这两个函数原型为:

```
int cfsetispeed(struct termios * termptr, speed_t speed);
int cfsetospeed(struct termios * termptr, speed_t speed);
```

若这两个函数执行成功则返回0,若出错则返回-1。speed参数为需要设置的波特率,可选择的常量如表16.5所列。

表16.5 波特率常量

标志	说明	标志	说明
B0	0 b/s(挂起)	B9600	9600 b/s
B110	110 b/s	B19200	19200 b/s
B134	134 b/s	B57600	57600 b/s
B1200	1200 b/s	B115200	115200 b/s
B2400	2400 b/s	B460800	460800 b/s
B4800	4800 b/s	—	—

通常来说,串口的输入和输出波特率都设置为同一个值,如将波特率设置为115200的代码为:

```
cfsetispeed(&opt, B115200);
cfsetospeed(&opt, B115200);
```

程序清单16.6所示的set_baudrate()函数实现了波特率设置操作。该函数将串口输入/输出设置为相同的波特率,使用时只需填写所需波特率即可。

程序清单16.6　set_baudrate()函数

```
static void set_baudrate (struct termios * opt, unsigned int baudrate)
{
    cfsetispeed(opt, baudrate);
    cfsetospeed(opt, baudrate);
}
```

使用set_baudrate()函数设置串口输入/输出波特率为115200的代码为:

```
set_baudrate(&opt, B115200));
```

16.2.4　设置数据位

串口数据位是在termios结构的c_cflag成员上设置,可用的选项标志如表16.6所列。

表16.6　设置数据位可用的标志选项

标 志	说 明	标 志	说 明
CSIZE	数据位屏蔽	CS7	7位数据位
CS5	5位数据位	CS8	8位数据位
CS6	6位数据位	—	—

设置串口的数据位为8位的代码为:

```
opt.c_cflag &= ~CSIZE;
opt.c_cflag |= CS8;
```

在该代码中,把CS8改成CS5、CS6或CS7,可以分别把串口的数据位设置为5位、6位或7位。

程序清单16.7所示的set_data_bit()函数实现了串口数据位的设置。

程序清单16.7　set_data_bit函数

```
static void set_data_bit (struct termios * opt, unsigned int databit)
{
    opt->c_cflag &= ~CSIZE;
    switch (databit) {
    case 8:
        opt->c_cflag |= CS8;
        break;
    case 7:
        opt->c_cflag |= CS7;
```

```
            break;
        case 6:
            opt ->c_cflag |= CS6;
            break;
        case 5:
            opt ->c_cflag |= CS5;
            break;
        default:
            opt ->c_cflag |= CS8;
            break;
    }
}
```

在 set_data_bit() 函数中，databit 参数可以取值为 8、7、6、5，分别表示把数据位设置为 8 位、7 位、6 位、5 位。

使用 set_data_bit() 函数设置 8 位数据位的代码如下：

`set_data_bit(8);`

16.2.5 设置奇偶校验

串口的奇偶校验是在 termios 结构的 c_cflag 成员上设置，可用的选项标志如表 16.7 所列。

表 16.7 奇偶校验标志

标　志	说　明
PARENB	进行奇偶校验
PARODD	奇校验，否则为偶校验

Linux 的串口驱动支持无校验(N)、偶校验(E)和奇校验(O)。
（1）设置无校验的方法为：

`opt ->c_cflag &= ~PARENB;`

（2）设置偶校验的方法为：

`opt ->c_cflag |= PARENB;`
`opt ->c_cflag &= ~PARODD;`

（3）设置奇校验的方法为：

`opt ->c_cflag |= PARENB;`
`opt ->c_cflag |= ~PARODD;`

程序清单 16.8 所示的 set_parity() 函数实现了串口奇偶校验设置。

程序清单 16.8   set_parity 函数

```
static void set_parity (struct termios * opt, char parity)
{
    switch (parity) {
    case 'N':                                    /* 无校验 */
    case 'n':
        opt ->c_cflag &= ~PARENB;
        break;
    case 'E':                                    /* 偶校验 */
    case 'e':
        opt ->c_cflag |= PARENB;
        opt ->c_cflag &= ~PARODD;
        break;
    case 'O':                                    /* 奇校验 */
    case 'o':
        opt ->c_cflag |= PARENB;
        opt ->c_cflag |= ~PARODD;
        break;
    default:                                     /* 其他选择为无校验 */
        opt ->c_cflag &= ~PARENB;
        break;
    }
}
```

在 set_parity 函数中，parity 参数可以取值为：N 和 n（无奇偶校验）、E 和 e（表示偶校验）、O 和 o（表示奇校验）。

设置串口为无校验的代码如下：

```
static void set_parity (&opt, 'N');
```

或

```
static void set_parity (&opt, 'n');
```

16.2.6 设置停止位

串口停止位是在 termios 对象的 c_cflag 成员上设置，需要用到的选项标志为 CSTOPB(2 位停止位，否则为 1 位)。

例如，设置 1 位停止位的方法为：

```
opt ->c_cflag &= ~CSTOPB;
```

程序清单 16.9 所示的 set_stopbit() 函数实现了串口停止位的设置。

第 16 章　Linux 串口编程

程序清单 16.9　set_parity 函数

```
static void set_stopbit (struct termios * opt, const char * stopbit)
{
    if (0 == strcmp (stopbit, "1")) {
        opt->c_cflag &= ~CSTOPB;                    /* 1 位停止位 */
    } else if (0 == strcmp (stopbit, "1.5")) {
        opt->c_cflag &= ~CSTOPB;                    /* 1.5 位停止位 */
    } else if (0 == strcmp (stopbit, "2")) {
        opt->c_cflag |= CSTOPB;                     /* 2 位停止位 */
    } else {
        opt->c_cflag &= ~CSTOPB;                    /* 1 位停止位 */
    }
}
```

在 set_stopbit()函数中,stopbit 参数可以取值为:1(1 位停止位)、1.5(1.5 位停止位)和 2(2 位停止位)。

设置串口为 1 位停止位的代码如下:

```
set_stopbit(&opt, "1");
```

16.2.7　其他设置

调用 read()函数读取串口数据时,返回读取数据的数量需要考虑两个变量:MIN 和 TIME。MIN 和 TIME 在 termios 结构 c_cc 成员的数组下标名为 VMIN 和 VTIME。

MIN 是指一次 read 调用期望返回的最小字节数。VTIME 说明等待数据到达的分秒数(秒的 1/10 为分秒)。TIME 与 MIN 组合使用的具体含义分为以下四种情形:

(1) 当 MIN > 0,TIME > 0 时

计时器在收到第一个字节后启动,在计时器超时之前(TIME 的时间到),若已收到 MIN 个字节,则 read 返回 MIN 个字节,否则,在计时器超时后返回实际接收到的字节。

注意:因为只有在接收到第一个字节时才开始计时,所以至少可以返回 1 个字节。这种情形下,在接到第一个字节之前,调用者阻塞。如果在调用 read 时数据已经可用,则跟在 read 后数据立即被接到一样。

(2) 当 MIN > 0,TIME = 0 时

MIN 个字节完整接收后,read 才返回,这可能会造成 read 无限期地阻塞。

(3) 当 MIN = 0,TIME > 0 时

TIME 为允许等待的最大时间,计时器在调用 read 时立即启动,在串口接到 1 字节数据或者计时器超时后即返回。如果计时器超时,则返回 0。

(4) 当 MIN = 0,TIME = 0 时

如果有数据可用,则 read 最多返回所要求的字节数;如果无数据可用,则 read 立即返回 0。

设置 TIME 为 150,MIN 为 255 的方法如下:

```
opt.c_cc[VTIME]     = 150;
opt.c_cc[VMIN]      = 255;
```

16.2.8 串口属性设置函数

程序清单 16.10 所示的 set_port_attr 函数实现了串口属性的设置。

程序清单 16.10 终端属性设置函数

```
int  set_port_attr ( int fd, int  baudrate, int  databit, const char * stopbit, char parity, int vtime, int vmin )
{
    struct termios opt;

    tcgetattr(fd, &opt);
    set_baudrate(&opt, baudrate);
    opt.c_cflag |= CLOCAL | CREAD;              /* | CRTSCTS */
    set_data_bit(&opt, databit);
    set_parity(&opt, parity);
    set_stopbit(&opt, stopbit);
    opt.c_oflag              = 0;
    opt.c_lflag             |= 0;
    opt.c_oflag             &= ~OPOST;
    opt.c_cc[VTIME]          = vtime;
    opt.c_cc[VMIN]           = vmin;
    tcflush (fd, TCIFLUSH);

    return (tcsetattr (fd, TCSANOW, &opt));
}
```

set_port_attr 函数调用成功时,返回 0;调用失败时,返回 −1。

设置串口属性为"115200、8n1"的代码如下:

```
ret = set_port_attr (fd, B115200, 8, "1", 'N',  150,255 );
if(ret < 0) {
    printf("set uart arrt failed \n");
    exit(-1);
}
```

16.2.9 串口范例 2

程序清单 16.11 所示代码在设置了串口属性后进行数据收发操作。该代码中,程序在打开串口设备后,把串口属性设置为"115200 8n1";然后在串口发送"hello ZLG!"字符串,接着准备接收字符串;在接收到字符串之后,将其打印出来。

程序清单 16.11 串口操作示例

```c
#include <stdio.h>
#include <stdlib.h>
#include <unistd.h>
#include <fcntl.h>
#include <asm/termios.h>

#include "serial.h"

#define DEV_NAME   "/dev/ttyS1"

int main(int argc, char *argv[])
{
    int fd;
    int len, i, ret;
    char buf[] = "hello ZLG!";

    fd = open(DEV_NAME, O_RDWR | O_NOCTTY);
    if(fd < 0) {
      perror(DEV_NAME);
      return -1;
    }

    ret = set_port_attr(fd, B115200, 8, "1", 'N', 150, 255);    /* 115200 8n1 */
    if(ret < 0) {
        printf("set uart arrt failed \n");
        exit(-1);
    }

    len = write(fd, buf, sizeof(buf));        /* 向串口发送字符串 */
    if (len < 0) {
        printf("write data error \n");
        return -1;
    }

    len = read(fd, buf, sizeof(buf));         /* 在串口读取字符串 */
    if (len < 0) {
            printf("read error \n");
            return -1;
    }
```

```
        printf(" %s \n", buf);                    /* 打印在串口读取的字符串 */

        return(0);
}
```

串口范例 2 代码可用的测试方法如下：
(1) 把示例代码在 Linux 主机上进行本地编译，生成 test_uart_2 程序文件。
(2) 使用另外一台 Windows 电脑和 Linux 主机建立串口连接。
(3) 在 Windows 电脑打开串口助手软件，设置串口属性为"15200,8n1,无流控"。
(4) 在 Linux 主机运行 test_uart_2 程序：

vmuser@Linux - host:~/uart_test $ sudo ./**test_uart_2**

这时串口助手软件接收到"hello ZLG!"字符串，如图 16.4 所示。

图 16.4　test_uart_2 程序发送数据成功

(5) 在串口助手中发送"hello ZLG!"字符串。

这时 Linux 主机的 test_uart_2 程序打印从串口接收的字符串，如图 16.5 所示。

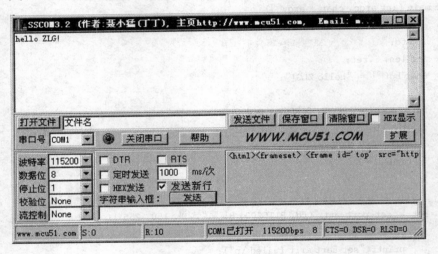

图 16.5　test_uart_2 接收数据成功

第 17 章
C 语言网络编程入门

本章导读

本章主要介绍 C 语言下入门级的网络编程。先介绍一些网络必要的基本概念,然后着重介绍 BSD Socket 接口的基本使用,最后给出一个综合应用的例子——简单的 ECHO 协议的(RFC862)实现。

17.1 网络基本概念

17.1.1 OSI 模型

OSI 模型(Open System Interconnection Model,开放系统互联模型)是一个由国际标准化组织提出的概念模型,试图提供一个使各种不同的计算机和网络在世界范围内实现互联的标准框架。

OSI 模型将计算机网络体系结构划分为七层,每层都可以提供抽象良好的接口。了解 OSI 模型有助于理解实际上 OSI 模型互联网络的工业标准——TCP/IP 协议。

OSI 模型各层间 OSI 模型关系和通信时的数据流向如图 17.1 所示。

OSI 模型是一个理想化的模型,实际上的协议(比如 TCP/IP)并不是严格按照此模型来做的。了解 OSI 模型有助于理解网络通信,尤其是不同类型网络之间的网间通信,所以这里先对 OSI 模型的各个层做一下简单的介绍。

1. 物理层

物理层负责最后将信息编码成电流脉冲或其他信号在网上传输。它由计算机和网络介质之间的实际界面组成,可定义电气信号、符号、线的状态和时钟要求、数据编码以及数据传输用的连接器。

如最常用的 RS-232 规范、10BASE-T 曼彻斯特编码以及 RJ-45 就属于物理层。所有比物理层高的层都通过事先定义好的接口与它通信。

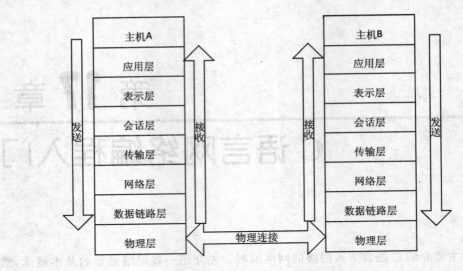

图 17.1 OSI 模型示意图

2. 数据链路层

数据链路层通过物理网络链路提供数据传输。不同的数据链路层定义了不同的网络和协议特征,其中包括物理编址、网络拓扑结构、错误校验、数据帧序列以及流控。

- 物理编址(相对应的是网络编址)定义了设备在数据链路层的编址方式;
- 网络拓扑结构定义了设备的物理连接方式,如总线拓扑结构和环拓扑结构;
- 错误校验向发生传输错误的上层协议告警;
- 数据帧序列重新整理并传输除序列以外的帧;
- 流控可能延缓数据的传输,以使接收设备不会因为在某一时刻接收到超过其处理能力的信息流而崩溃。

数据链路层实际上由两个独立的部分组成,介质存取控制(Media Access Control,MAC)和逻辑链路控制(Logical Link Control,LLC)。

MAC 描述在共享介质环境中如何进行调度、发送和接收数据。MAC 确保信息跨链路的可靠传输,对数据传输进行同步,识别错误和控制数据的流向。一般来讲,MAC 只在共享介质环境中才是重要的,只有在共享介质环境中多个节点才能连接到同一传输介质上。IEEE MAC 规则定义了地址,以标识数据链路层中的多个设备。

逻辑链路控制子层管理单一网络链路上设备间的通信,IEEE 802.2 标准定义了 LLC。LLC 支持无连接服务和面向连接的服务,在数据链路层的信息帧中定义了许多域,这些域使得多种高层协议可以共享一个物理数据链路。

3. 网络层

网络层负责在源和终点之间建立连接,它一般包括网络寻径,还可能包括流量控制、错误检查等。

相同 MAC 标准不同网段之间的数据传输一般只涉及数据链路层,而不同 MAC

标准之间的数据传输都涉及到网络层。网络层使不同类型的数据网络能够实现互联。

4. 传输层

传输层向高层提供可靠的端到端的网络数据流服务。传输层的功能一般包括流控、多路传输、虚电路管理及差错校验和恢复。

- 流控管理设备之间的数据传输,确保传输设备不发送比接收设备处理能力大的数据;
- 多路传输使得多个应用程序的数据可以传输到一个物理链路上;
- 虚电路由传输层建立、维护和终止;
- 差错校验包括为检测传输错误而建立的各种不同结构;
- 差错恢复包括所采取的行动(如请求数据重发),以便解决发生的任何错误。

5. 会话层

会话层建立、管理和终止表示层与实体之间的通信会话。通信会话包括发生在不同网络应用层之间的服务请求和服务应答,这些请求与应答通过会话层的协议实现。它还包括创建检查点,使在通信发生中断的时候可以返回到以前的某个状态。

6. 表示层

表示层提供多种功能用于应用层数据编码和转化,以确保一个系统应用层发送的信息可以被另一个系统应用层识别。表示层的编码和转化模式包括公用数据表示格式、性能转化表示格式、公用数据压缩模式和公用数据加密模式。

公用数据表示格式就是标准的图像、声音和视频格式。通过使用这些标准格式,不同类型的计算机系统可以相互交换数据;性能转化表示格式通过使用不同的文本和数据表示,在系统间交换信息,例如 ASCII 码(American Standard Code for Information Interchange,美国标准信息交换码);公用数据压缩模式确保原始设备上被压缩的数据可以在目标设备上正确地解压;公用数据加密模式确保原始设备上加密的数据可以在目标设备上正确地解密。

表示层协议一般不与特殊的协议栈关联,如 QuickTime 是 Apple 计算机视频和音频的标准,MPEG 是 ISO 的视频压缩与编码标准。常见的图形图像格式如 PCX、GIF、JPEG 是不同的静态图像压缩和编码标准。

7. 应用层

应用层是最接近终端用户的 OSI 层,这就意味着 OSI 应用层与用户之间是通过应用软件直接相互作用的。

OSI 的应用层协议包括文件的传输、访问及管理协议(FTAM),以及文件虚拟终端协议(VIP)和公用管理系统信息(CMIP)等。

注意:应用层并非由计算机上运行的实际应用软件组成,而是由向应用程序提供访问网络资源的 API(Application Program Interface,应用程序接口)组成,这类应用软件程序超出了 OSI 模型的范畴。应用层的功能一般包括标识通信伙伴,定义资源的可用性和同步通信。因为可能丢失通信伙伴,所以应用层必须为传输数据的应用子程序定义通信伙伴的标识和可用性。定义资源可用性时,应用层为了请求通信而必须判定是否有足够的网络资源。在同步通信中,所有应用程序之间的通信都需要应用层的协同操作。

17.1.2　TCP/IP 协议基本概念

在实际应用中,OSI 模型所分的七层往往有一些层被整合,或者功能分散到其他层去。TCP/IP 协议是现在互联网络事实上的协议标准,但是 TCP/IP 并没有照搬 OSI 模型,也没有一个公认的 TCP/IP 层级模型,很多技术文件按照 TCP/IP 的实际情况,划分为三层到五层模型来描述 TCP/IP 协议。

这里采用的是最通用的一个四层模型,每一层都和 OSI 模型有较强的相关性,但是也可能会有交叉。

TCP/IP 的设计吸取了分层模型的精华思想——封装。每层对上一层提供服务的时候,上一层的数据结构是黑盒,直接作为本层的数据,而不需要关心上一层协议的任何细节。

分层模型的封装思想奠定了各种不同类型设备和网络之间互联的基础,其中核心的协议是 IP,IP 提供了网络上主机的地址表示和路由原则,并且是基础网间数据的传输方式。

按照约定,描述所有 TCP/IP 协议族协议的标准文档均以 RFC(Request for Comments,请求评论)文档的形式发布。RFC 会被新的取代,和具体的协议也不一定是一对一的关系。所有的 RFC 均可以在 https://tools.ietf.org/rfc/中找到。

以以太网上传输 UDP 数据为例子的 TCP/IP 分层模型如图 17.2 所示。

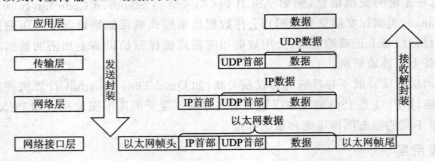

图 17.2　TCP/IP 分层模型中以太网上 UDP 数据通信示意图

1. 网络接口层

网络接口层包括用于协作 IP 数据在已有网络介质上传输的协议。实际上 TCP/IP 标准并不定义与 OSI 数据链路层和物理层相对应的功能。相反,它定义像地址解析协议(Address Resolution Protocol,ARP)这样的协议,提供 TCP/IP 协议的数据结构和实际物理硬件之间的接口。

2. 网络层

网间层对应于OSI七层参考模型的网络层。本层包含IP协议、RIP协议(Routing Information Protocol,路由信息协议),负责数据的包装、寻址和路由。同时还包含网间控制报文协议(Internet Control Message Protocol,ICMP),用来提供网络诊断信息。

3. 传输层

传输层对应于OSI七层参考模型的传输层,提供两种端到端的通信服务。其中TCP协议(Transmission Control Protocol)提供可靠的数据流运输服务,UDP协议(Use Datagram Protocol)提供不可靠的用户数据报服务。

4. 应用层

应用层对应于OSI七层参考模型的应用层和表示层。因特网的应用层协议包括Finger、Whois、FTP(文件传输协议)、Gopher、HTTP(超文本传输协议)、TELNET(远程终端协议)、SMTP(简单邮件传送协议)、IRC(因特网中继会话)、NNTP(网络新闻传输协议)等。

5. TCP/IP协议族常用协议

下面对一些常用和重要的TCP/IP协议族协议进行简单介绍,未做特殊说明则均是IPv4环境,描述IPv4协议的标准文档是RFC791。

IP(Internet Protocol,网际协议)是网间层的主要协议,任务是在源地址和目的地址之间传输数据。IP协议只是尽最大努力来传输数据包,并不保证所有的包都可以传输到目的地,也不保证数据包的顺序和唯一。

IP定义了TCP/IP的地址、寻址方法,以及路由规则。现在广泛使用的IP协议有IPv4和IPv6两种:IPv4使用32位二进制整数作为地址,一般使用点分十进制方式表示,比如192.168.0.1。IP地址由两部分组成,即网络号和主机号。故一个完整的IPv4地址往往表示为192.168.0.1/24或192.168.0.1/255.255.255.0的形式。

IPv6是为了解决IPv4地址耗尽和其他一些问题而研发的新版本的IP。使用128位二进制表示地址,通常用冒号分隔的十六进制表示,并且可以省略其中一串连续的0,比如:fe80:200:1ff:fe00:1。IPv6提供了一些IPv4没有的新特性,并且有几乎用不完的地址,但目前还在部署过程中,国内除高校和科研机构外并不常用,暂不讨论。

(1) ICMP(Internet Control Message Protocol,网络控制消息协议)是TCP/IP的核心协议之一,用于在IP网络中发送控制消息,提供通信过程中的各种问题反馈。ICMP直接使用IP数据包传输,但ICMP并不被视为IP协议的子协议。常见的联网状态诊断工具(比如ping、traceroute)都依赖于ICMP协议。描述ICMP的标准文档是RFC792。

(2) TCP(Transmission Control Protocol,传输控制协议)是一种面向连接的、可靠的、基于字节流传输的通信协议。TCP具有端口号的概念,用来标识同一个地址上的不同应用。描述TCP的标准文档是RFC793。

(3) UDP(User Datagram Protocol,用户数据报协议)是一个面向数据报的传输层协议。UDP 的传输是不可靠的,简单地说就是发了不管,发送者不会知道目标地址的数据通路是否发生拥塞,也不知道数据是否到达、是否完整以及是否还是原来的次序。它同 TCP 一样用来标识本地应用的端口号。所以使用 UDP 的应用都能够容忍一定数量的错误和丢包,但是对传输性能敏感(比如流媒体、DNS 等)。描述 UDP 的标准文档是 RFC768。

(4) ECHO(Echo Protocol,回声协议)是一个简单的调试和检测工具。服务器会原样回发它收到的任何数据,既可以使用 TCP 传输,也可以使用 UDP 传输。使用的端口号为 7,描述它的标准文档是 RFC862。

(5) ARP(Address Resolution Protocol,地址解析协议)和 RARP(Reverse Address Resolution Protocol,逆向地址解析协议),其中 ARP 负责根据 IP 地址查找 MAC 地址。ARP 因为没有签名校验机制,会有 ARP 欺骗等攻击,所以 ARP 在 IPv6 中已经被 NDP 取代。RARP 可以根据 MAC 地址转换为 IP 地址,但是现在并不常用,已经被其他协议(如 DHCP/BOOTP)取代功能。ARP 描述的标准文档是 RFC826,RARP 描述的是 RFC903。

(6) DHCP(Dynamic Host Configruation Protocol,动态主机配置协议)是用于局域网自动分配 IP 地址和主机配置的协议,可以使局域网的部署更加简单。描述 DHCP 的标准文档是 RFC2131。

(7) DNS(Domain Name System,域名系统)是互联网的一项服务,可以简单地将用"."分隔的有意义的域名转换成不易记忆的 IP 地址。一般使用 UDP 协议传输,也可以使用 TCP,默认服务端口号为 53。描述现在使用的 DNS 的标准文档有 RFC1035、RFC3596、RFC2782 和 RFC3403 等。

(8) RIP(Routing Information Protocol,路由信息协议)是一种让路由器自动维护链路和路由状态的协议。虽然有种种缺点,但现在仍在广泛使用。有 RIPv1、RIPv2 和 RIPng 三个版本,分别主要描述于 RFC1058、RFC2453 和 RFC2080 中。使用 UDP 多播传输,RIPv2 使用的端口号为 520,RIPng 使用的端口号为 521。

(9) FTP(File Transfer Protocol,文件传输协议)是用来进行文件传输的标准协议。FTP 基于 TCP,使用端口号 20 来传输数据,21 来传输控制信息。现在其描述文档是 RFC959。

(10) TFTP(Trivial File Transfer Protocol,简单文件传输协议)是一个简化的文件传输协议,其设计非常简单,通过少量存储器就能轻松实现,所以一般被用来通过网络引导计算机过程中的传输引导文件等小文件。早期甚至有相当糟糕的协议缺陷。在传输大量文件时建议不要使用 TFTP。相关的文档有 RFC1350 和 RFC2347 等。

(11) NTP(Network Time Protocol,网络时间协议)用来在网络上对主机进行时间同步的协议,它被设计为可以尽量抵消网络传输延时,采用 UDP 协议,端口号为 123。NTPv4 描述在文档 RFC5905 中,NTPv3 描述在文档 RFC1305 中。

(12) TELNET(远程网络)是最初网络远端登录的协议和主要方式,使用 TCP,默认端口为23。描述TELNET的RFC非常多,在此不一一列举。此协议虽然方便,但是在安全性上有缺陷,登录服务基本上已经被大量新的协议SSH所取代。

(13) SSH(Secure Shell,安全Shell),因为传统的网络服务程序(比如TELNET)在本质上都不安全,都是明文传输数据和用户信息(包括密码),所以SSH被开发出来避免这些问题,它其实是一个协议框架,有大量的扩展冗余能力,并且提供了加密压缩的通道,可以为其他协议所使用。

(14) POP(Post Office Protocol,邮局协议)是支持通过客户端访问电子邮件的服务,现在版本是POP3,也有加密的版本POP3S。协议使用TCP,端口为110。POP3的描述在文档RFC1939中。

(15) SMTP(Simple Mail Transfer Protocol,简单邮件传输协议)是现在互联网上发送电子邮件的事实标准。使用TCP协议传输,端口号为25。目前的描述在文档RFC5321中。

(16) HTTP(HyperText Transfer Protocol,超文本传输协议)是现在广为流行的WEB网络的基础,HTTPS是HTTP的加密安全版本。协议通过TCP传输,HTTP默认使用端口80,HTTPS使用端口443。描述它的文档有很多,最广泛使用的HTTP 1.1的描述在文档RFC2616中。

17.1.3 字节序

在几乎所有的计算机上,多字节的对象都被表示为连续的字节序列,而存储地址内部的排列有两个通用规则。一个多位的整数将按照其存储地址的最低或最高字节排列。

如果最低有效字节在最高有效字节的前面,则称小端序;反之则称大端序。

如图17.3所示,0x12345678这样一个32位整数在内存中需要占用4个字节,这4个字节的地址会递增。若随着地址的增加按照0x12、0x34、0x56和0x78这样的顺序依次存入内存,就称为大端序;反之,若随着地址的增加,按照0x78、0x56、0x34、0x12的顺序依次存入内存,就称为小端序。

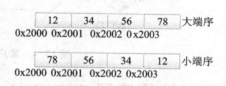

图17.3 大端序和小端序内存布局示意图

在网络应用中,字节序是一个必须考虑的因素,因为不同机器类型可能采用不同标准的字节序,所以均须按照网络标准转化。网络传输的标准叫做网络字节序,实际上是大端序,而常用的x86或者ARM往往都是小端序。

在网络编程中不应该假设自己程序运行的主机的字节序,应当使用htonl/htons/ntohs/ntohl之类的函数在网络字节序和主机字节序之间进行转换。其中h代表host,就是本地主机的表示形式;n代表network,表示网络上传输的字节序;s和l代表类型short和long。后文将对这几个函数进行更为详细的说明。

ARM的字节序实际上是可配置的,但是一般都配置为小端。

17.1.4 客户机/服务器模型

网络上进行通信的各端点,很多时候是遵循客户机/服务器模型的。

一般来说,服务器端具有以下特征:
- 被动通信;
- 始终等待来自客户端的请求;
- 自己参与通信的网络接口和端口必须确定;
- 处理客户端的请求后将结果(响应)返回给客户端。

而客户端的特征如下:
- 主动通信;
- 需要发起请求;
- 自己参与通信的网络接口和端口可以不确定;
- 发起请求后需要等待服务器回应结果。

服务器可以是有状态的,也可以是无状态的,无状态的服务器不会保留两个请求之间的任何信息,而有状态的服务器则会记住请求之间的信息。一个简单的客户机/服务器通信过程如图 17.4 所示。实际上,服务器一般都能同时并发处理多个客户端的请求。

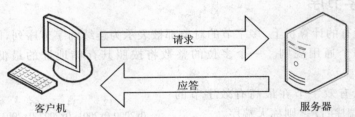

图 17.4 客户机/服务器通信过程

17.2 编程接口 BSD Socket

17.2.1 Socket 简介

现在的网络编程接口通常是 Socket,很多文献中翻译为"套接字"。其起源于 20 世纪 80 年代早期,最早由 4.1c BSD UNIX 引入,所以也称之为"BSD Socket"或者"Berkeley Socket"。BSD Socket 是事实上的网络应用编程接口标准,其他编程语言往往也是用与这套用 C 写成的编程接口类似的接口。

用 Socket 能够实现网络上不同主机之间或同一主机不同对象之间的数据通信,所以,现在 Socket 已经是一类通用通信接口的集合。

广义来分可以分为网络 Socket 和本地 Socket 两种。

(1) 本地 Socket 在 Linux 上包括 UNIX Domain Socket 和 Netlink 两种。UNIX

第17章　C语言网络编程入门

Domain Socket 主要用于进程间通信，NetLink 则用于用户空间和内核空间通讯，这里暂不做讨论。

（2）网络 Socket 支持很多种不同的协议。

本章主要讲述基于第四版本 TCP/IP 协议族中的 TCP 和 UDP 协议的网络编程。在后面没有特殊指明时，所有的讨论仅限于 IPv4 网络的协议族和地址表示。后面也会提及新的 Linux 内核中提供的应用与 CAN 网络的 Socket 接口。

17.2.2　基础数据结构和函数

1. 地址表示数据结构

IP 协议使用的地址描述数据结构在头文件 netinet/in.h 中定义。
Linux 下该结构的典型原型声明如下：

```
236   /* Structure describing an Internet socket address.   */
237   struct sockaddr_in
238   {
239     __SOCKADDR_COMMON (sin_);
240     in_port_t sin_port;                    /* 端口号 */
241     struct in_addr sin_addr;               /* IP 地址 */
242
243     /* Pad to size of 'struct sockaddr'.   */
244     unsigned char sin_zero[sizeof (struct sockaddr) -
245                __SOCKADDR_COMMON_SIZE -
246                sizeof (in_port_t) -
247                sizeof (struct in_addr)];
248   };
```

243 行以后的填充字段这里不深入讨论，以下讨论需要关心并填充的字段。

其中 240 行的 in_port_t sin_port 为端口号，应该是一个 16 位二进制整数，通常 1024 号以下的端口需要 root 权限才可以使用。另外还有很多已经约定对应了特定服务的端口号，具体可以查看 /etc/services，在选用自定义协议端口号时，尽量不要和已知服务重合。

241 行的 struct in_addr sin_addr Socket 是在通信时使用的 IP 地址结构，Linux 下的原型如下：

```
29    /* Internet address.   */
30    typedef uint32_t in_addr_t;
31    struct in_addr
32    {
33      in_addr_t s_addr;
34    };
```

只需填充这个结构的 s_addr 域即可，这是一个 32 位二进制整数代表的 IP 地址，对应一个本机有效网络接口的地址,也可以填充为 INADDR_ANY,代表本机所有可用的网络地址。大部分时候都用 INADDR_ANY 来填充此处。

239 行是一个宏:__SOCKADDR_COMMON (sin_);在 Linux 上,该宏的定义在 bits/sockaddr.h 文件中,原型如下:

```
34  # define __SOCKADDR_COMMON(sa_prefix) \
35      sa_family_t sa_prefix##family
```

这个宏在编译时会被展开为如下形式:

```
sa_family_t sin_family
```

该字段赋值为 AF_INET,表示为 IPv4 协议族。

一段典型的填充 IP 地址数据结构的代码如下:

```
...
struct sockaddr_in addr;
...
addr.sin_family        = AF_INET;                      /* 使用 IPv4 协议 */
addr.sin_port          = htons(80);                    /* 设置端口号为 80 */
addr.sin_addr.s_addr   = inet_addr("192.168.0.1")/* 设置 IP 地址为 192.168.0.1 */
```

注意:sin_port 和 sin_addr.s_addr 两个值都是多字节的整数,Socket 规定这里必须使用网络字节序。

2. 网络字节序和本地字节序之间的转换

手工进行字节序的转换往往不方便,对于可移植的程序来说更是如此;而总需要知道自己的本地主机字节序也是很麻烦的。所以,系统提供了四个固定的函数,用来在本地字节序和网络字节序之间转换。这四个函数包含在头文件 arpa/inet.h 中,分别是:

```
uint32_t   htonl(uint32_t hostlong);
uint16_t   htons(uint16_t hostshort);
uint32_t   ntohl(uint32_t netlong);
uint16_t   ntohs(uint16_t netshort);
```

这四个函数的功能依次列举如下:
- 32 位整数从主机字节序转换为网络字节序;
- 16 位整数从主机字节序转换为网络字节序;
- 32 位整数从网络字节序转换为主机字节序;
- 16 位整数从网络字节序转换为主机字节序。

3. 主机名和地址转换函数

在实际网络编程过程中,往往需要在 IP 地址的点分十进制表示和二进制表示之间相互转化,也需要进行主机名和地址的转换,因此系统提供了一系列函数,一般需要包含头文件 netinet/in.h 和 arpa/inet.h。

第17章 C语言网络编程入门

(1) in_addr_t inet_addr(const char * cp)

这个函数将一个点分十进制的IP地址字符串转换成in_addr_t类型,该类型实际上是一个32位无符号整数,事实上就是前文提到的struct in_addr结构中s_addr域的数据类型。注意这个二进制表示的IP地址规定的是网络字节序。

这个函数其实在前文举例填充struct sockaddr_in的时候用过了。192.168.0.1在PC上会被转换成0x0100A8C0。

(2) char * inet_ntoa(struct in_addr in)

此函数可以将结构struct in_addr中的二进制IP地址转换为一个点分十进制表示的字符串,返回这个字符串的首指针。它使用起来很方便。但是要注意,它返回的缓冲区是静态分配的,在并发或者异步使用时要小心,缓冲区随时可能被其他调用改写。

如下调用,会将一个网络字节序二进制无符号32位整数表示的IP地址0x0100A8C0转换为点分十进制表示"192.168.0.1":

```
...
char * str;
struct in_addr addr = {
    s_addr = 0x0100A8C0,
}
...
str = inet_ntoa(addr);
...
```

(3) 通过主机名获取IP地址

实际应用中,很多时候得到的通信另一方是主机名,所以需要将主机名转换为IP地址。传统上,有两个函数声明在netdb.h中进行这个操作。

其中一个是gethostbyname()函数,原型如下:

```
struct hostent * gethostbyname(const char * name);
```

直接根据主机名字符串返回一个struct hostent结构。此返回的数据结构有可能是静态分配的。

还有一个函数是gethostbyname2(),它在Linux/glibc中是一个GNU扩展,原型如下:

```
struct hostent * gethostbyname2(consts char * name, int af);
```

相对gethostbyname(),它多了一个af参数,可以指明需要解析的地址的协议类型,对于IPv4来说就是AF_INET。其他参数和行为类似。

其中struct hostent在Linux下的原型如下:

```
100    struct hostent
101    {
102        char * h_name;        /* 主机名称 */
```

```
103     char * * h_aliases;        /* 别名列表 */
104     int h_addrtype;            /* 主机地址类型 */
105     int h_length;              /* 地址长度 */
106     char * * h_addr_list;      /* 从域名服务器返回的 IP 地址列表 */
107     # if defined __USE_MISC || defined __USE_GNU
108     # define    h_addr    h_addr_list[0] /* 地址(向后兼容) */
109     # endif
110     };
```

其中 h_name 是主机名。h_addr_list 是一个变长指针表,除最后一个指针为 NULL,表示结束外,每个非 NULL 成员均分别指向一个网络字节序表示的二进制 IP 地址。

通常的使用流程如下:

```
...
22      /* hent = gethostbyname(hname); */
23      hent = gethostbyname2(hname, AF_INET);
24
25      if (NULL == hent) {
26          perror("gethostbyname failed");
27          fprintf(stderr, "host: %s\n", hname);
28          goto failure;
29      }
30
31      printf("hostname: %s\naddress list: ", hent->h_name);
32      for(i = 0; hent->h_addr_list[i]; i++) {
33          printf(" %s\t", inet_ntoa( * (struct in_addr *)(hent->h_addr_list[i])));
34      }
...
```

23 行使用 gethostbyname2()和 22 行注释中的 gethostbyname()在这样的用法下是相同的。25 行检察返回值,如果是 NULL 则说明获取失败。31 行可以打印出数据结构中存储的主机名。32~34 行的循环中打印出全部的 IP 地址,一个主机名可能对应多个 IP 地址。列表中出现 NULL 指针表示 IP 地址列表结束。

17.2.3 BSD Socket 常用操作

Socket 接口提供了 socket(2)、bind(2)、listen(2)、accept(2)、connect(2)以及 sendto(2)/recvfrom(2)这样的函数接口。在符合要求的情况下,也可以使用 read/write 系统调用对 Socket 进行数据读写。

注意:socket(2)这样的表示形式是 UNIX 文档中通行的表示方式,socket 是函数名字,()表示这是一个函数,括号中的 2 表示这个函数的手册位于手册页 2 中,可以使用命令 man 2 socket 来进行查看。

第 17 章 C 语言网络编程入门

对于提到的 Socket 系列函数接口,在 Linux 上基本的手册都在手册页 2 中,POSIX 兼容的解释在手册页 3 中,可以通过 man 3 socket 这样的命令进行查看。对于一些特有的高级操作和解释,可能会在手册页 7 中,比如使用 man 7 socket 命令可以看到一些 Linux 的 Socket 高级选项。

根据函数原型仔细阅读系统自带手册是一个好习惯。

1. 创建 Socket

在进行 Socket 通信之前,一般调用 socket(2) 函数来创建一个 Socket 通信端点。socket(2) 函数原型如下:

int socket(int domain, int type, int protocol);

参数列表中,domain 代表这个 Socket 所使用的地址类型,对于讨论的 IPv4 协议的 IP 地址,可以使用 AF_INET,也可以使用 PF_INET。实际上这两个值是相等的,但是通常大部分人更习惯使用 AF_INET。

type 代表了这个 Socket 的类型,这里讨论范围是有面向流的(TCP)和面向数据报的(UDP)Socket,分别取值为 SOCK_STREAM 和 SOCK_DGRAM。

protocol 是协议类型,对于这里的应用场景,都取 0 即可。

成功返回一个有效的文件描述符,出错时返回 −1,此时需要处理的错误码见表 17.1。

表 17.1 socket() 需要处理的 errno

errno 值	错误含义
EAFNOSUPPORT	本实现不支持指定的地址族
EMFILE	进程不再有文件描述符可用
ENFILE	系统不再有文件描述符可用
EPROTONOSUPPORT	地址族或本实现不支持协议
EPROTOTYPE	协议不支持套接字类型

创建 TCP Socket:

sock_fd = socket(AF_INET, SOCK_STREAM, 0);

创建 UDP Socket:

sock_fd = socket(AF_INET, SOCK_DGRAM, 0);

实际程序中,还应该先检查返回值 sock_fd 有效后再使用。

2. 绑定地址和端口

创建了 Socket 后,可以调用 bind(2) 函数来将这个 Socket 绑定到特定的地址和端口上来进行通信。函数原型如下:

int bind(int socket, const struct sockaddr * address, socklent address_len);

参数列表中，socket 应该是一个指向 Socket 的有效文件描述符。

address 参数就是一个指向 struct sockaddr 结构的指针，根据不同的协议可以有不同的具体结构，对于 IP 地址，就是 struct sockaddr_in。但是在调用函数的时候需要强制转换一下这个指针避免警告。

对于 address_len，因为前面的地址可能有各种不同的地址结构，所以，此处应该指明使用的地址数据结构的长度。编程时直接取 sizeof(struct sockaddr_in) 即可。

当 bind(2) 调用成功时返回 0，失败时则返回 -1，这时需要检查的 errno 值见表 17.2。

表 17.2 bind()需要处理的 errno

errno	含 义
EADDRINUSE	指定的地址和端口已经被占用
EADDRNOTAVAIL	本机不存在指定的地址
EAFNOSUPPORT	对于指定的地址族来说，地址无效
ENOTSOCK	socket 不是指向 Socket 的文件描述符
EBADF	socket 不是有效的文件描述符
EINVAL	socket 已经绑定到一个地址，协议不支持绑定到新地址，或者 socket 已关闭
EOPNOTSUPP	socket 类型不支持对地址的绑定

注意：对于服务器程序，一般需要显示 bind(2) 到特定端口，这样客户程序才知道连到哪个端口访问服务。但是对于客户端程序，一般来说可以不用显式 bind(2)，协议栈会在发起通信时将 Socket 自动绑定到一个随机的可用端口上进行通信，但是显式 bind(2) 也是可以的。

通常服务器程序使用 bind(2) 绑定端口的流程如下：

```
...
struct sockaddr_in server_addr;

(void)memset(&server_addr, 0, sock_len);
server_addr.sin_family        = AF_INET;
server_addr.sin_addr.s_addr   = htonl(INADDR_ANY);
server_addr.sin_port          = htons(80);

if (bind(server_sock, (struct sockaddr *)&server_addr, sizeof(server_addr))) {
    perror("bind(2) error");
    goto err;
}
...
```

3. 连接服务器

对于客户机，使用 TCP 协议时，在通信前必须调用 connect(2) 连接到服务器的特定通信端口后才能正确进行通信。

对于使用 UDP 协议的客户机,这个步骤是可选项。如果使用了 connect(2),在此之后可以不需要指定数据报的目的地址而直接发送,否则每次发送数据均需要指定数据报的目的地址和端口。

函数原型如下:

int connect(int socket, const struct sockaddr * address, socklent address_len);

connect(2)的所有参数以及含义均和 bind(2)完全相同,在此不再赘述。函数执行成功返回 0,失败则返回 −1,此时需要检查的 errno 见表 17.3。

表 17.3 connect()需要处理的 errno

errno	含义
EADDRNOTAVAIL	本机上没有指定地址
EAFNOSUPPORT	对于指定 Socket 的地址族来说,指定地址无效
EALREADY	socket 已经做过 connect()操作
EBADF	参数 socket 不是有效的文件描述符
ECONNREFUSED	对方未监听 Socket 或拒绝连接
EINPROGRSS	已经设置为 O_NONBLOCK 的 Socket 不能立即建立连接,需要异步建立连接
EINTR	信号中断了建立连接的尝试,需要异步建立连接
EISCONN	指定的 Socket 已经连接
ENETUNREACH	没有到目标网络的路由
ENOTSOCK	文件描述符未指向 Socket
EPROTOTYPE	指定的地址类型与绑定到指定对等地址的 Socket 类型不同
ETIMEDOUT	试图建立连接超时

一段 TCP 客户端连接服务器的典型代码如下:

```
...
struct sockaddr_in server_addr;

(void)memset(&server_addr, 0, sizeof(server_addr));
server_addr.sin_family = AF_INET;
server_addr.sin_port = htons(7007);
server_addr.sin_addr.s_addr = inet_addr("192.168.0.1");

if (connect(conn_sock, (struct sockaddr *)&server_addr, sizeof(server_addr)) < 0) {
    perror("connect(2) error");
    goto err;
```

```
}
...
```

UDP Socket 的连接也类似。

4. 设置 Socket 为监听模式

基于 TCP 协议的服务器,需调用 listen(2) 函数将其 Socket 设置成被动模式,等待客户机的连接。该函数原型如下：

```
int listen(int socket, int backlog);
```

参数中的 socket 与前面的函数都相同,backlog 是指等待连接的队列长度,但是实际上的队列可能会大于这个数字,通常都取 5。调用成功返回 0,失败则返回 −1,此时需要检测处理的 errno 见表 17.4。

表 17.4 listen( )应该处理的 errno

errno	含义
EBADF	socket 参数不是有效的文件描述符
EDESTADDRREQ	Socket 未执行 bind(),且协议不允许监听未 bind()过的 Socket
EINVAL	Socket 已经连接过了
ENOTSOCK	socket 参数不是一个指向 Socket 文件的描述符
EOPNOTSUPP	Socket 协议不支持 listen()

5. 接受连接

TCP 服务器还需要调用 accept(2) 来处理客户机的连接请求。函数原型如下：

```
int accept(int socket, struct sockaddr * restrict address, socklen_t * restrict address_len);
```

对于 accept(2) 的参数,socket 和前面的函数都一样,address 也是一样的结构,但是在这里是用来返回值的,在成功返回的时候,如果这个指针非空,这里将存储请求连接的客户端的地址和端口。

address_len 与前面的函数不同,这里是一个指向 socklen_t 类型的指针,这个存储区域用来返回上一个参数返回的地址数据结构的长度。

accept(2)成功返回一个有效的文件描述符,此文件描述符指向成功与客户端建立连接可以进行数据交换的 Socket。服务器程序使用这个文件描述符来与客户端进行后续的交互。

调用失败则返回 −1,此时须处理的 errno 如表 17.5 所列。

第17章 C语言网络编程入门

表 17.5 accept( )应该处理的 errno

errno	含义
EAGAIN	Socket 文件描述符在设置了 O_NONBLOCK 的情况下没有可以接受的连接请求
EWOULDBLOCK	同 EAGAIN
EBADF	参数 socket 不是有效的文件描述符
ECONNABORTED	连接已经被放弃
EINTR	accept()在接受一个有效连接前被信号中断,如果不是出错,需要重启 accept()
EINVAL	Socket 没有被 listen()设置为接受连接
EMFILE	进程使用的文件描述符数量已达 OPEN_MAX
ENFILE	系统中已经打开的文件描述符数量已经达到最大值
ENOTSOCK	socket 参数没有指向 Socket
EOPNOTSUPP	指定 Socket 的类型不支持接受连接

注意:accept(2)会根据文件描述符 O_NONBLOCK 标识的设置与否,阻塞在此调用或者没有连接请求时直接返回。若是非阻塞模式的,当返回是 -1 时必须检查 errno 值是否为 EAGAIN 或者 EWOULDBLOCK。另外,accept(2)会被信号中断,这是正常的,在其返回 -1 时应该检查 errno 是否为 EINTR。如果是被信号中断的,程序一般需要重新启动 accept(2)调用。

阻塞式的调用 accept(2)一般示例如下:

```
...
struct sockaddr_in client_addr;
socklen_t sock_len;
...
while (true) {
    conn_sock = accept(server_sock, (struct sockaddr *)&client_addr, &sock_len);
    if (conn_sock < 0) {
        if (errno == EINTR) {
            /* restart accept(2) when EINTR */
            continue;
        }
        break;
    }
    /* 使用 conn_sock 文件描述符提供服务 */
    ...
}
...
```

6. 数据读写函数

(1) 读数据函数

以下函数均可读取 Socket 数据:read(2)、recv(2)、recvfrom(2)和 recvmsg(2)。函数原型分别如下:

```
ssize_t read(int fd, void * buf, size_t count);
ssize_t recv(int sockfd, void * buf, size_t len, int flags);
ssize_t recvfrom(int sockfd, void * buf, size_t len, int flags,
            struct sockaddr * src_addr, socklen_t * addrlen);
ssize_t recvmsg(int sockfd, struct msghdr * msg, int flags);
```

其中 read(2)函数一般用于流式 Socket 简单进行读写数据,也就是对应 TCP 协议,和普通文件的 read(2)操作并无不同。当然也可以用于进行过 connect(2)操作的 UDP Socket 文件描述符。

recv(2)函数与 read(2)基本相同,但是多了一个参数 flags,这是一个专门用于读 Socket 数据的函数,支持很多 Socket 的标识在最后一个参数。flags 可以组合,见表 17.6。

recvfrom(2)函数相对于 recv(2)增加了两个参数,用来返回所接收到的数据的源地址,这两个参数的形式和含义都与 accept(2)中的后两个参数相同。如果这两个指针被置为 NULL,则 recvfrom(2)的表现和 recv(2)相同。

recvmsg(2)函数则使用了一个 struct msghdr 的结构来简化参数,这里暂不深入讨论。

表 17.6 接收数据标识

名 称	含 义	备 注
MSG_CMSG_CLOEXEC	将接收数据的文件描述符设置标识 close-on-exec	只用于 recvmsg(2),且从 Linux 2.6.23 才开始支持
MSG_DONTWAIT	以非阻塞方式读数据,如果无数据可读则返回-1 并设置 errno 为 EAGAIN 或者 EWOULDBLOCK	相当于将 Socket 设置为非阻塞模式,从 Linux 2.2 开始支持
MSG_ERRQUEUE	如果 Socket 队列中有错误,则接收这个错误,协议相关	从 Linux 2.2 开始支持
MSG_OOB	处理带外数据	—
MSG_PEEK	读取队列头部数据,但不清除	这会导致下一次读操作读到相同的数据
MSG_TRUNC	即使缓冲区长度不够,也返回真实的数据包长度	从 Linux 2.2 开始支持,其中 Raw Socket (AF_PACKET)从 Linux 2.4.27/2.6.8 开始支持此特性,Netlink 从 Linux 2.6.22 开始支持,UNIX 数据报从 Linux 3.4 开始支持

第 17 章 C 语言网络编程入门

续表 17.6

名 称	含 义	备 注
MSG_WAITALL	阻塞直到所有的请求都被满足，通常是填满请求的缓冲区长度才返回	从 Linux 2.2 开始支持，如果被信号中断，发生错误或者连接断开，依然可能未填满缓冲区

（2）写数据函数

相对应的 write(2)、send(2)、sendto(2) 和 sendmsg(2) 都可以发送数据到 Socket。功能和原型都类似于读数据函数，函数原型如下：

```
ssize_t write(int fd, const void * buf, size_t count);
ssize_t send(int sockfd, const void * buf, size_t len, int flags);
ssize_t sendto(int sockfd, const void * buf, size_t len, int flags,
               const struct sockaddr * dest_addr, socklen_t addrlen);
ssize_t sendmsg(int sockfd, const struct msghdr * msg, int flags);
```

其中参数含义基本与读数据相同，不同的是，sendto(2) 的最后一个地址长度参数是值，而读数据函数中 recvfrom(2) 的最后一个参数是指针。另外，支持的 flags 也是不同的，见表 17.7。

表 17.7 发送数据标识

名 称	含 义	备 注
MSG_CONFIRM	告诉链路层准发过程发生，会收到对端成功的回应	从 Linux 2.3.15 开始支持，目前只在 IPv4 和 IPv6 实现
MSG_DONTROUTE	不要经过网关，只发送到直连主机	一般用于诊断路由问题，并且只可以路由的协议起作用
MSG_DONTWAIT	和发数据类似，非阻塞模式	从 Linux 2.2 开始支持
MSG_EOR	终止一个记录	只在像 SOCK_SEQPACKET 这样支持此概念的协议有用，从 Linux 2.2 开始支持
MSG_MORE	尽可能多地发送数据，对于 TCP 就是累积足够多的数据后再发送，UDP 则是生成尽可能大的数据报	从 Linux 2.4.4 开始支持，Linux 2.6 支持 UDP
MSG_NOSIGNAL	对面向流的 Socke(有连接)在连接断开时不发送 SIGPIPE 信号	依然会设置 errno 为 EPIPE
MSG_OOB	发送带外数据	只对支持此概念的协议有效

17.3 实例：TCP/UDP ECHO 服务器

现在读者应该已经对网络编程有了一定的了解，下面实现前文提到的 ECHO 协议

(RFC862)。

为了简化例子,尽量将程序代码集中在处理网络通信方面,这里先做如下假设和约定:

- 对于 TCP 版本和 UDP 版本分别实现。
- 为了能够直接打印信息体现服务器工作过程,服务器进程之间使用了终端,而没有和通常意义上的服务器进程一样成为守护进程。
- 不追求应用程序本身的完善处理,仅实现基本功能。
- 省去完善处理不同 errno 代表的异常代码,除了不得不处理的情况外,绝大多数情况下仅打印 errno 代表出错结果。
- 为了在非 root 权限情况下方便运行测试程序,并未严格按照文档要求使用端口号 7 而使用了 7007 端口。如果在运行测试程序时遇到端口冲突,请先停止占用端口的程序或者自行调换端口。
- 不考虑性能问题。

17.3.1 面向流的 Socket

1. 服务器

面向流的 ECHO 服务器就是使用 TCP 协议,简单流程如图 17.5 所示。服务器启动后创建服务器 Socket,进行相应设置后始终调用 accept(2)等待客户端连入。客户端正常连入后,创建一个子进程作为业务进程对特定客户端进行服务,父进程始终作为监

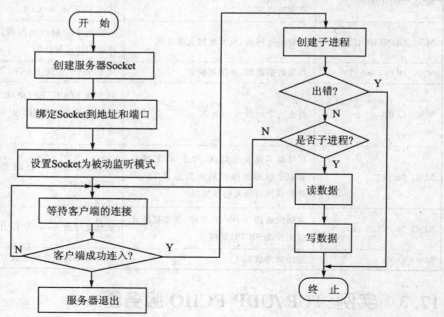

图 17.5 TCP ECHO 服务器流程图

听进程等待下一个客户端的连入。

其中为了防止僵尸进程出现,服务器还需要有处理子进程退出的功能,为简便起见,程序范例将直接安装一个信号处理程序来处理 SIGCHLD 信号,由于此过程因为是完全异步的,因此并未体现在流程图上。

对于这个简单的 TCP 通信过程,基本的 read(2)/write(2) 系统调用已经可以胜任,故也未使用更复杂的收发函数。

(1) 创建 Socket

```
...
44      int server_sock, conn_sock;
...
50      server_sock = socket(AF_INET, SOCK_STREAM, 0);
51      if (server_sock < 0) {
52          perror("socket(2) error");
53          goto create_err;
54      }
...
```

代码中 50 行地址族为 AF_INET,Socket 类型为 SOCK_STREAM,则创建 TCP Socket。51~53 行处理错误。

(2) 绑定到端口

```
...
45      struct sockaddr_in server_addr, client_addr;
46      socklen_t    sock_len    = sizeof(client_addr);
...
56      (void)memset(&server_addr, 0, sock_len);
57      server_addr.sin_family       = AF_INET;
58      server_addr.sin_addr.s_addr  = htonl(INADDR_ANY);
59      server_addr.sin_port         = htons(LISTEN_PORT);
60
61      if (bind(server_sock, (struct sockaddr *)&server_addr, sizeof(server_add)) {
62          perror("bind(2) error");
63          goto err;
64      }
...
```

61 行 bind(2) 的调用流程并不复杂,关键在于需要对地址结构体指针进行转换,否则编译器会给出警告。

绑定的地址和端口主要是在 57~59 行填充 sturct sockaddr_in 结构完成的,在服务器没有特殊要求的情况下,绑定地址用 INADDR_ANY 监听所有地址即可。另外要注意字节序的转换,这对于程序尤其是要求具有可移植性的程序是一定要注意的。

(3) 设置为被动监听

```
66    if (listen(server_sock, 5)) {
67        perror("listen(2) error");
68        goto err;
69    }
```
...

(4) 接受新的连接
...
```
78    while (true) {
79        sock_len    = sizeof(client_addr);
80        conn_sock   = accept(server_sock, (struct sockaddr *)&client_addr, &sock_len);
81        if (conn_sock < 0) {
82            if (errno == EINTR) {
83                /* restart accept(2) when EINTR */
84                continue;
85            }
86            goto end;
87        }
88
89        printf("client from %s:%hu connected\n",
90                inet_ntoa(client_addr.sin_addr),
91                ntohs(client_addr.sin_port));
92        fflush(stdout);
```
...

服务进程始终运行在一个无限循环中,每次 accept(2) 调用返回,如果不是出错,则继续进行。81 和 82 行,如果出错且 errno 为 EINTR,说明 accept(2) 调用被信号中断,需要重新启动这个调用,其他情况则打印出错情况后退出。

89~91 行,输出发起连接的客户端的 IP 地址和端口号。运行时可以直接在运行的终端看到有哪些客户端连进来。这几行部分不是接受新连接的必需部分。

(5) 子进程提供服务

```
47    pid_t   chld_pid;
```
...
```
94        chld_pid    = fork();
95        if (chld_pid < 0) {
96            /* fork(2) error */
97            perror("fork(2) error");
98            close(conn_sock);
99            goto err;
100       } else if (chld_pid == 0){
```

```
101             /* child process */
102             int ret_code;
103
104             close(server_sock);
105             ret_code    = tcp_echo(conn_sock);
106             close(conn_sock);
107
108             /* Is usage of inet_ntoa(2) right? why? */
109             printf("client from %s:%hu disconnected\n",
110                 inet_ntoa(client_addr.sin_addr),
111                 ntohs(client_addr.sin_port));
112
113             exit(ret_code);
114         } else {
115             /* parent process */
116             continue;
117         }
...
```

这一部分代码是服务器的核心部分,相对而言逻辑最为复杂。

首先是 94 行的 fork(2) 调用,这个调用在 12.1 节中已经讲过,执行之后的代码分为父子两个进程继续运行,这里让子进程去对新连入的客户端提供服务,服务完成后退出。父进程则继续进行监听,等待下一个客户端的连入。这样,服务器就可以并发地对多个客户端进行服务响应了。

104 行中子进程首先调用 close(2) 关闭自己的监听 Socket,然后调用 tcp_echo() 函数进行服务。服务完成后关闭 Socket,打印客户端断开连接信息后退出进程。

(6) 服务函数

```
25  int tcp_echo(int client_fd)
26  {
27      char buff[BUFF_SIZE] = {0};
28      ssize_t len = 0;
29
30      len = read(client_fd, buff, sizeof(buff));
31      if (len < 1) {
32          goto err;
33      }
34
35      (void)write(client_fd, buff, (size_t)len);
36
37      return EXIT_SUCCESS;
38  err:
39      return EXIT_FAILURE;
40  }
```

对于面向流的Socket,在没有特殊要求(比如TCP带外数据)以及获取对端其他信息的情况下,可以当作普通文件描述符一样进行读写操作,如30行的读和35行的写操作。

注意:这里35行对write(2)的使用显式忽略了write(2)的返回值,其实是不合理的,但是在这里的简单ECHO服务器中,我们并不关心是否真的成功将数据发回给客户端,因为这里只是把数据写入网络通信的缓冲区后,write(2)就会返回,一般不会遇到其他错误。此处为了简化,省去了对write(2)返回值的检查和错误处理。

(7) SIGCHLD信号处理函数防止僵尸进程

前文看到所有的子进程在处理完毕服务之后,会直接调用exit(3)终止自己。在这个时候,系统会保留它们返回的终止状态,并发送SIGCHLD信号给父进程,同时子进程进入僵尸态。只有父进程处理了之后资源才能真正地完全回收。所以通过如下函数来实现对僵尸子进程的回收处理。

```
18   void zombie_cleaning(int signo)
19   {
20       int status;
21       (void)signo;
22       while (waitpid(-1, &status, WNOHANG) > 0);
23   }
```

22行,使用一个while循环来处理所有的子进程,因为Linux下SIGCHLD信号有丢失的可能性,因此需要每次处理SIGCHLD信号时,将所有待处理的僵尸子进程全部处理掉。

21行只是为了避免编译器警告。因为这个信号处理函数是专用的,并不关心到底是什么信号处理调用了我们的函数。

(8) 安装信号处理函数

信号处理函数需要如下的安装过程才能和SIGCHLD信号关联,在收到信号时被调用。

```
...
48       struct sigaction clean_zombie_act;
...
71       (void)memset(&clean_zombie_act, 0, sizeof(clean_zombie_act));
72       clean_zombie_act.sa_handler = zombie_cleaning;
73       if (sigaction(SIGCHLD, &clean_zombie_act, NULL) < 0) {
74           perror("sigaction(2) error");
75           goto err;
76       }
...
```

73行,一般都是用sigaction(2)来安装信号处理函数,这里并不关心SIGCHLD原来的处理函数是什么,所以直接在相应的参数中填入NULL,忽略这个部分。

2．客户机

对于客户机程序，处理流程见图 17.6。启动后立即创建 Socket，并且直接调用 connect(2)连接服务器，省去 bind(2)调用，系统会将刚才创建的 Socket 隐式绑定到一个随机端口上。connect(2)后直接发送数据到服务器，发送完毕后直接读取服务器回发的数据并打印接收到的数据后结束。

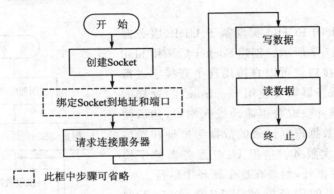

图 17.6　TCP ECHO 客户机流程图

客户机代码为了简便起见，直接在 main()函数中完成了所有操作，并且规定客户端的第一个参数是一个点分十进制表示的服务器 IP 地址，第二个参数是用来作为请求的字符串。

如果客户机程序运行时的参数个数不符合约定，则发送默认字符串到默认 IP 地址。

其中，函数调用与服务端不同的有 connect(2)，但是对参数的处理和含义基本一致。代码如下：

```
39      if (connect(conn_sock,
40              (struct sockaddr *)&server_addr,
41              sizeof(server_addr)) < 0) {
42          perror("connect(2) error");
43          goto err;
44      }
```

这里使用了从命令行获取服务器地址和字符串的方法，具体的解释在第 12.1 节中已经说明过。代码示例如下：

```
17    int main(int argc, char * argv[])
...
32        if (argc != 3) {
33            server_addr.sin_addr.s_addr = inet_addr(SERVER_IP);
34        } else {
35            server_addr.sin_addr.s_addr = inet_addr(argv[1]);
```

```
36            snprintf(test_str, BUFF_SIZE, "%s", argv[2]);
37        }
...
```

17.3.2 面向数据报的 Socket

1. 服务器

面向数据报的 ECHO 实现基于 UDP，服务器基本流程如图 17.7 所示。创建 Socket 后调用 bind(2)绑定到特定接口就可以直接用这个套接字进行数据收发了。服务器需要使用 recvfrom(2)这样的接口来接收数据并获取数据源地址和端口，然后使用 sendto(2)将数据根据记录的数据源地址和端口回发，即完成一次服务。这里 UDP 服务器除了检测到错误异常退出外，始终在这个循环中运行。

面向数据报的服务器使用 UDP 协议，不像 TCP 服务器那样复杂，每个客户端有单独的连接，所以为了并发需要使用子进程，或者线程和 I/O 多路复用。UDP 协议没有连接状态，只需要记住消息的来源，直接在服务器 Socket 上读取并回发消息即可。

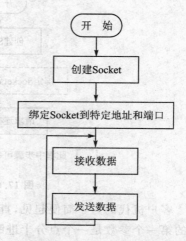

图 17.7　UDP ECHO 服务器流程图

相应的，udp_echo()函数会复杂一些，代码见程序清单 17.1。

程序清单 17.1　UDP 消息回送处理

```
18    int udp_echo(int client_fd)
19    {
20        char      buff[BUFF_SIZE] = {0};
21        ssize_t   len              = 0;
22        struct sockaddr_in  source_addr;
23        socklen_t  addr_len        = sizeof(source_addr);
24
25        (void)memset(&source_addr, 0, addr_len);
26        len = recvfrom(client_fd, buff, BUFF_SIZE, 0,
27                      (struct sockaddr *)&source_addr, &addr_len);
28        if (len < 1) {
29            perror("recvfrom(2) error");
30            goto err;
31        }
32
33        len = sendto(client_fd, buff, len, 0,
```

```
34                      (struct sockaddr *)&source_addr, addr_len);
35      if (len < 1) {
36          perror("sendto(2) error");
37          goto err;
38      }
39
40      printf("Served client %s:%hu\n",
41              inet_ntoa(source_addr.sin_addr),
42              ntohs(source_addr.sin_port));
43      fflush(stdout);
44
45      return EXIT_SUCCESS;
46  err:
47      return EXIT_FAILURE;
48  }
```

这里就不能简单像处理普通文件一样读写数据了,需要在接收数据的时候使用 recvfrom(2)函数,这个函数会把数据报的源地址和端口结构,以及该数据结构的长度在后面两个参数返回,我们记录这个地址。并在 33 行使用 sendto(2)函数,将数据报回发到来源地址和端口即可。

UDP 的服务器程序结构大大简化了,只需要建立 Socket 并绑定到相应端口,就可以收发数据了,并且很容易对多个客户机进行并发。代码见程序清单 17.2。

程序清单 17.2　UDP 服务器主程序

```
50  int main(void)
51  {
52      int server_sock;
53      struct sockaddr_in server_addr;
54      socklen_t   sock_len      = sizeof(server_addr);
55
56      server_sock = socket(AF_INET, SOCK_DGRAM, 0);
57      if (server_sock < 0) {
58          perror("socket(2) error");
59          goto create_err;
60      }
61
62      (void)memset(&server_addr, 0, sock_len);
63      server_addr.sin_family      = AF_INET;
64      server_addr.sin_addr.s_addr = htonl(INADDR_ANY);
65      server_addr.sin_port        = htons(SERVER_PORT);
66
67      if (bind(server_sock, (struct sockaddr *)&server_addr, sizeof(server_addr))) {
68          perror("bind(2) error");
```

```
69              goto err;
70          }
71
72          while (true) {
73              if (udp_echo(server_sock) != EXIT_SUCCESS) {
74                  goto err;
75              }
76          }
77
78          perror("exit with:");
79          close(server_sock);
80          return EXIT_SUCCESS;
81      err:
82          close(server_sock);
83      create_err:
84          fprintf(stderr, "server error");
85          return EXIT_FAILURE;
86      }
```

2. 客户机

对于 UDP ECHO 客户机，bind(2) 和 connect(2) 都不是必需的，系统会自动隐式处理这两个过程。创建 Socket 后可直接使用 sendto(2) 发送数据到服务器，之后在这个 Socket 等待服务器回发的数据即可。但是因为 UDP 可能会丢包，所以需要设置超时，超时后数据还未到来则判断数据报已经丢失。此时应该报告超时后退出，而不应该始终等待下去，造成程序卡死。UPP ECHO 客户流程图如图 17.8 所示。

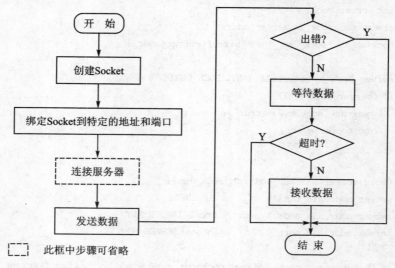

图 17.8　UDP ECHO 客户机流程图

第17章 C语言网络编程入门

UDP 客户端的结构也很简单,创建 Socket 后完全省略了 bind(2) 和 connect(2) 的步骤,直接调用 sendto(2) 发送数据到服务器,并等待回应即可。其中对服务器的 IP 地址和发送的字符串从命令行获得的手段与 TCP 客户机完全相同。

因为 UDP 有丢包的可能,所以客户端如果不设置超时就会在丢包时卡死,处理代码见程序清单 17.3。

程序清单 17.3 UDP 客户端消息丢失超时处理

```
...
24      fd_set    sockset;
25      struct timeval timeout  = {
26          .tv_sec = 3,
27      };
...
51      while (true) {
52          int num = 0;
53
54          FD_ZERO(&sockset);
55          FD_SET(conn_sock, &sockset);
56          num = select(conn_sock + 1, &sockset, NULL, NULL, &timeout);
57          if (num < 0) {
58              if (errno == EINTR) {
59                  continue;
60              } else {
61                  perror("select(2) error");
62                  goto err;
63              }
64          } else if (num == 1) {
65              if (FD_ISSET(conn_sock, &sockset)) {
66                  break;
67              }
68          } else if (num == 0) {
69              fprintf(stderr, "%s\n", "Waiting for echo time out!");
70              goto err;
71          } else {
72              fprintf(stderr, "%s\n", "Code should NOT reach here");
73              goto err;
74          }
75      }
76
77      (void)memset(test_str, 0, BUFF_SIZE);
78      if (recvfrom(conn_sock, test_str, BUFF_SIZE, 0,
79              (struct sockaddr *)&server_addr, &addr_len) < 0) {
```

```
80          perror("receive data error");
81          goto err;
82      }
```

26 行,超时设置为 3 s。51～75 行是使用 select(2) 等待数据到来的代码。当 select(2) 出错时,需要判断 errno,如果是 EINTR 则说明被信号意外中断,需要重启等待;如果正常则等到数据到来时跳出循环,正常读取数据;如果超时时间到,却并未收到数据,则认为数据已经丢失,直接退出,并告知用户。

第 18 章

Shell 编程初步

本章导读

Shell 无疑是*nix 下最重要的软件之一，前文已进行了简要介绍并开始初步运用。在前文的学习中已经包含了简单的 Shell 脚本，只是前文中的 Shell 文件仅是一些命令的堆砌，比较简单，远称不上是完整的程序。

本章主要讲述 Linux 下的基础 Shell 编程，阐述如何写出真正优美、完整、强大的 Shell 脚本，从而充分发挥 Shell 的长处来处理更多更复杂的事务，提高工作效率。

18.1 基础概念

Shell 程序一般被称为脚本（script），它其实就是一组命令的集合，最简单的甚至可以简单地堆砌命令，就像前文中提到的 Shell 文件。这种脚本最明显的好处是重复一系列固定命令时减少敲击键盘的次数。

若需更复杂的逻辑与功能，就要引入一些新的概念，如变量、表达式、流程控制和函数等。这样它就具备了完整程序的特征，但亦与大量前文提到的 C 程序有明显差异：C 语言写成的程序是源码，需将.c 和.h 等文件通过编译工具处理成为二进制可执行文件才可以执行并看到结果；而 Shell 脚本只需给脚本文件加上执行权限即可。

此差异显示了脚本程序一个显著的特征：解释执行。

Shell 解释脚本的过程就是从一个文件读入字符流，然后进行处理，最后把结果送到一个文件，故交互式 Shell 与执行脚本的 Shell 本质并无区别。只不过交互式运行的 Shell 输入文件是标准输入，输出文件是标准输出，Ctrl＋D 组合键会在标准输入上产生一个文件尾，因此在交互式 Shell 中可以用这个组合键直接退出 Shell。当然交互式 Shell 与执行脚本程序的 Shell 行为细节有差异，这里不做深入讨论。

作为程序 Shell 脚本，也可以有注释。Shell 从任意地方非转义的"＃"字符开始到行末被认为是注释，解释的时候当作空白字符。在交互式 Shell 中也一样，从终端输入一行"＃"开头的任意文字都会被忽略，就像在脚本里的注释一样，例如图 18.1 所示交互式 Shell 中的注释的处理。

图 18.1　交互式 Shell 中的注释

18.1.1　Sha – Bang

Sha – Bang 是什么？

Sha – Bang 就是通常脚本开头的头两个字符"♯!"连在一起的读音。一般说来,任何一个脚本程序都应以其为起始,它们就是脚本文件有执行权限就能被直接执行的秘密所在。

"♯!"是一个魔数(Magic,其值为 0x23,0x21),可执行文件在被读取的时候,内核通过这个特定的数字组合开头识别出这是一个需要运行解释器的脚本,并且根据约定将其后的字符串在读到换行以前解释为该脚本需要的解释器所在路径。系统会按照路径调用解释器之后再把整个文本的内容传递给解释器。脚本内容如何解释,执行什么动作就交给了解释器。所以,虽然 Shell 脚本是一个纯文本文件,但依然可以正常执行。而"♯"字符开始到行末,在 Shell 中又恰好表示注释,在 Shell 中解释整个脚本文件的时候恰好可以忽略这一行。

本章讨论的 Shell 脚本,一般以"♯!/bin/sh"或"♯!/bin/bash"开头,表明脚本使用的解释器是 sh(POSIX Shell)或者 bash。

如程序清单 18.1 所示,这就是 Shell 版本的 hello world 程序。

程序清单 18.1　hello.sh 脚本内容

```
1   #!/bin/sh
2   # hello world demo.
3   echo "hello world"          # 打印 hello world
```

第 2 行以"♯"开头的表示注释,第 3 行从"♯"开始至行结束为注释。

此处再另外提供一个不常见的用法的例子,以便更好地理解魔数的作用:魔数只是系统调用一个解释器来执行脚本的标记,该解释器可以是任何的可执行程序。

如程序清单 18.2 所示脚本使用了 cat 作为解释器,由于 cat 默认行为是将标准输入的内容输出到标准输出,所以这个脚本的功能就是将自己的文件内容显示在终端上。直接执行这个脚本,与 cat < demo 这样的命令等效。

程序清单 18.2　demo 脚本内容

```
#!/bin/cat
display myself
hello wolrd
```

该脚本执行结果如图 18.2 所示，与预期结果一致。

注意：魔数其实是内核关于文件格式的接口的一部分，如果想更详细地了解相关内容，可以在 Linux 系统下使用 man magic 查看相应手册。

另外，有的 Unix 风格的脚本可能要求四字节魔数，这种风格的脚本在"＃！"

图 18.2　显示自身内容的脚本

之后会专门插入一个空格，主要是 BSD 4.2 系列，在 Linux 下不会有此问题。

规范的脚本程序都会以 Sha-Bang 魔数开头，包括 Perl/Python 等其他非 Shell 脚本。

执行脚本通常有五种方法，以程序清单 18.1 的 hello.sh 脚本为例：

（1）直接将有执行权限的脚本作为命令调用（最通常的调用方法）：

$ ./hello.sh

（2）显式地使用 shell 程序，将脚本文件作为参数来执行脚本：

$ sh hello.sh

（3）将脚本文件重定向到 shell 程序的标准输入：

$ sh < hello.sh

（4）通过一个管道将脚本内容输出到 shell 程序的标准输入：

$ cat hello.sh | sh

（5）使用 source 命令执行脚本（后文详述）：

$ source hello.sh

18.1.2　字符串与引号

Shell 的模型就是标准的字符流过滤器模型，简单来说，就是一条命令把结果送到标准输出，这个标准输出被连接到下一个命令的标准输入，由此来实现一系列命令之间的联动。每一个命令的输出都是自己过滤后的字符流，接受的输入都是一个需要过滤处理的字符流。故字符串是 Shell 中很重要的数据。

字符串通常需要使用引号，尤其在其包含若不转义就会引起歧义的字符时。Shell 下有 3 种引号，分别是单引号（' '）、双引号（" "）和反引号（` `）。其中除反引号（` `）用于命令外，前两种都用于字符串。

（1）单引号（' '）

单引号中的字符串 Shell 不会做任何处理，在需要保持字符串原样不变的时候使用。

(2) 双引号("")

双引号中的字符串 Shell 会进行处理,若其中含有可以求值的部分,则会被 Shell 替换为求值的结果,其中包含变量、表达式或命令。

下面用一个范例来对比这两种情况的差异。先给一个变量 foo 赋值为 bar,如果在字符串中用"$"符号引用 foo 变量,则在单引号中和双引号中结果不同,单引号会原样输出:$foo,而双引号中的"$foo"会被替换成变量的值 bar。实际运行结果如图 18.3 所示。

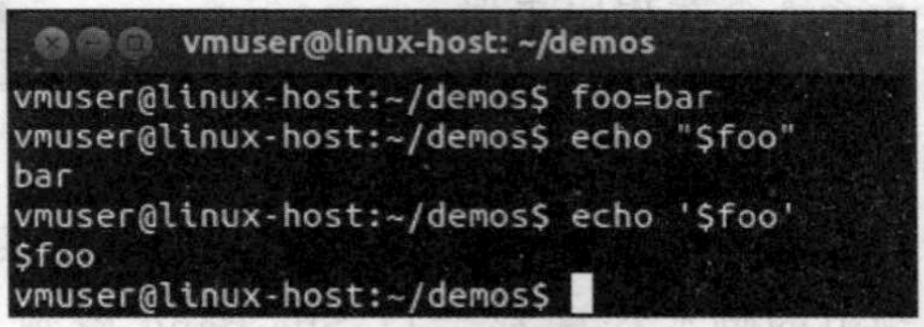

图 18.3 单双引号的区别

(3) 反引号(″)

反引号比较特殊,它一般用来引用一条命令,并且将这个命令的输出结果(输出到标准输出上)作为这个字符串最终的值,作用与符号"$()"相同。

在反引号或者 $() 符号中命令的输出会被当作字符串的实际内容。如果反引号引用的命令出现在双引号字符串中,这部分也会被替换为命令的输出。运行结果如图 18.4 所示。

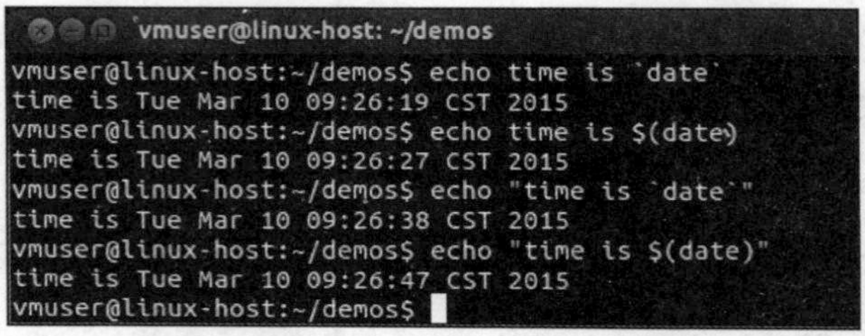

图 18.4 反引号取命令结果

注意:date 命令的作用是输出当前日期时间。

18.1.3 特殊字符

星号(*)和问号(?)一般用作通配符,可以用来匹配文件名字,"*"匹配任意多个字符,"?"匹配任意一个字符。

冒号(:)表示空命令(NOP no-op),因其返回值恒为 0,故在循环条件中可与 true 命令等价。

分号(;)是分行符,可以表示一行命令结束,可用分号将多条命令写在一行中。如图 18.5 所示,3 条命令用分号隔开写在同一行,Shell 依然能正确识别并执行。

美元符($)用于取值,根据其后的不同结构,可以取变量或表达式的值。

${var}和$var 均是取变量 var 的值,不同之处在于使用大括号({})可以在变量作为在一个字符串一部分的时候,变量名不会和字符串内容混淆。所以需要在一个字符串中取变量值的时候,应该尽量使用大括号({})明确指定哪些字符是变量名称的组成部分。比如现在有 var 和 vare 两个变量,在特定字符串中使用时,就可能会有不同的解释,如图 18.6 所示。

第 18 章　Shell 编程初步

（图 18.5 一行多条命令）

$()可以取一个命令的值作为字符串内容，与反引号("")含义相同。

$(())可以取一个数学表达式的值，比如在(())中使用"**"运算符计算一个乘方，如图 18.7 所示，2^{10} 的值就是 1024。

图 18.6　避免变量名混淆　　　　图 18.7　取数学表达式值

句点(.)等效于 source 命令。

反斜线(\)是转义符，是一种引用单个字符的方法，在一个具有特殊含义的字符前加上转义符就是告诉 Shell 该字符失去了特殊含义。

空格本来被视作单词边界，以 touch 这样可以同时接受多个单词作参数的命令为例，"touch a b"空格分隔了 a 和 b 两个参数，该命令将会创建文件名为 a 和 b 的两个文件，而"touch c\ d"则只会创建一个文件，文件名为"c d"（字母 c 和 d 之间包含一个空格）。实际操作如图 18.8 所示。

一般情况下，Shell 命令是不能随便跨行的，但是有了转义符，将换行符转义，就可以实现 Shell 命令的跨行，所以也可以用作续行符。实际例子如图 18.9 所示，一条 echo 命令连同字符串一起被多个转义符分隔写在多行上，最后执行结果和全部写在同一行时效果相同。

图 18.8　转义字符示例　　　　图 18.9　转义符续行示例

18.2 必要高级概念

18.2.1 内部命令和外部命令

Shell 的绝大多数命令都同/bin/ls 一样,是一个独立的可执行文件,被称作外部命令,意即这个命令其实是一个独立的外部程序。相对的,也有命令内建在 Shell 软件中,被称作内部命令。内部命令和外部命令是相对于是否在 Shell 软件内部实现来说的。

当外部命令被调用时,其实就是调用了另外一个软件,Shell 会先创建子进程,然后再在子进程里执行这个软件。理解这个过程,对后面理解 Shell 的一些行为比较重要。

这种总是创建新进程来执行一个程序的方式,虽然清晰明了且实现方便,但是在一些场合却是不合适的。

首先,其效率往往被诟病。所以 Shell 程序一般不会用于需要高性能的场合。

更重要的,是有一些功能无法以外部命令的方式实现。

最常用的命令之一——cd 就是一个很好的例子。考虑一下它需要实现的功能——改变当前目录。而当前目录是 Shell 进程自身的属性,如果它是一个外部命令,那么 cd 会在 Shell 的子进程中执行。由于进程的特性,它是无法改变父进程的当前目录的,这样 cd 的功能是无法用外部命令实现的。

基于类似理由,cd、source、export、time 等命令必须以内部命令的形式实现。

这里单独说明一下 source 命令。source 很多时候在 bash 中被简写为句点(.),在 18.1.3 小节介绍特殊字符的时候已有说明,它是脚本调用的一种特殊形式。前面已经提到 Shell 的基本工作方式就是先创建子进程,然后执行新的命令;但是如果希望脚本在 Shell 进程内直接执行,则可用 source 命令来调用脚本。它仅限于脚本,不可以对二进制文件使用。

通常来说,如果希望一个脚本能够改变当前 Shell 自身的一些属性,则必须在 Shell 进程内执行。如修改了系统配置脚本/etc/profile 或个人配置脚本 ~/.profile 和 ~/.bashrc,那么欲使其生效,则必须用 source 命令执行该文件。例如:

```
$ source /etc/profile 或者 . /etc/profile
```

18.2.2 I/O 重定向与管道

前文曾经提到过,UNIX Shell 的设计哲学就是"字符流+过滤器"。这意味着一个程序的输出,要能够方便地变成另外一个程序的输入,这样就能够把许许多多完成简单功能的小工具组合起来,实现一些看起来不可思议的奇妙功能。

默认情况下,任何一个进程都至少有三个已经打开的"文件":标准输入(stdin)、标

第 18 章　Shell 编程初步

准输出(stdout)和标准错误(stderr),它们对应的文件描述符通常情况下默认为 0、1 和 2。

I/O 重定向其实就是捕捉一个文件、命令、程序、脚本甚至代码块的输出,然后将这个输出作为输入发送到另外一个文件、命令、程序或脚本中。

1. 输出重定向

">"和">>"这两个符号是输出重定向,它们可以把标准输出内容重定向到一个文件中,如果目标文件不存在则创建文件。它们的区别是当目标文件已经存在的时候,">"会将文件长度截断为 0,即表现为覆盖原文件;而">>"则会在文件存在的时候将内容追加在原文件本来的内容之后。

举一个最简单的例子,先使用 echo "This is line 1">output.txt 命令,产生一个内容只有一行字符串"This is line 1"的文件 output.txt。再使用 echo "This is line 2">output.txt,这样,原文件会被截断为 0 后写入新内容,文件内容变成"This is line 2",最后使用命令 echo "This is line 3">>output.txt,会在 output.txt 原有内容后增加新的内容。结果如图 18.10 所示。

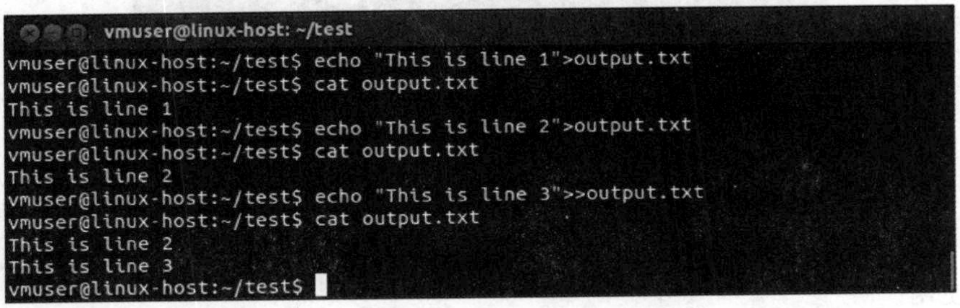

图 18.10　输出重定向示例

2. 输入重定向

"<"和"<<"是输入重定向,用来将命令的标准输入重定向到一个文件。它们的不同之处为"<"一般是一个文件,这个范例其实在执行脚本的 5 种方式中已经用过,就相当于将脚本中的命令通过标准输入逐条输入 Shell 程序中执行。

"<<"一般用于 Here Document,就是将一段文本直接写在脚本之中,然后以特定的字符序列表示终止。这一段文字就相当于一个独立文件的内容,比如我们的示例代码(程序清单 18.3)。脚本执行过程中动态生成一个 C 源程序文件 hd-new.c,并编译产生 hd-new 二进制文件后执行,执行完毕看到结果后删除新产生的两个文件。

程序清单 18.3　hd.sh 脚本内容

```
#!/bin/bash

echo "hd-new doesn't exist"
ls -l                               # 先验证目录下已有的文件
cat > hd-new.c << EOF               # 使用 Here Document 的方式产生 hd-new.c 文件
```

```
# include <stdio.h>
# include <stdlib.h>

int main(void)
{
    printf("hello here documents\n");

    return EXIT_SUCCESS;
}
EOF                                  # 源代码文件内容结束
cc -W -Wall -o hd-new hd-new.c       # 编译产生 hd-new 二进制文件
ls -l                                # 验证现在产生的新文件
./hd-new                             # 执行程序
rm hd-new hd-new.c                   # 删除新产生的文件
```

最后的执行结果如图 18.11 所示。

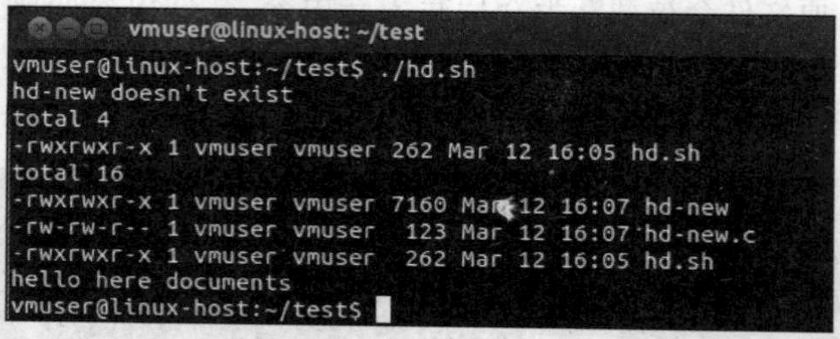

图 18.11　hd.sh 执行结果

Here Document 的用法，一般在需要多行的、复杂的文本输入，echo 命令已经不能胜任时使用。

3. 管　道

管道符(|)用于连接命令，将前一条命令的标准输出内容变成下一条命令的标准输入。管道有一个重要的特征：管道符两边是不同的进程。如图 18.12 所示，从 dmesg 输出的内核日志信息中使用 grep 查找和 USB 相关的内容。

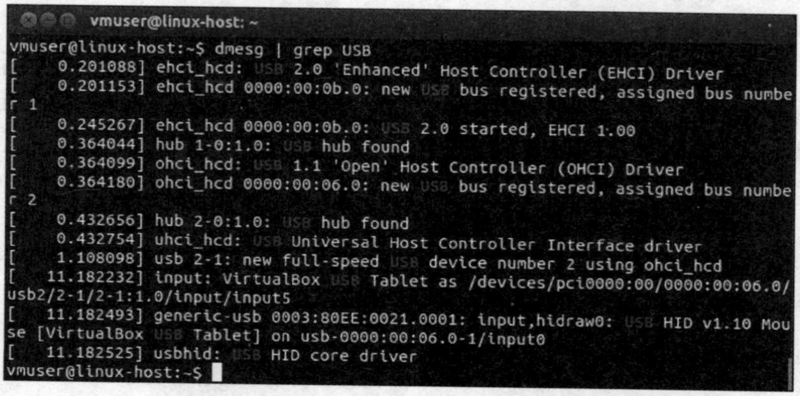

图 18.12　管道符使用例子

注意：内核可以输出一些文本信息到一个环形缓冲区，dmesg 命令可以显示这些内容。

18.2.3　常量、变量与环境变量

1. 基本概念

Bash 支持多种进位制的整数常量。常见的十六进制和八进制整数表示和 C 语言相同：八进制以数字 0 开头，十六进制以 0x 开头。同时 Bash 也支持 2～64 进制的其他进制整数，非十进制、八进制或十六进制整数可表示为"进制#数字"。例如三进制数 $(120)_3$ 可表示如下：

3#120

三进制数 $(120)_3$ 转换成十进制数的值为 15，可在 Shell 中验证，如图 18.13 所示。

注意：(())操作符一般可以在 Shell 中支持 C 风格的整数运算，在 18.2.4 小节进一步阐述。

图 18.13　验证三进制数表示

Shell 的变量还有以下特点：

使用前不必声明，赋值时直接使用变量名，且等号两边不能有空格。以程序清单 18.4 的脚本为例，var1 为正确的赋值，var2、var3 和 var4 依次在等号的右侧、等号的左侧以及等号的两侧引入空格来对 Shell 变量赋值的格式进行验证，只有等号两边都没有空格的时候才能给变量正确赋值，其他情况均会出错。

程序清单 18.4　变量赋值示例脚本 var1.sh

```
#!/bin/bash
var1 = "value1"
var2 ="value2"              # 左边有空格
var3= "value3"              # 右边有空格
var4 = "value4"             # 两边都有空格

echo $var1
echo $var2
echo $var3
echo $var4
```

运行结果如图 18.14 所示。由此可知，Shell 对变量赋值格式有严格要求，用于赋值的等号与变量和变量的值表达式之间不能有任何空格，否则会出错。

引用变量时一定要使用"$"符号，"$"在前文特殊字符中已有较详细的介绍。如果想要引用变量名而没有给其加上"$"符号进行引用的话，会直接将变量名作为字符串。例如程序清单 18.5 变量引用示例脚本，给变量 var 赋值后分别有"$"引用一次和

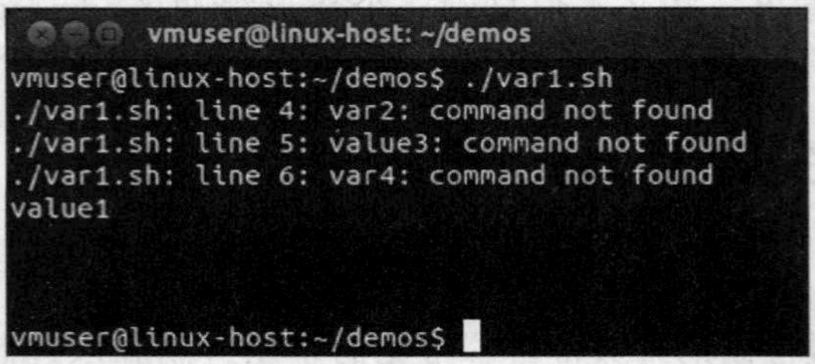

图 18.14 赋值演示脚本运行结果

无"$"引用一次。

程序清单 18.5　变量引用示例脚本内容

```
#!/bin/bash
var = "value"
echo $ var
echo var
```

运行后,结果如图 18.15 所示。没有加"$"引用的 echo 语句直接将变量名作为字符串输出,而没有取变量的值。

图 18.15　变量引用结果示意

变量没有类型。例如 a＝1234,既可以被认为是十进制整数 1234 直接参与整数运算,也可以被认为是字符串参与 Bash 的字符串操作。

例如程序清单 18.6 所示代码,给变量 a 赋值为 1234,既可以在 let 命令后的表达式中将其当成整数使用,也可以使用 Bash 的字符串操作将其当成字符串处理,使用字符串操作将其中间两个数字"23"替换为小写字母"cd"并赋值给变量 b。

程序清单 18.6　变量类型示例脚本

```
#!/bin/bash
a = 1234

let "a += 1"
echo $ a


b = $ {a/23/cd}
echo $ b
```

注意:"＄{a/23/cd}"是 Bash 的字符串操作,表示将字符串变量 a 中的"23"子串内容替换成为"cd"。let 可以计算一个表达式并赋值给变量。

运行上述脚本,结果如图 18.16 所示。

变量有作用域,默认为全局变量,对整个 Shell 文件有效。局部变量须用 local 关键字来声明,它只能在自己被声明使用的块或函数中可见。如程序清单 18.7 所示的脚本,在 func 函数中分别定义了全局变量 var1 和局部变量 var2 并分别赋值,在函数体内和函数体外分别打印这两个变量的值。

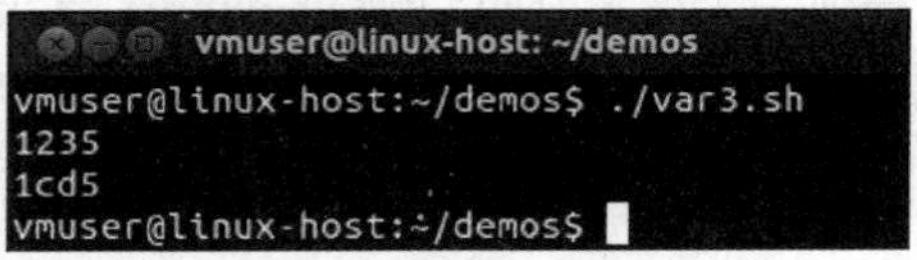

图 18.16 变量是字符串还是整数

程序清单 18.7 全局变量和局部变量用法示例

```
#!/bin/sh
# demo for global & local var
fun() {
    var1 = GLOBAL
    local var2 = LOCAL
    echo "in fun(),var1 = $ var1, var2 = $ var2"
}
fun
echo "out of fun(),var1 = $ var1, var2 = $ var2"
```

实际运行结果如图 18.17 所示,普通变量无论在哪里定义或赋值,都是全局可以访问的;而函数内部的局部变量,在函数外无法访问其值。

也有的变量是 Shell 自动产生的,用来指示一些特征或者结果,这类变量都有固定的名称和引用方式。比如 SHELL 表示当前运行的 Shell 是什么,对于 Bash 一般发行版下应该是"/bin/bash"。

问号(?)也是一个变量,通过"$?"可以引用上一个命令的返回值。注意,这个变量只能使用一次,使用完毕即被当前命令的返回值替换。如图 18.18 所示的操作,false 命令返回值恒为 1,但是使用 echo 查看一次后,变量"?"的值会被 echo 的执行结果所覆盖变为 0。故若想要保存某个程序的退出状态,需要在其运行结束后立即使用其他变量来保存"$?"变量的值。

图 18.17 变量作用域演示

图 18.18 命令返回值被覆盖

2. 环境变量

环境变量是可以改变用户接口和 Shell 行为的变量。每一个进程都有自己的环境变量,用于保存进程可能有用的信息。

环境变量一般都是约定俗成的,例如 PATH 指示了 Shell 进程查找一个命令文件时的搜索路径。

任何一个变量都可以通过 export 导出成为环境变量,环境变量可以被子进程继承,所以它也是父进程给子进程传递信息的一种方式。

3. 位置参数

位置参数就是按照位置来引用的命令行参数,Shell 脚本被调用时可以传递参数给它。在脚本中按照顺序就是"＄0、＄1……"来引用,依此类推。其中,＄0 代表命令本身,所以一般在 Shell 中引用命令行参数时不包括＄0。

如程序清单 18.8 所示的脚本,会包括程序本身名称＄0 在内的四个位置参数。

程序清单 18.8　打印位置参数示例

```
#!/bin/sh
echo $0
echo $1
echo $2
echo $3
```

实际运行结果如图 18.19 所示。

图 18.19　脚本命令行参数

关于命令行参数的特殊变量还有三个:＄#、＄* 和＄@,它们的用法如表 18.1 所列。

表 18.1　＄#、＄* 和 S@

变量	说明
＄#	代表命令行参数的个数
＄*	代表全部的命令行参数,而且全部作为一个单词。引用时必须在""之中
＄@	代表所有的命令行参数,但是每个参数是一个独立的单词,引用时也要在""中

说明:以上三个变量统计命令行参数中均不包含＄0。

如程序清单 18.9 所示脚本,分别打印参数个数,使用＄* 和＄@ 创建文件。

程序清单 18.9　参数变量不同点演示

```
#!/bin/sh
echo $#
touch "$*"
ls -l
touch "$@"
ls -l
```

因为 touch 可以接受多个参数同时创建多个文件,每个参数是一个单词;$ * 将所有参数当作一个单词,故创建了一个文件名是全部参数的文件;而 $ @ 的每一个参数都是独立的单词,故每个参数都作为文件名创建了一个独立文件。在脚本中使用了 ls-l 命令列目录来验证,执行结果如图 18.20 所示。

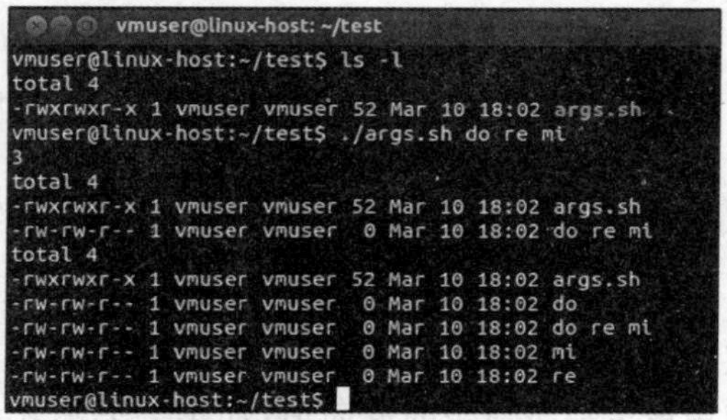

图 18.20 命令行参数变量演示

18.2.4 操作符与表达式

对于 Bash 来说,每一个命令同时也是一个逻辑表达式,用它们的返回值来代表它们的真值,返回 0 则为真,返回非 0 则为假。这个值就是命令 main() 函数的返回值,该值可用"$?"来获取。在脚本中 true 命令也经常用冒号(:)来代替。

Bash 支持基本的数学运算符号和各种逻辑操作符。

数学运算符:+、−、*、/、**、%。除了 ** 代表的幂运算外,其他运算符与对应的 C 语言运算符意义相同。但 Bash 只支持整数运算,如果需要浮点运算,则应该需要调用外部的工具。一般不建议在脚本里进行浮点运算。

像 bc 或者 dc 这样功能强大的计算器程序,可以完成浮点和更复杂的数学运算和求值。读者如果有兴趣,可以参看这两个命令的手册。

逻辑操作符:&& 和 ||,分别代表逻辑"与"和逻辑"或"。

对于"&&"来说,若左边的表达式为假,右边表达式不用被执行即可确定整个表达式的结果为假;反之需要求值右边的表达式才能求得整个表达式的真值。

如图 18.21 所示,当左边的表达式为 true 的时候,整个表达式的值被右边的表达式所决定,故 date 会被执行求值。反之,当左边的表达式为 false 的时候,整个表达式的值已经确定是 false,已经和右边表达式的结果无关了,故右边表达式不会被执行。

对于"||"来说,若左边的表达式为真,则右边的表达式不用被执行即可以确定整个表达式为真;反之需要求值右边的表达式才能求得整个表达式的真值。

如图 18.22 所示,当左边的表达式为 true 的时候,整个表达式的值已经确定为真,故右边的 date 不会被求值。反之,当左边表达式为 false 的时候,整个表达式的值取决于右边的 date,故右边的 date 会被执行求值。

图 18.21 逻辑与执行命令    图 18.22 逻辑或执行命令

18.3 脚本编程

18.3.1 命令、函数与脚本返回值

前文已经提过,脚本也是一个程序,而每一个程序本身都是一个真值表达式,它的真值由其返回值决定。故 Shell 脚本应该返回一个值,若脚本未显式指定返回值,则自动使用最后一条命令的返回值;如果需要显式指定脚本的返回值,则需要用 exit 命令实现。

如程序清单 18.10 所示脚本,使用了 exit 0 命令显式返回了 0,最终脚本执行结果的返回值为 0,如果删除 exit 0 这一行,将会返回 1。

程序清单 18.10 演示脚本显式返回值

```
#!/bin/sh
echo "hello world"
false                   #false 命令返回值恒为 1
exit 0                  #显式指定脚本返回 0
```

18.3.2 函　　数

Bash 脚本中也可以定义函数,Bash 里的函数行为像是一个独立的子脚本,故对于调用者来说,Shell 中的函数和一个独立的命令区别并不大。

Bash 中有两种定义函数的方法,一种是通过 function 关键字来定义,如下所示:

```
function function_name {
    command...
}
```

另有一种定义方法与 C 函数类似:

```
function_name () {
    command...
}
```

后一种可移植性更好,推荐使用。Bash 中没有类似于 C 中提前"声明"函数的方法,任何函数都应该在其被调用前完整定义。

函数的调用方法就像使用命令一样来进行。如程序清单 18.11 所示脚本,首先定义了 func 函数,在调用函数时直接写 func 即可。

程序清单 18.11 函数定义和调用示例

```
#!/bin/sh
echo "demo for function and call"
```

```
fun() {
    echo "I'am in func()"
}
fun
echo "end"
```

脚本的运行结果如图 18.23 所示。

图 18.23　函数定义和调用示例

18.3.3　test

条件测试是 Shell 编程中很重要的一部分，一般有外部命令 test（别名"["），还有内建的结构"[]"，而新版本的 Bash 还提供了一个更有效率和灵活性的内部实现"[[]]"。"test/["是一个外部命令，而"[["是新版本 Bash 中的关键字。在不能确定解释器是否为新版本的 Bash 时，不要使用"[["，特别是在嵌入式平台上的脚本不要轻易使用"[["。

使用"[]"或者"[[]]"结构时，应该注意测试表达式与 test 符号之间应该留有空白。

无论是外部命令还是内建的支持，Bash 的 test 都可以支持很多种不同类型条件的测试，可分为文件测试、整数测试和字符串测试等几大类。

1．文件测试

文件测试通常基于文件属性进行判断，在系统管理脚本或者启动脚本中很常用。常见的文件测试条件如表 18.2 所列。

表 18.2　文件测试条件

条件	含义	范例
-e/-a	文件存在（-a 与 -e 相同，但已经被弃用，不鼓励再使用）	[-e ~/.bashrc]
-f	普通文件	[-f ~/.profile]
-s	文件长度不为 0	[-s /etc/mtab]
-d	文件是目录	[-d /etc]
-b	文件是块设备文件	[-b /dev/sda]
-c	文件是字符设备	[-c /dev/ttyS0]
-p	文件是管道	[-p /tmp/fifo]
-h/-L	文件是符号链接	[-L /etc/mtab]
-S	文件是 Socket	[-S /tmp/socket]
-t	是一个关联到终端的文件描述符（一般用来检测在一个给定脚本中的 stdin[-t0] 或 [-t1] 是否是一个终端）	[-t /dev/stdout]
-r	文件可读	[-r ~/.bashrc]
-w	文件可写	[-w ~/.profile]

续表 18.2

条 件	含 义	范 例
-x	文件可执行	[-x /bin/ls]
-g	文件有 SGID 标识	[-g /bin/su]
-u	文件有 SUID 标识	[-u /usr/bin/sudo]
-k	具有粘滞位(常见/tmp 目录的属性)	[-k /tmp]
-O	测试者是文件拥有者	[-O ~/.bashrc]
-G	文件的组 ID 与测试者相同	[-G ~/.profile]
-N	从文件最后被阅读到现在,是否被修改过	[-N ~/.profile]
f1 -nt f2	f1 文件较新	[~/.bashrc -nt ~/.profile]
f1 -ot f2	f1 文件较旧	[~/.bashrc -ot ~/.profile]
f1 -ef f2	两个文件是同一个文件的硬链接	[/usr/bin/test -ef /usr/bin/\[ ]
!	反转以上测试结果,若没有条件则返回 true	[! -d ~/.profile]

2. 整数比较

test 测试可以对整数进行测试,对整数测试,有时候也可以使用双小括号结构(( )),具体参数含义见表 18.3。

表 18.3 整数测试条件

条 件	含 义	备 注	范 例
-eq	等于	—	["$m" -eq "$n"]
-ne	不等于	—	["$m" -ne "$n"]
-gt	大于	—	["$m" -gt "$n"]
-ge	大于或等于	—	["$m" -ge "$n"]
-lt	小于	—	["$m" -lt "$n"]
-le	小于或等于	—	["$m" -le "$n"]
<	小于	需要用(( ))进行测试	(("$m" < "$n"))
<=	小于或等于	需要用(( ))进行测试	(("$m" <= "$n"))
>	大于	需要用(( ))进行测试	(("$m" > "$n"))
>=	大于或等于	需要用(( ))进行测试	(("$m" >= "$n"))

3. 字符串比较

test 提供了一些字符串比较,在启动脚本或者系统管理脚本中也很常见,具体见表 18.4。

表 18.4 字符串测试条件

条件	含义	备注	范例
=/==	相等	==在[[]]和[]中行为可能不同	["$str1" = "$str2"]
!=	不相等		["$str1" != "$str2"]
>	大于	按照ASCII字母顺序比较,在[]中需要转义写成\>	["$str1" \> "$str2"]
<	小于	按照ASCII字母顺序比较,在[]中需要转义写成\<	["$str1" \< "$str2"]
-z	长度为0	—	[-z "$str"]
-n	长度不为0	在[]中使用,应该将字符串放入""中	[-n "$str"]

4. 混合比较

test 也支持多个表达式之间进行逻辑运算得到一个真值,其中 -a 表示"与"(AND)运算,-o 表示"或"(OR)运算。

如程序清单 18.12 所示代码,使用 -a 或 -o 来测试参数中的整数是否为 0~100,若在则输出 yes,不在则输出 no。

程序清单 18.12 复合条件比较示例脚本

```
#!/bin/sh

[ "$1" -ge 0 -a "$1" -le 100 ] && echo yes || echo no
[ "$1" -lt 0 -o "$1" -gt 100 ] && echo no || echo yes
```

分别使用整数 101 和 67 测试脚本的运行结果,如图 18.24 所示,67 输出 yes,而 101 则输出 no。

图 18.24 复合条件比较示例

18.3.4 流程控制

程序若只能逐句顺序执行,则有些功能将无法完成。故必须有特定的流程控制语句,可以让使用者控制程序的执行流程。Bash 通常提供三类流程控制语句,分别为条件、循环和分支。

1. 条件

最常用的流程控制是条件,基本结构如下:

```
if 条件
    then
        代码块
fi
```

如果 if 和 then 写在同一行，则需要加分号：

```
if 条件;then
    代码块
fi
```

根据 if 后表达式的真值来决定执行 then 或 else 两个分支中的一支。if 多数情况下会和 test 测试一起使用，但也可以用任意命令或者函数作为条件表达式。if 命令需要使用 fi 来表示结束。

基本的条件结构可以只有一个分支，当表达式为真时执行 then 和 fi 之间的代码块。then 语句可以和 if 语句放在一行上用分号隔开，也可以独占一行。示例代码如程序清单 18.13 所示，只有 if 后的表达式为真时代码块被执行。

程序清单 18.13　单分支 if 示例脚本

```
#!/bin/sh
if true; then
    echo "true branch"
fi

if false
then
    echo "false branch"
fi
```

执行结果如图 18.25 所示。只有 if 后的表达式为 true 的时候内部的代码块被执行。

条件也可以带一个 else 分支，当条件不成立的时候执行：

图 18.25　基本条件分支

```
if 条件;then
    代码块1
else
    代码块2
fi
```

无论条件是否成立，总有一个分支被执行。

示例代码见程序清单 18.14，then 后和 else 后各有一个代码块，根据 if 后表达式的真值，只有一个会被执行。

程序清单 18.14　带 else 分支 if 示例脚本

```
#!/bin/sh

if false
then
    echo "Won't be displayed"
else
    echo "Will be displayed"
fi
```

执行结果如图 18.26 所示。当 if 后的条件表达式为假时，else 分支的代码块将被执行。

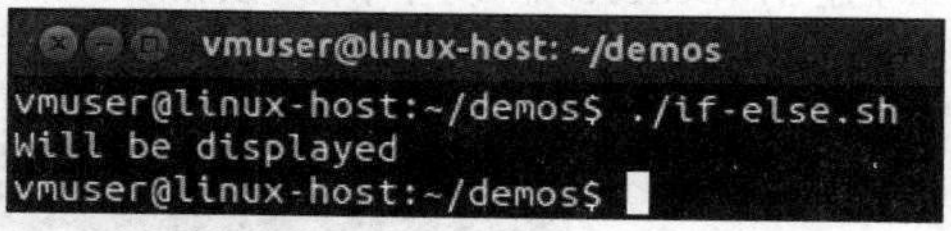

如果有多个并列且互斥的条件，则可用多个 elif 来依次判断条件：

```
if 条件 1;then
    代码块 1
elif 条件 2; then
    代码块 2
...
elif 条件 n; then
    代码块 n
else
    代码块 n+1
fi
```

图 18.26　带 else 分支的 if

程序会依次按顺序测试每一个条件，如果条件 n 符合，则执行代码块 n 后跳出结构。若条件 1~n 均不符合，则会执行 else 分支。

这里的 else 分支不是必需的，但是建议实际使用中最好有这个分支。另外，后面的条件若被前面的条件包含，则后面条件对应的语句将永远不会被执行。

下面给出一个范例，演示对条件判断的用法，脚本如程序清单 18.15 所示。先判断脚本第 1 个参数是否为 1，若为 1 则显示 1；若脚本第 1 个参数不为 1，则继续判断其是否为 2 或 3，若符合，则显示"2 or 3"字符串；若还不符，则判断此参数是否大于等于 4 且小于 7，若在范围以内，则显示字符串"[4,7)"；若以上条件均不符合，则显示字符串"others"。这是用 if 以及 elif 关键字进行多分支判断并且综合运用 test 语句测试整数条件的一个综合应用。

程序清单 18.15　多分支条件

```
#!/bin/bash

if [ "$1" -eq 1 ]; then
```

```
    echo "1"
elif [ "$1" -eq 2 -o "$1" -eq 3 ]; then
    echo "2 or 3"
elif [ "$1" -ge 4 -a "$1" -lt 7 ]; then
    echo "[4,7)"
else
    echo "others"
fi
```

执行结果如图 18.27 所示。0 既不等于 1、2 或 3,也不大于等于 4 且小于 7,故参数为"0"时显示"others"。以下依次按照条件测试 1~7 的所有整数,所有结果均按照条件范围显示。

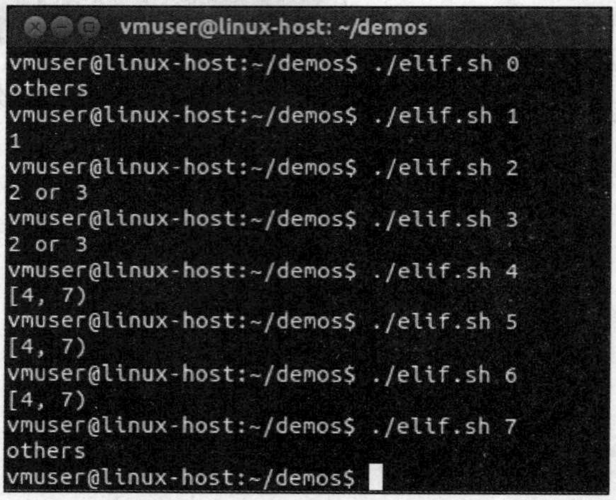

图 18.27 elif 结构

2. 循　环

Bash 中支持三种不同类型的循环:for 循环、while 循环和 until 循环,无论何种形式,循环体中的语句都包含在 do-done 语句之间。

(1) for 循环

Bash 支持通常意义上的 for 循环,但是默认 Bash 的循环实际上是针对一个列表的 for-each 循环。通常形式如下:

```
for arg in [list]
do
    命令
done
```

list 是一个字符串的列表,由空白字符分隔。list 支持通配符,也可以缺省,如果 list 缺省,for 循环则自动使用当前的参数列表($@变量)来作为 list。

如程序清单 18.16 所示的代码,根据输入参数,分别循环打印工作日和非工作日。

程序清单 18.16 for 循环基本应用示例脚本

```
#!/bin/bash

if [ "$1" == "weekdays" ]; then
    for wd in Monday Tuesday Wednesday Thursday Friday; do
        echo $wd
    done
elif [ "$1" == "weekend" ]; then
    for wd in Saturday Sunday
    do
        echo $wd
    done
else
    echo "Wrong input!"
fi
```

实际运行结果如图 18.28 所示。

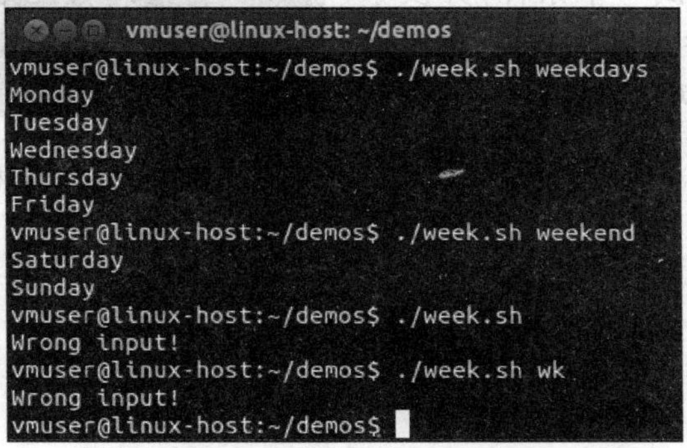
vmuser@linux-host: ~/demos
vmuser@linux-host:~/demos$ ./week.sh weekdays
Monday
Tuesday
Wednesday
Thursday
Friday
vmuser@linux-host:~/demos$ ./week.sh weekend
Saturday
Sunday
vmuser@linux-host:~/demos$ ./week.sh
Wrong input!
vmuser@linux-host:~/demos$ ./week.sh wk
Wrong input!
vmuser@linux-host:~/demos$

图 18.28 for 示例脚本运行结果

list 中的通配符会被 Shell 展开，在下列脚本中，*.c 会被展开为当前目录下所有以.c 结尾的非隐藏文件名：

```
for filename in *.c
do
    echo $filename
done
```

Bash 也支持 C 风格的 for 循环条件，在循环变量是整数时会更方便。习惯了 C 语言编程的读者，可能会更喜欢这种形式的 for 循环。实现这种风格循环的关键是双小括号——(())，(())结构中的部分和 C 语言的用法完全相同，循环程序结构如下：

```
for ((表达式 1; 表达式 2; 表达式 3))

do
```

命令
done

表达式 1 是循环执行前的初始化,表达式 2 是一个代表循环逻辑测试的逻辑表达式,表达式 3 是每次循环体执行完后的处理。

程序清单 18.17 的脚本演示了这种风格的 for 循环,并在循环体中将循环变量打印出来做演示。

程序清单 18.17　C 风格 for 循环脚本

```
#!/bin/bash
for((i=0; i<7; i++))
do
    echo $i
done
```

该范例执行结果如图 18.29 所示。

(2) while 循环

while 循环是测试一个条件,并反复执行循环体到条件为假时结束,也有 Shell 风格和 C 风格两种形式。

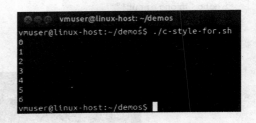

图 18.29　C 风格 for 循环

```
while [条件]
do
    命令
done
```

或者

```
while ((表达式))
do
    命令
done
```

在程序清单 18.18 所示的范例中,同时使用了这两种风格。前半部分是一个 Shell 风格的 while 循环,根据参数的个数来依次打印出所有命令行参数。第二个循环是 C 风格的,作用相同,读者可以体会二者的异同。

程序清单 18.18　while 循环示例脚本

```
#!/bin/bash
i=0
while [ "$i" -le "$#" ]
do
    eval tmp=\$$i              # 以变量 i 的值为变量名再取值
    echo "$tmp"
```

```
        i = 'expr $i + 1'
done
echo
j = 0
while ((j++ <= i))
do
    eval tmp = \$ $j
    echo " $tmp"
done
```

运行结果如图 18.30 所示。

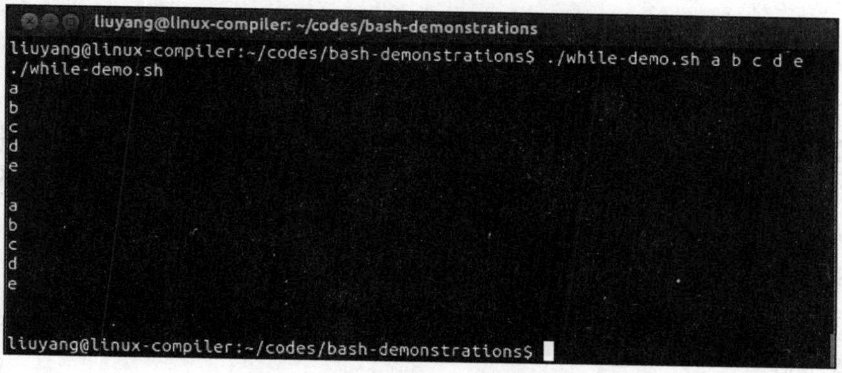

图 18.30 while 循环示例

(3) until 循环

until 循环与 while 结构类似,但 until 循环的语义是条件为假时反复执行循环体直到条件变为真时才结束。结构如下:

```
until [条件]
do
    命令
done
```

或者

```
until ((表达式))
do
    命令
done
```

所有的 Shell 循环结构都可以使用 break 或者 continue 跳出循环,语义与 C 语言中相同。不同的地方在于,break 或者 continue 都可以带一个数字指示跳出几重循环,缺省为 1。

如下所示代码结构中的 break 和 continue,可以直接终止或重新执行多重循环。

```
for ((i = 0; i < 10; i ++)); do
    语句 1
    for ((j = 0; j < 10; j ++)); do
        for ((k = 0; k < 10; k ++)); do
            if [ condition1 ]; then
                continue 2
            elif [ condition2 ]; then
                break 2
            else
                break 3
            fi
        done
    done
done
```

注意：对于(( ))所支持的 C 风格循环的条件测试，脚本第一行的解释器必须是 bash，只有较新版本的 Bash 才支持这种风格。若使用 sh 作为解释器，则这种风格的循环会出错。

3. 分 支

Shell 中的分支结构主要就是 case - esac 语句。该结构与 C 语言中的 switch - case 结构非常类似。

case 结构的基本程序结构如下：

```
case " $ var" in
" $ cond1")
    命令
    ;;
" $ cond2")
    命令
    ;;
esac
```

其中每个条件行都用")"结尾，每个条件块都以双分号结尾，esac 终止整个分支结构。

注意：每个变量使用双引号("　")并不是强制的。条件中可以使用通配符，可以用 * 适配默认条件。

在程序清单 18.19 如示脚本中，用第一个参数作为条件，分别打印各自的提示信息，如果不是这几个则进入默认分支，打印一个字符串"The parameter is not first, second or third"。

程序清单 18.19　case 结构示例脚本

```
#!/bin/bash
```

```
case "$1" in
"first")
    echo "Parameter one is first"
    ;;
"second")
    echo "Parameter one is second"
    ;;
"third")
    echo "Parameter one is third"
    ;;
*)
    echo "The parameter is not first, second or third"
    ;;
esac
```

运行结果如图 18.31 所示，依次用不同的参数测试这个脚本，当参数为 first、second 或 third 的时候执行了相应分支，第一个参数不在此范围时，执行了默认分支。

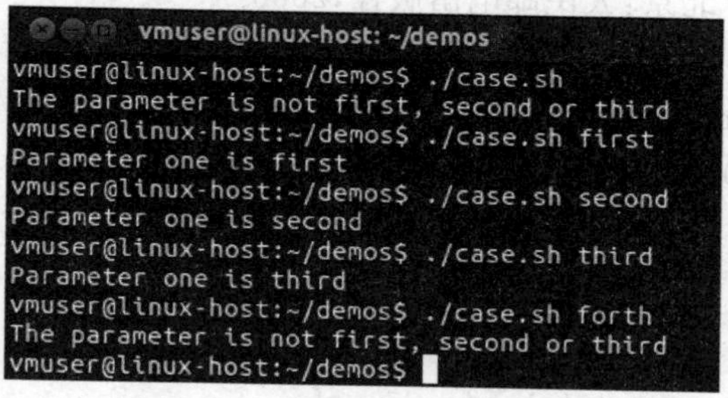

图 18.31 case 结构示例

参考文献

[1] 刘忆智. Linux 从入门到精通[M]. 北京:清华大学出版社,2014.
[2] Robbins K A, Robbins S. UNIX 系统编程[M]. 陈涓,赵振平译. 北京:机械工业出版社,2005.
[3] Richard W Stevens, Stephen A Rago. UNIX 环境高级编程[M]. 2版. 尤晋元,张亚英,戚正伟译. 北京:人民邮电出版社,2006.
[4] Arthur Griffith. GCC 技术参考大全[M]. 胡恩华译. 北京:清华大学出版社,2004.
[5] Blanchette J, Summerfield M. C++ GUI Qt4 编程[M]. 闫锋欣,等译. 北京:电子工业出版社,2008.

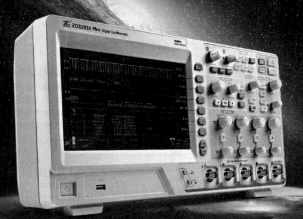

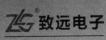

十年以上电力、煤矿、轨道交通行业验证
ZLG嵌入式ARM / x86工控核心板

- Intel x86
- Cortex-A9
- Cortex-A8
- ARM11
- ARM9
- ARM7

静电、浪涌、脉冲抗干扰设计符合工业4级

M3352工业级核心板

- TI AM3352处理器
- 800MHz主频
- 6路UART、2路CAN
- 2路以太网、2路USB

Cortex-A8工业级核心板，通讯接口"王"

M6708工业级核心板

- freescale Cortex-A9处理器
- 简双核，主频800MHz
- 支持3D、Camera、高清视频硬解
- 支持CAN、千兆网、PCIe、多串口

业界数据处理能力较强的Cortex-A9工业级核心板

M283工业级核心板

- Freescale i.MX283处理器
- 主频高达454MHz
- 功耗低至0.5W

ARM9工业级核心板仅售180元，无与伦比的价格

COME1054工业级核心板

- Intel双核1.6GHz处理器
- 板载2G内存，7W超低功耗
- 可选板载32G固态硬盘
- 84mm*55mm超小尺寸

业界体积较小、功耗较低的X86 COME核心板

软件支持
- 提供所有应用示例程序源码
- 提供详细的应用软件开发文档
- 根据客户需求定制驱动
- 提供测试验证的稳定驱动程序库

硬件支持
- 提供开发底板原理图
- 提供推荐电路原理图
- 提供必要的封装库
- 提供详细的硬件设计指导文档

技术服务
- 一线研发工程师技术服务
- 协助客户检查原理图
- 协助客户调试应用软件
- 提供原理图、PCB设计服务
- 提供底板（载板）定制服务

ZLG致远电子官方微信

广州致远电子股份有限公司

欢迎拨打免费服务热线
400-888-4005

更多详情请访问
www.zlg.cn